绿色食品工作指南

（2016 版）

陈兆云　主编

中国农业出版社

《绿色食品工作指南》
编 委 会

序

绿色食品是我国政府推出的一项开创性事业。经过 20 多年的发展，取得了显著成效，创建了一个蓬勃发展的新兴产业，建立了一套特色鲜明的农产品质量安全管理制度，打造了一个安全优质的农产品精品品牌，为保护农业生态环境、推进农业标准化生产、提高农产品质量安全水平、促进农业增效、农民增收和农业可持续发展发挥了重要的示范引领和带动作用。

当前，我国正处于全面建成小康社会的关键时期。中共中央、国务院《关于加快推进生态文明建设的意见》对发展绿色产业做出了总体部署，为绿色食品发展提供了更为广阔的空间；中共十八届五中全会提出了"创新、协调、绿色、开放、共享"的五大发展理念，进一步明确了绿色发展的思想，对绿色食品事业发展提出了新要求，注入了新动力。发展绿色食品，符合国家"绿色发展、低碳发展、循环发展"的战略部署，顺应"产出高效、产品安全、资源节约、环境友好"的现代农业发展方向，越来越受到各级政府的高度重视。发展绿色食品已纳入我国现代农业建设、可持续农业发展、农产品质量安全提升等中长期规划，并与农业标准化、产业化、品牌化等主体工作紧密结合。绿色食品必将成为新时期生态文明建设的助推器，农业发展方向转变的排头兵，农产品安全优质消费的风向标。

面对新形势、新任务，为进一步提升绿色食品品牌的公信力和影响力，增强绿色食品标准的先进性和实用性，提高认证审核和证后监管工作的规范性和有效性，近年来，中国绿色食品发展中心进行了一系列的制度改革和创新，推出了许多立足当前、着眼长远的制度规范和技术要求，为推进绿色食品事业持续健康发展提供了重要保障。

为将近年来改革创新的制度规范落到实处，推动绿色食品各项工作制度化、规范化，同时方便绿色食品工作者查阅和使用，中国绿色食品发展中心将上述制度进行整理，编纂成《绿色食品工作指南（2016 版）》。该书对绿色食品管理工作有较强的指导性，可作为绿色食品工作的技术培训教材，绿色食品工作者、绿色食品企业及农民的工具书，也可为全社会关注和研究绿色食品的专家学者提供参考。

中国绿色食品发展中心主任：

2016 年 9 月

目　录

第三篇 标志许可审查

第四篇 标志管理

第五篇 质量监督

第六篇　基地建设

第七篇　绿色生资

第一篇

政 策 法 规

中华人民共和国主席令

第二十一号

《中华人民共和国食品安全法》已由中华人民共和国第十二届全国人民代表大会常务委员会第十四次会议于 2015 年 4 月 24 日修订通过，现将修订后的《中华人民共和国食品安全法》公布，自 2015 年 10 月 1 日起施行。

中华人民共和国主席 习近平

2015 年 4 月 24 日

中华人民共和国食品安全法

(2009 年 2 月 28 日第十一届全国人民代表大会常务委员会第七次会议通过，2015 年 4 月 24 日第十二届全国人民代表大会常务委员会第十四次会议修订)

目 录

第一章　总　则

第一条　为了保证食品安全，保障公众身体健康和生命安全，制定本法。

第二条　在中华人民共和国境内从事下列活动，应当遵守本法：

（一）食品生产和加工（以下称食品生产），食品销售和餐饮服务（以下称食品经营）；

（二）食品添加剂的生产经营；

（三）用于食品的包装材料、容器、洗涤剂、消毒剂和用于食品生产经营的工具、设备（以下称食品相关产品）的生产经营；

（四）食品生产经营者使用食品添加剂、食品相关产品；

（五）食品的贮存和运输；

（六）对食品、食品添加剂、食品相关产品的安全管理。

供食用的源于农业的初级产品（以下称食用农产品）的质量安全管理，遵守《中华人民共和国农产品质量安全法》的规定。但是，食用农产品的市场销售、有关质量安全标准的制定、有关安全信息的公布和本法对农业投入品作出规定的，应当遵守本法的规定。

第三条　食品安全工作实行预防为主、风险管理、全程控制、社会共治，建立科学、严格的监督管理制度。

第四条　食品生产经营者对其生产经营食品的安全负责。

食品生产经营者应当依照法律、法规和食品安全标准从事生产经营活动，保证食品安全，诚信自律，对社会和公众负责，接受社会监督，承担社会责任。

第五条　国务院设立食品安全委员会，其职责由国务院规定。

国务院食品药品监督管理部门依照本法和国务院规定的职责，对食品生产经营活动实施监督管理。

国务院卫生行政部门依照本法和国务院规定的职责，组织开展食品安全风险监测和风险评估，会同国务院食品药品监督管理部门制定并公布食品安全国家标准。

国务院其他有关部门依照本法和国务院规定的职责，承担有关食品安全工作。

第六条　县级以上地方人民政府对本行政区域的食品安全监督管理工作负责，统一领导、组织、协调本行政区域的食品安全监督管理工作以及食品安全突发事件应对工作，建立健全食品安全全程监督管理工作机制和信息共享机制。

县级以上地方人民政府依照本法和国务院的规定，确定本级食品药品监督管理、卫生行政部门和其他有关部门的职责。有关部门在各自职责范围内负责本行政区域的食品安全监督管理工作。

县级人民政府食品药品监督管理部门可以在乡镇或者特定区域设立派出机构。

第七条　县级以上地方人民政府实行食品安全监督管理责任制。上级人民政府负责对下一级人民政府的食品安全监督管理工作进行评议、考核。县级以上地方人民政府负责对本级食品药品监督管理部门和其他有关部门的食品安全监督管理工作进行评议、考核。

第八条　县级以上人民政府应当将食品安全工作纳入本级国民经济和社会发展规划，将食品安全工作经费列入本级政府财政预算，加强食品安全监督管理能力建设，为食品安全工作提供保障。

县级以上人民政府食品药品监督管理部门和其他有关部门应当加强沟通、密切配合，按照各自职责分工，依法行使职权，承担责任。

第九条　食品行业协会应当加强行业自律，按照章程建立健全行业规范和奖惩机制，提供食品安全信息、技术等服务，引导和督促食品生产经营者依法生产经营，推动行业诚信建设，宣传、普及食品安全知识。

消费者协会和其他消费者组织对违反本法规定，损害消费者合法权益的行为，依法进行社会监督。

第十条　各级人民政府应当加强食品安全的宣传教育，普及食品安全知识，鼓励社会组织、基层群众性自治组织、食品生产经营者开展食品安全法律、法规以及食品安全标准和知识的普及工作，倡导健康的饮食方式，增强消费者食品安全意识和自我保护能力。

新闻媒体应当开展食品安全法律、法规以及食品安全标准和知识的公益宣传，并对食品安全违法行为进行舆论监督。有关食品安全的宣传报道应当真实、公正。

第十一条　国家鼓励和支持开展与食品安全有关的基础研究、应用研究，鼓励和支持食品生产经营者为提高食品安全水平采用先进技术和先进管理规范。

国家对农药的使用实行严格的管理制度，加快淘汰剧毒、高毒、高残留农药，推动替代产品的研发和应用，鼓励使用高效低毒低残留农药。

第十二条　任何组织或者个人有权举报食品安全违法行为，依法向有关部门了解食品安全信息，对食品安全监督管理工作提出意见和建议。

第十三条　对在食品安全工作中做出突出贡献的单位和个人，按照国家有关规定给予表彰、奖励。

第二章　食品安全风险监测和评估

第十四条　国家建立食品安全风险监测制度，对食源性疾病、食品污染以及食品中的有害因素进行监测。

国务院卫生行政部门会同国务院食品药品监督管理、质量监督等部门，制定、实施国家食品安全风险监测计划。

国务院食品药品监督管理部门和其他有关部门获知有关食品安全风险信息后，应当立即核实并向国务院卫生行政部门通报。对有关部门通报的食品安全风险信息以及医疗机构报告的食源性疾病等有关疾病信息，国务院卫生行政部门应当会同国务院有关部门分析研究，认为必要的，及时调整国家食品安全风险监测计划。

省、自治区、直辖市人民政府卫生行政部门会同同级食品药品监督管理、质量监督等部门，根据国家食品安全风险监测计划，结合本行政区域的具体情况，制定、调整本行政区域的食品安全风险监测方案，报国务院卫生行政部门备案并实施。

第十五条　承担食品安全风险监测工作的技术机构应当根据食品安全风险监测计划和监测方案开展监测工作，保证监测数据真实、准确，并按照食品安全风险监测计划和监测方案的要求报送监测数据和分析结果。

食品安全风险监测工作人员有权进入相关食用农产品种植养殖、食品生产经营场所采集样品、收集相关数据。采集样品应当按照市场价格支付费用。

第十六条　食品安全风险监测结果表明可能存在食品安全隐患的，县级以上人民政府卫生行政部门应当及时将相关信息通报同级食品药品监督管理等部门，并报告本级人民政府和上级人民政府卫生行政部门。食品药品监督管理等部门应当组织开展进一步调查。

第十七条　国家建立食品安全风险评估制度，运用科学方法，根据食品安全风险监测信息、科学数据以及有关信息，对食品、食品添加剂、食品相关产品中生物性、化学性和物理性危害因素进行风险评估。

国务院卫生行政部门负责组织食品安全风险评估工作，成立由医学、农业、食品、营养、生物、环境等方面的专家组成的食品安全风险评估专家委员会进行食品安全风险评估。食品安全风险评估结果由国务院卫生行政部门公布。

对农药、肥料、兽药、饲料和饲料添加剂等的安全性评估，应当有食品安全风险评估专家委员会的专家参加。

食品安全风险评估不得向生产经营者收取费用，采集样品应当按照市场价格支付费用。

第十八条　有下列情形之一的，应当进行食品安全风险评估：

（一）通过食品安全风险监测或者接到举报发现食品、食品添加剂、食品相关产品可能存在安全隐患的；

（二）为制定或者修订食品安全国家标准提供科学依据需要进行风险评估的；

（三）为确定监督管理的重点领域、重点品种需要进行风险评估的；

（四）发现新的可能危害食品安全因素的；

（五）需要判断某一因素是否构成食品安全隐患的；

（六）国务院卫生行政部门认为需要进行风险评估的其他情形。

第十九条　国务院食品药品监督管理、质量监督、农业行政等部门在监督管理工作中发现需要进行食品安全风险评估的，应当向国务院卫生行政部门提出食品安全风险评估的建议，并提供风险来源、相关检验数据和结论等信息、资料。属于本法第十八条规定情形的，国务院卫生行政部门应当及时进行食品安全风险评估，并向国务院有关部门通报评估结果。

第二十条　省级以上人民政府卫生行政、农业行政部门应当及时相互通报食品、食用农产品安全风险监测信息。

国务院卫生行政、农业行政部门应当及时相互通报食品、食用农产品安全风险评估结果等信息。

第二十一条　食品安全风险评估结果是制定、修订食品安全标准和实施食品安全监督管理的科学依据。

经食品安全风险评估，得出食品、食品添加剂、食品相关产品不安全结论的，国务院食品药品监督管理、质量监督等部门应当依据各自职责立即向社会公告，告知消费者停止食用或者使用，并采取相应措施，确保该食品、食品添加剂、食品相关产品停止生产经营；需要制定、修订相关食品安全国家标准的，国务院卫生行政部门应当会同国务院食品药品监督管理部门立即制定、修订。

第二十二条　国务院食品药品监督管理部门应当会同国务院有关部门，根据食品安全风险评估结果、食品安全监督管理信息，对食品安全状况进行综合分析。对经综合分析表明可能具有较高程度安全风险的食品，国务院食品药品监督管理部门应当及时提出食品安全风险警示，并向社会公布。

第二十三条 县级以上人民政府食品药品监督管理部门和其他有关部门、食品安全风险评估专家委员会及其技术机构，应当按照科学、客观、及时、公开的原则，组织食品生产经营者、食品检验机构、认证机构、食品行业协会、消费者协会以及新闻媒体等，就食品安全风险评估信息和食品安全监督管理信息进行交流沟通。

第三章　食品安全标准

第二十四条 制定食品安全标准，应当以保障公众身体健康为宗旨，做到科学合理、安全可靠。

第二十五条 食品安全标准是强制执行的标准。除食品安全标准外，不得制定其他食品强制性标准。

第二十六条 食品安全标准应当包括下列内容：

（一）食品、食品添加剂、食品相关产品中的致病性微生物，农药残留、兽药残留、生物毒素、重金属等污染物质以及其他危害人体健康物质的限量规定；

（二）食品添加剂的品种、使用范围、用量；

（三）专供婴幼儿和其他特定人群的主辅食品的营养成分要求；

（四）对与卫生、营养等食品安全要求有关的标签、标志、说明书的要求；

（五）食品生产经营过程的卫生要求；

（六）与食品安全有关的质量要求；

（七）与食品安全有关的食品检验方法与规程；

（八）其他需要制定为食品安全标准的内容。

第二十七条 食品安全国家标准由国务院卫生行政部门会同国务院食品药品监督管理部门制定、公布，国务院标准化行政部门提供国家标准编号。

食品中农药残留、兽药残留的限量规定及其检验方法与规程由国务院卫生行政部门、国务院农业行政部门会同国务院食品药品监督管理部门制定。

屠宰畜、禽的检验规程由国务院农业行政部门会同国务院卫生行政部门制定。

第二十八条 制定食品安全国家标准，应当依据食品安全风险评估结果并充分考虑食用农产品安全风险评估结果，参照相关的国际标准和国际食品安全风险评估结果，并将食品安全国家标准草案向社会公布，广泛听取食品生产经营者、消费者、有关部门等方面的意见。

食品安全国家标准应当经国务院卫生行政部门组织的食品安全国家标准审评委员会

审查通过。食品安全国家标准审评委员会由医学、农业、食品、营养、生物、环境等方面的专家以及国务院有关部门、食品行业协会、消费者协会的代表组成，对食品安全国家标准草案的科学性和实用性等进行审查。

第二十九条 对地方特色食品，没有食品安全国家标准的，省、自治区、直辖市人民政府卫生行政部门可以制定并公布食品安全地方标准，报国务院卫生行政部门备案。食品安全国家标准制定后，该地方标准即行废止。

第三十条 国家鼓励食品生产企业制定严于食品安全国家标准或者地方标准的企业标准，在本企业适用，并报省、自治区、直辖市人民政府卫生行政部门备案。

第三十一条 省级以上人民政府卫生行政部门应当在其网站上公布制定和备案的食品安全国家标准、地方标准和企业标准，供公众免费查阅、下载。

对食品安全标准执行过程中的问题，县级以上人民政府卫生行政部门应当会同有关部门及时给予指导、解答。

第三十二条 省级以上人民政府卫生行政部门应当会同同级食品药品监督管理、质量监督、农业行政等部门，分别对食品安全国家标准和地方标准的执行情况进行跟踪评价，并根据评价结果及时修订食品安全标准。

省级以上人民政府食品药品监督管理、质量监督、农业行政等部门应当对食品安全标准执行中存在的问题进行收集、汇总，并及时向同级卫生行政部门通报。

食品生产经营者、食品行业协会发现食品安全标准在执行中存在问题的，应当立即向卫生行政部门报告。

第四章 食品生产经营

第一节 一般规定

第三十三条 食品生产经营应当符合食品安全标准，并符合下列要求：

（一）具有与生产经营的食品品种、数量相适应的食品原料处理和食品加工、包装、贮存等场所，保持该场所环境整洁，并与有毒、有害场所以及其他污染源保持规定的距离；

（二）具有与生产经营的食品品种、数量相适应的生产经营设备或者设施，有相应的消毒、更衣、盥洗、采光、照明、通风、防腐、防尘、防蝇、防鼠、防虫、洗涤以及处理废水、存放垃圾和废弃物的设备或者设施；

（三）有专职或者兼职的食品安全专业技术人员、食品安全管理人员和保证食品安全的规章制度；

（四）具有合理的设备布局和工艺流程，防止待加工食品与直接入口食品、原料与成品交叉污染，避免食品接触有毒物、不洁物；

（五）餐具、饮具和盛放直接入口食品的容器，使用前应当洗净、消毒，炊具、用具用后应当洗净，保持清洁；

（六）贮存、运输和装卸食品的容器、工具和设备应当安全、无害，保持清洁，防止食品污染，并符合保证食品安全所需的温度、湿度等特殊要求，不得将食品与有毒、有害物品一同贮存、运输；

（七）直接入口的食品应当使用无毒、清洁的包装材料、餐具、饮具和容器；

（八）食品生产经营人员应当保持个人卫生，生产经营食品时，应当将手洗净，穿戴清洁的工作衣、帽等；销售无包装的直接入口食品时，应当使用无毒、清洁的容器、售货工具和设备；

（九）用水应当符合国家规定的生活饮用水卫生标准；

（十）使用的洗涤剂、消毒剂应当对人体安全、无害；

（十一）法律、法规规定的其他要求。

非食品生产经营者从事食品贮存、运输和装卸的，应当符合前款第六项的规定。

第三十四条 禁止生产经营下列食品、食品添加剂、食品相关产品：

（一）用非食品原料生产的食品或者添加食品添加剂以外的化学物质和其他可能危害人体健康物质的食品，或者用回收食品作为原料生产的食品；

（二）致病性微生物，农药残留、兽药残留、生物毒素、重金属等污染物质以及其他危害人体健康的物质含量超过食品安全标准限量的食品、食品添加剂、食品相关产品；

（三）用超过保质期的食品原料、食品添加剂生产的食品、食品添加剂；

（四）超范围、超限量使用食品添加剂的食品；

（五）营养成分不符合食品安全标准的专供婴幼儿和其他特定人群的主辅食品；

（六）腐败变质、油脂酸败、霉变生虫、污秽不洁、混有异物、掺假掺杂或者感官性状异常的食品、食品添加剂；

（七）病死、毒死或者死因不明的禽、畜、兽、水产动物肉类及其制品；

（八）未按规定进行检疫或者检疫不合格的肉类，或者未经检验或者检验不合格的肉类制品；

（九）被包装材料、容器、运输工具等污染的食品、食品添加剂；

（十）标注虚假生产日期、保质期或者超过保质期的食品、食品添加剂；

（十一）无标签的预包装食品、食品添加剂；

（十二）国家为防病等特殊需要明令禁止生产经营的食品；

（十三）其他不符合法律、法规或者食品安全标准的食品、食品添加剂、食品相关产品。

第三十五条　国家对食品生产经营实行许可制度。从事食品生产、食品销售、餐饮服务，应当依法取得许可。但是，销售食用农产品，不需要取得许可。

县级以上地方人民政府食品药品监督管理部门应当依照《中华人民共和国行政许可法》的规定，审核申请人提交的本法第三十三条第一款第一项至第四项规定要求的相关资料，必要时对申请人的生产经营场所进行现场核查；对符合规定条件的，准予许可；对不符合规定条件的，不予许可并书面说明理由。

第三十六条　食品生产加工小作坊和食品摊贩等从事食品生产经营活动，应当符合本法规定的与其生产经营规模、条件相适应的食品安全要求，保证所生产经营的食品卫生、无毒、无害，食品药品监督管理部门应当对其加强监督管理。

县级以上地方人民政府应当对食品生产加工小作坊、食品摊贩等进行综合治理，加强服务和统一规划，改善其生产经营环境，鼓励和支持其改进生产经营条件，进入集中交易市场、店铺等固定场所经营，或者在指定的临时经营区域、时段经营。

食品生产加工小作坊和食品摊贩等的具体管理办法由省、自治区、直辖市制定。

第三十七条　利用新的食品原料生产食品，或者生产食品添加剂新品种、食品相关产品新品种，应当向国务院卫生行政部门提交相关产品的安全性评估材料。国务院卫生行政部门应当自收到申请之日起六十日内组织审查；对符合食品安全要求的，准予许可并公布；对不符合食品安全要求的，不予许可并书面说明理由。

第三十八条　生产经营的食品中不得添加药品，但是可以添加按照传统既是食品又是中药材的物质。按照传统既是食品又是中药材的物质目录由国务院卫生行政部门会同国务院食品药品监督管理部门制定、公布。

第三十九条　国家对食品添加剂生产实行许可制度。从事食品添加剂生产，应当具有与所生产食品添加剂品种相适应的场所、生产设备或者设施、专业技术人员和管理制度，并依照本法第三十五条第二款规定的程序，取得食品添加剂生产许可。

生产食品添加剂应当符合法律、法规和食品安全国家标准。

第四十条　食品添加剂应当在技术上确有必要且经过风险评估证明安全可靠，方可列入允许使用的范围；有关食品安全国家标准应当根据技术必要性和食品安全风险评估结果及时修订。

食品生产经营者应当按照食品安全国家标准使用食品添加剂。

第四十一条　生产食品相关产品应当符合法律、法规和食品安全国家标准。对直接接触食品的包装材料等具有较高风险的食品相关产品，按照国家有关工业产品生产许可证管理的规定实施生产许可。质量监督部门应当加强对食品相关产品生产活动的监督管理。

第四十二条 国家建立食品安全全程追溯制度。

食品生产经营者应当依照本法的规定，建立食品安全追溯体系，保证食品可追溯。国家鼓励食品生产经营者采用信息化手段采集、留存生产经营信息，建立食品安全追溯体系。

国务院食品药品监督管理部门会同国务院农业行政等有关部门建立食品安全全程追溯协作机制。

第四十三条 地方各级人民政府应当采取措施鼓励食品规模化生产和连锁经营、配送。

国家鼓励食品生产经营企业参加食品安全责任保险。

第二节 生产经营过程控制

第四十四条 食品生产经营企业应当建立健全食品安全管理制度，对职工进行食品安全知识培训，加强食品检验工作，依法从事生产经营活动。

食品生产经营企业的主要负责人应当落实企业食品安全管理制度，对本企业的食品安全工作全面负责。

食品生产经营企业应当配备食品安全管理人员，加强对其培训和考核。经考核不具备食品安全管理能力的，不得上岗。食品药品监督管理部门应当对企业食品安全管理人员随机进行监督抽查考核并公布考核情况。监督抽查考核不得收取费用。

第四十五条 食品生产经营者应当建立并执行从业人员健康管理制度。患有国务院卫生行政部门规定的有碍食品安全疾病的人员，不得从事接触直接入口食品的工作。

从事接触直接入口食品工作的食品生产经营人员应当每年进行健康检查，取得健康证明后方可上岗工作。

第四十六条 食品生产企业应当就下列事项制定并实施控制要求，保证所生产的食品符合食品安全标准：

（一）原料采购、原料验收、投料等原料控制；

（二）生产工序、设备、贮存、包装等生产关键环节控制；

（三）原料检验、半成品检验、成品出厂检验等检验控制；

（四）运输和交付控制。

第四十七条 食品生产经营者应当建立食品安全自查制度，定期对食品安全状况进行检查评价。生产经营条件发生变化，不再符合食品安全要求的，食品生产经营者应当立即采取整改措施；有发生食品安全事故潜在风险的，应当立即停止食品生产经营活动，并向所在地县级人民政府食品药品监督管理部门报告。

第四十八条 国家鼓励食品生产经营企业符合良好生产规范要求，实施危害分析与关键控制点体系，提高食品安全管理水平。

对通过良好生产规范、危害分析与关键控制点体系认证的食品生产经营企业，认证机构应当依法实施跟踪调查；对不再符合认证要求的企业，应当依法撤销认证，及时向县级以上人民政府食品药品监督管理部门通报，并向社会公布。认证机构实施跟踪调查不得收取费用。

第四十九条 食用农产品生产者应当按照食品安全标准和国家有关规定使用农药、肥料、兽药、饲料和饲料添加剂等农业投入品，严格执行农业投入品使用安全间隔期或者休药期的规定，不得使用国家明令禁止的农业投入品。禁止将剧毒、高毒农药用于蔬菜、瓜果、茶叶和中草药材等国家规定的农作物。

食用农产品的生产企业和农民专业合作经济组织应当建立农业投入品使用记录制度。

县级以上人民政府农业行政部门应当加强对农业投入品使用的监督管理和指导，建立健全农业投入品安全使用制度。

第五十条 食品生产者采购食品原料、食品添加剂、食品相关产品，应当查验供货者的许可证和产品合格证明；对无法提供合格证明的食品原料，应当按照食品安全标准进行检验；不得采购或者使用不符合食品安全标准的食品原料、食品添加剂、食品相关产品。

食品生产企业应当建立食品原料、食品添加剂、食品相关产品进货查验记录制度，如实记录食品原料、食品添加剂、食品相关产品的名称、规格、数量、生产日期或者生产批号、保质期、进货日期以及供货者名称、地址、联系方式等内容，并保存相关凭证。记录和凭证保存期限不得少于产品保质期满后六个月；没有明确保质期的，保存期限不得少于二年。

第五十一条 食品生产企业应当建立食品出厂检验记录制度，查验出厂食品的检验合格证和安全状况，如实记录食品的名称、规格、数量、生产日期或者生产批号、保质期、检验合格证号、销售日期以及购货者名称、地址、联系方式等内容，并保存相关凭证。记录和凭证保存期限应当符合本法第五十条第二款的规定。

第五十二条 食品、食品添加剂、食品相关产品的生产者，应当按照食品安全标准对所生产的食品、食品添加剂、食品相关产品进行检验，检验合格后方可出厂或者销售。

第五十三条 食品经营者采购食品，应当查验供货者的许可证和食品出厂检验合格证或者其他合格证明（以下称合格证明文件）。

食品经营企业应当建立食品进货查验记录制度，如实记录食品的名称、规格、数量、生产日期或者生产批号、保质期、进货日期以及供货者名称、地址、联系方式等内容，并保存相关凭证。记录和凭证保存期限应当符合本法第五十条第二款的规定。

实行统一配送经营方式的食品经营企业，可以由企业总部统一查验供货者的许可证和食品合格证明文件，进行食品进货查验记录。

从事食品批发业务的经营企业应当建立食品销售记录制度，如实记录批发食品的名称、规格、数量、生产日期或者生产批号、保质期、销售日期以及购货者名称、地址、联系方式等内容，并保存相关凭证。记录和凭证保存期限应当符合本法第五十条第二款的规定。

第五十四条 食品经营者应当按照保证食品安全的要求贮存食品，定期检查库存食品，及时清理变质或者超过保质期的食品。

食品经营者贮存散装食品，应当在贮存位置标明食品的名称、生产日期或者生产批号、保质期、生产者名称及联系方式等内容。

第五十五条 餐饮服务提供者应当制定并实施原料控制要求，不得采购不符合食品安全标准的食品原料。倡导餐饮服务提供者公开加工过程，公示食品原料及其来源等信息。

餐饮服务提供者在加工过程中应当检查待加工的食品及原料，发现有本法第三十四条第六项规定情形的，不得加工或者使用。

第五十六条 餐饮服务提供者应当定期维护食品加工、贮存、陈列等设施、设备；定期清洗、校验保温设施及冷藏、冷冻设施。

餐饮服务提供者应当按照要求对餐具、饮具进行清洗消毒，不得使用未经清洗消毒的餐具、饮具；餐饮服务提供者委托清洗消毒餐具、饮具的，应当委托符合本法规定条件的餐具、饮具集中消毒服务单位。

第五十七条 学校、托幼机构、养老机构、建筑工地等集中用餐单位的食堂应当严格遵守法律、法规和食品安全标准；从供餐单位订餐的，应当从取得食品生产经营许可的企业订购，并按照要求对订购的食品进行查验。供餐单位应当严格遵守法律、法规和食品安全标准，当餐加工，确保食品安全。

学校、托幼机构、养老机构、建筑工地等集中用餐单位的主管部门应当加强对集中用餐单位的食品安全教育和日常管理，降低食品安全风险，及时消除食品安全隐患。

第五十八条　餐具、饮具集中消毒服务单位应当具备相应的作业场所、清洗消毒设备或者设施，用水和使用的洗涤剂、消毒剂应当符合相关食品安全国家标准和其他国家标准、卫生规范。

餐具、饮具集中消毒服务单位应当对消毒餐具、饮具进行逐批检验，检验合格后方可出厂，并应当随附消毒合格证明。消毒后的餐具、饮具应当在独立包装上标注单位名称、地址、联系方式、消毒日期以及使用期限等内容。

第五十九条　食品添加剂生产者应当建立食品添加剂出厂检验记录制度，查验出厂产品的检验合格证和安全状况，如实记录食品添加剂的名称、规格、数量、生产日期或者生产批号、保质期、检验合格证号、销售日期以及购货者名称、地址、联系方式等相关内容，并保存相关凭证。记录和凭证保存期限应当符合本法第五十条第二款的规定。

第六十条　食品添加剂经营者采购食品添加剂，应当依法查验供货者的许可证和产品合格证明文件，如实记录食品添加剂的名称、规格、数量、生产日期或者生产批号、保质期、进货日期以及供货者名称、地址、联系方式等内容，并保存相关凭证。记录和凭证保存期限应当符合本法第五十条第二款的规定。

第六十一条　集中交易市场的开办者、柜台出租者和展销会举办者，应当依法审查入场食品经营者的许可证，明确其食品安全管理责任，定期对其经营环境和条件进行检查，发现其有违反本法规定行为的，应当及时制止并立即报告所在地县级人民政府食品药品监督管理部门。

第六十二条　网络食品交易第三方平台提供者应当对入网食品经营者进行实名登记，明确其食品安全管理责任；依法应当取得许可证的，还应当审查其许可证。

网络食品交易第三方平台提供者发现入网食品经营者有违反本法规定行为的，应当及时制止并立即报告所在地县级人民政府食品药品监督管理部门；发现严重违法行为的，应当立即停止提供网络交易平台服务。

第六十三条　国家建立食品召回制度。食品生产者发现其生产的食品不符合食品安全标准或者有证据证明可能危害人体健康的，应当立即停止生产，召回已经上市销售的食品，通知相关生产经营者和消费者，并记录召回和通知情况。

食品经营者发现其经营的食品有前款规定情形的，应当立即停止经营，通知相关生产经营者和消费者，并记录停止经营和通知情况。食品生产者认为应当召回的，应当立即召回。由于食品经营者的原因造成其经营的食品有前款规定情形的，食品经营者应当召回。

食品生产经营者应当对召回的食品采取无害化处理、销毁等措施，防止其再次流入市场。但是，对因标签、标志或者说明书不符合食品安全标准而被召回的食品，食品生产者在采取补救措施且能保证食品安全的情况下可以继续销售；销售时应当向消费者明示补救措施。

食品生产经营者应当将食品召回和处理情况向所在地县级人民政府食品药品监督管理部门报告；需要对召回的食品进行无害化处理、销毁的，应当提前报告时间、地点。食品药品监督管理部门认为必要的，可以实施现场监督。

食品生产经营者未依照本条规定召回或者停止经营的，县级以上人民政府食品药品监督管理部门可以责令其召回或者停止经营。

第六十四条 食用农产品批发市场应当配备检验设备和检验人员或者委托符合本法规定的食品检验机构，对进入该批发市场销售的食用农产品进行抽样检验；发现不符合食品安全标准的，应当要求销售者立即停止销售，并向食品药品监督管理部门报告。

第六十五条 食用农产品销售者应当建立食用农产品进货查验记录制度，如实记录食用农产品的名称、数量、进货日期以及供货者名称、地址、联系方式等内容，并保存相关凭证。记录和凭证保存期限不得少于六个月。

第六十六条 进入市场销售的食用农产品在包装、保鲜、贮存、运输中使用保鲜剂、防腐剂等食品添加剂和包装材料等食品相关产品，应当符合食品安全国家标准。

第三节　标签、说明书和广告

第六十七条 预包装食品的包装上应当有标签。标签应当标明下列事项：

（一）名称、规格、净含量、生产日期；

（二）成分或者配料表；

（三）生产者的名称、地址、联系方式；

（四）保质期；

（五）产品标准代号；

（六）贮存条件；

（七）所使用的食品添加剂在国家标准中的通用名称；

（八）生产许可证编号；

（九）法律、法规或者食品安全标准规定应当标明的其他事项。

专供婴幼儿和其他特定人群的主辅食品，其标签还应当标明主要营养成分及其含量。

食品安全国家标准对标签标注事项另有规定的，从其规定。

第六十八条 食品经营者销售散装食品，应当在散装食品的容器、外包装上标明食品的名称、生产日期或者生产批号、保质期以及生产经营者名称、地址、联系方式等内容。

第六十九条 生产经营转基因食品应当按照规定显著标示。

第七十条 食品添加剂应当有标签、说明书和包装。标签、说明书应当载明本法第六十七条第一款第一项至第六项、第八项、第九项规定的事项，以及食品添加剂的使用范围、用量、使用方法，并在标签上载明"食品添加剂"字样。

第七十一条 食品和食品添加剂的标签、说明书，不得含有虚假内容，不得涉及疾病预防、治疗功能。生产经营者对其提供的标签、说明书的内容负责。

食品和食品添加剂的标签、说明书应当清楚、明显，生产日期、保质期等事项应当显著标注，容易辨识。

食品和食品添加剂与其标签、说明书的内容不符的，不得上市销售。

第七十二条 食品经营者应当按照食品标签标示的警示标志、警示说明或者注意事项的要求销售食品。

第七十三条 食品广告的内容应当真实合法，不得含有虚假内容，不得涉及疾病预防、治疗功能。食品生产经营者对食品广告内容的真实性、合法性负责。

县级以上人民政府食品药品监督管理部门和其他有关部门以及食品检验机构、食品行业协会不得以广告或者其他形式向消费者推荐食品。消费者组织不得以收取费用或者其他牟取利益的方式向消费者推荐食品。

第四节 特殊食品

第七十四条 国家对保健食品、特殊医学用途配方食品和婴幼儿配方食品等特殊食品实行严格监督管理。

第七十五条 保健食品声称保健功能，应当具有科学依据，不得对人体产生急性、亚急性或者慢性危害。

保健食品原料目录和允许保健食品声称的保健功能目录，由国务院食品药品监督管理部门会同国务院卫生行政部门、国家中医药管理部门制定、调整并公布。

保健食品原料目录应当包括原料名称、用量及其对应的功效；列入保健食品原料目录的原料只能用于保健食品生产，不得用于其他食品生产。

第七十六条 使用保健食品原料目录以外原料的保健食品和首次进口的保健食品应当经国务院食品药品监督管理部门注册。但是，首次进口的保健食品中属于补充维生素、矿物质等营养物质的，应当报国务院食品药品监督管理部门备案。其他保健食品应当报省、自治区、直辖市人民政府食品药品监督管理部门备案。

进口的保健食品应当是出口国（地区）主管部门准许上市销售的产品。

第七十七条 依法应当注册的保健食品，注册时应当提交保健食品的研发报告、产品配方、生产工艺、安全性和保健功能评价、标签、说明书等材料及样品，并提供相关证明文件。国务院食品药品监督管理部门经组织技术审评，对符合安全和功能声称要求的，准予注册；对不符合要求的，不予注册并书面说明理由。对使用保健食品原料目录以外原料的保健食品作出准予注册决定的，应当及时将该原料纳入保健食品原料目录。

依法应当备案的保健食品，备案时应当提交产品配方、生产工艺、标签、说明书以及表明产品安全性和保健功能的材料。

第七十八条 保健食品的标签、说明书不得涉及疾病预防、治疗功能，内容应当真实，与注册或者备案的内容相一致，载明适宜人群、不适宜人群、功效成分或者标志性成分及其含量等，并声明"本品不能代替药物"。保健食品的功能和成分应当与标签、说明书相一致。

第七十九条 保健食品广告除应当符合本法第七十三条第一款的规定外，还应当声明"本品不能代替药物"；其内容应当经生产企业所在地省、自治区、直辖市人民政府食品药品监督管理部门审查批准，取得保健食品广告批准文件。省、自治区、直辖市人民政府食品药品监督管理部门应当公布并及时更新已经批准的保健食品广告目录以及批准的广告内容。

第八十条 特殊医学用途配方食品应当经国务院食品药品监督管理部门注册。注册时，应当提交产品配方、生产工艺、标签、说明书以及表明产品安全性、营养充足性和特殊医学用途临床效果的材料。

特殊医学用途配方食品广告适用《中华人民共和国广告法》和其他法律、行政法规关于药品广告管理的规定。

第八十一条 婴幼儿配方食品生产企业应当实施从原料进厂到成品出厂的全过程质量控制，对出厂的婴幼儿配方食品实施逐批检验，保证食品安全。

生产婴幼儿配方食品使用的生鲜乳、辅料等食品原料、食品添加剂等，应当符合法律、行政法规的规定和食品安全国家标准，保证婴幼儿生长发育所需的营养成分。

婴幼儿配方食品生产企业应当将食品原料、食品添加剂、产品配方及标签等事项向省、自治区、直辖市人民政府食品药品监督管理部门备案。

婴幼儿配方乳粉的产品配方应当经国务院食品药品监督管理部门注册。注册时，应当提交配方研发报告和其他表明配方科学性、安全性的材料。

不得以分装方式生产婴幼儿配方乳粉，同一企业不得用同一配方生产不同品牌的婴幼儿配方乳粉。

第八十二条 保健食品、特殊医学用途配方食品、婴幼儿配方乳粉的注册人或者备案人应当对其提交材料的真实性负责。

省级以上人民政府食品药品监督管理部门应当及时公布注册或者备案的保健食品、特殊医学用途配方食品、婴幼儿配方乳粉目录,并对注册或者备案中获知的企业商业秘密予以保密。

保健食品、特殊医学用途配方食品、婴幼儿配方乳粉生产企业应当按照注册或者备案的产品配方、生产工艺等技术要求组织生产。

第八十三条 生产保健食品,特殊医学用途配方食品、婴幼儿配方食品和其他专供特定人群的主辅食品的企业,应当按照良好生产规范的要求建立与所生产食品相适应的生产质量管理体系,定期对该体系的运行情况进行自查,保证其有效运行,并向所在地县级人民政府食品药品监督管理部门提交自查报告。

第五章 食品检验

第八十四条 食品检验机构按照国家有关认证认可的规定取得资质认定后,方可从事食品检验活动。但是,法律另有规定的除外。

食品检验机构的资质认定条件和检验规范,由国务院食品药品监督管理部门规定。

符合本法规定的食品检验机构出具的检验报告具有同等效力。

县级以上人民政府应当整合食品检验资源,实现资源共享。

第八十五条 食品检验由食品检验机构指定的检验人独立进行。

检验人应当依照有关法律、法规的规定,并按照食品安全标准和检验规范对食品进行检验,尊重科学,恪守职业道德,保证出具的检验数据和结论客观、公正,不得出具虚假检验报告。

第八十六条 食品检验实行食品检验机构与检验人负责制。食品检验报告应当加盖食品检验机构公章,并有检验人的签名或者盖章。食品检验机构和检验人对出具的食品检验报告负责。

第八十七条 县级以上人民政府食品药品监督管理部门应当对食品进行定期或者不定期的抽样检验,并依据有关规定公布检验结果,不得免检。进行抽样检验,应当购买抽取的样品,委托符合本法规定的食品检验机构进行检验,并支付相关费用;不得向食品生产经营者收取检验费和其他费用。

第八十八条 对依照本法规定实施的检验结论有异议的,食品生产经营者可以自收到检验结论之日起七个工作日内向实施抽样检验的食品药品监督管理部门或者其上一级食品药品监督管理部门提出复检申请,由受理复检申请的食品药品监督管理部门在公布的复检机构名录中随机确定复检机构进行复检。复检机构出具的复检结论为最终检验结论。复检机构与初检机构不得为同一机构。复检机构名录由国务院认证认可监督管理、食品药品监督管理、卫生行政、农业行政等部门共同公布。

采用国家规定的快速检测方法对食用农产品进行抽查检测，被抽查人对检测结果有异议的，可以自收到检测结果时起四小时内申请复检。复检不得采用快速检测方法。

第八十九条 食品生产企业可以自行对所生产的食品进行检验，也可以委托符合本法规定的食品检验机构进行检验。

食品行业协会和消费者协会等组织、消费者需要委托食品检验机构对食品进行检验的，应当委托符合本法规定的食品检验机构进行。

第九十条 食品添加剂的检验，适用本法有关食品检验的规定。

第六章　食品进出口

第九十一条 国家出入境检验检疫部门对进出口食品安全实施监督管理。

第九十二条 进口的食品、食品添加剂、食品相关产品应当符合我国食品安全国家标准。

进口的食品、食品添加剂应当经出入境检验检疫机构依照进出口商品检验相关法律、行政法规的规定检验合格。

进口的食品、食品添加剂应当按照国家出入境检验检疫部门的要求随附合格证明材料。

第九十三条 进口尚无食品安全国家标准的食品，由境外出口商、境外生产企业或者其委托的进口商向国务院卫生行政部门提交所执行的相关国家（地区）标准或者国际标准。国务院卫生行政部门对相关标准进行审查，认为符合食品安全要求的，决定暂予适用，并及时制定相应的食品安全国家标准。进口利用新的食品原料生产的食品或者进口食品添加剂新品种、食品相关产品新品种，依照本法第三十七条的规定办理。

出入境检验检疫机构按照国务院卫生行政部门的要求，对前款规定的食品、食品添加剂、食品相关产品进行检验。检验结果应当公开。

第九十四条 境外出口商、境外生产企业应当保证向我国出口的食品、食品添加剂、食品相关产品符合本法以及我国其他有关法律、行政法规的规定和食品安全国家标准的要求，并对标签、说明书的内容负责。

进口商应当建立境外出口商、境外生产企业审核制度，重点审核前款规定的内容；审核不合格的，不得进口。

发现进口食品不符合我国食品安全国家标准或者有证据证明可能危害人体健康的，进口商应当立即停止进口，并依照本法第六十三条的规定召回。

第九十五条　境外发生的食品安全事件可能对我国境内造成影响，或者在进口食品、食品添加剂、食品相关产品中发现严重食品安全问题的，国家出入境检验检疫部门应当及时采取风险预警或者控制措施，并向国务院食品药品监督管理、卫生行政、农业行政部门通报。接到通报的部门应当及时采取相应措施。

县级以上人民政府食品药品监督管理部门对国内市场上销售的进口食品、食品添加剂实施监督管理。发现存在严重食品安全问题的，国务院食品药品监督管理部门应当及时向国家出入境检验检疫部门通报。国家出入境检验检疫部门应当及时采取相应措施。

第九十六条　向我国境内出口食品的境外出口商或者代理商、进口食品的进口商应当向国家出入境检验检疫部门备案。向我国境内出口食品的境外食品生产企业应当经国家出入境检验检疫部门注册。已经注册的境外食品生产企业提供虚假材料，或者因其自身的原因致使进口食品发生重大食品安全事故的，国家出入境检验检疫部门应当撤销注册并公告。

国家出入境检验检疫部门应当定期公布已经备案的境外出口商、代理商、进口商和已经注册的境外食品生产企业名单。

第九十七条　进口的预包装食品、食品添加剂应当有中文标签；依法应当有说明书的，还应当有中文说明书。标签、说明书应当符合本法以及我国其他有关法律、行政法规的规定和食品安全国家标准的要求，并载明食品的原产地以及境内代理商的名称、地址、联系方式。预包装食品没有中文标签、中文说明书或者标签、说明书不符合本条规定的，不得进口。

第九十八条　进口商应当建立食品、食品添加剂进口和销售记录制度，如实记录食品、食品添加剂的名称、规格、数量、生产日期、生产或者进口批号、保质期、境外出口商和购货者名称、地址及联系方式、交货日期等内容，并保存相关凭证。记录和凭证保存期限应当符合本法第五十条第二款的规定。

第九十九条　出口食品生产企业应当保证其出口食品符合进口国（地区）的标准或者合同要求。

出口食品生产企业和出口食品原料种植、养殖场应当向国家出入境检验检疫部门备案。

第一百条　国家出入境检验检疫部门应当收集、汇总下列进出口食品安全信息，并及时通报相关部门、机构和企业：

（一）出入境检验检疫机构对进出口食品实施检验检疫发现的食品安全信息；

（二）食品行业协会和消费者协会等组织、消费者反映的进口食品安全信息；

（三）国际组织、境外政府机构发布的风险预警信息及其他食品安全信息，以及境外食品行业协会等组织、消费者反映的食品安全信息；

（四）其他食品安全信息。

国家出入境检验检疫部门应当对进出口食品的进口商、出口商和出口食品生产企业实施信用管理，建立信用记录，并依法向社会公布。对有不良记录的进口商、出口商和出口食品生产企业，应当加强对其进出口食品的检验检疫。

第一百零一条 国家出入境检验检疫部门可以对向我国境内出口食品的国家（地区）的食品安全管理体系和食品安全状况进行评估和审查，并根据评估和审查结果，确定相应检验检疫要求。

第七章　食品安全事故处置

第一百零二条 国务院组织制定国家食品安全事故应急预案。

县级以上地方人民政府应当根据有关法律、法规的规定和上级人民政府的食品安全事故应急预案以及本行政区域的实际情况，制定本行政区域的食品安全事故应急预案，并报上一级人民政府备案。

食品安全事故应急预案应当对食品安全事故分级、事故处置组织指挥体系与职责、预防预警机制、处置程序、应急保障措施等作出规定。

食品生产经营企业应当制定食品安全事故处置方案，定期检查本企业各项食品安全防范措施的落实情况，及时消除事故隐患。

第一百零三条 发生食品安全事故的单位应当立即采取措施，防止事故扩大。事故单位和接收病人进行治疗的单位应当及时向事故发生地县级人民政府食品药品监督管理、卫生行政部门报告。

县级以上人民政府质量监督、农业行政等部门在日常监督管理中发现食品安全事故或者接到事故举报，应当立即向同级食品药品监督管理部门通报。

发生食品安全事故，接到报告的县级人民政府食品药品监督管理部门应当按照应急预案的规定向本级人民政府和上级人民政府食品药品监督管理部门报告。县级人民政府和上级人民政府食品药品监督管理部门应当按照应急预案的规定上报。

任何单位和个人不得对食品安全事故隐瞒、谎报、缓报，不得隐匿、伪造、毁灭有关证据。

第一百零四条 医疗机构发现其接收的病人属于食源性疾病病人或者疑似病人的，

应当按照规定及时将相关信息向所在地县级人民政府卫生行政部门报告。县级人民政府卫生行政部门认为与食品安全有关的，应当及时通报同级食品药品监督管理部门。

县级以上人民政府卫生行政部门在调查处理传染病或者其他突发公共卫生事件中发现与食品安全相关的信息，应当及时通报同级食品药品监督管理部门。

第一百零五条 县级以上人民政府食品药品监督管理部门接到食品安全事故的报告后，应当立即会同同级卫生行政、质量监督、农业行政等部门进行调查处理，并采取下列措施，防止或者减轻社会危害：

（一）开展应急救援工作，组织救治因食品安全事故导致人身伤害的人员；

（二）封存可能导致食品安全事故的食品及其原料，并立即进行检验；对确认属于被污染的食品及其原料，责令食品生产经营者依照本法第六十三条的规定召回或者停止经营；

（三）封存被污染的食品相关产品，并责令进行清洗消毒；

（四）做好信息发布工作，依法对食品安全事故及其处理情况进行发布，并对可能产生的危害加以解释、说明。

发生食品安全事故需要启动应急预案的，县级以上人民政府应当立即成立事故处置指挥机构，启动应急预案，依照前款和应急预案的规定进行处置。

发生食品安全事故，县级以上疾病预防控制机构应当对事故现场进行卫生处理，并对与事故有关的因素开展流行病学调查，有关部门应当予以协助。县级以上疾病预防控制机构应当向同级食品药品监督管理、卫生行政部门提交流行病学调查报告。

第一百零六条 发生食品安全事故，设区的市级以上人民政府食品药品监督管理部门应当立即会同有关部门进行事故责任调查，督促有关部门履行职责，向本级人民政府和上一级人民政府食品药品监督管理部门提出事故责任调查处理报告。

涉及两个以上省、自治区、直辖市的重大食品安全事故由国务院食品药品监督管理部门依照前款规定组织事故责任调查。

第一百零七条 调查食品安全事故，应当坚持实事求是、尊重科学的原则，及时、准确查清事故性质和原因，认定事故责任，提出整改措施。

调查食品安全事故，除了查明事故单位的责任，还应当查明有关监督管理部门、食品检验机构、认证机构及其工作人员的责任。

第一百零八条 食品安全事故调查部门有权向有关单位和个人了解与事故有关的情况，并要求提供相关资料和样品。有关单位和个人应当予以配合，按照要求提供相关资料和样品，不得拒绝。

任何单位和个人不得阻挠、干涉食品安全事故的调查处理。

第八章　监督管理

第一百零九条　县级以上人民政府食品药品监督管理、质量监督部门根据食品安全风险监测、风险评估结果和食品安全状况等，确定监督管理的重点、方式和频次，实施风险分级管理。

县级以上地方人民政府组织本级食品药品监督管理、质量监督、农业行政等部门制定本行政区域的食品安全年度监督管理计划，向社会公布并组织实施。

食品安全年度监督管理计划应当将下列事项作为监督管理的重点：

（一）专供婴幼儿和其他特定人群的主辅食品；

（二）保健食品生产过程中的添加行为和按照注册或者备案的技术要求组织生产的情况，保健食品标签、说明书以及宣传材料中有关功能宣传的情况；

（三）发生食品安全事故风险较高的食品生产经营者；

（四）食品安全风险监测结果表明可能存在食品安全隐患的事项。

第一百一十条　县级以上人民政府食品药品监督管理、质量监督部门履行各自食品安全监督管理职责，有权采取下列措施，对生产经营者遵守本法的情况进行监督检查：

（一）进入生产经营场所实施现场检查；

（二）对生产经营的食品、食品添加剂、食品相关产品进行抽样检验；

（三）查阅、复制有关合同、票据、账簿以及其他有关资料；

（四）查封、扣押有证据证明不符合食品安全标准或者有证据证明存在安全隐患以及用于违法生产经营的食品、食品添加剂、食品相关产品；

（五）查封违法从事生产经营活动的场所。

第一百一十一条　对食品安全风险评估结果证明食品存在安全隐患，需要制定、修订食品安全标准的，在制定、修订食品安全标准前，国务院卫生行政部门应当及时会同国务院有关部门规定食品中有害物质的临时限量值和临时检验方法，作为生产经营和监督管理的依据。

第一百一十二条　县级以上人民政府食品药品监督管理部门在食品安全监督管理工作中可以采用国家规定的快速检测方法对食品进行抽查检测。

对抽查检测结果表明可能不符合食品安全标准的食品，应当依照本法第八十七条的规定进行检验。抽查检测结果确定有关食品不符合食品安全标准的，可以作为行政处罚的依据。

第一百一十三条　县级以上人民政府食品药品监督管理部门应当建立食品生产经营

者食品安全信用档案，记录许可颁发、日常监督检查结果、违法行为查处等情况，依法向社会公布并实时更新；对有不良信用记录的食品生产经营者增加监督检查频次，对违法行为情节严重的食品生产经营者，可以通报投资主管部门、证券监督管理机构和有关的金融机构。

第一百一十四条　食品生产经营过程中存在食品安全隐患，未及时采取措施消除的，县级以上人民政府食品药品监督管理部门可以对食品生产经营者的法定代表人或者主要负责人进行责任约谈。食品生产经营者应当立即采取措施，进行整改，消除隐患。责任约谈情况和整改情况应当纳入食品生产经营者食品安全信用档案。

第一百一十五条　县级以上人民政府食品药品监督管理、质量监督等部门应当公布本部门的电子邮件地址或者电话，接受咨询、投诉、举报。接到咨询、投诉、举报，对属于本部门职责的，应当受理并在法定期限内及时答复、核实、处理；对不属于本部门职责的，应当移交有权处理的部门并书面通知咨询、投诉、举报人。有权处理的部门应当在法定期限内及时处理，不得推诿。对查证属实的举报，给予举报人奖励。

有关部门应当对举报人的信息予以保密，保护举报人的合法权益。举报人举报所在企业的，该企业不得以解除、变更劳动合同或者其他方式对举报人进行打击报复。

第一百一十六条　县级以上人民政府食品药品监督管理、质量监督等部门应当加强对执法人员食品安全法律、法规、标准和专业知识与执法能力等的培训，并组织考核。不具备相应知识和能力的，不得从事食品安全执法工作。

食品生产经营者、食品行业协会、消费者协会等发现食品安全执法人员在执法过程中有违反法律、法规规定的行为以及不规范执法行为的，可以向本级或者上级人民政府食品药品监督管理、质量监督等部门或者监察机关投诉、举报。接到投诉、举报的部门或者机关应当进行核实，并将经核实的情况向食品安全执法人员所在部门通报；涉嫌违法违纪的，按照本法和有关规定处理。

第一百一十七条　县级以上人民政府食品药品监督管理等部门未及时发现食品安全系统性风险，未及时消除监督管理区域内的食品安全隐患的，本级人民政府可以对其主要负责人进行责任约谈。

地方人民政府未履行食品安全职责，未及时消除区域性重大食品安全隐患的，上级人民政府可以对其主要负责人进行责任约谈。

被约谈的食品药品监督管理等部门、地方人民政府应当立即采取措施，对食品安全监督管理工作进行整改。

责任约谈情况和整改情况应当纳入地方人民政府和有关部门食品安全监督管理工作评议、考核记录。

第一百一十八条 国家建立统一的食品安全信息平台，实行食品安全信息统一公布制度。国家食品安全总体情况、食品安全风险警示信息、重大食品安全事故及其调查处理信息和国务院确定需要统一公布的其他信息由国务院食品药品监督管理部门统一公布。食品安全风险警示信息和重大食品安全事故及其调查处理信息的影响限于特定区域的，也可以由有关省、自治区、直辖市人民政府食品药品监督管理部门公布。未经授权不得发布上述信息。

县级以上人民政府食品药品监督管理、质量监督、农业行政部门依据各自职责公布食品安全日常监督管理信息。

公布食品安全信息，应当做到准确、及时，并进行必要的解释说明，避免误导消费者和社会舆论。

第一百一十九条 县级以上地方人民政府食品药品监督管理、卫生行政、质量监督、农业行政部门获知本法规定需要统一公布的信息，应当向上级主管部门报告，由上级主管部门立即报告国务院食品药品监督管理部门；必要时，可以直接向国务院食品药品监督管理部门报告。

县级以上人民政府食品药品监督管理、卫生行政、质量监督、农业行政部门应当相互通报获知的食品安全信息。

第一百二十条 任何单位和个人不得编造、散布虚假食品安全信息。

县级以上人民政府食品药品监督管理部门发现可能误导消费者和社会舆论的食品安全信息，应当立即组织有关部门、专业机构、相关食品生产经营者等进行核实、分析，并及时公布结果。

第一百二十一条 县级以上人民政府食品药品监督管理、质量监督等部门发现涉嫌食品安全犯罪的，应当按照有关规定及时将案件移送公安机关。对移送的案件，公安机关应当及时审查；认为有犯罪事实需要追究刑事责任的，应当立案侦查。

公安机关在食品安全犯罪案件侦查过程中认为没有犯罪事实，或者犯罪事实显著轻微，不需要追究刑事责任，但依法应当追究行政责任的，应当及时将案件移送食品药品监督管理、质量监督等部门和监察机关，有关部门应当依法处理。

公安机关商请食品药品监督管理、质量监督、环境保护等部门提供检验结论、认定意见以及对涉案物品进行无害化处理等协助的，有关部门应当及时提供，予以协助。

第九章　法律责任

第一百二十二条 违反本法规定，未取得食品生产经营许可从事食品生产经营活动，或者未取得食品添加剂生产许可从事食品添加剂生产活动的，由县级以上人民政府食品药品监督管理部门没收违法所得和违法生产经营的食品、食品添加剂以及用于违法生产经营的工具、设备、原料等物品；违法生产经营的食品、食品添加剂货值金额不足一万元的，并处五万元以上十万元以下罚款；货值金额一万元以上的，并处货值金额十倍以上二十倍以下罚款。

明知从事前款规定的违法行为，仍为其提供生产经营场所或者其他条件的，由县级以上人民政府食品药品监督管理部门责令停止违法行为，没收违法所得，并处五万元以上十万元以下罚款；使消费者的合法权益受到损害的，应当与食品、食品添加剂生产经营者承担连带责任。

第一百二十三条 违反本法规定，有下列情形之一，尚不构成犯罪的，由县级以上人民政府食品药品监督管理部门没收违法所得和违法生产经营的食品，并可以没收用于违法生产经营的工具、设备、原料等物品；违法生产经营的食品货值金额不足一万元的，并处十万元以上十五万元以下罚款；货值金额一万元以上的，并处货值金额十五倍以上三十倍以下罚款；情节严重的，吊销许可证，并可以由公安机关对其直接负责的主管人员和其他直接责任人员处五日以上十五日以下拘留：

（一）用非食品原料生产食品、在食品中添加食品添加剂以外的化学物质和其他可能危害人体健康的物质，或者用回收食品作为原料生产食品，或者经营上述食品；

（二）生产经营营养成分不符合食品安全标准的专供婴幼儿和其他特定人群的主辅食品；

（三）经营病死、毒死或者死因不明的禽、畜、兽、水产动物肉类，或者生产经营其制品；

（四）经营未按规定进行检疫或者检疫不合格的肉类，或者生产经营未经检验或者检验不合格的肉类制品；

（五）生产经营国家为防病等特殊需要明令禁止生产经营的食品；

（六）生产经营添加药品的食品。

明知从事前款规定的违法行为，仍为其提供生产经营场所或者其他条件的，由县级以上人民政府食品药品监督管理部门责令停止违法行为，没收违法所得，并处十万元以上二十万元以下罚款；使消费者的合法权益受到损害的，应当与食品生产经营者承担连带责任。

违法使用剧毒、高毒农药的，除依照有关法律、法规规定给予处罚外，可以由公安机关依照第一款规定给予拘留。

第一百二十四条 违反本法规定，有下列情形之一，尚不构成犯罪的，由县级以上人民政府食品药品监督管理部门没收违法所得和违法生产经营的食品、食品添加剂，并可以没收用于违法生产经营的工具、设备、原料等物品；违法生产经营的食品、食品添加剂货值金额不足一万元的，并处五万元以上十万元以下罚款；货值金额一万元以上的，并处货值金额十倍以上二十倍以下罚款；情节严重的，吊销许可证：

（一）生产经营致病性微生物，农药残留、兽药残留、生物毒素、重金属等污染物质以及其他危害人体健康的物质含量超过食品安全标准限量的食品、食品添加剂；

（二）用超过保质期的食品原料、食品添加剂生产食品、食品添加剂，或者经营上述食品、食品添加剂；

（三）生产经营超范围、超限量使用食品添加剂的食品；

（四）生产经营腐败变质、油脂酸败、霉变生虫、污秽不洁、混有异物、掺假掺杂或者感官性状异常的食品、食品添加剂；

（五）生产经营标注虚假生产日期、保质期或者超过保质期的食品、食品添加剂；

（六）生产经营未按规定注册的保健食品、特殊医学用途配方食品、婴幼儿配方乳粉，或者未按注册的产品配方、生产工艺等技术要求组织生产；

（七）以分装方式生产婴幼儿配方乳粉，或者同一企业以同一配方生产不同品牌的婴幼儿配方乳粉；

（八）利用新的食品原料生产食品，或者生产食品添加剂新品种，未通过安全性评估；

（九）食品生产经营者在食品药品监督管理部门责令其召回或者停止经营后，仍拒不召回或者停止经营。

除前款和本法第一百二十三条、第一百二十五条规定的情形外，生产经营不符合法律、法规或者食品安全标准的食品、食品添加剂的，依照前款规定给予处罚。

生产食品相关产品新品种，未通过安全性评估，或者生产不符合食品安全标准的食品相关产品的，由县级以上人民政府质量监督部门依照第一款规定给予处罚。

第一百二十五条 违反本法规定，有下列情形之一的，由县级以上人民政府食品药品监督管理部门没收违法所得和违法生产经营的食品、食品添加剂，并可以没收用于违法生产经营的工具、设备、原料等物品；违法生产经营的食品、食品添加剂货值金额不足一万元的，并处五千元以上五万元以下罚款；货值金额一万元以上的，并处货值金额五倍以上十倍以下罚款；情节严重的，责令停产停业，直至吊销许可证：

（一）生产经营被包装材料、容器、运输工具等污染的食品、食品添加剂；

（二）生产经营无标签的预包装食品、食品添加剂或者标签、说明书不符合本法规定的食品、食品添加剂；

（三）生产经营转基因食品未按规定进行标示；

（四）食品生产经营者采购或者使用不符合食品安全标准的食品原料、食品添加剂、食品相关产品。

生产经营的食品、食品添加剂的标签、说明书存在瑕疵但不影响食品安全且不会对消费者造成误导的，由县级以上人民政府食品药品监督管理部门责令改正；拒不改正的，处二千元以下罚款。

第一百二十六条　违反本法规定，有下列情形之一的，由县级以上人民政府食品药品监督管理部门责令改正，给予警告；拒不改正的，处五千元以上五万元以下罚款；情节严重的，责令停产停业，直至吊销许可证：

（一）食品、食品添加剂生产者未按规定对采购的食品原料和生产的食品、食品添加剂进行检验；

（二）食品生产经营企业未按规定建立食品安全管理制度，或者未按规定配备或者培训、考核食品安全管理人员；

（三）食品、食品添加剂生产经营者进货时未查验许可证和相关证明文件，或者未按规定建立并遵守进货查验记录、出厂检验记录和销售记录制度；

（四）食品生产经营企业未制定食品安全事故处置方案；

（五）餐具、饮具和盛放直接入口食品的容器，使用前未经洗净、消毒或者清洗消毒不合格，或者餐饮服务设施、设备未按规定定期维护、清洗、校验；

（六）食品生产经营者安排未取得健康证明或者患有国务院卫生行政部门规定的有碍食品安全疾病的人员从事接触直接入口食品的工作；

（七）食品经营者未按规定要求销售食品；

（八）保健食品生产企业未按规定向食品药品监督管理部门备案，或者未按备案的产品配方、生产工艺等技术要求组织生产；

（九）婴幼儿配方食品生产企业未将食品原料、食品添加剂、产品配方、标签等向食品药品监督管理部门备案；

（十）特殊食品生产企业未按规定建立生产质量管理体系并有效运行，或者未定期提交自查报告；

（十一）食品生产经营者未定期对食品安全状况进行检查评价，或者生产经营条件发生变化，未按规定处理；

（十二）学校、托幼机构、养老机构、建筑工地等集中用餐单位未按规定履行食品安全管理责任；

（十三）食品生产企业、餐饮服务提供者未按规定制定、实施生产经营过程控制要求。

餐具、饮具集中消毒服务单位违反本法规定用水，使用洗涤剂、消毒剂，或者出厂的餐具、饮具未按规定检验合格并随附消毒合格证明，或者未按规定在独立包装上标注相关内容的，由县级以上人民政府卫生行政部门依照前款规定给予处罚。

食品相关产品生产者未按规定对生产的食品相关产品进行检验的，由县级以上人民政府质量监督部门依照第一款规定给予处罚。

食用农产品销售者违反本法第六十五条规定的，由县级以上人民政府食品药品监督管理部门依照第一款规定给予处罚。

第一百二十七条 对食品生产加工小作坊、食品摊贩等的违法行为的处罚，依照省、自治区、直辖市制定的具体管理办法执行。

第一百二十八条 违反本法规定，事故单位在发生食品安全事故后未进行处置、报告的，由有关主管部门按照各自职责分工责令改正，给予警告；隐匿、伪造、毁灭有关证据的，责令停产停业，没收违法所得，并处十万元以上五十万元以下罚款；造成严重后果的，吊销许可证。

第一百二十九条 违反本法规定，有下列情形之一的，由出入境检验检疫机构依照本法第一百二十四条的规定给予处罚：

（一）提供虚假材料，进口不符合我国食品安全国家标准的食品、食品添加剂、食品相关产品；

（二）进口尚无食品安全国家标准的食品，未提交所执行的标准并经国务院卫生行政部门审查，或者进口利用新的食品原料生产的食品或者进口食品添加剂新品种、食品相关产品新品种，未通过安全性评估；

（三）未遵守本法的规定出口食品；

（四）进口商在有关主管部门责令其依照本法规定召回进口的食品后，仍拒不召回。

违反本法规定，进口商未建立并遵守食品、食品添加剂进口和销售记录制度、境外出口商或者生产企业审核制度的，由出入境检验检疫机构依照本法第一百二十六条的规定给予处罚。

第一百三十条 违反本法规定，集中交易市场的开办者、柜台出租者、展销会的举办者允许未依法取得许可的食品经营者进入市场销售食品，或者未履行检查、报告等义务的，由县级以上人民政府食品药品监督管理部门责令改正，没收违法所得，并处五万元以上二十万元以下罚款；造成严重后果的，责令停业，直至由原发证部门吊销许可证；使消费者的合法权益受到损害的，应当与食品经营者承担连带责任。

食用农产品批发市场违反本法第六十四条规定的，依照前款规定承担责任。

第一百三十一条 违反本法规定，网络食品交易第三方平台提供者未对入网食品经营者进行实名登记、审查许可证，或者未履行报告、停止提供网络交易平台服务等义务的，由县级以上人民政府食品药品监督管理部门责令改正，没收违法所得，并处五万元以上二十万元以下罚款；造成严重后果的，责令停业，直至由原发证部门吊销许可证；使消费者的合法权益受到损害的，应当与食品经营者承担连带责任。

消费者通过网络食品交易第三方平台购买食品，其合法权益受到损害的，可以向入网食品经营者或者食品生产者要求赔偿。网络食品交易第三方平台提供者不能提供入网食品经营者的真实名称、地址和有效联系方式的，由网络食品交易第三方平台提供者赔偿。网络食品交易第三方平台提供者赔偿后，有权向入网食品经营者或者食品生产者追偿。网络食品交易第三方平台提供者作出更有利于消费者承诺的，应当履行其承诺。

第一百三十二条 违反本法规定，未按要求进行食品贮存、运输和装卸的，由县级以上人民政府食品药品监督管理等部门按照各自职责分工责令改正，给予警告；拒不改正的，责令停产停业，并处一万元以上五万元以下罚款；情节严重的，吊销许可证。

第一百三十三条 违反本法规定，拒绝、阻挠、干涉有关部门、机构及其工作人员依法开展食品安全监督检查、事故调查处理、风险监测和风险评估的，由有关主管部门按照各自职责分工责令停产停业，并处二千元以上五万元以下罚款；情节严重的，吊销许可证；构成违反治安管理行为的，由公安机关依法给予治安管理处罚。

违反本法规定，对举报人以解除、变更劳动合同或者其他方式打击报复的，应当依照有关法律的规定承担责任。

第一百三十四条 食品生产经营者在一年内累计三次因违反本法规定受到责令停产停业、吊销许可证以外处罚的，由食品药品监督管理部门责令停产停业，直至吊销许可证。

第一百三十五条 被吊销许可证的食品生产经营者及其法定代表人、直接负责的主管人员和其他直接责任人员自处罚决定作出之日起五年内不得申请食品生产经营许可，或者从事食品生产经营管理工作、担任食品生产经营企业食品安全管理人员。

因食品安全犯罪被判处有期徒刑以上刑罚的，终身不得从事食品生产经营管理工作，也不得担任食品生产经营企业食品安全管理人员。

食品生产经营者聘用人员违反前两款规定的，由县级以上人民政府食品药品监督管理部门吊销许可证。

第一百三十六条 食品经营者履行了本法规定的进货查验等义务，有充分证据证明其不知道所采购的食品不符合食品安全标准，并能如实说明其进货来源的，可以免予处罚，但应当依法没收其不符合食品安全标准的食品；造成人身、财产或者其他损害的，依法承担赔偿责任。

第一百三十七条 违反本法规定，承担食品安全风险监测、风险评估工作的技术机构、技术人员提供虚假监测、评估信息的，依法对技术机构直接负责的主管人员和技术人员给予撤职、开除处分；有执业资格的，由授予其资格的主管部门吊销执业证书。

第一百三十八条 违反本法规定，食品检验机构、食品检验人员出具虚假检验报告的，由授予其资质的主管部门或者机构撤销该食品检验机构的检验资质，没收所收取的检验费用，并处检验费用五倍以上十倍以下罚款，检验费用不足一万元的，并处五万元以上十万元以下罚款；依法对食品检验机构直接负责的主管人员和食品检验人员给予撤职或者开除处分；导致发生重大食品安全事故的，对直接负责的主管人员和食品检验人员给予开除处分。

违反本法规定，受到开除处分的食品检验机构人员，自处分决定作出之日起十年内不得从事食品检验工作；因食品安全违法行为受到刑事处罚或者因出具虚假检验报告导致发生重大食品安全事故受到开除处分的食品检验机构人员，终身不得从事食品检验工作。食品检验机构聘用不得从事食品检验工作的人员的，由授予其资质的主管部门或者机构撤销该食品检验机构的检验资质。

食品检验机构出具虚假检验报告，使消费者的合法权益受到损害的，应当与食品生产经营者承担连带责任。

第一百三十九条 违反本法规定，认证机构出具虚假认证结论，由认证认可监督管理部门没收所收取的认证费用，并处认证费用五倍以上十倍以下罚款，认证费用不足一万元的，并处五万元以上十万元以下罚款；情节严重的，责令停业，直至撤销认证机构批准文件，并向社会公布；对直接负责的主管人员和负有直接责任的认证人员，撤销其执业资格。

认证机构出具虚假认证结论，使消费者的合法权益受到损害的，应当与食品生产经营者承担连带责任。

第一百四十条 违反本法规定，在广告中对食品作虚假宣传，欺骗消费者，或者发布未取得批准文件、广告内容与批准文件不一致的保健食品广告的，依照《中华人民共和国广告法》的规定给予处罚。

广告经营者、发布者设计、制作、发布虚假食品广告，使消费者的合法权益受到损害的，应当与食品生产经营者承担连带责任。

社会团体或者其他组织、个人在虚假广告或者其他虚假宣传中向消费者推荐食品，使消费者的合法权益受到损害的，应当与食品生产经营者承担连带责任。

违反本法规定，食品药品监督管理等部门、食品检验机构、食品行业协会以广告或者其他形式向消费者推荐食品，消费者组织以收取费用或者其他牟取利益的方式向消费者推荐食品的，由有关主管部门没收违法所得，依法对直接负责的主管人员和其他直接责任人员给予记大过、降级或者撤职处分；情节严重的，给予开除处分。

对食品作虚假宣传且情节严重的，由省级以上人民政府食品药品监督管理部门决定暂停销售该食品，并向社会公布；仍然销售该食品的，由县级以上人民政府食品药品监督管理部门没收违法所得和违法销售的食品，并处二万元以上五万元以下罚款。

第一百四十一条 违反本法规定，编造、散布虚假食品安全信息，构成违反治安管理行为的，由公安机关依法给予治安管理处罚。

媒体编造、散布虚假食品安全信息的，由有关主管部门依法给予处罚，并对直接负责的主管人员和其他直接责任人员给予处分；使公民、法人或者其他组织的合法权益受到损害的，依法承担消除影响、恢复名誉、赔偿损失、赔礼道歉等民事责任。

第一百四十二条 违反本法规定，县级以上地方人民政府有下列行为之一的，对直接负责的主管人员和其他直接责任人员给予记大过处分；情节较重的，给予降级或者撤职处分；情节严重的，给予开除处分；造成严重后果的，其主要负责人还应当引咎辞职：

（一）对发生在本行政区域内的食品安全事故，未及时组织协调有关部门开展有效处置，造成不良影响或者损失；

（二）对本行政区域内涉及多环节的区域性食品安全问题，未及时组织整治，造成不良影响或者损失；

（三）隐瞒、谎报、缓报食品安全事故；

（四）本行政区域内发生特别重大食品安全事故，或者连续发生重大食品安全事故。

第一百四十三条 违反本法规定，县级以上地方人民政府有下列行为之一的，对直接负责的主管人员和其他直接责任人员给予警告、记过或者记大过处分；造成严重后果的，给予降级或者撤职处分：

（一）未确定有关部门的食品安全监督管理职责，未建立健全食品安全全程监督管理工作机制和信息共享机制，未落实食品安全监督管理责任制；

（二）未制定本行政区域的食品安全事故应急预案，或者发生食品安全事故后未按规定立即成立事故处置指挥机构、启动应急预案。

第一百四十四条 违反本法规定，县级以上人民政府食品药品监督管理、卫生行政、质量监督、农业行政等部门有下列行为之一的，对直接负责的主管人员和其他直接责任人员给予记大过处分；情节较重的，给予降级或者撤职处分；情节严重的，给予开除处分；造成严重后果的，其主要负责人还应当引咎辞职：

（一）隐瞒、谎报、缓报食品安全事故；

（二）未按规定查处食品安全事故，或者接到食品安全事故报告未及时处理，造成事故扩大或者蔓延；

（三）经食品安全风险评估得出食品、食品添加剂、食品相关产品不安全结论后，未及时采取相应措施，造成食品安全事故或者不良社会影响；

（四）对不符合条件的申请人准予许可，或者超越法定职权准予许可；

（五）不履行食品安全监督管理职责，导致发生食品安全事故。

第一百四十五条 违反本法规定，县级以上人民政府食品药品监督管理、卫生行政、质量监督、农业行政等部门有下列行为之一，造成不良后果的，对直接负责的主管人员和其他直接责任人员给予警告、记过或者记大过处分；情节较重的，给予降级或者撤职处分；情节严重的，给予开除处分：

（一）在获知有关食品安全信息后，未按规定向上级主管部门和本级人民政府报告，或者未按规定相互通报；

（二）未按规定公布食品安全信息；

（三）不履行法定职责，对查处食品安全违法行为不配合，或者滥用职权、玩忽职守、徇私舞弊。

第一百四十六条 食品药品监督管理、质量监督等部门在履行食品安全监督管理职责过程中，违法实施检查、强制等执法措施，给生产经营者造成损失的，应当依法予以赔偿，对直接负责的主管人员和其他直接责任人员依法给予处分。

第一百四十七条 违反本法规定，造成人身、财产或者其他损害的，依法承担赔偿责任。生产经营者财产不足以同时承担民事赔偿责任和缴纳罚款、罚金时，先承担民事赔偿责任。

第一百四十八条 消费者因不符合食品安全标准的食品受到损害的，可以向经营者要求赔偿损失，也可以向生产者要求赔偿损失。接到消费者赔偿要求的生产经营者，应当实行首负责任制，先行赔付，不得推诿；属于生产者责任的，经营者赔偿后有权向生产者追偿；属于经营者责任的，生产者赔偿后有权向经营者追偿。

生产不符合食品安全标准的食品或者经营明知是不符合食品安全标准的食品，消费者除要求赔偿损失外，还可以向生产者或者经营者要求支付价款十倍或者损失三倍的赔偿金；增加赔偿的金额不足一千元的，为一千元。但是，食品的标签、说明书存在不影响食品安全且不会对消费者造成误导的瑕疵的除外。

第一百四十九条 违反本法规定，构成犯罪的，依法追究刑事责任。

第十章 附　　则

第一百五十条 本法下列用语的含义：

食品，指各种供人食用或者饮用的成品和原料以及按照传统既是食品又是中药材的物品，但是不包括以治疗为目的的物品。

食品安全，指食品无毒、无害，符合应当有的营养要求，对人体健康不造成任何急性、亚急性或者慢性危害。

预包装食品，指预先定量包装或者制作在包装材料、容器中的食品。

食品添加剂，指为改善食品品质和色、香、味以及为防腐、保鲜和加工工艺的需要而加入食品中的人工合成或者天然物质，包括营养强化剂。

用于食品的包装材料和容器，指包装、盛放食品或者食品添加剂用的纸、竹、木、金属、搪瓷、陶瓷、塑料、橡胶、天然纤维、化学纤维、玻璃等制品和直接接触食品或者食品添加剂的涂料。

用于食品生产经营的工具、设备，指在食品或者食品添加剂生产、销售、使用过程中直接接触食品或者食品添加剂的机械、管道、传送带、容器、用具、餐具等。

用于食品的洗涤剂、消毒剂，指直接用于洗涤或者消毒食品、餐具、饮具以及直接接触食品的工具、设备或者食品包装材料和容器的物质。

食品保质期，指食品在标明的贮存条件下保持品质的期限。

食源性疾病，指食品中致病因素进入人体引起的感染性、中毒性等疾病，包括食物中毒。

食品安全事故，指食源性疾病、食品污染等源于食品，对人体健康有危害或者可能有危害的事故。

第一百五十一条 转基因食品和食盐的食品安全管理，本法未作规定的，适用其他法律、行政法规的规定。

第一百五十二条 铁路、民航运营中食品安全的管理办法由国务院食品药品监督管理部门会同国务院有关部门依照本法制定。

保健食品的具体管理办法由国务院食品药品监督管理部门依照本法制定。

食品相关产品生产活动的具体管理办法由国务院质量监督部门依照本法制定。

国境口岸食品的监督管理由出入境检验检疫机构依照本法以及有关法律、行政法规的规定实施。

军队专用食品和自供食品的食品安全管理办法由中央军事委员会依照本法制定。

第一百五十三条 国务院根据实际需要，可以对食品安全监督管理体制作出调整。

第一百五十四条 本法自 2015 年 10 月 1 日起施行。

中华人民共和国主席令

第四十九号

《中华人民共和国农产品质量安全法》已由中华人民共和国第十届全国人民代表大会常务委员会第二十一次会议于 2006 年 4 月 29 日通过，现予公布，自 2006 年 11 月 1 日起施行。

中华人民共和国　胡锦涛

2006 年 4 月 29 日

中华人民共和国农产品质量安全法

（2006 年 4 月 29 日第十届全国人民代表大会
常务委员会第二十一次会议通过）

目　　录

第一章　总　　则

第一条　为保障农产品质量安全，维护公众健康，促进农业和农村经济发展，制定本法。

第二条　本法所称农产品，是指来源于农业的初级产品，即在农业活动中获得的植物、动物、微生物及其产品。

本法所称农产品质量安全，是指农产品质量符合保障人的健康、安全的要求。

第三条　县级以上人民政府农业行政主管部门负责农产品质量安全的监督管理工作；县级以上人民政府有关部门按照职责分工，负责农产品质量安全的有关工作。

第四条　县级以上人民政府应当将农产品质量安全管理工作纳入本级国民经济和社会发展规划，并安排农产品质量安全经费，用于开展农产品质量安全工作。

第五条　县级以上地方人民政府统一领导、协调本行政区域内的农产品质量安全工作，并采取措施，建立健全农产品质量安全服务体系，提高农产品质量安全水平。

第六条　国务院农业行政主管部门应当设立由有关方面专家组成的农产品质量安全风险评估专家委员会，对可能影响农产品质量安全的潜在危害进行风险分析和评估。

国务院农业行政主管部门应当根据农产品质量安全风险评估结果采取相应的管理措施，并将农产品质量安全风险评估结果及时通报国务院有关部门。

第七条　国务院农业行政主管部门和省、自治区、直辖市人民政府农业行政主管部门应当按照职责权限，发布有关农产品质量安全状况信息。

第八条　国家引导、推广农产品标准化生产，鼓励和支持生产优质农产品，禁止生产、销售不符合国家规定的农产品质量安全标准的农产品。

第九条　国家支持农产品质量安全科学技术研究，推行科学的质量安全管理方法，推广先进安全的生产技术。

第十条　各级人民政府及有关部门应当加强农产品质量安全知识的宣传，提高公众的农产品质量安全意识，引导农产品生产者、销售者加强质量安全管理，保障农产品消费安全。

第二章　农产品质量安全标准

第十一条　国家建立健全农产品质量安全标准体系。农产品质量安全标准是强制性的技术规范。

农产品质量安全标准的制定和发布，依照有关法律、行政法规的规定执行。

第十二条 制定农产品质量安全标准应当充分考虑农产品质量安全风险评估结果，并听取农产品生产者、销售者和消费者的意见，保障消费安全。

第十三条 农产品质量安全标准应当根据科学技术发展水平以及农产品质量安全的需要，及时修订。

第十四条 农产品质量安全标准由农业行政主管部门商有关部门组织实施。

第三章 农产品产地

第十五条 县级以上地方人民政府农业行政主管部门按照保障农产品质量安全的要求，根据农产品品种特性和生产区域大气、土壤、水体中有毒有害物质状况等因素，认为不适宜特定农产品生产的，提出禁止生产的区域，报本级人民政府批准后公布。具体办法由国务院农业行政主管部门商国务院环境保护行政主管部门制定。

农产品禁止生产区域的调整，依照前款规定的程序办理。

第十六条 县级以上人民政府应当采取措施，加强农产品基地建设，改善农产品的生产条件。

县级以上人民政府农业行政主管部门应当采取措施，推进保障农产品质量安全的标准化生产综合示范区、示范农场、养殖小区和无规定动植物疫病区的建设。

第十七条 禁止在有毒有害物质超过规定标准的区域生产、捕捞、采集食用农产品和建立农产品生产基地。

第十八条 禁止违反法律、法规的规定向农产品产地排放或者倾倒废水、废气、固体废物或者其他有毒有害物质。

农业生产用水和用作肥料的固体废物，应当符合国家规定的标准。

第十九条 农产品生产者应当合理使用化肥、农药、兽药、农用薄膜等化工产品，防止对农产品产地造成污染。

第四章 农产品生产

第二十条 国务院农业行政主管部门和省、自治区、直辖市人民政府农业行政主管部门应当制定保障农产品质量安全的生产技术要求和操作规程。县级以上人民政府农业行政主管部门应当加强对农产品生产的指导。

第二十一条 对可能影响农产品质量安全的农药、兽药、饲料和饲料添加剂、肥料、兽医器械，依照有关法律、行政法规的规定实行许可制度。

国务院农业行政主管部门和省、自治区、直辖市人民政府农业行政主管部门应当定期对可能危及农产品质量安全的农药、兽药、饲料和饲料添加剂、肥料等农业投入品进行监督抽查，并公布抽查结果。

第二十二条　县级以上人民政府农业行政主管部门应当加强对农业投入品使用的管理和指导，建立健全农业投入品的安全使用制度。

第二十三条　农业科研教育机构和农业技术推广机构应当加强对农产品生产者质量安全知识和技能的培训。

第二十四条　农产品生产企业和农民专业合作经济组织应当建立农产品生产记录，如实记载下列事项：

（一）使用农业投入品的名称、来源、用法、用量和使用、停用的日期；

（二）动物疫病、植物病虫草害的发生和防治情况；

（三）收获、屠宰或者捕捞的日期。

农产品生产记录应当保存二年。禁止伪造农产品生产记录。

国家鼓励其他农产品生产者建立农产品生产记录。

第二十五条　农产品生产者应当按照法律、行政法规和国务院农业行政主管部门的规定，合理使用农业投入品，严格执行农业投入品使用安全间隔期或者休药期的规定，防止危及农产品质量安全。

禁止在农产品生产过程中使用国家明令禁止使用的农业投入品。

第二十六条　农产品生产企业和农民专业合作经济组织，应当自行或者委托检测机构对农产品质量安全状况进行检测；经检测不符合农产品质量安全标准的农产品，不得销售。

第二十七条　农民专业合作经济组织和农产品行业协会对其成员应当及时提供生产技术服务，建立农产品质量安全管理制度，健全农产品质量安全控制体系，加强自律管理。

第五章　农产品包装和标识

第二十八条　农产品生产企业、农民专业合作经济组织以及从事农产品收购的单位或者个人销售的农产品，按照规定应当包装或者附加标识的，须经包装或者附加标识后方可销售。包装物或者标识上应当按照规定标明产品的品名、产地、生产者、生产日期、保质期、产品质量等级等内容；使用添加剂的，还应当按照规定标明添加剂的名称。具体办法由国务院农业行政主管部门制定。

第二十九条　农产品在包装、保鲜、贮存、运输中所使用的保鲜剂、防腐剂、添加剂等材料，应当符合国家有关强制性的技术规范。

第三十条　属于农业转基因生物的农产品，应当按照农业转基因生物安全管理的有关规定进行标识。

第三十一条　依法需要实施检疫的动植物及其产品，应当附具检疫合格标志、检疫合格证明。

第三十二条　销售的农产品必须符合农产品质量安全标准，生产者可以申请使用无公害农产品标志。农产品质量符合国家规定的有关优质农产品标准的，生产者可以申请使用相应的农产品质量标志。

禁止冒用前款规定的农产品质量标志。

第六章　监督检查

第三十三条　有下列情形之一的农产品，不得销售：

（一）含有国家禁止使用的农药、兽药或者其他化学物质的；

（二）农药、兽药等化学物质残留或者含有的重金属等有毒有害物质不符合农产品质量安全标准的；

（三）含有的致病性寄生虫、微生物或者生物毒素不符合农产品质量安全标准的；

（四）使用的保鲜剂、防腐剂、添加剂等材料不符合国家有关强制性的技术规范的；

（五）其他不符合农产品质量安全标准的。

第三十四条　国家建立农产品质量安全监测制度。县级以上人民政府农业行政主管部门应当按照保障农产品质量安全的要求，制定并组织实施农产品质量安全监测计划，对生产中或者市场上销售的农产品进行监督抽查。监督抽查结果由国务院农业行政主管部门或者省、自治区、直辖市人民政府农业行政主管部门按照权限予以公布。

监督抽查检测应当委托符合本法第三十五条规定条件的农产品质量安全检测机构进行，不得向被抽查人收取费用，抽取的样品不得超过国务院农业行政主管部门规定的数量。上级农业行政主管部门监督抽查的农产品，下级农业行政主管部门不得另行重复抽查。

第三十五条　农产品质量安全检测应当充分利用现有的符合条件的检测机构。

从事农产品质量安全检测的机构，必须具备相应的检测条件和能力，由省级以上人民政府农业行政主管部门或者其授权的部门考核合格。具体办法由国务院农业行政主管部门制定。

农产品质量安全检测机构应当依法经计量认证合格。

第三十六条 农产品生产者、销售者对监督抽查检测结果有异议的，可以自收到检测结果之日起五日内，向组织实施农产品质量安全监督抽查的农业行政主管部门或者其上级农业行政主管部门申请复检。

采用国务院农业行政主管部门会同有关部门认定的快速检测方法进行农产品质量安全监督抽查检测，被抽查人对检测结果有异议的，可以自收到检测结果时起四小时内申请复检。复检不得采用快速检测方法。

因检测结果错误给当事人造成损害的，依法承担赔偿责任。

第三十七条 农产品批发市场应当设立或者委托农产品质量安全检测机构，对进场销售的农产品质量安全状况进行抽查检测；发现不符合农产品质量安全标准的，应当要求销售者立即停止销售，并向农业行政主管部门报告。

农产品销售企业对其销售的农产品，应当建立健全进货检查验收制度；经查验不符合农产品质量安全标准的，不得销售。

第三十八条 国家鼓励单位和个人对农产品质量安全进行社会监督。任何单位和个人都有权对违反本法的行为进行检举、揭发和控告。有关部门收到相关的检举、揭发和控告后，应当及时处理。

第三十九条 县级以上人民政府农业行政主管部门在农产品质量安全监督检查中，可以对生产、销售的农产品进行现场检查，调查了解农产品质量安全的有关情况，查阅、复制与农产品质量安全有关的记录和其他资料；对经检测不符合农产品质量安全标准的农产品，有权查封、扣押。

第四十条 发生农产品质量安全事故时，有关单位和个人应当采取控制措施，及时向所在地乡级人民政府和县级人民政府农业行政主管部门报告；收到报告的机关应当及时处理并报上一级人民政府和有关部门。发生重大农产品质量安全事故时，农业行政主管部门应当及时通报同级食品药品监督管理部门。

第四十一条 县级以上人民政府农业行政主管部门在农产品质量安全监督管理中，发现有本法第三十三条所列情形之一的农产品，应当按照农产品质量安全责任追究制度的要求，查明责任人，依法予以处理或者提出处理建议。

第四十二条 进口的农产品必须按照国家规定的农产品质量安全标准进行检验；尚未制定有关农产品质量安全标准的，应当依法及时制定，未制定之前，可以参照国家有关部门指定的国外有关标准进行检验。

第七章　法律责任

第四十三条　农产品质量安全监督管理人员不依法履行监督职责，或者滥用职权的，依法给予行政处分。

第四十四条　农产品质量安全检测机构伪造检测结果的，责令改正，没收违法所得，并处五万元以上十万元以下罚款，对直接负责的主管人员和其他直接责任人员处一万元以上五万元以下罚款；情节严重的，撤销其检测资格；造成损害的，依法承担赔偿责任。

农产品质量安全检测机构出具检测结果不实，造成损害的，依法承担赔偿责任；造成重大损害的，并撤销其检测资格。

第四十五条　违反法律、法规规定，向农产品产地排放或者倾倒废水、废气、固体废物或者其他有毒有害物质的，依照有关环境保护法律、法规的规定处罚；造成损害的，依法承担赔偿责任。

第四十六条　使用农业投入品违反法律、行政法规和国务院农业行政主管部门的规定的，依照有关法律、行政法规的规定处罚。

第四十七条　农产品生产企业、农民专业合作经济组织未建立或者未按照规定保存农产品生产记录的，或者伪造农产品生产记录的，责令限期改正；逾期不改正的，可以处二千元以下罚款。

第四十八条　违反本法第二十八条规定，销售的农产品未按照规定进行包装、标识的，责令限期改正；逾期不改正的，可以处二千元以下罚款。

第四十九条　有本法第三十三条第四项规定情形，使用的保鲜剂、防腐剂、添加剂等材料不符合国家有关强制性的技术规范的，责令停止销售，对被污染的农产品进行无害化处理，对不能进行无害化处理的予以监督销毁；没收违法所得，并处二千元以上二万元以下罚款。

第五十条　农产品生产企业、农民专业合作经济组织销售的农产品有本法第三十三条第一项至第三项或者第五项所列情形之一的，责令停止销售，追回已经销售的农产品，对违法销售的农产品进行无害化处理或者予以监督销毁；没收违法所得，并处二千元以上二万元以下罚款。

农产品销售企业销售的农产品有前款所列情形的，依照前款规定处理、处罚。

农产品批发市场中销售的农产品有第一款所列情形的，对违法销售的农产品依照第一款规定处理，对农产品销售者依照第一款规定处罚。

农产品批发市场违反本法第三十七条第一款规定的，责令改正，处二千元以上二万元以下罚款。

第五十一条　违反本法第三十二条规定，冒用农产品质量标志的，责令改正，没收违法所得，并处二千元以上二万元以下罚款。

第五十二条　本法第四十四条、第四十七条至第四十九条、第五十条第一款、第四款和第五十一条规定的处理、处罚，由县级以上人民政府农业行政主管部门决定；第五十条第二款、第三款规定的处理、处罚，由工商行政管理部门决定。

法律对行政处罚及处罚机关有其他规定的，从其规定。但是，对同一违法行为不得重复处罚。

第五十三条　违反本法规定，构成犯罪的，依法追究刑事责任。

第五十四条　生产、销售本法第三十三条所列农产品，给消费者造成损害的，依法承担赔偿责任。

农产品批发市场中销售的农产品有前款规定情形的，消费者可以向农产品批发市场要求赔偿；属于生产者、销售者责任的，农产品批发市场有权追偿。消费者也可以直接向农产品生产者、销售者要求赔偿。

第八章　附　则

第五十五条　生猪屠宰的管理按照国家有关规定执行。

第五十六条　本法自 2006 年 11 月 1 日起施行。

中华人民共和国商标法

(1982 年 8 月 23 日第五届全国人民代表大会常务委员会第二十四次会议通过
根据 1993 年 2 月 22 日第七届全国人民代表大会常务委员会第三十次会议
《关于修改〈中华人民共和国商标法〉的决定》第一次修正
根据 2001 年 10 月 27 日第九届全国人民代表大会常务委员会第二十四次会议
《关于修改〈中华人民共和国商标法〉的决定》第二次修正
根据 2013 年 8 月 30 日第十二届全国人民代表大会常务委员会第四次会议
《关于修改〈中华人民共和国商标法〉的决定》第三次修正)

目　　录

第一章　总　　则

第一条　为了加强商标管理，保护商标专用权，促使生产、经营者保证商品和服务质量，维护商标信誉，以保障消费者和生产、经营者的利益，促进社会主义市场经济的发展，特制定本法。

第二条　国务院工商行政管理部门商标局主管全国商标注册和管理的工作。

国务院工商行政管理部门设立商标评审委员会，负责处理商标争议事宜。

第三条 经商标局核准注册的商标为注册商标，包括商品商标、服务商标和集体商标、证明商标；商标注册人享有商标专用权，受法律保护。

本法所称集体商标，是指以团体、协会或者其他组织名义注册，供该组织成员在商事活动中使用，以表明使用者在该组织中的成员资格的标志。

本法所称证明商标，是指由对某种商品或者服务具有监督能力的组织所控制，而由该组织以外的单位或者个人使用于其商品或者服务，用以证明该商品或者服务的原产地、原料、制造方法、质量或者其他特定品质的标志。

集体商标、证明商标注册和管理的特殊事项，由国务院工商行政管理部门规定。

第四条 自然人、法人或者其他组织在生产经营活动中，对其商品或者服务需要取得商标专用权的，应当向商标局申请商标注册。

本法有关商品商标的规定，适用于服务商标。

第五条 两个以上的自然人、法人或者其他组织可以共同向商标局申请注册同一商标，共同享有和行使该商标专用权。

第六条 法律、行政法规规定必须使用注册商标的商品，必须申请商标注册，未经核准注册的，不得在市场销售。

第七条 申请注册和使用商标，应当遵循诚实信用原则。

商标使用人应当对其使用商标的商品质量负责。各级工商行政管理部门应当通过商标管理，制止欺骗消费者的行为。

第八条 任何能够将自然人、法人或者其他组织的商品与他人的商品区别开的标志，包括文字、图形、字母、数字、三维标志、颜色组合和声音等，以及上述要素的组合，均可以作为商标申请注册。

第九条 申请注册的商标，应当有显著特征，便于识别，并不得与他人在先取得的合法权利相冲突。

商标注册人有权标明"注册商标"或者注册标记。

第十条 下列标志不得作为商标使用：

（一）同中华人民共和国的国家名称、国旗、国徽、国歌、军旗、军徽、军歌、勋章等相同或者近似的，以及同中央国家机关的名称、标志、所在地特定地点的名称或者标志性建筑物的名称、图形相同的；

（二）同外国的国家名称、国旗、国徽、军旗等相同或者近似的，但经该国政府同意的除外；

（三）同政府间国际组织的名称、旗帜、徽记等相同或者近似的，但经该组织同意或者不易误导公众的除外；

（四）与表明实施控制、予以保证的官方标志、检验印记相同或者近似的，但经授权的除外；

（五）同"红十字"、"红新月"的名称、标志相同或者近似的；

（六）带有民族歧视性的；

（七）带有欺骗性，容易使公众对商品的质量等特点或者产地产生误认的；

（八）有害于社会主义道德风尚或者有其他不良影响的。

县级以上行政区划的地名或者公众知晓的外国地名，不得作为商标。但是，地名具有其他含义或者作为集体商标、证明商标组成部分的除外；已经注册的使用地名的商标继续有效。

第十一条 下列标志不得作为商标注册：

（一）仅有本商品的通用名称、图形、型号的；

（二）仅直接表示商品的质量、主要原料、功能、用途、重量、数量及其他特点的；

（三）其他缺乏显著特征的。

前款所列标志经过使用取得显著特征，并便于识别的，可以作为商标注册。

第十二条 以三维标志申请注册商标的，仅由商品自身的性质产生的形状、为获得技术效果而需有的商品形状或者使商品具有实质性价值的形状，不得注册。

第十三条 为相关公众所熟知的商标，持有人认为其权利受到侵害时，可以依照本法规定请求驰名商标保护。

就相同或者类似商品申请注册的商标是复制、摹仿或者翻译他人未在中国注册的驰名商标，容易导致混淆的，不予注册并禁止使用。

就不相同或者不相类似商品申请注册的商标是复制、摹仿或者翻译他人已经在中国注册的驰名商标，误导公众，致使该驰名商标注册人的利益可能受到损害的，不予注册并禁止使用。

第十四条 驰名商标应当根据当事人的请求，作为处理涉及商标案件需要认定的事实进行认定。认定驰名商标应当考虑下列因素：

（一）相关公众对该商标的知晓程度；

（二）该商标使用的持续时间；

（三）该商标的任何宣传工作的持续时间、程度和地理范围；

（四）该商标作为驰名商标受保护的记录；

（五）该商标驰名的其他因素。

在商标注册审查、工商行政管理部门查处商标违法案件过程中，当事人依照本法第十三条规定主张权利的，商标局根据审查、处理案件的需要，可以对商标驰名情况作出认定。

在商标争议处理过程中，当事人依照本法第十三条规定主张权利的，商标评审委员会根据处理案件的需要，可以对商标驰名情况作出认定。

在商标民事、行政案件审理过程中，当事人依照本法第十三条规定主张权利的，最高人民法院指定的人民法院根据审理案件的需要，可以对商标驰名情况作出认定。

生产、经营者不得将"驰名商标"字样用于商品、商品包装或者容器上，或者用于广告宣传、展览以及其他商业活动中。

第十五条 未经授权，代理人或者代表人以自己的名义将被代理人或者被代表人的商标进行注册，被代理人或者被代表人提出异议的，不予注册并禁止使用。

就同一种商品或者类似商品申请注册的商标与他人在先使用的未注册商标相同或者近似，申请人与该他人具有前款规定以外的合同、业务往来关系或者其他关系而明知该他人商标存在，该他人提出异议的，不予注册。

第十六条 商标中有商品的地理标志，而该商品并非来源于该标志所标示的地区，误导公众的，不予注册并禁止使用；但是，已经善意取得注册的继续有效。

前款所称地理标志，是指标示某商品来源于某地区，该商品的特定质量、信誉或者其他特征，主要由该地区的自然因素或者人文因素所决定的标志。

第十七条 外国人或者外国企业在中国申请商标注册的，应当按其所属国和中华人民共和国签订的协议或者共同参加的国际条约办理，或者按对等原则办理。

第十八条 申请商标注册或者办理其他商标事宜，可以自行办理，也可以委托依法设立的商标代理机构办理。

外国人或者外国企业在中国申请商标注册和办理其他商标事宜的，应当委托依法设立的商标代理机构办理。

第十九条 商标代理机构应当遵循诚实信用原则，遵守法律、行政法规，按照被代理人的委托办理商标注册申请或者其他商标事宜；对在代理过程中知悉的被代理人的商业秘密，负有保密义务。

委托人申请注册的商标可能存在本法规定不得注册情形的，商标代理机构应当明确告知委托人。

商标代理机构知道或者应当知道委托人申请注册的商标属于本法第十五条和第三十二条规定情形的，不得接受其委托。

商标代理机构除对其代理服务申请商标注册外，不得申请注册其他商标。

第二十条 商标代理行业组织应当按照章程规定，严格执行吸纳会员的条件，对违反行业自律规范的会员实行惩戒。商标代理行业组织对其吸纳的会员和对会员的惩戒情况，应当及时向社会公布。

第二十一条 商标国际注册遵循中华人民共和国缔结或者参加的有关国际条约确立的制度，具体办法由国务院规定。

第二章 商标注册的申请

第二十二条 商标注册申请人应当按规定的商品分类表填报使用商标的商品类别和商品名称，提出注册申请。

商标注册申请人可以通过一份申请就多个类别的商品申请注册同一商标。

商标注册申请等有关文件，可以以书面方式或者数据电文方式提出。

第二十三条 注册商标需要在核定使用范围之外的商品上取得商标专用权的，应当另行提出注册申请。

第二十四条 注册商标需要改变其标志的，应当重新提出注册申请。

第二十五条 商标注册申请人自其商标在外国第一次提出商标注册申请之日起六个月内，又在中国就相同商品以同一商标提出商标注册申请的，依照该外国同中国签订的协议或者共同参加的国际条约，或者按照相互承认优先权的原则，可以享有优先权。

依照前款要求优先权的，应当在提出商标注册申请的时候提出书面声明，并且在三个月内提交第一次提出的商标注册申请文件的副本；未提出书面声明或者逾期未提交商标注册申请文件副本的，视为未要求优先权。

第二十六条 商标在中国政府主办的或者承认的国际展览会展出的商品上首次使用的，自该商品展出之日起六个月内，该商标的注册申请人可以享有优先权。

依照前款要求优先权的，应当在提出商标注册申请的时候提出书面声明，并且在三个月内提交展出其商品的展览会名称、在展出商品上使用该商标的证据、展出日期等证明文件；未提出书面声明或者逾期未提交证明文件的，视为未要求优先权。

第二十七条 为申请商标注册所申报的事项和所提供的材料应当真实、准确、完整。

第三章 商标注册的审查和核准

第二十八条 对申请注册的商标，商标局应当自收到商标注册申请文件之日起九个月内审查完毕，符合本法有关规定的，予以初步审定公告。

第二十九条 在审查过程中，商标局认为商标注册申请内容需要说明或者修正的，可以要求申请人做出说明或者修正。申请人未做出说明或者修正的，不影响商标局做出审查决定。

第三十条　申请注册的商标，凡不符合本法有关规定或者同他人在同一种商品或者类似商品上已经注册的或者初步审定的商标相同或者近似的，由商标局驳回申请，不予公告。

第三十一条　两个或者两个以上的商标注册申请人，在同一种商品或者类似商品上，以相同或者近似的商标申请注册的，初步审定并公告申请在先的商标；同一天申请的，初步审定并公告使用在先的商标，驳回其他人的申请，不予公告。

第三十二条　申请商标注册不得损害他人现有的在先权利，也不得以不正当手段抢先注册他人已经使用并有一定影响的商标。

第三十三条　对初步审定公告的商标，自公告之日起三个月内，在先权利人、利害关系人认为违反本法第十三条第二款和第三款、第十五条、第十六条第一款、第三十条、第三十一条、第三十二条规定的，或者任何人认为违反本法第十条、第十一条、第十二条规定的，可以向商标局提出异议。公告期满无异议的，予以核准注册，发给商标注册证，并予公告。

第三十四条　对驳回申请、不予公告的商标，商标局应当书面通知商标注册申请人。商标注册申请人不服的，可以自收到通知之日起十五日内向商标评审委员会申请复审。商标评审委员会应当自收到申请之日起九个月内做出决定，并书面通知申请人。有特殊情况需要延长的，经国务院工商行政管理部门批准，可以延长三个月。当事人对商标评审委员会的决定不服的，可以自收到通知之日起三十日内向人民法院起诉。

第三十五条　对初步审定公告的商标提出异议的，商标局应当听取异议人和被异议人陈述事实和理由，经调查核实后，自公告期满之日起十二个月内做出是否准予注册的决定，并书面通知异议人和被异议人。有特殊情况需要延长的，经国务院工商行政管理部门批准，可以延长六个月。

商标局做出准予注册决定的，发给商标注册证，并予公告。异议人不服的，可以依照本法第四十四条、第四十五条的规定向商标评审委员会请求宣告该注册商标无效。

商标局做出不予注册决定，被异议人不服的，可以自收到通知之日起十五日内向商标评审委员会申请复审。商标评审委员会应当自收到申请之日起十二个月内做出复审决定，并书面通知异议人和被异议人。有特殊情况需要延长的，经国务院工商行政管理部门批准，可以延长六个月。被异议人对商标评审委员会的决定不服的，可以自收到通知之日起三十日内向人民法院起诉。人民法院应当通知异议人作为第三人参加诉讼。

商标评审委员会在依照前款规定进行复审的过程中，所涉及的在先权利的确定必须以人民法院正在审理或者行政机关正在处理的另一案件的结果为依据的，可以中止审查。中止原因消除后，应当恢复审查程序。

第三十六条　法定期限届满，当事人对商标局做出的驳回申请决定、不予注册决定不申请复审或者对商标评审委员会做出的复审决定不向人民法院起诉的，驳回申请决定、不予注册决定或者复审决定生效。

经审查异议不成立而准予注册的商标，商标注册申请人取得商标专用权的时间自初步审定公告三个月期满之日起计算。自该商标公告期满之日起至准予注册决定做出前，对他人在同一种或者类似商品上使用与该商标相同或者近似的标志的行为不具有追溯力；但是，因该使用人的恶意给商标注册人造成的损失，应当给予赔偿。

第三十七条　对商标注册申请和商标复审申请应当及时进行审查。

第三十八条　商标注册申请人或者注册人发现商标申请文件或者注册文件有明显错误的，可以申请更正。商标局依法在其职权范围内作出更正，并通知当事人。

前款所称更正错误不涉及商标申请文件或者注册文件的实质性内容。

第四章　注册商标的续展、变更、转让和使用许可

第三十九条　注册商标的有效期为十年，自核准注册之日起计算。

第四十条　注册商标有效期满，需要继续使用的，商标注册人应当在期满前十二个月内按照规定办理续展手续；在此期间未能办理的，可以给予六个月的宽展期。每次续展注册的有效期为十年，自该商标上一届有效期满次日起计算。期满未办理续展手续的，注销其注册商标。

商标局应当对续展注册的商标予以公告。

第四十一条　注册商标需要变更注册人的名义、地址或者其他注册事项的，应当提出变更申请。

第四十二条　转让注册商标的，转让人和受让人应当签订转让协议，并共同向商标局提出申请。受让人应当保证使用该注册商标的商品质量。

转让注册商标的，商标注册人对其在同一种商品上注册的近似的商标，或者在类似商品上注册的相同或者近似的商标，应当一并转让。

对容易导致混淆或者有其他不良影响的转让，商标局不予核准，书面通知申请人并说明理由。

转让注册商标经核准后，予以公告。受让人自公告之日起享有商标专用权。

第四十三条　商标注册人可以通过签订商标使用许可合同，许可他人使用其注册商

标。许可人应当监督被许可人使用其注册商标的商品质量。被许可人应当保证使用该注册商标的商品质量。

经许可使用他人注册商标的，必须在使用该注册商标的商品上标明被许可人的名称和商品产地。

许可他人使用其注册商标的，许可人应当将其商标使用许可报商标局备案，由商标局公告。商标使用许可未经备案不得对抗善意第三人。

第五章　注册商标的无效宣告

第四十四条　已经注册的商标，违反本法第十条、第十一条、第十二条规定的，或者是以欺骗手段或者其他不正当手段取得注册的，由商标局宣告该注册商标无效；其他单位或者个人可以请求商标评审委员会宣告该注册商标无效。

商标局做出宣告注册商标无效的决定，应当书面通知当事人。当事人对商标局的决定不服的，可以自收到通知之日起十五日内向商标评审委员会申请复审。商标评审委员会应当自收到申请之日起九个月内做出决定，并书面通知当事人。有特殊情况需要延长的，经国务院工商行政管理部门批准，可以延长三个月。当事人对商标评审委员会的决定不服的，可以自收到通知之日起三十日内向人民法院起诉。

其他单位或者个人请求商标评审委员会宣告注册商标无效的，商标评审委员会收到申请后，应当书面通知有关当事人，并限期提出答辩。商标评审委员会应当自收到申请之日起九个月内做出维持注册商标或者宣告注册商标无效的裁定，并书面通知当事人。有特殊情况需要延长的，经国务院工商行政管理部门批准，可以延长三个月。当事人对商标评审委员会的裁定不服的，可以自收到通知之日起三十日内向人民法院起诉。人民法院应当通知商标裁定程序的对方当事人作为第三人参加诉讼。

第四十五条　已经注册的商标，违反本法第十三条第二款和第三款、第十五条、第十六条第一款、第三十条、第三十一条、第三十二条规定的，自商标注册之日起五年内，在先权利人或者利害关系人可以请求商标评审委员会宣告该注册商标无效。对恶意注册的，驰名商标所有人不受五年的时间限制。

商标评审委员会收到宣告注册商标无效的申请后，应当书面通知有关当事人，并限期提出答辩。商标评审委员会应当自收到申请之日起十二个月内做出维持注册商标或者宣告注册商标无效的裁定，并书面通知当事人。有特殊情况需要延长的，经国务院工商行政管理部门批准，可以延长六个月。当事人对商标评审委员会的裁定不服的，可以自收到通知之日起三十日内向人民法院起诉。人民法院应当通知商标裁定程序的对方当事人作为第三人参加诉讼。

商标评审委员会在依照前款规定对无效宣告请求进行审查的过程中，所涉及的在先权利的确定必须以人民法院正在审理或者行政机关正在处理的另一案件的结果为依据的，可以中止审查。中止原因消除后，应当恢复审查程序。

第四十六条 法定期限届满，当事人对商标局宣告注册商标无效的决定不申请复审或者对商标评审委员会的复审决定、维持注册商标或者宣告注册商标无效的裁定不向人民法院起诉的，商标局的决定或者商标评审委员会的复审决定、裁定生效。

第四十七条 依照本法第四十四条、第四十五条的规定宣告无效的注册商标，由商标局予以公告，该注册商标专用权视为自始即不存在。

宣告注册商标无效的决定或者裁定，对宣告无效前人民法院做出并已执行的商标侵权案件的判决、裁定、调解书和工商行政管理部门做出并已执行的商标侵权案件的处理决定以及已经履行的商标转让或者使用许可合同不具有追溯力。但是，因商标注册人的恶意给他人造成的损失，应当给予赔偿。

依照前款规定不返还商标侵权赔偿金、商标转让费、商标使用费，明显违反公平原则的，应当全部或者部分返还。

第六章 商标使用的管理

第四十八条 本法所称商标的使用，是指将商标用于商品、商品包装或者容器以及商品交易文书上，或者将商标用于广告宣传、展览以及其他商业活动中，用于识别商品来源的行为。

第四十九条 商标注册人在使用注册商标的过程中，自行改变注册商标、注册人名义、地址或者其他注册事项的，由地方工商行政管理部门责令限期改正；期满不改正的，由商标局撤销其注册商标。

注册商标成为其核定使用的商品的通用名称或者没有正当理由连续三年不使用的，任何单位或者个人可以向商标局申请撤销该注册商标。商标局应当自收到申请之日起九个月内做出决定。有特殊情况需要延长的，经国务院工商行政管理部门批准，可以延长三个月。

第五十条 注册商标被撤销、被宣告无效或者期满不再续展的，自撤销、宣告无效或者注销之日起一年内，商标局对与该商标相同或者近似的商标注册申请，不予核准。

第五十一条 违反本法第六条规定的，由地方工商行政管理部门责令限期申请注册，违法经营额五万元以上的，可以处违法经营额百分之二十以下的罚款，没有违法经营额或者违法经营额不足五万元的，可以处一万元以下的罚款。

第五十二条　将未注册商标冒充注册商标使用的，或者使用未注册商标违反本法第十条规定的，由地方工商行政管理部门予以制止，限期改正，并可以予以通报，违法经营额五万元以上的，可以处违法经营额百分之二十以下的罚款，没有违法经营额或者违法经营额不足五万元的，可以处一万元以下的罚款。

第五十三条　违反本法第十四条第五款规定的，由地方工商行政管理部门责令改正，处十万元罚款。

第五十四条　对商标局撤销或者不予撤销注册商标的决定，当事人不服的，可以自收到通知之日起十五日内向商标评审委员会申请复审。商标评审委员会应当自收到申请之日起九个月内做出决定，并书面通知当事人。有特殊情况需要延长的，经国务院工商行政管理部门批准，可以延长三个月。当事人对商标评审委员会的决定不服的，可以自收到通知之日起三十日内向人民法院起诉。

第五十五条　法定期限届满，当事人对商标局做出的撤销注册商标的决定不申请复审或者对商标评审委员会做出的复审决定不向人民法院起诉的，撤销注册商标的决定、复审决定生效。

被撤销的注册商标，由商标局予以公告，该注册商标专用权自公告之日起终止。

第七章　注册商标专用权的保护

第五十六条　注册商标的专用权，以核准注册的商标和核定使用的商品为限。

第五十七条　有下列行为之一的，均属侵犯注册商标专用权：

（一）未经商标注册人的许可，在同一种商品上使用与其注册商标相同的商标的；

（二）未经商标注册人的许可，在同一种商品上使用与其注册商标近似的商标，或者在类似商品上使用与其注册商标相同或者近似的商标，容易导致混淆的；

（三）销售侵犯注册商标专用权的商品的；

（四）伪造、擅自制造他人注册商标标识或者销售伪造、擅自制造的注册商标标识的；

（五）未经商标注册人同意，更换其注册商标并将该更换商标的商品又投入市场的；

（六）故意为侵犯他人商标专用权行为提供便利条件，帮助他人实施侵犯商标专用权行为的；

（七）给他人的注册商标专用权造成其他损害的。

第五十八条　将他人注册商标、未注册的驰名商标作为企业名称中的字号使用，误导公众，构成不正当竞争行为的，依照《中华人民共和国反不正当竞争法》处理。

第五十九条　注册商标中含有的本商品的通用名称、图形、型号，或者直接表示商品的质量、主要原料、功能、用途、重量、数量及其他特点，或者含有的地名，注册商标专用权人无权禁止他人正当使用。

三维标志注册商标中含有的商品自身的性质产生的形状、为获得技术效果而需有的商品形状或者使商品具有实质性价值的形状，注册商标专用权人无权禁止他人正当使用。

商标注册人申请商标注册前，他人已经在同一种商品或者类似商品上先于商标注册人使用与注册商标相同或者近似并有一定影响的商标的，注册商标专用权人无权禁止该使用人在原使用范围内继续使用该商标，但可以要求其附加适当区别标识。

第六十条　有本法第五十七条所列侵犯注册商标专用权行为之一，引起纠纷的，由当事人协商解决；不愿协商或者协商不成的，商标注册人或者利害关系人可以向人民法院起诉，也可以请求工商行政管理部门处理。

工商行政管理部门处理时，认定侵权行为成立的，责令立即停止侵权行为，没收、销毁侵权商品和主要用于制造侵权商品、伪造注册商标标识的工具，违法经营额五万元以上的，可以处违法经营额五倍以下的罚款，没有违法经营额或者违法经营额不足五万元的，可以处二十五万元以下的罚款。对五年内实施两次以上商标侵权行为或者有其他严重情节的，应当从重处罚。销售不知道是侵犯注册商标专用权的商品，能证明该商品是自己合法取得并说明提供者的，由工商行政管理部门责令停止销售。

对侵犯商标专用权的赔偿数额的争议，当事人可以请求进行处理的工商行政管理部门调解，也可以依照《中华人民共和国民事诉讼法》向人民法院起诉。经工商行政管理部门调解，当事人未达成协议或者调解书生效后不履行的，当事人可以依照《中华人民共和国民事诉讼法》向人民法院起诉。

第六十一条　对侵犯注册商标专用权的行为，工商行政管理部门有权依法查处；涉嫌犯罪的，应当及时移送司法机关依法处理。

第六十二条　县级以上工商行政管理部门根据已经取得的违法嫌疑证据或者举报，对涉嫌侵犯他人注册商标专用权的行为进行查处时，可以行使下列职权：

（一）询问有关当事人，调查与侵犯他人注册商标专用权有关的情况；

（二）查阅、复制当事人与侵权活动有关的合同、发票、账簿以及其他有关资料；

（三）对当事人涉嫌从事侵犯他人注册商标专用权活动的场所实施现场检查；

（四）检查与侵权活动有关的物品；对有证据证明是侵犯他人注册商标专用权的物品，可以查封或者扣押。

工商行政管理部门依法行使前款规定的职权时，当事人应当予以协助、配合，不得拒绝、阻挠。

在查处商标侵权案件过程中，对商标权属存在争议或者权利人同时向人民法院提起商标侵权诉讼的，工商行政管理部门可以中止案件的查处。中止原因消除后，应当恢复或者终结案件查处程序。

第六十三条 侵犯商标专用权的赔偿数额，按照权利人因被侵权所受到的实际损失确定；实际损失难以确定的，可以按照侵权人因侵权所获得的利益确定；权利人的损失或者侵权人获得的利益难以确定的，参照该商标许可使用费的倍数合理确定。对恶意侵犯商标专用权，情节严重的，可以在按照上述方法确定数额的一倍以上三倍以下确定赔偿数额。赔偿数额应当包括权利人为制止侵权行为所支付的合理开支。

人民法院为确定赔偿数额，在权利人已经尽力举证，而与侵权行为相关的账簿、资料主要由侵权人掌握的情况下，可以责令侵权人提供与侵权行为相关的账簿、资料；侵权人不提供或者提供虚假的账簿、资料的，人民法院可以参考权利人的主张和提供的证据判定赔偿数额。

权利人因被侵权所受到的实际损失、侵权人因侵权所获得的利益、注册商标许可使用费难以确定的，由人民法院根据侵权行为的情节判决给予三百万元以下的赔偿。

第六十四条 注册商标专用权人请求赔偿，被控侵权人以注册商标专用权人未使用注册商标提出抗辩的，人民法院可以要求注册商标专用权人提供此前三年内实际使用该注册商标的证据。注册商标专用权人不能证明此前三年内实际使用过该注册商标，也不能证明因侵权行为受到其他损失的，被控侵权人不承担赔偿责任。

销售不知道是侵犯注册商标专用权的商品，能证明该商品是自己合法取得并说明提供者的，不承担赔偿责任。

第六十五条 商标注册人或者利害关系人有证据证明他人正在实施或者即将实施侵犯其注册商标专用权的行为，如不及时制止将会使其合法权益受到难以弥补的损害的，可以依法在起诉前向人民法院申请采取责令停止有关行为和财产保全的措施。

第六十六条 为制止侵权行为，在证据可能灭失或者以后难以取得的情况下，商标注册人或者利害关系人可以依法在起诉前向人民法院申请保全证据。

第六十七条 未经商标注册人许可，在同一种商品上使用与其注册商标相同的商标，构成犯罪的，除赔偿被侵权人的损失外，依法追究刑事责任。

伪造、擅自制造他人注册商标标识或者销售伪造、擅自制造的注册商标标识，构成犯罪的，除赔偿被侵权人的损失外，依法追究刑事责任。

销售明知是假冒注册商标的商品，构成犯罪的，除赔偿被侵权人的损失外，依法追究刑事责任。

第六十八条 商标代理机构有下列行为之一的，由工商行政管理部门责令限期改正，给予警告，处一万元以上十万元以下的罚款；对直接负责的主管人员和其他直接责任人员给予警告，处五千元以上五万元以下的罚款；构成犯罪的，依法追究刑事责任：

（一）办理商标事宜过程中，伪造、变造或者使用伪造、变造的法律文件、印章、签名的；

（二）以诋毁其他商标代理机构等手段招徕商标代理业务或者以其他不正当手段扰乱商标代理市场秩序的；

（三）违反本法第十九条第三款、第四款规定的。

商标代理机构有前款规定行为的，由工商行政管理部门记入信用档案；情节严重的，商标局、商标评审委员会并可以决定停止受理其办理商标代理业务，予以公告。

商标代理机构违反诚实信用原则，侵害委托人合法利益的，应当依法承担民事责任，并由商标代理行业组织按照章程规定予以惩戒。

第六十九条 从事商标注册、管理和复审工作的国家机关工作人员必须秉公执法，廉洁自律，忠于职守，文明服务。

商标局、商标评审委员会以及从事商标注册、管理和复审工作的国家机关工作人员不得从事商标代理业务和商品生产经营活动。

第七十条 工商行政管理部门应当建立健全内部监督制度，对负责商标注册、管理和复审工作的国家机关工作人员执行法律、行政法规和遵守纪律的情况，进行监督检查。

第七十一条 从事商标注册、管理和复审工作的国家机关工作人员玩忽职守、滥用职权、徇私舞弊，违法办理商标注册、管理和复审事项，收受当事人财物，牟取不正当利益，构成犯罪的，依法追究刑事责任；尚不构成犯罪的，依法给予处分。

第八章 附 则

第七十二条 申请商标注册和办理其他商标事宜的，应当缴纳费用，具体收费标准另定。

第七十三条 本法自1983年3月1日起施行。1963年4月10日国务院公布的《商标管理条例》同时废止；其他有关商标管理的规定，凡与本法抵触的，同时失效。

本法施行前已经注册的商标继续有效。

国家食品药品监督管理总局令

第 16 号

《食品生产许可管理办法》已经国家食品药品监督管理总局局务会议审议通过，现予公布，自 2015 年 10 月 1 日起施行。

局长　毕井泉

2015 年 8 月 31 日

食品生产许可管理办法

第一章　总　　则

第一条　为规范食品、食品添加剂生产许可活动，加强食品生产监督管理，保障食品安全，根据《中华人民共和国食品安全法》《中华人民共和国行政许可法》等法律法规，制定本办法。

第二条　在中华人民共和国境内，从事食品生产活动，应当依法取得食品生产许可。

食品生产许可的申请、受理、审查、决定及其监督检查，适用本办法。

第三条　食品生产许可应当遵循依法、公开、公平、公正、便民、高效的原则。

第四条　食品生产许可实行一企一证原则，即同一个食品生产者从事食品生产活动，应当取得一个食品生产许可证。

第五条　食品药品监督管理部门按照食品的风险程度对食品生产实施分类许可。

第六条　国家食品药品监督管理总局负责监督指导全国食品生产许可管理工作。

县级以上地方食品药品监督管理部门负责本行政区域内的食品生产许可管理工作。

第七条　省、自治区、直辖市食品药品监督管理部门可以根据食品类别和食品安全风险状况，确定市、县级食品药品监督管理部门的食品生产许可管理权限。

保健食品、特殊医学用途配方食品、婴幼儿配方食品的生产许可由省、自治区、直辖市食品药品监督管理部门负责。

第八条 国家食品药品监督管理总局负责制定食品生产许可审查通则和细则。

省、自治区、直辖市食品药品监督管理部门可以根据本行政区域食品生产许可审查工作的需要，对地方特色食品等食品制定食品生产许可审查细则，在本行政区域内实施，并报国家食品药品监督管理总局备案。国家食品药品监督管理总局制定公布相关食品生产许可审查细则后，地方特色食品等食品生产许可审查细则自行废止。

县级以上地方食品药品监督管理部门实施食品生产许可审查，应当遵守食品生产许可审查通则和细则。

第九条 县级以上食品药品监督管理部门应当加快信息化建设，在行政机关的网站上公布生产许可事项，方便申请人采取数据电文等方式提出生产许可申请，提高办事效率。

第二章 申请与受理

第十条 申请食品生产许可，应当先行取得营业执照等合法主体资格。

企业法人、合伙企业、个人独资企业、个体工商户等，以营业执照载明的主体作为申请人。

第十一条 申请食品生产许可，应当按照以下食品类别提出：粮食加工品，食用油、油脂及其制品，调味品，肉制品，乳制品，饮料，方便食品，饼干，罐头，冷冻饮品，速冻食品，薯类和膨化食品，糖果制品，茶叶及相关制品，酒类，蔬菜制品，水果制品，炒货食品及坚果制品，蛋制品，可可及焙烤咖啡产品，食糖，水产制品，淀粉及淀粉制品，糕点，豆制品，蜂产品，保健食品，特殊医学用途配方食品，婴幼儿配方食品，特殊膳食食品，其他食品等。

国家食品药品监督管理总局可以根据监督管理工作需要对食品类别进行调整。

第十二条 申请食品生产许可，应当符合下列条件：

（一）具有与生产的食品品种、数量相适应的食品原料处理和食品加工、包装、贮存等场所，保持该场所环境整洁，并与有毒、有害场所以及其他污染源保持规定的距离。

（二）具有与生产的食品品种、数量相适应的生产设备或者设施，有相应的消毒、更衣、盥洗、采光、照明、通风、防腐、防尘、防蝇、防鼠、防虫、洗涤以及处理废水、存放垃圾和废弃物的设备或者设施；保健食品生产工艺有原料提取、纯化等前处理工序的，需要具备与生产的品种、数量相适应的原料前处理设备或者设施。

（三）有专职或者兼职的食品安全管理人员和保证食品安全的规章制度。

（四）具有合理的设备布局和工艺流程，防止待加工食品与直接入口食品、原料与成品交叉污染，避免食品接触有毒物、不洁物。

（五）法律、法规规定的其他条件。

第十三条 申请食品生产许可，应当向申请人所在地县级以上地方食品药品监督管理部门提交下列材料：

（一）食品生产许可申请书；

（二）营业执照复印件；

（三）食品生产加工场所及其周围环境平面图、各功能区间布局平面图、工艺设备布局图和食品生产工艺流程图；

（四）食品生产主要设备、设施清单；

（五）进货查验记录、生产过程控制、出厂检验记录、食品安全自查、从业人员健康管理、不安全食品召回、食品安全事故处置等保证食品安全的规章制度。申请人委托他人办理食品生产许可申请的，代理人应当提交授权委托书以及代理人的身份证明文件。

第十四条 申请保健食品、特殊医学用途配方食品、婴幼儿配方食品的生产许可，还应当提交与所生产食品相适应的生产质量管理体系文件以及相关注册和备案文件。

第十五条 从事食品添加剂生产活动，应当依法取得食品添加剂生产许可。

申请食品添加剂生产许可，应当具备与所生产食品添加剂品种相适应的场所、生产设备或者设施、食品安全管理人员、专业技术人员和管理制度。

第十六条 申请食品添加剂生产许可，应当向申请人所在地县级以上地方食品药品监督管理部门提交下列材料：

（一）食品添加剂生产许可申请书；

（二）营业执照复印件；

（三）食品添加剂生产加工场所及其周围环境平面图和生产加工各功能区间布局平面图；

（四）食品添加剂生产主要设备、设施清单及布局图；

（五）食品添加剂安全自查、进货查验记录、出厂检验记录等保证食品添加剂安全的规章制度。

第十七条 申请人应当如实向食品药品监督管理部门提交有关材料和反映真实情况，对申请材料的真实性负责，并在申请书等材料上签名或者盖章。

第十八条 县级以上地方食品药品监督管理部门对申请人提出的食品生产许可申请，应当根据下列情况分别作出处理：

（一）申请事项依法不需要取得食品生产许可的，应当即时告知申请人不受理。

（二）申请事项依法不属于食品药品监督管理部门职权范围的，应当即时作出不予受理的决定，并告知申请人向有关行政机关申请。

（三）申请材料存在可以当场更正的错误的，应当允许申请人当场更正，由申请人在更正处签名或者盖章，注明更正日期。

（四）申请材料不齐全或者不符合法定形式的，应当当场或者在 5 个工作日内一次告知申请人需要补正的全部内容。当场告知的，应当将申请材料退回申请人；在 5 个工作日内告知的，应当收取申请材料并出具收到申请材料的凭据。逾期不告知的，自收到申请材料之日起即为受理。

（五）申请材料齐全、符合法定形式，或者申请人按照要求提交全部补正材料的，应当受理食品生产许可申请。

第十九条 县级以上地方食品药品监督管理部门对申请人提出的申请决定予以受理的，应当出具受理通知书；决定不予受理的，应当出具不予受理通知书，说明不予受理的理由，并告知申请人依法享有申请行政复议或者提起行政诉讼的权利。

第三章 审查与决定

第二十条 县级以上地方食品药品监督管理部门应当对申请人提交的申请材料进行审查。需要对申请材料的实质内容进行核实的，应当进行现场核查。

食品药品监督管理部门在食品生产许可现场核查时，可以根据食品生产工艺流程等要求，核查试制食品检验合格报告。在食品添加剂生产许可现场核查时，可以根据食品添加剂品种特点，核查试制食品添加剂检验合格报告、复配食品添加剂组成等。

现场核查应当由符合要求的核查人员进行。核查人员不得少于 2 人。核查人员应当出示有效证件，填写食品生产许可现场核查表，制作现场核查记录，经申请人核对无误后，由核查人员和申请人在核查表和记录上签名或者盖章。申请人拒绝签名或者盖章的，核查人员应当注明情况。

申请保健食品、特殊医学用途配方食品、婴幼儿配方乳粉生产许可，在产品注册时经过现场核查的，可以不再进行现场核查。

食品药品监督管理部门可以委托下级食品药品监督管理部门，对受理的食品生产许可申请进行现场核查。

核查人员应当自接受现场核查任务之日起 10 个工作日内，完成对生产场所的现场核查。

第二十一条 除可以当场作出行政许可决定的外，县级以上地方食品药品监督管理部门应当自受理申请之日起 20 个工作日内作出是否准予行政许可的决定。因特殊原因需要延长期限的，经本行政机关负责人批准，可以延长 10 个工作日，并应当将延长期限的理由告知申请人。

第二十二条 县级以上地方食品药品监督管理部门应当根据申请材料审查和现场核查等情况，对符合条件的，作出准予生产许可的决定，并自作出决定之日起 10 个工作日内向申请人颁发食品生产许可证；对不符合条件的，应当及时作出不予许可的书面决定并说明理由，同时告知申请人依法享有申请行政复议或者提起行政诉讼的权利。

第二十三条 食品添加剂生产许可申请符合条件的，由申请人所在地县级以上地方食品药品监督管理部门依法颁发食品生产许可证，并标注食品添加剂。

第二十四条 食品生产许可证发证日期为许可决定作出的日期，有效期为 5 年。

第二十五条 县级以上地方食品药品监督管理部门认为食品生产许可申请涉及公共利益的重大事项，需要听证的，应当向社会公告并举行听证。

第二十六条 食品生产许可直接涉及申请人与他人之间重大利益关系的，县级以上地方食品药品监督管理部门在作出行政许可决定前，应当告知申请人、利害关系人享有要求听证的权利。

申请人、利害关系人在被告知听证权利之日起 5 个工作日内提出听证申请的，食品药品监督管理部门应当在 20 个工作日内组织听证。听证期限不计算在行政许可审查期限之内。

第四章　许可证管理

第二十七条 食品生产许可证分为正本、副本。正本、副本具有同等法律效力。

国家食品药品监督管理总局负责制定食品生产许可证正本、副本式样。省、自治区、直辖市食品药品监督管理部门负责本行政区域食品生产许可证的印制、发放等管理工作。

第二十八条 食品生产许可证应当载明：生产者名称、社会信用代码（个体生产者为身份证号码）、法定代表人（负责人）、住所、生产地址、食品类别、许可证编号、有效期、日常监督管理机构、日常监督管理人员、投诉举报电话、发证机关、签发人、发证日期和二维码。

副本还应当载明食品明细和外设仓库（包括自有和租赁）具体地址。生产保健食品、特殊医学用途配方食品、婴幼儿配方食品的，还应当载明产品注册批准文号或者备案登记号；接受委托生产保健食品的，还应当载明委托企业名称及住所等相关信息。

第二十九条　食品生产许可证编号由 SC（"生产"的汉语拼音字母缩写）和 14 位阿拉伯数字组成。数字从左至右依次为：3 位食品类别编码、2 位省（自治区、直辖市）代码、2 位市（地）代码、2 位县（区）代码、4 位顺序码、1 位校验码。

第三十条　日常监督管理人员为负责对食品生产活动进行日常监督管理的工作人员。日常监督管理人员发生变化的，可以通过签章的方式在许可证上变更。

第三十一条　食品生产者应当妥善保管食品生产许可证，不得伪造、涂改、倒卖、出租、出借、转让。

食品生产者应当在生产场所的显著位置悬挂或者摆放食品生产许可证正本。

第五章　变更、延续、补办与注销

第三十二条　食品生产许可证有效期内，现有工艺设备布局和工艺流程、主要生产设备设施、食品类别等事项发生变化，需要变更食品生产许可证载明的许可事项的，食品生产者应当在变化后 10 个工作日内向原发证的食品药品监督管理部门提出变更申请。

生产场所迁出原发证的食品药品监督管理部门管辖范围的，应当重新申请食品生产许可。

食品生产许可证副本载明的同一食品类别内的事项、外设仓库地址发生变化的，食品生产者应当在变化后 10 个工作日内向原发证的食品药品监督管理部门报告。

第三十三条　申请变更食品生产许可的，应当提交下列申请材料：

（一）食品生产许可变更申请书；

（二）食品生产许可证正本、副本；

（三）与变更食品生产许可事项有关的其他材料。

第三十四条　食品生产者需要延续依法取得的食品生产许可的有效期的，应当在该食品生产许可有效期届满 30 个工作日前，向原发证的食品药品监督管理部门提出申请。

第三十五条　食品生产者申请延续食品生产许可，应当提交下列材料：

（一）食品生产许可延续申请书；

（二）食品生产许可证正本、副本；

（三）与延续食品生产许可事项有关的其他材料。

保健食品、特殊医学用途配方食品、婴幼儿配方食品的生产企业申请延续食品生产许可的，还应当提供生产质量管理体系运行情况的自查报告。

第三十六条 县级以上地方食品药品监督管理部门应当根据被许可人的延续申请，在该食品生产许可有效期届满前作出是否准予延续的决定。

第三十七条 县级以上地方食品药品监督管理部门应当对变更或者延续食品生产许可的申请材料进行审查。

申请人声明生产条件未发生变化的，县级以上地方食品药品监督管理部门可以不再进行现场核查。

申请人的生产条件发生变化，可能影响食品安全的，食品药品监督管理部门应当就变化情况进行现场核查。保健食品、特殊医学用途配方食品、婴幼儿配方食品注册或者备案的生产工艺发生变化的，应当先办理注册或者备案变更手续。

第三十八条 原发证的食品药品监督管理部门决定准予变更的，应当向申请人颁发新的食品生产许可证。食品生产许可证编号不变，发证日期为食品药品监督管理部门作出变更许可决定的日期，有效期与原证书一致。但是，对因迁址等原因而进行全面现场核查的，其换发的食品生产许可证有效期自发证之日起计算。

对因产品有关标准、要求发生改变，国家和省级食品药品监督管理部门决定组织重新核查而换发的食品生产许可证，其发证日期以重新批准日期为准，有效期自重新发证之日起计算。

第三十九条 原发证的食品药品监督管理部门决定准予延续的，应当向申请人颁发新的食品生产许可证，许可证编号不变，有效期自食品药品监督管理部门作出延续许可决定之日起计算。

不符合许可条件的，原发证的食品药品监督管理部门应当作出不予延续食品生产许可的书面决定，并说明理由。

第四十条 食品生产许可证遗失、损坏的，应当向原发证的食品药品监督管理部门申请补办，并提交下列材料：

（一）食品生产许可证补办申请书；

（二）食品生产许可证遗失的，申请人应当提交在县级以上地方食品药品监督管理部门网站或者其他县级以上主要媒体上刊登遗失公告的材料；食品生产许可证损坏的，应当提交损坏的食品生产许可证原件。

材料符合要求的，县级以上地方食品药品监督管理部门应当在受理后 20 个工作日内予以补发。

因遗失、损坏补发的食品生产许可证，许可证编号不变，发证日期和有效期与原证书保持一致。

第四十一条　食品生产者终止食品生产，食品生产许可被撤回、撤销或者食品生产许可证被吊销的，应当在 30 个工作日内向原发证的食品药品监督管理部门申请办理注销手续。

食品生产者申请注销食品生产许可的，应当向原发证的食品药品监督管理部门提交下列材料：

（一）食品生产许可注销申请书；

（二）食品生产许可证正本、副本；

（三）与注销食品生产许可有关的其他材料。

第四十二条　有下列情形之一，食品生产者未按规定申请办理注销手续的，原发证的食品药品监督管理部门应当依法办理食品生产许可注销手续：

（一）食品生产许可有效期届满未申请延续的；

（二）食品生产者主体资格依法终止的；

（三）食品生产许可依法被撤回、撤销或者食品生产许可证依法被吊销的；

（四）因不可抗力导致食品生产许可事项无法实施的；

（五）法律法规规定的应当注销食品生产许可的其他情形。

食品生产许可被注销的，许可证编号不得再次使用。

第四十三条　食品生产许可证变更、延续、补办与注销的有关程序参照本办法第二章和第三章的有关规定执行。

第六章　监督检查

第四十四条　县级以上地方食品药品监督管理部门应当依据法律法规规定的职责，对食品生产者的许可事项进行监督检查。

第四十五条　县级以上地方食品药品监督管理部门应当建立食品许可管理信息平台，便于公民、法人和其他社会组织查询。

县级以上地方食品药品监督管理部门应当将食品生产许可颁发、许可事项检查、日常监督检查、许可违法行为查处等情况记入食品生产者食品安全信用档案，并依法向社会公布；对有不良信用记录的食品生产者应当增加监督检查频次。

第四十六条　县级以上地方食品药品监督管理部门日常监督管理人员负责所管辖食品生产者许可事项的监督检查，必要时，应当依法对相关食品仓储、物流企业进行检查。

日常监督管理人员应当按照规定的频次对所管辖的食品生产者实施全覆盖检查。

第四十七条 县级以上地方食品药品监督管理部门及其工作人员履行食品生产许可管理职责，应当自觉接受食品生产者和社会监督。

接到有关工作人员在食品生产许可管理过程中存在违法行为的举报，食品药品监督管理部门应当及时进行调查核实。情况属实的，应当立即纠正。

第四十八条 县级以上地方食品药品监督管理部门应当建立食品生产许可档案管理制度，将办理食品生产许可的有关材料、发证情况及时归档。

第四十九条 国家食品药品监督管理总局可以定期或者不定期组织对全国食品生产许可工作进行监督检查；省、自治区、直辖市食品药品监督管理部门可以定期或者不定期组织对本行政区域内的食品生产许可工作进行监督检查。

第七章 法律责任

第五十条 未取得食品生产许可从事食品生产活动的，由县级以上地方食品药品监督管理部门依照《中华人民共和国食品安全法》第一百二十二条的规定给予处罚。

第五十一条 许可申请人隐瞒真实情况或者提供虚假材料申请食品生产许可的，由县级以上地方食品药品监督管理部门给予警告。申请人在1年内不得再次申请食品生产许可。

第五十二条 被许可人以欺骗、贿赂等不正当手段取得食品生产许可的，由原发证的食品药品监督管理部门撤销许可，并处1万元以上3万元以下罚款。被许可人在3年内不得再次申请食品生产许可。

第五十三条 违反本办法第三十一条第一款规定，食品生产者伪造、涂改、倒卖、出租、出借、转让食品生产许可证的，由县级以上地方食品药品监督管理部门责令改正，给予警告，并处1万元以下罚款；情节严重的，处1万元以上3万元以下罚款。

违反本办法第三十一条第二款规定，食品生产者未按规定在生产场所的显著位置悬挂或者摆放食品生产许可证的，由县级以上地方食品药品监督管理部门责令改正；拒不改正的，给予警告。

第五十四条 违反本办法第三十二条第一款规定，食品生产者工艺设备布局和工艺流程、主要生产设备设施、食品类别等事项发生变化，需要变更食品生产许可证载明的许可事项，未按规定申请变更的，由原发证的食品药品监督管理部门责令改正，给予警告；拒不改正的，处2 000元以上1万元以下罚款。

违反本办法第三十二条第三款规定或者第四十一条第一款规定，食品生产许可证副本载明的同一食品类别内的事项、外设仓库地址发生变化，食品生产者未按规定报告的，或者食品生产者终止食品生产，食品生产许可被撤回、撤销或者食品生产许可证被吊销，未按规定申请办理注销手续的，由原发证的食品药品监督管理部门责令改正；拒不改正的，给予警告，并处 2 000 元以下罚款。

第五十五条　被吊销生产许可证的食品生产者及其法定代表人、直接负责的主管人员和其他直接责任人员自处罚决定作出之日起 5 年内不得申请食品生产经营许可，或者从事食品生产经营管理工作、担任食品生产经营企业食品安全管理人员。

第五十六条　食品药品监督管理部门对不符合条件的申请人准予许可，或者超越法定职权准予许可的，依照《中华人民共和国食品安全法》第一百四十四条的规定给予处分。

第八章　附　　则

第五十七条　取得食品经营许可的餐饮服务提供者在其餐饮服务场所制作加工食品，不需要取得本办法规定的食品生产许可。

第五十八条　食品添加剂的生产许可管理原则、程序、监督检查和法律责任，适用本办法有关食品生产许可的规定。

第五十九条　对食品生产加工小作坊的监督管理，按照省、自治区、直辖市制定的具体管理办法执行。

第六十条　食品生产者在本办法施行前已经取得的生产许可证在有效期内继续有效。

第六十一条　各省、自治区、直辖市食品药品监督管理部门可以根据本行政区域实际情况，制定有关食品生产许可管理的具体实施办法。

第六十二条　本办法自 2015 年 10 月 1 日起施行。

食品安全国家标准
预包装食品标签通则

（GB 7718—2011）

1 范围

本标准适用于直接提供给消费者的预包装食品标签和非直接提供给消费者的预包装食品标签。

本标准不适用于为预包装食品在储藏运输过程中提供保护的食品储运包装标签、散装食品和现制现售食品的标识。

2 术语和定义

2.1 预包装食品

预先定量包装或者制作在包装材料和容器中的食品，包括预先定量包装以及预先定量制作在包装材料和容器中并且在一定量限范围内具有统一的质量或体积标识的食品。

2.2 食品标签

食品包装上的文字、图形、符号及一切说明物。

2.3 配料

在制造或加工食品时使用的，并存在（包括以改性的形式存在）于产品中的任何物质，包括食品添加剂。

2.4 生产日期（制造日期）

食品成为最终产品的日期，也包括包装或灌装日期，即将食品装入（灌入）包装物或容器中，形成最终销售单元的日期。

2.5 保质期

预包装食品在标签指明的贮存条件下，保持品质的期限。在此期限内，产品完全适于销售，并保持标签中不必说明或已经说明的特有品质。

2.6 规格

同一预包装内含有多件预包装食品时，对净含量和内含件数关系的表述。

2.7　主要展示版面

预包装食品包装物或包装容器上容易被观察到的版面。

3　基本要求

3.1　应符合法律、法规的规定，并符合相应食品安全标准的规定。

3.2　应清晰、醒目、持久，应使消费者购买时易于辨认和识读。

3.3　应通俗易懂、有科学依据，不得标示封建迷信、色情、贬低其他食品或违背营养科学常识的内容。

3.4　应真实、准确，不得以虚假、夸大、使消费者误解或欺骗性的文字、图形等方式介绍食品，也不得利用字号大小或色差误导消费者。

3.5　不应直接或以暗示性的语言、图形、符号，误导消费者将购买的食品或食品的某一性质与另一产品混淆。

3.6　不应标注或者暗示具有预防、治疗疾病作用的内容，非保健食品不得明示或者暗示具有保健作用。

3.7　不应与食品或者其包装物（容器）分离。

3.8　应使用规范的汉字（商标除外）。具有装饰作用的各种艺术字，应书写正确，易于辨认。

3.8.1　可以同时使用拼音或少数民族文字，拼音不得大于相应汉字。

3.8.2　可以同时使用外文，但应与中文有对应关系（商标、进口食品的制造者和地址、国外经销者的名称和地址、网址除外）。所有外文不得大于相应的汉字（商标除外）。

3.9　预包装食品包装物或包装容器最大表面面积大于 $35cm^2$ 时（最大表面面积计算方法见附录 A），强制标示内容的文字、符号、数字的高度不得小于 1.8mm。

3.10　一个销售单元的包装中含有不同品种、多个独立包装可单独销售的食品，每件独立包装的食品标识应当分别标注。

3.11　若外包装易于开启识别或透过外包装物能清晰地识别内包装物（容器）上的所有强制标示内容或部分强制标示内容，可不在外包装物上重复标示相应的内容；否则应在外包装物上按要求标示所有强制标示内容。

4　标示内容

4.1　直接向消费者提供的预包装食品标签标示内容。

4.1.1　一般要求

直接向消费者提供的预包装食品标签标示应包括食品名称、配料表、净含量和规格、生产者和（或）经销者的名称、地址和联系方式、生产日期和保质期、贮存条件、食品生产许可证编号、产品标准代号及其他需要标示的内容。

4.1.2 食品名称

4.1.2.1 应在食品标签的醒目位置，清晰地标示反映食品真实属性的专用名称。

4.1.2.1.1 当国家标准、行业标准或地方标准中已规定了某食品的一个或几个名称时，应选用其中的一个，或等效的名称。

4.1.2.1.2 无国家标准、行业标准或地方标准规定的名称时，应使用不使消费者误解或混淆的常用名称或通俗名称。

4.1.2.2 标示"新创名称"、"奇特名称"、"音译名称"、"牌号名称"、"地区俚语名称"或"商标名称"时，应在所示名称的同一展示版面标示4.1.2.1规定的名称。

4.1.2.2.1 当"新创名称"、"奇特名称"、"音译名称"、"牌号名称"、"地区俚语名称"或"商标名称"含有易使人误解食品属性的文字或术语（词语）时，应在所示名称的同一展示版面邻近部位使用同一字号标示食品真实属性的专用名称。

4.1.2.2.2 当食品真实属性的专用名称因字号或字体颜色不同易使人误解食品属性时，也应使用同一字号及同一字体颜色标示食品真实属性的专用名称。

4.1.2.3 为不使消费者误解或混淆食品的真实属性、物理状态或制作方法，可以在食品名称前或食品名称后附加相应的词或短语。如干燥的、浓缩的、复原的、熏制的、油炸的、粉末的、粒状的等。

4.1.3 配料表

4.1.3.1 预包装食品的标签上应标示配料表，配料表中的各种配料应按4.1.2的要求标示具体名称，食品添加剂按照4.1.3.1.4的要求标示名称。

4.1.3.1.1 配料表应以"配料"或"配料表"为引导词。当加工过程中所用的原料已改变为其他成分（如酒、酱油、食醋等发酵产品）时，可用"原料"或"原料与辅料"代替"配料"、"配料表"，并按本标准相应条款的要求标示各种原料、辅料和食品添加剂。加工助剂不需要标示。

4.1.3.1.2 各种配料应按制造或加工食品时加入量的递减顺序一一排列；加入量不超过2％的配料可以不按递减顺序排列。

4.1.3.1.3 如果某种配料是由两种或两种以上的其他配料构成的复合配料（不包括复合食品添加剂），应在配料表中标示复合配料的名称，随后将复合配料的原始配料在括号内按加入量的递减顺序标示。当某种复合配料已有国家标准、行业标准或地方标准，且其加入量小于食品总量的25％时，不需要标示复合配料的原始配料。

4.1.3.1.4　食品添加剂应当标示其在 GB 2760 中的食品添加剂通用名称。食品添加剂通用名称可以标示为食品添加剂的具体名称，也可标示为食品添加剂的功能类别名称并同时标示食品添加剂的具体名称或国际编码（INS 号）（标示形式见附录 B）。在同一预包装食品的标签上，应选择附录 B 中的一种形式标示食品添加剂。当采用同时标示食品添加剂的功能类别名称和国际编码的形式时，若某种食品添加剂尚不存在相应的国际编码，或因致敏物质标示需要，可以标示其具体名称。食品添加剂的名称不包括其制法。加入量小于食品总量 25% 的复合配料中含有的食品添加剂，若符合 GB 2760 规定的带入原则且在最终产品中不起工艺作用的，不需要标示。

4.1.3.1.5　在食品制造或加工过程中，加入的水应在配料表中标示。在加工过程中已挥发的水或其他挥发性配料不需要标示。

4.1.3.1.6　可食用的包装物也应在配料表中标示原始配料，国家另有法律法规规定的除外。

4.1.3.2　下列食品配料，可以选择按表 1 的方式标示。

表 1　配料标示方式

配料类别	标示方式
各种植物油或精炼植物油，不包括橄榄油	"植物油"或"精炼植物油"；如经过氢化处理，应标示为"氢化"或"部分氢化"
各种淀粉，不包括化学改性淀粉	"淀粉"
加入量不超过 2% 的各种香辛料或香辛料浸出物（单一的或合计的）	"香辛料"、"香辛料类"或"复合香辛料"
胶基糖果的各种胶基物质制剂	"胶姆糖基础剂"、"胶基"
添加量不超过 10% 的各种果脯蜜饯水果	"蜜饯"、"果脯"
食用香精、香料	"食用香精"、"食用香料"、"食用香精香料"

4.1.4　配料的定量标示

4.1.4.1　如果在食品标签或食品说明书上特别强调添加了或含有一种或多种有价值、有特性的配料或成分，应标示所强调配料或成分的添加量或在成品中的含量。

4.1.4.2　如果在食品的标签上特别强调一种或多种配料或成分的含量较低或无时，应标示所强调配料或成分在成品中的含量。

4.1.4.3　食品名称中提及的某种配料或成分而未在标签上特别强调，不需要标示该种配料或成分的添加量或在成品中的含量。

4.1.5　净含量和规格

4.1.5.1　净含量的标示应由净含量、数字和法定计量单位组成（标示形式参见附录C）。

4.1.5.2 应依据法定计量单位，按以下形式标示包装物（容器）中食品的净含量：

a）液态食品，用体积升（L）（l）、毫升（mL）（ml），或用质量克（g）、千克（kg）；

b）固态食品，用质量克（g）、千克（kg）；

c）半固态或黏性食品，用质量克（g）、千克（kg）或体积升（L）（l）、毫升（mL）（ml）。

4.1.5.3 净含量的计量单位应按表2标示。

表2　净含量计量单位的标示方式

计量方式	净含量（Q）的范围	计量单位
体积	Q<1 000mL Q≥1 000mL	毫升（mL）(ml) 升（L）(l)
质量	Q<1 000g Q≥1 000g	克（g） 千克（kg）

4.1.5.4 净含量字符的最小高度应符合表3的规定。

表3　净含量字符的最小高度

净含量（Q）的范围	字符的最小高度 mm
Q≤50mL；Q≤50g	2
50mL<Q≤200mL；50g<Q≤200g	3
200mL<Q≤1L；200g<Q≤1kg	4
Q>1kg；Q>1L	6

4.1.5.5 净含量应与食品名称在包装物或容器的同一展示版面标示。

4.1.5.6 容器中含有固、液两相物质的食品，且固相物质为主要食品配料时，除标示净含量外，还应以质量或质量分数的形式标示沥干物（固形物）的含量（标示形式参见附录C）。

4.1.5.7 同一预包装内含有多个单件预包装食品时，大包装在标示净含量的同时还应标示规格。

4.1.5.8 规格的标示应由单件预包装食品净含量和件数组成，或只标示件数，可不标示"规格"二字。单件预包装食品的规格即指净含量（标示形式参见附录C）。

4.1.6　生产者、经销者的名称、地址和联系方式

4.1.6.1 应当标注生产者的名称、地址和联系方式。生产者名称和地址应当是依法登记注册、能够承担产品安全质量责任的生产者的名称、地址。有下列情形之一的，应按下列要求予以标示。

4.1.6.1.1 依法独立承担法律责任的集团公司、集团公司的子公司，应标示各自的名称和地址。

4.1.6.1.2 不能依法独立承担法律责任的集团公司的分公司或集团公司的生产基地，应标示集团公司和分公司（生产基地）的名称、地址；或仅标示集团公司的名称、地址及产地，产地应当按照行政区划标注到地市级地域。

4.1.6.1.3 受其他单位委托加工预包装食品的，应标示委托单位和受委托单位的名称和地址；或仅标示委托单位的名称和地址及产地，产地应当按照行政区划标注到地市级地域。

4.1.6.2 依法承担法律责任的生产者或经销者的联系方式应标示以下至少一项内容：电话、传真、网络联系方式等，或与地址一并标示的邮政地址。

4.1.6.3 进口预包装食品应标示原产国国名或地区区名（如香港、澳门、台湾），以及在中国依法登记注册的代理商、进口商或经销者的名称、地址和联系方式，可不标示生产者的名称、地址和联系方式。

4.1.7 日期标示

4.1.7.1 应清晰标示预包装食品的生产日期和保质期。如日期标示采用"见包装物某部位"的形式，应标示所在包装物的具体部位。日期标示不得另外加贴、补印或篡改（标示形式参见附录C）。

4.1.7.2 当同一预包装内含有多个标示了生产日期及保质期的单件预包装食品时，外包装上标示的保质期应按最早到期的单件食品的保质期计算。外包装上标示的生产日期应为最早生产的单件食品的生产日期，或外包装形成销售单元的日期；也可在外包装上分别标示各单件装食品的生产日期和保质期。

4.1.7.3 应按年、月、日的顺序标示日期，如果不按此顺序标示，应注明日期标示顺序（标示形式参见附录C）。

4.1.8 贮存条件

预包装食品标签应标示贮存条件（标示形式参见附录C）。

4.1.9 食品生产许可证编号

预包装食品标签应标示食品生产许可证编号的，标示形式按照相关规定执行。

4.1.10 产品标准代号

在国内生产并在国内销售的预包装食品（不包括进口预包装食品）应标示产品所执

行的标准代号和顺序号。

4.1.11 其他标示内容

4.1.11.1 辐照食品

4.1.11.1.1 经电离辐射线或电离能量处理过的食品，应在食品名称附近标示"辐照食品"。

4.1.11.1.2 经电离辐射线或电离能量处理过的任何配料，应在配料表中标明。

4.1.11.2 转基因食品

转基因食品的标示应符合相关法律、法规的规定。

4.1.11.3 营养标签

4.1.11.3.1 特殊膳食类食品和专供婴幼儿的主辅类食品，应当标示主要营养成分及其含量，标示方式按照 GB 13432 执行。

4.1.11.3.2 其他预包装食品如需标示营养标签，标示方式参照相关法规标准执行。

4.1.11.4 质量（品质）等级

食品所执行的相应产品标准已明确规定质量（品质）等级的，应标示质量（品质）等级。

4.2 非直接提供给消费者的预包装食品标签标示内容

非直接提供给消费者的预包装食品标签应按照 4.1 项下的相应要求标示食品名称、规格、净含量、生产日期、保质期和贮存条件，其他内容如未在标签上标注，则应在说明书或合同中注明。

4.3 标示内容的豁免

4.3.1 下列预包装食品可以免除标示保质期：酒精度大于等于 10％的饮料酒；食醋；食用盐；固态食糖类；味精。

4.3.2 当预包装食品包装物或包装容器的最大表面面积小于 $10cm^2$ 时（最大表面面积计算方法见附录 A），可以只标示产品名称、净含量、生产者（或经销商）的名称和地址。

4.4 推荐标示内容

4.4.1 批号

根据产品需要，可以标示产品的批号。

4.4.2 食用方法

根据产品需要，可以标示容器的开启方法、食用方法、烹调方法、复水再制方法等对消费者有帮助的说明。

4.4.3 致敏物质

4.4.3.1 以下食品及其制品可能导致过敏反应，如果用作配料，宜在配料表中使用易辨识的名称，或在配料表邻近位置加以提示：

a）含有麸质的谷物及其制品（如小麦、黑麦、大麦、燕麦、斯佩耳特小麦或它们的杂交品系）；

b）甲壳纲类动物及其制品（如虾、龙虾、蟹等）；

c）鱼类及其制品；

d）蛋类及其制品；

e）花生及其制品；

f）大豆及其制品；

g）乳及乳制品（包括乳糖）；

h）坚果及其果仁类制品。

4.4.3.2 如加工过程中可能带入上述食品或其制品，宜在配料表临近位置加以提示。

5 其他

按国家相关规定需要特殊审批的食品，其标签标识按照相关规定执行。

附 录 A
包装物或包装容器最大表面面积计算方法

A.1 长方体形包装物或长方体形包装容器计算方法

长方体形包装物或长方体形包装容器的最大一个侧面的高度（cm）乘以宽度（cm）。

A.2 圆柱形包装物、圆柱形包装容器或近似圆柱形包装物、近似圆柱形包装容器计算方法

包装物或包装容器的高度（cm）乘以圆周长（cm）的40%。

A.3 其他形状的包装物或包装容器计算方法

包装物或包装容器的总表面积的40%。

如果包装物或包装容器有明显的主要展示版面，应以主要展示版面的面积为最大表面面积。

包装袋等计算表面面积时应除去封边所占尺寸。瓶形或罐形包装计算表面面积时不包括肩部、颈部、顶部和底部的凸缘。

附 录 B
食品添加剂在配料表中的标示形式

B.1 按照加入量的递减顺序全部标示食品添加剂的具体名称

配料：水，全脂奶粉，稀奶油，植物油，巧克力（可可液块，白砂糖，可可脂，磷脂，聚甘油蓖麻醇酯，食用香精，柠檬黄），葡萄糖浆，丙二醇脂肪酸酯，卡拉胶，瓜尔胶，胭脂树橙，麦芽糊精，食用香料。

B.2 按照加入量的递减顺序全部标示食品添加剂的功能类别名称及国际编码

配料：水，全脂奶粉，稀奶油，植物油，巧克力（可可液块，白砂糖，可可脂，乳化剂（322，476），食用香精，着色剂（102）），葡萄糖浆，乳化剂（477），增稠剂（407，412），着色剂（160b），麦芽糊精，食用香料。

B.3 按照加入量的递减顺序全部标示食品添加剂的功能类别名称及具体名称

配料：水，全脂奶粉，稀奶油，植物油，巧克力（可可液块，白砂糖，可可脂，乳化剂（磷脂，聚甘油蓖麻醇酯），食用香精，着色剂（柠檬黄）），葡萄糖浆，乳化剂（丙二醇脂肪酸酯），增稠剂（卡拉胶，瓜尔胶），着色剂（胭脂树橙），麦芽糊精，食用香料。

B.4 建立食品添加剂项一并标示的形式

B.4.1 一般原则

直接使用的食品添加剂应在食品添加剂项中标注。营养强化剂、食用香精香料、胶基糖果中基础剂物质可在配料表的食品添加剂项外标注。非直接使用的食品添加剂不在食品添加剂项中标注。食品添加剂项在配料表中的标注顺序由需纳入该项的各种食品添加剂的总重量决定。

B.4.2 全部标示食品添加剂的具体名称

配料：水，全脂奶粉，稀奶油，植物油，巧克力（可可液块，白砂糖，可可脂，磷脂，聚甘油蓖麻醇酯，食用香精，柠檬黄），葡萄糖浆，食品添加剂（丙二醇脂肪酸酯，卡拉胶，瓜尔胶，胭脂树橙），麦芽糊精，食用香料。

B.4.3 全部标示食品添加剂的功能类别名称及国际编码

配料：水，全脂奶粉，稀奶油，植物油，巧克力（可可液块，白砂糖，可可脂，乳化剂（322，476），食用香精，着色剂（102）），葡萄糖浆，食品添加剂（乳化剂（477），增稠剂（407，412），着色剂（160b）），麦芽糊精，食用香料。

B.4.4 全部标示食品添加剂的功能类别名称及具体名称

配料：水，全脂奶粉，稀奶油，植物油，巧克力（可可液块，白砂糖，可可脂，乳化剂（磷脂，聚甘油蓖麻醇酯），食用香精，着色剂（柠檬黄）），葡萄糖浆，食品添加剂（乳化剂（丙二醇脂肪酸酯），增稠剂（卡拉胶，瓜尔胶），着色剂（胭脂树橙）），麦芽糊精，食用香料。

附 录 C

部分标签项目的推荐标示形式

C.1 概述

本附录以示例形式提供了预包装食品部分标签项目的推荐标示形式，标示相应项目时可选用但不限于这些形式。如需要根据食品特性或包装特点等对推荐形式调整使用的，应与推荐形式基本涵义保持一致。

C.2 净含量和规格的标示

为方便表述，净含量的示例统一使用质量为计量方式，使用冒号为分隔符。标签上应使用实际产品适用的计量单位，并可根据实际情况选择空格或其他符号作为分隔符，便于识读。

C.2.1 单件预包装食品的净含量（规格）可以有如下标示形式：

净含量（或净含量/规格）：450g；

净含量（或净含量/规格）：225 克（200 克＋送 25 克）；

净含量（或净含量/规格）：200 克＋赠 25 克；

净含量（或净含量/规格）：（200＋25）克。

C.2.2 净含量和沥干物（固形物）可以有如下标示形式（以"糖水梨罐头"为例）：

净含量（或净含量/规格）：425 克沥干物（或固形物或梨块）：不低于 255 克（或不低于 60%）。

C.2.3 同一预包装内含有多件同种类的预包装食品时，净含量和规格均可以有如下标示形式：

净含量（或净含量/规格）：40 克×5；

净含量（或净含量/规格）：5×40 克；

净含量（或净含量/规格）：200 克（5×40 克）；

净含量（或净含量/规格）：200 克（40 克×5）；

净含量（或净含量/规格）：200 克（5 件）；

净含量：200 克　　规格：5×40 克；

净含量：200 克　　规格：40 克×5；

净含量：200 克　　规格：5 件；

净含量（或净含量/规格）：200 克（100 克＋50 克×2）；

净含量（或净含量/规格）：200 克（80 克×2＋40 克）；

净含量：200 克　　规格：100 克＋50 克×2；

净含量：200 克　　规格：80 克×2＋40 克。

C. 2. 4　同一预包装内含有多件不同种类的预包装食品时，净含量和规格可以有如下标示形式：

净含量（或净含量/规格）：200 克（A 产品 40 克×3，B 产品 40 克×2）；

净含量（或净含量/规格）：200 克（40 克×3，40 克×2）；

净含量（或净含量/规格）：100 克 A 产品，50 克×2B 产品，50 克 C 产品；

净含量（或净含量/规格）：A 产品：100 克，B 产品：50 克×2，C 产品：50 克；

净含量/规格：100 克（A 产品），50 克×2（B 产品），50 克（C 产品）；

净含量/规格：A 产品 100 克，B 产品 50 克×2，C 产品 50 克。

C. 3　日期的标示

日期中年、月、日可用空格、斜线、连字符、句点等符号分隔，或不用分隔符。年代号一般应标示 4 位数字，小包装食品也可以标示 2 位数字。月、日应标示 2 位数字。

日期的标示可以有如下形式：

2010 年 3 月 20 日；

2010 03 20；2010/03/20；20100320；

20 日 3 月 2010 年；3 月 20 日 2010 年；

（月/日/年）：03 20 2010；03/20/2010；03202010。

C. 4　保质期的标示

保质期可以有如下标示形式：

最好在……之前食（饮）用；……之前食（饮）用最佳；……之前最佳；

此日期前最佳……；此日期前食（饮）用最佳……；

保质期（至）……；保质期××个月（或××日，或××天，或××周，或×年）。

C. 5　贮存条件的标示

贮存条件可以标示"贮存条件"、"贮藏条件"、"贮藏方法"等标题，或不标示标题。

贮存条件可以有如下标示形式：

常温（或冷冻，或冷藏，或避光，或阴凉干燥处）保存；

××－××℃保存；

请置于阴凉干燥处；

常温保存，开封后需冷藏；

温度：≤××℃，湿度：≤××％。

————————————

中华人民共和国农业部令

第 70 号

《农产品包装和标识管理办法》业经 2006 年 9 月 30 日农业部第 25 次常务会议审议通过，现予公布，自 2006 年 11 月 1 日起施行。

部长　杜青林

二〇〇六年十月十七日

农产品包装和标识管理办法

第一章　总　　则

第一条　为规范农产品生产经营行为，加强农产品包装和标识管理，建立健全农产品可追溯制度，保障农产品质量安全，依据《中华人民共和国农产品质量安全法》，制定本办法。

第二条　农产品的包装和标识活动应当符合本办法规定。

第三条　农业部负责全国农产品包装和标识的监督管理工作。

县级以上地方人民政府农业行政主管部门负责本行政区域内农产品包装和标识的监督管理工作。

第四条　国家支持农产品包装和标识科学研究，推行科学的包装方法，推广先进的标识技术。

第五条　县级以上人民政府农业行政主管部门应当将农产品包装和标识管理经费纳入年度预算。

第六条　县级以上人民政府农业行政主管部门对在农产品包装和标识工作中做出突出贡献的单位和个人，予以表彰和奖励。

第二章　农产品包装

第七条　农产品生产企业、农民专业合作经济组织以及从事农产品收购的单位或者个人，用于销售的下列农产品必须包装：

（一）获得无公害农产品、绿色食品、有机农产品等认证的农产品，但鲜活畜、禽、水产品除外。

（二）省级以上人民政府农业行政主管部门规定的其他需要包装销售的农产品。

符合规定包装的农产品拆包后直接向消费者销售的，可以不再另行包装。

第八条　农产品包装应当符合农产品储藏、运输、销售及保障安全的要求，便于拆卸和搬运。

第九条　包装农产品的材料和使用的保鲜剂、防腐剂、添加剂等物质必须符合国家强制性技术规范要求。

包装农产品应当防止机械损伤和二次污染。

第三章　农产品标识

第十条　农产品生产企业、农民专业合作经济组织以及从事农产品收购的单位或者个人包装销售的农产品，应当在包装物上标注或者附加标识标明品名、产地、生产者或者销售者名称、生产日期。

有分级标准或者使用添加剂的，还应当标明产品质量等级或者添加剂名称。

未包装的农产品，应当采取附加标签、标识牌、标识带、说明书等形式标明农产品的品名、生产地、生产者或者销售者名称等内容。

第十一条　农产品标识所用文字应当使用规范的中文。标识标注的内容应当准确、清晰、显著。

第十二条　销售获得无公害农产品、绿色食品、有机农产品等质量标志使用权的农产品，应当标注相应标志和发证机构。

禁止冒用无公害农产品、绿色食品、有机农产品等质量标志。

第十三条　畜禽及其产品、属于农业转基因生物的农产品，还应当按照有关规定进行标识。

第四章　监督检查

第十四条　农产品生产企业、农民专业合作经济组织以及从事农产品收购的单位或者个人，应当对其销售农产品的包装质量和标识内容负责。

第十五条　县级以上人民政府农业行政主管部门依照《中华人民共和国农产品质量安全法》对农产品包装和标识进行监督检查。

第十六条　有下列情形之一的，由县级以上人民政府农业行政主管部门按照《中华人民共和国农产品质量安全法》第四十八条、四十九条、五十一条、五十二条的规定处理、处罚：

（一）使用的农产品包装材料不符合强制性技术规范要求的；

（二）农产品包装过程中使用的保鲜剂、防腐剂、添加剂等材料不符合强制性技术规范要求的；

（三）应当包装的农产品未经包装销售的；

（四）冒用无公害农产品、绿色食品等质量标志的；

（五）农产品未按照规定标识的。

第五章　附　　则

第十七条　本办法下列用语的含义：

（一）农产品包装：是指对农产品实施装箱、装盒、装袋、包裹、捆扎等。

（二）保鲜剂：是指保持农产品新鲜品质，减少流通损失，延长贮存时间的人工合成化学物质或者天然物质。

（三）防腐剂：是指防止农产品腐烂变质的人工合成化学物质或者天然物质。

（四）添加剂：是指为改善农产品品质和色、香、味以及加工性能加入的人工合成化学物质或者天然物质。

（五）生产日期：植物产品是指收获日期；畜禽产品是指屠宰或者产出日期；水产品是指起捕日期；其他产品是指包装或者销售时的日期。

第十八条　本办法自 2006 年 11 月 1 日起施行。

中华人民共和国农业部令

2012 年第 6 号

《绿色食品标志管理办法》已经 2012 年 6 月 13 日农业部第 7 次常务会议审议通过，现予公布，自 2012 年 10 月 1 日起施行。

部长 韩长赋

2012 年 7 月 30 日

绿色食品标志管理办法

第一章 总 则

第一条 为加强绿色食品标志使用管理，确保绿色食品信誉，促进绿色食品事业健康发展，维护生产经营者和消费者合法权益，根据《中华人民共和国农业法》、《中华人民共和国食品安全法》、《中华人民共和国农产品质量安全法》和《中华人民共和国商标法》，制定本办法。

第二条 本办法所称绿色食品，是指产自优良生态环境、按照绿色食品标准生产、实行全程质量控制并获得绿色食品标志使用权的安全、优质食用农产品及相关产品。

第三条 绿色食品标志依法注册为证明商标，受法律保护。

第四条 县级以上人民政府农业行政主管部门依法对绿色食品及绿色食品标志进行监督管理。

第五条 中国绿色食品发展中心负责全国绿色食品标志使用申请的审查、颁证和颁证后跟踪检查工作。

省级人民政府农业行政主管部门所属绿色食品工作机构（以下简称省级工作机构）负责本行政区域绿色食品标志使用申请的受理、初审和颁证后跟踪检查工作。

第六条 绿色食品产地环境、生产技术、产品质量、包装贮运等标准和规范，由农业部制定并发布。

第七条　承担绿色食品产品和产地环境检测工作的技术机构，应当具备相应的检测条件和能力，并依法经过资质认定，由中国绿色食品发展中心按照公平、公正、竞争的原则择优指定并报农业部备案。

第八条　县级以上地方人民政府农业行政主管部门应当鼓励和扶持绿色食品生产，将其纳入本地农业和农村经济发展规划，支持绿色食品生产基地建设。

第二章　标志使用申请与核准

第九条　申请使用绿色食品标志的产品，应当符合《中华人民共和国食品安全法》和《中华人民共和国农产品质量安全法》等法律法规规定，在国家工商总局商标局核定的范围内，并具备下列条件：

（一）产品或产品原料产地环境符合绿色食品产地环境质量标准；

（二）农药、肥料、饲料、兽药等投入品使用符合绿色食品投入品使用准则；

（三）产品质量符合绿色食品产品质量标准；

（四）包装贮运符合绿色食品包装贮运标准。

第十条　申请使用绿色食品标志的生产单位（以下简称申请人），应当具备下列条件：

（一）能够独立承担民事责任；

（二）具有绿色食品生产的环境条件和生产技术；

（三）具有完善的质量管理和质量保证体系；

（四）具有与生产规模相适应的生产技术人员和质量控制人员；

（五）具有稳定的生产基地；

（六）申请前三年内无质量安全事故和不良诚信记录。

第十一条　申请人应当向省级工作机构提出申请，并提交下列材料：

（一）标志使用申请书；

（二）资质证明材料；

（三）产品生产技术规程和质量控制规范；

（四）预包装产品包装标签或其设计样张；

（五）中国绿色食品发展中心规定提交的其他证明材料。

第十二条　省级工作机构应当自收到申请之日起十个工作日内完成材料审查。符合要求的，予以受理，并在产品及产品原料生产期内组织有资质的检查员完成现场检查；不符合要求的，不予受理，书面通知申请人并告知理由。

现场检查合格的，省级工作机构应当书面通知申请人，由申请人委托符合第七条规定的检测机构对申请产品和相应的产地环境进行检测；现场检查不合格的，省级工作机构应当退回申请并书面告知理由。

第十三条　检测机构接受申请人委托后，应当及时安排现场抽样，并自产品样品抽样之日起二十个工作日内、环境样品抽样之日起三十个工作日内完成检测工作，出具产品质量检验报告和产地环境监测报告，提交省级工作机构和申请人。

检测机构应当对检测结果负责。

第十四条　省级工作机构应当自收到产品检验报告和产地环境监测报告之日起二十个工作日内提出初审意见。初审合格的，将初审意见及相关材料报送中国绿色食品发展中心。初审不合格的，退回申请并书面告知理由。

省级工作机构应当对初审结果负责。

第十五条　中国绿色食品发展中心应当自收到省级工作机构报送的申请材料之日起三十个工作日内完成书面审查，并在二十个工作日内组织专家评审。必要时，应当进行现场核查。

第十六条　中国绿色食品发展中心应当根据专家评审的意见，在五个工作日内作出是否颁证的决定。同意颁证的，与申请人签订绿色食品标志使用合同，颁发绿色食品标志使用证书，并公告；不同意颁证的，书面通知申请人并告知理由。

第十七条　绿色食品标志使用证书是申请人合法使用绿色食品标志的凭证，应当载明准许使用的产品名称、商标名称、获证单位及其信息编码、核准产量、产品编号、标志使用有效期、颁证机构等内容。

绿色食品标志使用证书分中文、英文版本，具有同等效力。

第十八条　绿色食品标志使用证书有效期三年。

证书有效期满，需要继续使用绿色食品标志的，标志使用人应当在有效满三个月前向省级工作机构书面提出续展申请。省级工作机构应当在四十个工作日内组织完成相关检查、检测及材料审核。初审合格的，由中国绿色食品发展中心在十个工作日内作出是否准予续展的决定。准予续展的，与标志使用人续签绿色食品标志使用合同，颁发新的绿色食品标志使用证书并公告；不予续展的，书面通知标志使用人并告知理由。

标志使用人逾期未提出续展申请，或者申请续展未获通过的，不得继续使用绿色食品标志。

第三章　标志使用管理

第十九条　标志使用人在证书有效期内享有下列权利：

（一）在获证产品及其包装、标签、说明书上使用绿色食品标志；

（二）在获证产品的广告宣传、展览展销等市场营销活动中使用绿色食品标志；

（三）在农产品生产基地建设、农业标准化生产、产业化经营、农产品市场营销等方面优先享受相关扶持政策。

第二十条　标志使用人在证书有效期内应当履行下列义务：

（一）严格执行绿色食品标准，保持绿色食品产地环境和产品质量稳定可靠；

（二）遵守标志使用合同及相关规定，规范使用绿色食品标志；

（三）积极配合县级以上人民政府农业行政主管部门的监督检查及其所属绿色食品工作机构的跟踪检查。

第二十一条　未经中国绿色食品发展中心许可，任何单位和个人不得使用绿色食品标志。

禁止将绿色食品标志用于非许可产品及其经营性活动。

第二十二条　在证书有效期内，标志使用人的单位名称、产品名称、产品商标等发生变化的，应当经省级工作机构审核后向中国绿色食品发展中心申请办理变更手续。

产地环境、生产技术等条件发生变化，导致产品不再符合绿色食品标准要求的，标志使用人应当立即停止标志使用，并通过省级工作机构向中国绿色食品发展中心报告。

第四章　监督检查

第二十三条　标志使用人应当健全和实施产品质量控制体系，对其生产的绿色食品质量和信誉负责。

第二十四条　县级以上地方人民政府农业行政主管部门应当加强绿色食品标志的监督管理工作，依法对辖区内绿色食品产地环境、产品质量、包装标识、标志使用等情况进行监督检查。

第二十五条　中国绿色食品发展中心和省级工作机构应当建立绿色食品风险防范及应急处置制度，组织对绿色食品及标志使用情况进行跟踪检查。

省级工作机构应当组织对辖区内绿色食品标志使用人使用绿色食品标志的情况实施年度检查。检查合格的，在标志使用证书上加盖年度检查合格章。

第二十六条　标志使用人有下列情形之一的，由中国绿色食品发展中心取消其标志使用权，收回标志使用证书，并予公告：

（一）生产环境不符合绿色食品环境质量标准的；

（二）产品质量不符合绿色食品产品质量标准的；

（三）年度检查不合格的；

（四）未遵守标志使用合同约定的；

（五）违反规定使用标志和证书的；

（六）以欺骗、贿赂等不正当手段取得标志使用权的。

标志使用人依照前款规定被取消标志使用权的，三年内中国绿色食品发展中心不再受理其申请；情节严重的，永久不再受理其申请。

第二十七条　任何单位和个人不得伪造、转让绿色食品标志和标志使用证书。

第二十八条　国家鼓励单位和个人对绿色食品和标志使用情况进行社会监督。

第二十九条　从事绿色食品检测、审核、监管工作的人员，滥用职权、徇私舞弊和玩忽职守的，依照有关规定给予行政处罚或行政处分；构成犯罪的，依法移送司法机关追究刑事责任。

承担绿色食品产品和产地环境检测工作的技术机构伪造检测结果的，除依法予以处罚外，由中国绿色食品发展中心取消指定，永久不得再承担绿色食品产品和产地环境检测工作。

第三十条　其他违反本办法规定的行为，依照《中华人民共和国食品安全法》、《中华人民共和国农产品质量安全法》和《中华人民共和国商标法》等法律法规处罚。

第五章　附　　则

第三十一条　绿色食品标志有关收费办法及标准，依照国家相关规定执行。

第三十二条　本办法自 2012 年 10 月 1 日起施行。农业部 1993 年 1 月 11 日印发的《绿色食品标志管理办法》〔1993 农（绿）字第 1 号〕同时废止。

农业部关于推进"三品一标"
持续健康发展的意见

农质发〔2016〕6号

各省、自治区、直辖市及计划单列市农业（农牧、农村经济）、畜牧兽医、农垦、农产品加工、渔业主管厅（局、委、办），新疆生产建设兵团农业（水产、畜牧兽医）局：

无公害农产品、绿色食品、有机农产品和农产品地理标志（以下简称"三品一标"）是我国重要的安全优质农产品公共品牌。经过多年发展，"三品一标"工作取得了明显成效，为提升农产品质量安全水平、促进农业提质增效和农民增收等发挥了重要作用。为进一步推进"三品一标"持续健康发展，现提出如下意见。

一、高度重视"三品一标"发展

（一）发展"三品一标"是践行绿色发展理念的有效途径。中共十八届五中全会提出"创新、协调、绿色、开放、共享"发展理念，"三品一标"倡导绿色、减量和清洁化生产，遵循资源循环无害化利用，严格控制和鼓励减少农业投入品使用，注重产地环境保护，在推进农业可持续发展和建设生态文明等方面，具有重要的示范引领作用。

（二）发展"三品一标"是实现农业提质增效的重要举措。现代农业坚持"产出高效、产品安全、资源节约、环境友好"的发展思路，提质、增效、转方式是现代农业发展的主旋律。"三品一标"通过品牌带动，推行基地化建设、规模化发展、标准化生产、产业化经营，有效提升了农产品品质规格和市场竞争力，在推动农业供给侧结构性改革、现代农业发展、农业增效农民增收和精准扶贫等方面具有重要的促进作用。

（三）发展"三品一标"是适应公众消费的必然要求。伴随我国经济发展步入新常态和全面建设小康社会进入决战决胜阶段，我国消费市场对农产品质量安全的要求快速提升，优质化、多样化、绿色化日益成为消费主流，安全、优质、品牌农产品市场需求旺盛。保障人民群众吃得安全优质是重要民生问题，"三品一标"涵盖安全、优质、特色等综合要素，是满足公众对营养健康农产品消费的重要实现方式。

（四）发展"三品一标"是提升农产品质量安全水平的重要手段。"三品一标"推行标准化生产和规范化管理，将农产品质量安全源头控制和全程监管落实到农产品生产经营环节，有利于实现"产"、"管"并举，从生产过程提升农产品质量安全水平。

二、明确"三品一标"发展方向

（一）发展思路

认真落实中共十八大和十八届三中、四中、五中全会精神，深入贯彻习近平总书记系列重要讲话精神，遵循创新、协调、绿色、开放、共享发展理念，紧紧围绕现代农业发展，充分发挥市场决定性和更好发挥政府推动作用，以标准化生产和基地创建为载体，通过规模化和产业化，推行全程控制和品牌发展战略，促进"三品一标"持续健康发展。

无公害农产品立足安全管控，在强化产地认定的基础上，充分发挥产地准出功能；绿色食品突出安全优质和全产业链优势，引领优质优价；有机农产品彰显生态安全特点，因地制宜，满足公众追求生态、环保的消费需求；农产品地理标志要突出地域特色和品质特性，带动优势地域特色农产品区域品牌创立。

（二）基本原则

一是严把质量安全，持续稳步发展。产品质量和品牌信誉是"三品一标"核心竞争力，必须严格质量标准，规范质量管理，强化行业自律，坚持"审核从紧、监管从严、处罚从重"的工作路线，健全退出机制，维护好"三品一标"品牌公信力。

二是立足资源优势，因地制宜发展。依托各地农业资源禀赋和产业发展基础，统筹规划，合理布局，认真总结"三品一标"成功发展模式和经验，充分发挥典型引领作用，因地制宜地加快发展。

三是政府支持推进，市场驱动发展。充分发挥政府部门在政策引导、投入支持、执法监管等方面的引导作用，营造有利的发展环境。牢固树立消费引领生产的理念，充分发挥市场决定性作用，广泛拓展消费市场。

（三）发展目标

力争通过5年左右的推进，使"三品一标"生产规模进一步扩大，产品质量安全稳定在较高水平。"三品一标"获证产品数量年增幅保持在6%以上，产地环境监测面积达到占食用农产品生产总面积的40%，获证产品抽检合格率保持在98%以上，率先实现"三品一标"产品可追溯。

三、推进"三品一标"发展措施

（一）大力开展基地创建。着力推进无公害农产品产地认定，进一步扩大总量规模，全面提升农产品质量安全水平。在无公害农产品产地认定的基础上，大力推动开展规模化的无公害农产品生产基地创建。稳步推动绿色食品原料标准化基地建设，强化产销对接，促进基地与加工（养殖）联动发展。积极推进全国有机农业示范基地建设，适时开展有机农产品生产示范基地（企业、合作社、家庭农场等）创建。扎实推进以县域为基础的国家农产品地理标志登记保护示范创建，积极开展农产品地理标志登记保护优秀持有人和登记保护企业（合作社、家庭农场、种养大户）示范创建。

（二）提升审核监管质量。加快完善"三品一标"审核流程和技术规范，抓紧构建符合"三品一标"标志管理特点的质量安全评价技术准则和考核认定实施细则。严格产地环境监测、评估和产品验证检测，坚持"严"字当头，严把获证审查准入关，牢固树立风险意识，认真落实审核监管措施，加大获证产品抽查和督导巡查，防范系统性风险隐患。健全淘汰退出机制，严肃查处不合格产品，严格规范绿色食品和有机农产品标签标识管理；切实将无公害农产品标识与产地准出和市场准入有机结合，凡加施获证无公害农产品防伪追溯标识的产品，推行等同性合格认定，实施顺畅快捷产地准出和市场准入。严查冒用和超范围使用"三品一标"标志等行为。

（三）注重品牌培育宣传。加强品牌培育，将"三品一标"作为农业品牌建设重中之重。做好"三品一标"获证主体宣传培训和技术服务，督导获证产品正确和规范使用标识，不断提升市场影响力和知名度。加大推广宣传，积极办好"绿博会"、"有机博览会"、"地标农产品专展"等专业展会。要依托农业影视、农民日报、农业院校等现有各种信息网络媒体和教育培训公共资源，加强"三品一标"等农产品质量安全知识培训、品牌宣传、科普解读、生产指导和消费引导工作，全力为"三品一标"构建市场营销平台和产销联动合作机制，支持"三品一标"产品参加全国性或区域性展会。

（四）推动改革创新。结合国家现代农业示范区、农产品质量安全县等农业项目创建，加快发展"三品一标"产品。通过"三品一标"标准化生产示范，辐射带动农产品质量安全整体水平提升。围绕国家化肥农药零增长行动和农业可持续发展要求，大力推广优质安全、生态环保型肥料农药等农业投入品，全面推行绿色、生态和环境友好型生产技术。在无公害农产品生产基地建设中，积极开展减化肥减农药等农业投入品减量化施用和考核认定试点。积极构建"三品一标"等农产品品质规格和全程管控技术体系。加快推进"三品一标"信息化建设，鼓励"三品一标"生产经营主体采用信息化手段进行生产信息管理，实现生产经营电子化记录和精细化管理。推动"三品一标"产品率先建立全程质量安全控制体系和实施追溯管理，全面开展"三品一标"产品质量追溯试点。

（五）强化体系队伍建设。"三品一标"工作队伍是农产品质量安全监管体系的重要组成部分和骨干力量，要将"三品一标"队伍纳入全国农产品质量安全监管体系统筹谋划，整体推进建设。加强从业人员业务技能培训，完善激励约束机制，着力培育和打造一支"热心农业、科学公正、廉洁高效"的"三品一标"工作体系。"三品一标"工作队伍要按照农产品质量安全监管统一部署和要求，全力做好农产品质量安全监管的业务支撑和技术保障工作。充分发挥专家智库、行业协（学）会和检验检测、风险评估、科学研究等技术机构作用，为"三品一标"发展提供技术支持。

（六）加大政策支持。各级农业部门要积极争取同级财政部门支持，将"三品一标"工作经费纳入年度财政预算，加大资金支持力度。积极争取建立或扩大"三品一标"奖补政策与资金规模，不断提高生产经营主体和广大农产品生产者发展"三品一标"积极性。尽可能把"三品一标"纳入各类农产品生产经营性投资项目建设重点，并作为考核和评价现代农业示范区、农产品质量安全县、龙头企业、示范合作社、"三园两场"等建设项目的关键指标。

发展"三品一标"，是各级政府赋予农业部门的重要职能，也是现代农业发展的客观需要。各级农业行政主管部门要从新时期农业农村经济发展的全局出发，高度重视发展"三品一标"的重要意义，要把发展"三品一标"作为推动现代农业建设、农业转型升级、农产品质量安全监管的重要抓手，纳入农业农村经济发展规划和农产品质量安全工作计划，予以统筹部署和整体推进。各地要因地制宜制定本地区、本行业的"三品一标"发展规划和推动发展的实施意见，按计划、有步骤加以组织实施和稳步推进。要将"三品一标"发展纳入现代农业示范区、农产品质量安全县和农产品质量安全绩效管理重点，强化监督检查和绩效考核，确保"三品一标"持续健康发展，不断满足人民群众对安全优质品牌农产品的需求。

农业部

2016 年 5 月 4 日

全国绿色食品产业发展
规划纲要（2016—2020年）

（2016年4月6日发布）

多年来，发展绿色食品在推进农业发展方式转变、提高农产品质量安全水平、保护农业生态环境、促进农业增效和农民增收等方面发挥了重要的示范带动作用。绿色食品已成为我国安全优质农产品的精品品牌，得到社会各界的普遍认可。中共十八届五中全会提出了绿色发展等新思想，为绿色食品事业发展注入了新动力。为进一步推进绿色食品产业持续健康发展，发挥绿色食品在现代农业建设中的示范引领作用，更好地满足城乡居民的安全健康消费需求，根据农业农村发展与农产品质量安全相关要求，制定本规划纲要。

一、发展现状

绿色食品，是指产自优良生态环境、按照绿色食品标准生产、实行全程质量控制并获得绿色食品标志使用权的安全、优质食用农产品及相关产品。多年以来，在各级政府和农业部门的积极推动下，在市场需求的有力拉动下，全国绿色食品产业保持了稳步健康发展，取得了显著成效。

（一）产业发展已有一定规模

截至2015年年底，全国绿色食品企业总数达到9 500多家，产品总数达到23 000多个。2011—2015年，绿色食品企业和产品年均分别增长约8.5%和7.0%。绿色食品产品日益丰富，现有的产品门类包括农林产品及其加工产品、畜禽、水产品及其加工产品、饮品类产品等5个大类57个小类，近150个种类，基本上覆盖了全国主要大宗农产品及加工产品。全国已创建665个绿色食品原料标准化生产基地，分布25个省（自治区、直辖市），基地种植面积1.8亿亩，产品总产量达到1亿吨。绿色食品生产资料企业总数发展到102家，产品达244个。

（二）产品质量稳定可靠

通过实施"从农田到餐桌"全程质量控制，落实标准化生产，严格产地环境、产品质量检测和投入品管控，提高现场检查和审核许可的规范性，全面加大证后监管力度，有效地保证了绿色食品产品质量。2011—2015年，绿色食品系统每年组织抽检覆盖率超过 20％，绿色食品产品质量抽检合格率一直保持在 99％以上。在近几年由农业部等国家有关部门组织的农产品质量安全监督抽检中，绿色食品产品质量抽检合格率均达到 100％。

（三）品牌具有广泛影响力

经过多年宣传推广，绿色食品已被社会广泛接受，其推行的生产方式、倡导的消费理念、树立的社会形象和产生的品牌效益，已得到普遍认可。早在 1999 年，《辞海》已将"绿色食品"列入书中；绿色食品有关知识被国家编入了《全日制普通高级中学生物教学大纲》；中国农业大学、南京农业大学等多数农林院校设置了绿色食品专业或开设了绿色食品相关课程。近几年，绿色食品作为食品安全知识在部分大中城市社区广为宣传；相关电视节目中也时常涉及绿色食品的概念和知识。据调查，在国内大中城市，绿色食品品牌的认知度超过 80％；在所有认证产品中绿色食品的公信度排名第一。绿色食品品牌影响已从国内扩大到国际，其标志商标已在日本、美国、俄罗斯等 10 个国家和地区注册，丹麦、澳大利亚、加拿大等国家已开发了一批绿色食品产品。

（四）制度规范基本完善

《农产品质量安全法》、《食品安全法》、农业部《绿色食品标志管理办法》等的颁布实施，为绿色食品发展奠定了法律基础。农业部已发布绿色食品各类标准 126 项，整体达到发达国家先进水平，地方配套颁布实施的绿色食品生产技术规程已达 400 多项，绿色食品标准体系更加完善。绿色食品标志许可审查程序和技术规范在工作实践中得到不断补充和修订，绿色食品企业年检、产品抽检、市场监察、风险预警、淘汰退出等证后监管制度已全面建立和实施，以标志管理为核心的绿色食品制度规范已基本完善。

（五）体系队伍已覆盖到基层

全国已建立省级绿色食品工作机构 36 个，地（市）级绿色食品工作机构 308 个，县（市）级绿色食品工作机构 1 558 个，覆盖了全国 88％的地州、56％的县市。全国共有绿色食品专职工作人员 6 452 人，其中绿色食品检查员 3 460 人、绿色食品监管员 2 797 人；还发展绿色食品企业内检员 1.8 万人，实现了所有获证企业的全覆盖。同时，审核确定了绿色食品定点环境监测机构 57 家、产品质量检测机构 58 家。

二、面临形势

当前和今后一个时期，推动绿色食品产业持续健康发展面临前所未有的历史机遇：

（一）政策环境有利

"支持发展绿色食品"已多次写入中央 1 号文件。中共中央、国务院《关于加快推进生态文明建设的意见》对发展绿色产业做出了总体部署。中共十八届五中全会提出了五大发展理念，进一步明确了绿色发展的思想。发展绿色食品，符合国家"绿色发展、低碳发展、循环发展"的战略部署，符合"产出高效、产品安全、资源节约、环境友好"的现代农业发展方向，越来越受到各级政府的高度重视。发展绿色食品已纳入我国现代农业建设、可持续农业发展、农产品质量安全提升等中长期规划，并与农业标准化、产业化、品牌化等主体工作紧密结合，在组织领导、产业指导、政策扶持、激励机制等方面的配套政策不断完善，支持力度不断加大。

（二）生产者积极性高

随着绿色食品品牌的影响力、公信力不断提升，在优质优价市场机制的传导下，广大企业和农户发展绿色食品的积极性不断提高，特别是食品行业骨干企业、各级农业产业化龙头企业、出口企业更加关注绿色食品开发与经营。同时，随着农产品质量安全社会共治大格局的形成，各方面的责任进一步落实，市场秩序和品牌保护工作得到加强，绿色食品的精品形象更加凸显，吸引着越来越多的社会工商资本进入绿色食品领域寻求发展商机，必将稳步扩大绿色食品产业规模，有效提升产业发展水平。

（三）消费需求旺盛

随着城乡居民收入水平不断提高，食品安全意识普遍增强，食物消费结构正加快由注重数量转向注重质量，追求"绿色、生态、环保"日益成为消费的基本取向和选择标准，绿色食品更加受到广大消费者的欢迎，市场需求呈现加速增长的态势。在消费需求和品牌影响的拉动下，绿色食品市场流通体系建设步伐不断加快，绿色食品越来越多地进入大型连锁超市、专营店，走上电商平台，满足日益个性化、多元化的消费需求。

与此同时，绿色食品发展仍然存在一些制约因素，面临不少挑战：

一是绿色食品发展至今还没有一个全国统一的规划。在推进现代农业农村经济发展的大格局下，统筹考虑绿色食品发展，进一步明确其定位、方向、目标、政策措施和工作要求十分重要，有利于增强工作的方位感和目标责任意识，有利于提升体系队伍建设和产业扶持政策的连续性、稳定性，从而促进绿色食品持续健康发展。

二是部门合作协调推进绿色食品发展的机制还没有建立起来。目前，绿色发展理念正在农业各产业中逐步扩散，绿色生产技术正在实践中不断得到开发与推广应用，各产业主管部门正在成为绿色农业发展的有力推动者。绿色食品工作部门与农业各产业主管部门加强工作配合，相互支持，优势互补，将成为今后推动绿色食品发展的有力手段。

三是绿色食品品牌形象有待进一步巩固提升。少数获证企业标准化生产不能真正落实到位，防控产品质量安全风险和隐患的压力增大；有的企业用标不规范或违规用标，个别企业违法制售假冒产品，有损绿色食品整体品牌形象。从结构看，中小食品企业与农民专业合作社偏多，大型食品企业偏少；初级产品偏多，精深加工产品偏少；种植业比重偏大，畜禽、水产品偏少；东中部地区发展规模较大，西部地区发展规模偏小，区域发展不平衡。面向国内外市场的品牌深度宣传与推广不足，优质优价市场机制的作用还未得到充分发挥。

三、总体思路

以邓小平理论、"三个代表"重要思想、科学发展观为指导，贯彻习近平总书记系列重要讲话精神，落实《中华人民共和国国民经济和社会发展第十三个五年规划纲要》，遵循创新、协调、绿色、开放、共享发展理念，以保护生态环境、提升农产品质量安全水平和促进农民增收为目的，以完善标准、优化程序、强化监管、加大宣传、创新机制为支撑，坚持精品定位，稳步发展，努力实现绿色食品质量水平持续提升、产业规模持续扩大、品牌公信力和影响力持续增强。

（一）基本原则

一是**明确定位，率先发展**。绿色食品是农业农村经济工作的重要组成部分，是生态文明建设的助推器、农业发展方式转变的排头兵、农产品安全优质消费的风向标。新时期，要按照"提质增效转方式，稳粮增收可持续"的要求，与农业产业转型升级、"一控两减三基本"、农产品质量安全监管、特色产业精准扶贫等农业主体工作相融合，率先发展，在标准化生产、产业化经营、品牌化发展中发挥示范带动作用。

二是**政府推动，市场拉动**。积极争取各级农业行政主管部门的支持，发挥好主管部门在统筹谋划、政策引导、投入支持、执法监管等方面的重要作用。要重视市场开发，多形式搞活流通，多渠道拓展市场，积极发挥市场在配置资源中的决定性作用，推进绿色食品优质优价市场机制的形成。

三是**质量优先，稳步推进**。更加注重发展的质量，全面落实全程质量控制体系和标准化生产，强化证后监管，不断提升绿色食品品牌的公信力。在坚持准入标准、保证质量的前提下，稳步扩大总量规模，不断满足城乡居民对安全优质农产品及加工食品的需求。

四是**坚持特色，创新驱动**。坚守与发达国家接轨的农产品及食品质量安全标准水平，保持绿色食品标准的先进性；坚持"安全、优质、环保、营养、健康"的本质特征，进一步打造精品品牌；坚持质量管理与标志许可相结合的基本制度，不断创新机制，提升发展活力。

（二）发展目标

到 2020 年，全国绿色食品产业总量规模将进一步扩大，企业总数将达到 11 000家，产品总数将达到 27 000 个，绿色食品产地环境监测面积达到 6.5 亿亩，绿色食品总产量占全国食用农产品及加工食品总产量 5％以上。绿色食品质量和品牌公信力、认知度明显提升，质量抽检合格率保持在 99％以上，国家级和省级农业产业化龙头企业、大型食品加工企业、出口企业比例明显上升，达到60%以上。

四、重点任务

（一）扎实推进基地建设，不断提高发展质量

按照"稳定总量规模，提升创建质量，强化产业对接，增强基地效益"的总体思路，新创建200个原料标准化基地，使基地总量达到800个，面积增加到2亿亩。以优势农产品产业带、特色农产品规划区和农业大县为重点，着力创建一批绿色食品水稻、小麦、玉米、大豆、油料、糖料、水果、茶叶、畜产品原料标准化生产基地，加大产销对接力度，形成原料基地与加工（养殖）企业相互促进的良性循环机制。

启动绿色食品园区创建活动，打造一批融绿色食品生产、加工、销售、餐饮、体验、休闲为一体的绿色食品综合示范园区，拓展绿色食品发展的多种功能，促进农村一、二、三产业融合发展。

（二）着力扶强生产主体，持续扩大总量规模

按照"提高门槛、强化服务、加强引导"的要求，不断提高绿色食品企业的整体素质。大力引导各类龙头企业，特别是国家级和省级农业产业化龙头企业、大型食品企业、外向型企业发展绿色食品，发挥骨干企业的引领作用。积极指导国家与省级农民专业合作社示范社发展绿色食品，发挥其在标准化生产中的示范作用。鼓励引导地方特色农产品生产主体发展绿色食品，发挥行业领头作用。

（三）加快推进短缺产品开发，不断优化品种结构

重点推动生态环境良好的草原地区发展优质草食绿色畜禽产品，大力发展有特色的畜禽产品，引导行业领先企业和境外企业发展绿色畜禽产品。引导大型湖泊、库塘等自然条件良好的天然水域发展绿色水产品，鼓励远洋捕捞及其加工企业发展绿色食品。发展绿色食品精深加工产品，重点是食用植物油、米面加工品、果酒等。

（四）不断强化市场营销服务，完善市场流通体系

全面开展绿色食品市场营销服务体系建设，推动绿色食品步入"以品牌引导消费、以消费拉动市场、以市场促进生产"的发展轨道。制定绿色食品市场推广与品牌形象展示规范，引导和鼓励建设绿色食品专业营销体系。支持多形式建立绿色食品电商平台，积极引导企业充分利用电商平台拓宽营销渠道、提高流通效率。推进"中国绿色食品博览会"向专业化、市场化方向发展，使其成为促进绿色食品产销对接、商贸合作的专业平台。鼓励举办区域性绿色食品交易会，多渠道开展市场对接，扩大绿色食品品牌影响力。

（五）全面加强品牌保护，不断提升品牌的公信力

坚持绿色食品精品定位，把精品理念贯彻落实到生产经营的每一个环节，夯实品牌建设的基础。依据《商标法》、《绿色食品标志管理办法》等法律法规，持续开展绿色食品标志的注册与保护工作，为产业发展和品牌建设提供有力的法律保障。严格许可审查，加强证后监管，强化淘汰退出机制，确保产品质量和规范用标，切实维护品牌的公信力和美誉度。积极开展品牌知识宣传，培育并提升绿色食品在消费市场的良好形象。

五、支撑体系

（一）完善绿色食品技术标准体系

继续瞄准国际先进水平，突出"安全、优质和可持续发展"的基本特征，完善绿色食品技术标准体系，力争绿色食品有效标准达到 150 项。重点完善养殖、屠宰环节绿色食品卫生控制要求和食品加工过程中的卫生控制规范。推进地方特色优势农产品生产技术规程制订工作，为落实标准化生产提供技术规范。以"质量安全、技术先进、生产可行、产业提升"为基本评价指标，建立绿色食品标准跟踪评价长效机制，进一步提高标准的科学性和实用性。

（二）优化绿色食品标志许可制度

按照"科学公正、规范有序、简便快捷"的要求，不断优化标志许可审查程序，完善现场检查规范和专家评审制度。积极开展申报企业组织模式、管理体系、产地环境、风险防控能力等方面的评估，并加大现场检查力度，严格准入门槛。强化申报企业投入品审核管理，对投入品使用合理性、管理规范性、来源稳定性进行严格审查。强化工作机构审查把关和定点检测机构公正检测的责任，确保审查工作环环相接不遗漏、不延误、不推诿。建立健全检查员工作绩效考评机制，强化检查员签字负责制。加强证书管理，不断提高颁证工作的质量和效率。

（三）加强产品质量监管体系

建立"以属地监管为原则、行政监管为主导、行业自律为基础、社会监督为保障"的综合监管运行机制。认真落实企业年检、产品质量年度抽检、绿色食品标志市场监察与打假、质量风险预警、产品公告等监管制度。积极推进绿色食品质量追溯管理。加强绿色食品企业内检员队伍建设，发挥其在宣贯标准、沟通信息、质量保障、风险预警中的重要作用。制订符合绿色食品行业自身特点的诚信标准，建立诚信信息服务平台，稳步开展诚信评价工作。

（四）强化科技支撑体系

组织开展绿色食品发展理念、标准定位、制度安排、功能作用、发展模式、运行机制及效益评价等方面的基础研究。鼓励和依托大专院校、科研院所开展绿色食品农业投入品使用技术研究，并建立将先进成熟研究成果应用到生产中的宣传推广机制。支持地方研究和推广一批特色鲜明、务实管用、农民欢迎的清洁生产技术。加大绿色食品生产资料研发和推广应用力度，不断提升绿色食品清洁化生产水平。

（五）健全管理服务体系

加快健全地方工作队伍体系，进一步理顺关系，明确职能，充实人员，推动工作机构向基层延伸。继续抓好检查员、标志监管员的培训工作，强化服务意识，提升工作能力。按照"统筹规划、合理布局、择优选用"的原则，稳步推进绿色食品检测机构布点工作，强化检测机构能力建设。充分发挥绿色食品专家队伍在理论研究、标准制修订、技术开发、风险评估等方面的重要作用。加快审核管理信息系统建设步伐，提升绿色食品许可审核工作信息化水平。发挥绿色食品协会的桥梁纽带作用，增强绿色食品行业的向心力、凝聚力。

六、保障措施

（一）加强组织领导

发展绿色食品，是国务院赋予农业部门的重要职能。各省绿色食品工作机构要从新时期农业农村经济发展的全局出发，充分认识发展绿色食品的重要意义，始终把发展绿色食品作为推动农业转型升级、加强农产品质量安全工作的重要内容，积极争取纳入当地农业农村经济发展整体规划，统筹部署推动。要加快制订符合各地实际的绿色食品发展规划和具体实施方案，明确分工和进度安排，按计划、有步骤地抓好各项工作的落实。要强化发展规划的监督检查和综合评估，积极争取将发展绿色食品纳入现代农业建设和农产品质量安全绩效管理范围，确保绿色食品发展各项工作有效推进。

（二）加大政策支持

要按照《农产品质量安全法》的要求，积极争取将绿色食品工作经费纳入本级农产品质量安全管理公共财政预算，适度增加绿色食品发展预算资金，加大资金扶持力度。要积极建立补贴制度，加大对绿色食品生产企业、原料标准化生产基地、绿色食品示范园区和农户的奖补力度，不断提高企业和农民发展绿色食品的积极性。要结合国家有关规划和已有各类投资渠道，创造条件，争取把发展绿色食品纳入重要农业建设项目，明确发展目标和建设内容，丰富可追溯体系建设、现代农业示范区、农业标准化示范县、农产品质量安全县、龙头企业评定、国家级示范合作社创建、"三园两场"创建项目建设内容，统筹利用各种国家强农惠农政策与资源，实现农业项目建设与绿色食品发展相辅相成、相得益彰。

（三）深化舆论宣传

充分应用现代化的公共媒体，加强绿色食品发展理念、法律法规、标准规范、运行模式、生产技术、产品质量、品牌效应的宣传，提高社会各界和广大公众的绿色发展、健康消费意识。积极利用各种农业节庆活动和相关博览交易会，扩大绿色食品理念与标志形象宣传。认真总结绿色食品发展的成功经验和主要做法，深入挖掘各地推进绿色食品工作的成功典范，加大典型地区、典型企业、典型产品的宣传力度，进一步提升绿色食品品牌的认知度、美誉度、公信力和影响力。健全与媒体的快捷沟通、联动机制，充分发挥媒体的引导和推动作用，营造全社会关心支持绿色食品事业发展的良好氛围。深化对外交流合作，加强国际推介宣传，提升绿色食品的国际影响。

第二篇

标 准 与 培 训

关于绿色食品产品标准执行问题的有关规定

（2014 年 10 月 10 日发布）

为规范绿色食品产品标准执行行为，保证标准的公正性和权威性，现就绿色食品生产、标志审查许可和标志监督管理等工作中产品标准执行的有关问题规定如下：

一、关于绿色食品产品标准的选用原则

（一）初次申报产品应对照《绿色食品产品适用标准目录》（以下简称《产品目录》）选择适用标准，如产品不在《产品目录》范围内的，不予受理。

（二）初次申报产品在《产品目录》范围内，但产品本身或产品配料成分属于卫生部发布的"可用于保健食品的物品名单"中的产品（其中已获卫生部批复可作为普通食品管理的产品除外），需取得国家相关保健食品或新食品原料的审批许可后方可进行申报。

（三）续展产品不在《产品目录》范围内，可按原"申报企业执行标准确认审批通知单"的审批意见执行。

（四）申报产品在《产品目录》范围内，但相应的产品标准中没有明确该产品感官、理化要求的，其感官、理化要求可依次选用相关的国家标准、行业标准、地方标准或经当地标准化行政主管部门备案的企业标准。

（五）《产品目录》或产品标准中有"其他"表述字样，但没有明确列出产品或类别名称的产品，不可参照执行该项产品标准。

（六）《产品目录》实施动态管理。如申请产品属于"产品目录"涵盖类别，但"产品目录"中没有明确列出，可向中心提交相关证明材料及申请，经确认后可增列至"产品目录"中。

（七）年度绿色食品监督抽检产品按当年《绿色食品产品质量抽检计划项目和判定依据》的规定执行。

二、关于绿色食品产品标准的执行问题

（一）绿色食品产品标准执行过程中与《绿色食品　农药使用准则》（NY/T 393）、《绿色食品　兽药使用准则》（NY/T 472）、《绿色食品　渔药使用准则》（NY/T 755）和《绿色食品　食品添加剂使用准则》（NY/T 392）等绿色食品基本技术准则有冲突时，产品标准服从准则标准。

（二）当绿色食品产品标准中理化要求表述为"应符合产品执行的国家标准、行业标准、地方标准或企业标准的规定"时，理化指标应按照国家标准、行业标准、地方标准或经当地标准化行政主管部门备案的企业标准的顺序依次选用；如同一级别标准同时存在两个或两个以上，按发布时间先后选用最新版的标准。

（三）绿色食品产品标准中引用的标准已作废，且无替代标准时，相关指标可不作检测，但需在检验报告备注栏中予以注明。

（四）国家标准经修订，其相关安全卫生指标如严于绿色食品产品标准，具体项目和指标按照《绿色食品　产品检验规则》（NY/T 1055）的规定执行。

本规定自发布之日起执行，原《关于绿色食品标准执行问题的若干规定（试行）》同时废止。

现行绿色食品标准目录

序号	标准编号	标准名称
1	NY/T 391—2013	绿色食品　产地环境质量
2	NY/T 392—2013	绿色食品　食品添加剂使用准则
3	NY/T 393—2013	绿色食品　农药使用准则
4	NY/T 394—2013	绿色食品　肥料使用准则
5	NY/T 471—2010	绿色食品　畜禽饲料及饲料添加剂使用准则
6	NY/T 472—2013	绿色食品　兽药使用准则
7	NY/T 473—2016	绿色食品　畜禽卫生防疫准则
8	NY/T 658—2015	绿色食品　包装通用准则
9	NY/T 755—2013	绿色食品　渔药使用准则
10	NY/T 896—2015	绿色食品　产品抽样准则
11	NY/T 1054—2013	绿色食品　产地环境调查、监测与评价导则
12	NY/T 1055—2015	绿色食品　产品检验规则
13	NY/T 1056—2006	绿色食品　贮藏运输准则
14	NY/T 1891—2010	绿色食品　海洋捕捞水产品生产管理规范
15	NY/T 2112—2011	绿色食品　渔业饲料及饲料添加剂使用准则
16	NY/T 273—2012	绿色食品　啤酒
17	NY/T 274—2014	绿色食品　葡萄酒
18	NY/T 285—2012	绿色食品　豆类
19	NY/T 288—2012	绿色食品　茶叶
20	NY/T 289—2012	绿色食品　咖啡
21	NY/T 418—2014	绿色食品　玉米及玉米粉
22	NY/T 419—2014	绿色食品　稻米
23	NY/T 420—2009	绿色食品　花生及制品
24	NY/T 421—2012	绿色食品　小麦及小麦粉
25	NY/T 422—2016	绿色食品　食用糖
26	NY/T 426—2012	绿色食品　柑橘类水果
27	NY/T 427—2016	绿色食品　西甜瓜

（续）

序号	标准编号	标准名称
28	NY/T 431—2009	绿色食品　果（蔬）酱
29	NY/T 432—2014	绿色食品　白酒
30	NY/T 433—2014	绿色食品　植物蛋白饮料
31	NY/T 434—2016	绿色食品　果蔬汁饮料
32	NY/T 435—2012	绿色食品　水果、蔬菜脆片
33	NY/T 436—2009	绿色食品　蜜饯
34	NY/T 437—2012	绿色食品　酱腌菜
35	NY/T 654—2012	绿色食品　白菜类蔬菜
36	NY/T 655—2012	绿色食品　茄果类蔬菜
37	NY/T 657—2012	绿色食品　乳制品
38	NY/T 743—2012	绿色食品　绿叶类蔬菜
39	NY/T 744—2012	绿色食品　葱蒜类蔬菜
40	NY/T 745—2012	绿色食品　根菜类蔬菜
41	NY/T 746—2012	绿色食品　甘蓝类蔬菜
42	NY/T 747—2012	绿色食品　瓜类蔬菜
43	NY/T 748—2012	绿色食品　豆类蔬菜
44	NY/T 749—2012	绿色食品　食用菌
45	NY/T 750—2011	绿色食品　热带、亚热带水果
46	NY/T 751—2011	绿色食品　食用植物油
47	NY/T 752—2012	绿色食品　蜂产品
48	NY/T 753—2012	绿色食品　禽肉
49	NY/T 754—2011	绿色食品　蛋及蛋制品
50	NY/T 840—2012	绿色食品　虾
51	NY/T 841—2012	绿色食品　蟹
52	NY/T 842—2012	绿色食品　鱼
53	NY/T 843—2015	绿色食品　畜禽肉制品
54	NY/T 844—2010	绿色食品　温带水果
55	NY/T 891—2014	绿色食品　大麦及大麦粉
56	NY/T 892—2014	绿色食品　燕麦及燕麦粉
57	NY/T 893—2014	绿色食品　粟米及粟米粉
58	NY/T 894—2014	绿色食品　荞麦及荞麦粉

（续）

序号	标准编号	标准名称
59	NY/T 895—2015	绿色食品　高粱
60	NY/T 897—2004	绿色食品　黄酒
61	NY/T 898—2016	绿色食品　含乳饮料
62	NY/T 899—2016	绿色食品　冷冻饮品
63	NY/T 900—2016	绿色食品　发酵调味品
64	NY/T 901—2011	绿色食品　香辛料及其制品
65	NY/T 902—2015	绿色食品　瓜籽
66	NY/T 1039—2014	绿色食品　淀粉及淀粉制品
67	NY/T 1040—2012	绿色食品　食用盐
68	NY/T 1041—2010	绿色食品　干果
69	NY/T 1042—2014	绿色食品　坚果
70	NY/T 1043—2016	绿色食品　人参和西洋参
71	NY/T 1044—2007	绿色食品　藕及其制品
72	NY/T 1045—2014	绿色食品　脱水蔬菜
73	NY/T 1046—2016	绿色食品　焙烤食品
74	NY/T 1047—2014	绿色食品　水果、蔬菜罐头
75	NY/T 1048—2012	绿色食品　笋及笋制品
76	NY/T 1049—2015	绿色食品　薯芋类蔬菜
77	NY/T 1050—2006	绿色食品　龟鳖类
78	NY/T 1051—2014	绿色食品　枸杞及枸杞制品
79	NY/T 1052—2014	绿色食品　豆制品
80	NY/T 1053—2006	绿色食品　味精
81	NY/T 1323—2007	绿色食品　固体饮料
82	NY/T 1324—2015	绿色食品　芥菜类蔬菜
83	NY/T 1325—2015	绿色食品　芽苗类蔬菜
84	NY/T 1326—2015	绿色食品　多年生蔬菜
85	NY/T 1327—2007	绿色食品　鱼糜制品
86	NY/T 1328—2007	绿色食品　鱼罐头
87	NY/T 1329—2007	绿色食品　海水贝
88	NY/T 1330—2007	绿色食品　方便主食品
89	NY/T 1405—2015	绿色食品　水生类蔬菜

（续）

序号	标准编号	标准名称
90	NY/T 1406—2007	绿色食品 速冻蔬菜
91	NY/T 1407—2007	绿色食品 速冻预包装面米食品
92	NY/T 1506—2015	绿色食品 食用花卉
93	NY/T 1507—2016	绿色食品 山野菜
94	NY/T 1508—2007	绿色食品 果酒
95	NY/T 1509—2007	绿色食品 芝麻及其制品
96	NY/T 1510—2016	绿色食品 麦类制品
97	NY/T 1511—2015	绿色食品 膨化食品
98	NY/T 1512—2014	绿色食品 生面食、米粉制品
99	NY/T 1513—2007	绿色食品 畜禽可食用副产品
100	NY/T 1514—2007	绿色食品 海参及制品
101	NY/T 1515—2007	绿色食品 海蜇及制品
102	NY/T 1516—2007	绿色食品 蛙类及制品
103	NY/T 1709—2011	绿色食品 藻类及其制品
104	NY/T 1710—2009	绿色食品 水产调味品
105	NY/T 1711—2009	绿色食品 辣椒制品
106	NY/T 1712—2009	绿色食品 干制水产品
107	NY/T 1713—2009	绿色食品 茶饮料
108	NY/T 1714—2015	绿色食品 婴幼儿谷粉
109	NY/T 1884—2010	绿色食品 果蔬粉
110	NY/T 1885—2010	绿色食品 米酒
111	NY/T 1886—2010	绿色食品 复合调味料
112	NY/T 1887—2010	绿色食品 乳清制品
113	NY/T 1888—2010	绿色食品 软体动物休闲食品
114	NY/T 1889—2010	绿色食品 烘炒食品
115	NY/T 1890—2010	绿色食品 蒸制类糕点
116	NY/T 2104—2011	绿色食品 配制酒
117	NY/T 2105—2011	绿色食品 汤类罐头
118	NY/T 2106—2011	绿色食品 谷物类罐头
119	NY/T 2107—2011	绿色食品 食品馅料
120	NY/T 2108—2011	绿色食品 熟粉及熟米制糕点

（续）

序号	标准编号	标准名称
121	NY/T 2109—2011	绿色食品 鱼类休闲食品
122	NY/T 2110—2011	绿色食品 淀粉糖和糖浆
123	NY/T 2111—2011	绿色食品 调味油
124	NY/T 2140—2015	绿色食品 代用茶
125	NY/T 2799—2015	绿色食品 畜肉
126	NY/T 2973—2016	绿色食品 啤酒花及其制品
127	NY/T 2974—2016	绿色食品 杂粮米
128	NY/T 2975—2016	绿色食品 头足类水产品
129	NY/T 2976—2016	绿色食品 冷藏、冷冻调制水产品
130	NY/T 2977—2016	绿色食品 薏仁及薏仁粉
131	NY/T 2978—2016	绿色食品 稻谷
132	NY/T 2979—2016	绿色食品 天然矿泉水
133	NY/T 2980—2016	绿色食品 包装饮用水
134	NY/T 2981—2016	绿色食品 魔芋及其制品
135	NY/T 2982—2016	绿色食品 油菜籽
136	NY/T 2983—2016	绿色食品 速冻水果
137	NY/T 2984—2016	绿色食品 淀粉类蔬菜粉
138	NY/T 2985—2016	绿色食品 低聚糖
139	NY/T 2986—2016	绿色食品 糖果
140	NY/T 2987—2016	绿色食品 果醋饮料
141	NY/T 2988—2016	绿色食品 湘式挤压糕点

绿色食品　产地环境质量

（NY/T 391—2013）

1　范围

本标准规定了绿色食品产地的术语和定义、生态环境要求、空气质量要求、水质要求、土壤质量要求。

本标准适用于绿色食品生产。

2　规范性引用文件

下列文件对于本文件的应用是必不可少的。凡是注日期的引用文件，仅注日期的版本适用于本文件。凡是不注日期的引用文件，其最新版本（包括所有的修改单）适用于本文件。

GB/T 5750.4　生活饮用水标准检验方法　感官性状和物理指标

GB/T 5750.5　生活饮用水标准检验方法　无机非金属指标

GB/T 5750.6　生活饮用水标准检验方法　金属指标

GB/T 5750.12　生活饮用水标准检验方法　微生物指标

GB/T 6920　水质　pH值的测定　玻璃电极法

GB/T 7467　水质　六价铬的测定　二苯碳酰二肼分光光度法

GB/T 7475　水质　铜、锌、铅、镉的测定　原子吸收分光光度法

GB/T 7484　水质　氟化物的测定　离子选择电极法

GB/T 7485　水质　总砷的测定　二乙基二硫代氨基甲酸银分光光度法

GB/T 7489　水质　溶解氧的测定　碘量法

GB 11914　水质　化学需氧量的测定　重铬酸盐法

GB/T 12763.4　海洋调查规范　第4部分：海水化学要素调查

GB/T 15432　环境空气　总悬浮颗粒物的测定　重量法

GB/T 17138　土壤质量　铜、锌的测定　火焰原子吸收分光光度法

GB/T 17141　土壤质量　铅、镉的测定　石墨炉原子吸收分光光度法

GB/T 22105.1　土壤质量　总汞、总砷、总铅的测定　原子荧光法　第1部分：

土壤中总汞的测定

　　GB/T 22105.2　土壤质量　总汞、总砷、总铅的测定　原子荧光法　第 2 部分：
土壤中总砷的测定

　　HJ 479　环境空气　氮氧化物（一氧化氮和二氧化氮）的测定　盐酸萘乙二胺分
光光度法

　　HJ 480　环境空气　氟化物的测定　滤膜采样氟离子选择电极法

　　HJ 482　环境空气　二氧化硫的测定　甲醛吸收—副玫瑰苯胺分光光度法

　　HJ 491　土壤　总铬的测定　火焰原子吸收分光光度法

　　HJ 503　水质　挥发酚的测定　4-氨基安替比林分光光度法

　　HJ 505　水质　五日生化需氧量（BOD_5）的测定　稀释与接种法

　　HJ 597　水质　总汞的测定　冷原子吸收分光光度法

　　HJ 637　水质　石油类和动植物油类的测定　红外分光光度法

　　LY/T 1233　森林土壤有效磷的测定

　　LY/T 1236　森林土壤速效钾的测定

　　LY/T 1243　森林土壤阳离子交换量的测定

　　NY/T 53　土壤全氮测定法（半微量开氏法）

　　NY/T 1121.6　土壤检测　第 6 部分：土壤有机质的测定

　　NY/T 1377　土壤 pH 的测定

　　SL　355　水质　粪大肠菌群的测定—多管发酵法

3　术语和定义

下列术语和定义适用于本文件。

3.1

环境空气标准状态　ambient air standard state

指温度为 273K，压力为 101.325kPa 时的环境空气状态。

4　生态环境要求

绿色食品生产应选择生态环境良好、无污染的地区，远离工矿区和公路、铁路干
线，避开污染源。

应在绿色食品和常规生产区域之间设置有效的缓冲带或物理屏障，以防止绿色食品
生产基地受到污染。

建立生物栖息地，保护基因多样性、物种多样性和生态系统多样性，以维持生态

平衡。

应保证基地具有可持续生产能力，不对环境或周边其他生物产生污染。

5 空气质量要求

应符合表1要求。

表1 空气质量要求（标准状态）

项目	指标		检测方法
	日平均[a]	1小时[b]	
总悬浮颗粒物，mg/m³	≤0.30	—	GB/T 15432
二氧化硫，mg/m³	≤0.15	≤0.50	HJ 482
二氧化氮，mg/m³	≤0.08	≤0.20	HJ 479
氟化物，μg/m³	≤7	≤20	HJ 480
[a]日平均指任何一日的平均指标。			
[b]1小时指任何一小时的指标。			

6 水质要求

6.1 农田灌溉水质要求

农田灌溉用水，包括水培蔬菜和水生植物，应符合表2要求。

表2 农田灌溉水质要求

项目	指标	检测方法
pH	5.5~8.5	GB/T 6920
总汞，mg/L	≤0.001	HJ 597
总镉，mg/L	≤0.005	GB/T 7475
总砷，mg/L	≤0.05	GB/T 7485
总铅，mg/L	≤0.1	GB/T 7475
六价铬，mg/L	≤0.1	GB/T 7467
氟化物，mg/L	≤2.0	GB/T 7484
化学需氧量（CODcr），mg/L	≤60	GB 11914
石油类，mg/L	≤1.0	HJ 637
粪大肠菌群[a]，个/L	≤10 000	SL 355
[a]灌溉蔬菜、瓜类和草本水果的地表水需测粪大肠菌群，其他情况不测粪大肠菌群。		

6.2 渔业水质要求

渔业用水应符合表3要求。

表3 渔业水质要求

项 目	指 标		检测方法
	淡水	海水	
色、臭、味	不应有异色、异臭、异味		GB/T 5750.4
pH	6.5～9.0		GB/T 6920
溶解氧，mg/L	＞5		GB/T 7489
生化需氧量（BOD$_5$），mg/L	≤5	≤3	HJ 505
总大肠菌群，MPN/100mL	≤500（贝类50）		GB/T 5750.12
总汞，mg/L	≤0.000 5	≤0.000 2	HJ 597
总镉，mg/L	≤0.005		GB/T 7475
总铅，mg/L	≤0.05	≤0.005	GB/T 7475
总铜，mg/L	≤0.01		GB/T 7475
总砷，mg/L	≤0.05	≤0.03	GB/T 7485
六价铬，mg/L	≤0.1	≤0.01	GB/T 7467
挥发酚，mg/L	≤0.005		HJ 503
石油类，mg/L	≤0.05		HJ 637
活性磷酸盐（以P计），mg/L	—	≤0.03	GB/T 12763.4
水中漂浮物质需要满足水面不应出现油膜或浮沫要求。			

6.3 畜禽养殖用水要求

畜禽养殖用水，包括养蜂用水，应符合表4要求。

表4 畜禽养殖用水要求

项 目	指 标	检测方法
色度[a]	≤15，并不应呈现其他异色	GB/T 5750.4
浑浊度[a]（散射浑浊度单位），NTU	≤3	GB/T 5750.4
臭和味	不应有异臭、异味	GB/T 5750.4
肉眼可见物[a]	不应含有	GB/T 5750.4
pH	6.5～8.5	GB/T 5750.4
氟化物，mg/L	≤1.0	GB/T 5750.5
氰化物，mg/L	≤0.05	GB/T 5750.5
总砷，mg/L	≤0.05	GB/T 5750.6
总汞，mg/L	≤0.001	GB/T 5750.6
总镉，mg/L	≤0.01	GB/T 5750.6
六价铬，mg/L	≤0.05	GB/T 5750.6
总铅，mg/L	≤0.05	GB/T 5750.6
菌落总数[a]，CFU/mL	≤100	GB/T 5750.12
总大肠菌群，MPN/100mL	不得检出	GB/T 5750.12
[a] 散养模式免测该指标。		

6.4 加工用水要求

加工用水包括食用菌生产用水、食用盐生产用水等，应符合表5要求。

表5 加工用水要求

项 目	指 标	检测方法
pH	6.5～8.5	GB/T 5750.4
总汞，mg/L	≤0.001	GB/T 5750.6
总砷，mg/L	≤0.01	GB/T 5750.6
总镉，mg/L	≤0.005	GB/T 5750.6
总铅，mg/L	≤0.01	GB/T 5750.6
六价铬，mg/L	≤0.05	GB/T 5750.6
氰化物，mg/L	≤0.05	GB/T 5750.5
氟化物，mg/L	≤1.0	GB/T 5750.5
菌落总数，CFU/mL	≤100	GB/T 5750.12
总大肠菌群，MPN/100mL	不得检出	GB/T 5750.12

6.5 食用盐原料水质要求

食用盐原料水包括海水、湖盐或井矿盐天然卤水，应符合表6要求。

表6 食用盐原料水质要求

项 目	指 标	检测方法
总汞，mg/L	≤0.001	GB/T 5750.6
总砷，mg/L	≤0.03	GB/T 5750.6
总镉，mg/L	≤0.005	GB/T 5750.6
总铅，mg/L	≤0.01	GB/T 5750.6

7 土壤质量要求

7.1 土壤环境质量要求

按土壤耕作方式的不同分为旱田和水田两大类，每类又根据土壤pH的高低分为三种情况，即pH<6.5，6.5≤pH≤7.5，pH>7.5。应符合表7要求。

表7 土壤质量要求

项 目	旱 田			水 田			检测方法
	pH<6.5	6.5≤pH≤7.5	pH>7.5	pH<6.5	6.5≤pH≤7.5	pH>7.5	NY/T 1377
总镉，mg/kg	≤0.30	≤0.30	≤0.40	≤0.30	≤0.30	≤0.40	GB/T 17141
总汞，mg/kg	≤0.25	≤0.30	≤0.35	≤0.30	≤0.40	≤0.40	GB/T 22105.1
总砷，mg/kg	≤25	≤20	≤20	≤20	≤20	≤15	GB/T22105.2
总铅，mg/kg	≤50	≤50	≤50	≤50	≤50	≤50	GB/T 17141
总铬，mg/kg	≤120	≤120	≤120	≤120	≤120	≤120	HJ 491
总铜，mg/kg	≤50	≤60	≤60	≤50	≤60	≤60	GB/T 17138

注1：果园土壤中铜限量值为旱田中铜限量值的2倍。
注2：水旱轮作的标准值取严不取宽。
注3：底泥按照水田标准值执行。

7.2 土壤肥力要求

土壤肥力按照表8划分。

表8 土壤肥力分级指标

项目	级别	旱地	水田	菜地	园地	牧地	检测方法
有机质，g/kg	Ⅰ	>15	>25	>30	>20	>20	NY/T 1121.6
	Ⅱ	10~15	20~25	20~30	15~20	15~20	
	Ⅲ	<10	<20	<20	<15	<15	
全氮，g/kg	Ⅰ	>1.0	>1.2	>1.2	>1.0	—	NY/T 53
	Ⅱ	0.8~1.0	1.0~1.2	1.0~1.2	0.8~1.0	—	
	Ⅲ	<0.8	<1.0	<1.0	<0.8	—	
有效磷，mg/kg	Ⅰ	>10	>15	>40	>10	>10	LY/T 1233
	Ⅱ	5~10	10~15	20~40	5~10	5~10	
	Ⅲ	<5	<10	<20	<5	<5	
速效钾，mg/kg	Ⅰ	>120	>100	>150	>100	—	LY/T 1236
	Ⅱ	80~120	50~100	100~150	50~100	—	
	Ⅲ	<80	<50	<100	<50	—	
阳离子交换量，cmol（＋）/kg	Ⅰ	>20	>20	>20	>20	—	LY/T 1243
	Ⅱ	15~20	15~20	15~20	15~20	—	
	Ⅲ	<15	<15	<15	<15	—	

注：底泥、食用菌栽培基质不做土壤肥力检测。

7.3 食用菌栽培基质质量要求

土培食用菌栽培基质按7.1执行，其他栽培基质应符合表9要求。

表 9　食用菌栽培基质要求

项目	指标	检测方法
总汞，mg/kg	≤0.1	GB/T 22105.1
总砷，mg/kg	≤0.8	GB/T 22105.2
总镉，mg/kg	≤0.3	GB/T 17141
总铅，mg/kg	≤35	GB/T 17141

绿色食品 产地环境调查、监测与评价规范

（NY/T 1054—2013）

1 范围

本标准规定了绿色食品产地环境调查、产地环境质量监测和产地环境质量评价的要求。本标准适用于绿色食品产地环境。

2 规范性引用文件

下列文件对于本文件的应用是必不可少的。凡是注日期的引用文件，仅注日期的版本适用于本文件。凡是不注日期的引用文件，其最新版本（包括所有的修改单）适用于本文件。

NY/T 391 绿色食品 产地环境质量

NY/T 395 农田土壤环境质量监测技术规范

NY/T 396 农用水源环境质量监测技术规范

NY/T 397 农区环境空气质量监测技术规范

3 产地环境调查

3.1 调查目的和原则

产地环境质量调查的目的是科学、准确地了解产地环境质量现状，为优化监测布点提供科学依据。根据绿色食品产地环境特点，兼顾重要性、典型性、代表性，重点调查产地环境质量现状、发展趋势及区域污染控制措施，兼顾产地自然环境、社会经济及工农业生产对产地环境质量的影响。

3.2 调查方法

省级绿色食品工作机构负责组织对申报绿色食品产品的产地环境进行现状调查，并确定布点采样方案。现状调查应采用现场调查方法，可以采取资料核查、座谈会、问卷调查等多种形式。

3.3 调查内容

3.3.1 自然地理：地理位置、地形地貌。

3.3.2 气候与气象：该区域的主要气候特性，年平均风速和主导风向，年平均气温、极端气温与月平均气温、年平均相对湿度、年平均降水量、降水天数、降水量极值、日照时数。

3.3.3 水文状况：该区域地表水、水系、流域面积、水文特征、地下水资源总量及开发利用情况等。

3.3.4 土地资源：土壤类型、土壤肥力、土壤背景值、土壤利用情况。

3.3.5 植被及生物资源：林木植被覆盖率、植物资源、动物资源、鱼类资源等。

3.3.6 自然灾害：旱、涝、风灾、冰雹、低温、病虫草鼠害等。

3.3.7 社会经济概况：行政区划、人口状况、工业布局、农田水利和农村能源结构情况。

3.3.8 农业生产方式：农业种植结构、生态养殖模式。

3.3.9 工农业污染：包括污染源分布、污染物排放、农业投入品使用情况。

3.3.10 生态环境保护措施：包括废弃物处理、农业自然资源合理利用；生态农业、循环农业、清洁生产、节能减排等情况。

3.4 产地环境调查报告内容

根据调查、了解、掌握的资料情况，对申报产品及其原料生产基地的环境质量状况进行初步分析，出具调查分析报告，报告包括如下内容：

——产地基本情况、地理位置及分布图；

——产地灌溉用水环境质量分析；

——产地环境空气质量分析；

——产地土壤环境质量分析；

——农业生产方式、工农业污染、生态环境保护措施等；

——综合分析产地环境质量现状，确定优化布点监测方案；

——调查单位及调查时间。

4 产地环境质量监测

4.1 空气监测

4.1.1 布点原则

依据产地环境调查分析结论和产品工艺特点，确定是否进行空气质量监测。进行产地环境空气质量监测的地区，可根据当地生物生长期内的主导风向，重点监测可能对产地环境造成污染的污染源的下风向。

4.1.2 样点数量

样点布设点数应充分考虑产地布局、工矿污染源情况和生产工艺等特点，按表 1 的规定执行；同时还应根据空气质量稳定性以及污染物对原料生长的影响程度适当增减，有些类型产地可以减免布设点数，具体要求详见表 2。

表 1　不同产地类型空气点数布设表

产地类型	布设点数，个
布局相对集中，面积较小，无工矿污染源	1~3
布局较为分散，面积较大，无工矿污染源	3~4

表 2　减免布设空气点数的区域情况表

产地类型	减免情况
产地周围 5km，主导风向的上风向 20km 内无工矿污染源的种植业区	免测
设施种植业区	只测温室大棚外空气
养殖业区	只测养殖原料生产区域的空气
矿泉水等水源地和食用盐原料产区	免测

4.1.3　采样方法

a）空气监测点应选择在远离树木、城市建筑及公路、铁路的开阔地带，若为地势平坦区域，沿主导风向 45°~90°夹角内布点；若为山谷地貌区域，应沿山谷走向布点。各监测点之间的设置条件相对一致，间距一般不超过 5km，保证各监测点所获数据具有可比性。

b）采样时间应选择在空气污染对生产质量影响较大的时期进行，采样频率为每天 4 次，上下午各 2 次，连采 2d。采样时间分别为：晨起、午前、午后和黄昏，每次采样量不得低于 10m³。遇雨雪等降水天气停采，时间顺延。取 4 次平均值，作为日均值。

c）其他要求按 NY/T 397 的规定执行。

4.1.4　监测项目和分析方法

按 NY/T 391 的规定执行。

4.2　水质监测

4.2.1　布点原则

a）水质监测点的布设要坚持样点的代表性、准确性和科学性的原则。

b）坚持从水污染对产地环境质量的影响和危害出发，突出重点，照顾一般的原则。即优先布点监测代表性强，最有可能对产地环境造成污染的方位、水源

（系）或产品生产过程中对其质量有直接影响的水源。

4.2.2 样点数量

对于水资源丰富，水质相对稳定的同一水源（系），样点布设 1 个～3 个，若不同水源（系）则依次叠加，具体布设点数按表 3 的规定执行。水资源相对贫乏、水质稳定性较差的水源及对水质要求较高的作物产地，则根据实际情况适当增设采样点数；对水质要求较低的粮油作物、禾本植物等，采样点数可适当减少，有些情况可以免测水质，详见表 4。

表 3 不同产地类型水质点数布设表

产地类型		布设点数（以每个水源或水系计），个
种植业（包括水培蔬菜和水生植物）		1
近海（包括滩涂）渔业		1～3
养殖业	集中养殖	1～3
	分散养殖	1
食用盐原料用水		1～3
加工用水		1～3

表 4 免测水质的产地类型情况表

产地类型	布设点数（以每个水源或水系计）
灌溉水系天然降雨的作物	免测
深海渔业	免测
矿泉水水源	免测

4.2.3 采样方法

a）采样时间和频率：种植业用水在农作物生长过程中灌溉用水的主要灌期采样 1 次；水产养殖业用水，在其生长期采样 1 次；畜禽养殖业用水，宜与原料产地灌溉用水同步采集饮用水水样 1 次；加工用水每个水源采集水样 1 次。

b）其他要求按 NY/T 396 的规定执行。

4.2.4 监测项目和分析方法

按 NY/T 391 的规定执行。

4.3 土壤监测

4.3.1 布点原则

绿色食品产地土壤监测点布设，以能代表整个产地监测区域为原则；不同的功能区采取不同的布点原则；宜选择代表性强、可能造成污染的最不利的方位、地块。

4.3.2 样点数量

4.3.2.1 大田种植区

按照表5的规定执行,种植区相对分散,适当增加采样点数。

表5 大田种植区土壤样点数量布设表

产地面积	布设点数
2 000hm² 以内	3个~5个
2 000hm² 以上	每增加1 000hm²,增加1个

4.3.2.2 蔬菜露地种植区

按照表6的规定执行。

表6 蔬菜露地种植区土壤样点数量布设表

产地面积	布设点数
200hm² 以内	3个~5个
200hm² 以上	每增加100hm²,增加1个
注:莲藕、荸荠等水生植物采集底泥。	

4.3.2.3 设施种植业区

按照表7的规定执行,栽培品种较多、管理措施和水平差异较大,应适当增加采样点数。

表7 设施种植业区土壤样点数量布设表

产地面积	布设点数
100hm² 以内	3个
100hm²~300hm²	5个
300hm² 以上	每增加100hm²,增加1个

4.3.2.4 食用菌种植区

根据品种和组成不同,每种基质采集不少于3个。

4.3.2.5 野生产品生产区

按照表8的规定执行。

表8 野生产品生产区土壤样点数量布设表

产地面积	布设点数
2 000hm² 以内	3个
2 000hm²~5 000hm²	5个
5 000hm²~10 000hm²	7个
10 000hm² 以上	每增加5 000hm²,增加1个

4.3.2.6 其他生产区域

按照表 9 的规定执行。

表 9 其他生产区域土壤样点数量布设表

产地类型	布设点数
近海（包括滩涂）渔业	不少于 3 个（底泥）
淡水养殖区	不少于 3 个（底泥）
注：深海和网箱养殖区、食用盐原料产区、矿泉水水源区、加工业区免测。	

4.3.3 采样方法

a) 在环境因素分布比较均匀的监测区域，采取网格法或梅花法布点；在环境因素分布比较复杂的监测区域，采取随机布点法布点；在可能受污染的监测区域，可采用放射法布点。

b) 土壤样品原则上要求安排在作物生长期内采样，采样层次按表 10 的规定执行，对于基地区域内同时种植一年生和多年生作物，采样点数量按照申报品种，分别计算面积进行确定。

c) 其他要求按 NY/T 395 的规定执行。

表 10 不同产地类型土壤采样层次表

产地类型	采样层次，cm
一年生作物	0～20
多年生作物	0～40
底泥	0～20

4.3.4 监测项目和分析方法

土壤和食用菌栽培基质的监测项目和分析方法按 NY/T 391 的规定执行。

5 产地环境质量评价

5.1 概述

绿色食品产地环境质量评价的目的，是为保证绿色食品安全和优质，从源头上为生产基地选择优良的生态环境，为绿色食品管理部门的决策提供科学依据，实现农业可持续发展。环境质量现状评价是根据环境（包括污染源）的调查与监测资料，应用具有代表性、简便性和适用性的环境质量指数系统进行综合处理，然后对这一区域的环境质量现状做出定量描述，并提出该区域环境污染综合防治措施。产地环境质量评价包括污染指数评价、土壤肥力等级划分和生态环境质量分析等。

5.2 评价程序

应按图 1 的规定执行。

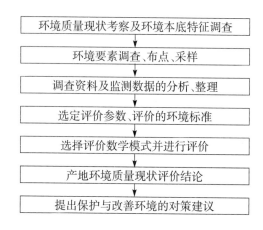

环境质量现状考察及环境本底特征调查

环境要素调查、布点、采样

调查资料及监测数据的分析、整理

选定评价参数、评价的环境标准

选择评价数学模式并进行评价

产地环境质量现状评价结论

提出保护与改善环境的对策建议

图 1 绿色食品产地环境质量评价工作程序图

5.3 评价标准

按 NY/T 391 的规定执行。

5.4 评价原则和方法

5.4.1 污染指数评价

5.4.1.1 首先进行单项污染指数评价，按照式（1）计算。如果有一项单项污染指数大于 1，视为该产地环境质量不符合要求，不适宜发展绿色食品。对于有检出限的未检出项目，污染物实测值取检出限的一半进行计算，而没有检出限的未检出项目如总大肠菌群，污染物实测值取 0 进行计算。对于 pH 的单项污染指数按式（2）计算。

$$P_i = \frac{C_i}{S_i} \quad\cdots\cdots\cdots\cdots\cdots\cdots\cdots\cdots\cdots\cdots\cdots\cdots (1)$$

式中：

P_i——监测项目 i 的污染指数；

C_i——监测项目 i 的实测值；

S_i——监测项目 i 的评价标准值。

$$P_{pH} = \frac{|pH - pH_{sn}|}{(pH_{su} - pH_{sl})/2} \quad\cdots\cdots\cdots\cdots\cdots\cdots (2)$$

其中，

$$pH_{sn} = \frac{1}{2}(pH_{su} + pH_{sl})$$

式中：

P_{pH} ——pH 的污染指数；

pH ——pH 的实测值；

pH_{su} ——pH 允许幅度的上限值；

pH_{sl} ——pH 允许幅度的下限值。

5.4.1.2 单项污染指数均小于等于 1，则继续进行综合污染指数评价。综合污染指数分别按照式（3）和式（4）计算，并按表 11 的规定进行分级。综合污染指数可作为长期绿色食品生产环境变化趋势的评价指标。

$$P_{综} = \sqrt{\frac{(C_i/S_i)_{max}^2 + (C_i/S_i)_{ave}^2}{2}} \quad \cdots\cdots\cdots\cdots\cdots\cdots (3)$$

式中：

$P_{综}$——水质（或土壤）的综合污染指数；

$(C_i/S_i)_{max}$——水质（或土壤）中污染物中污染指数的最大值；

$(C_i/S_i)_{ave}$——水质（或土壤）污染物中污染指数的平均值。

$$P'_{综} = \sqrt{(C'_i/S'_i)_{max} \times (C'_i/S'_i)_{ave}} \quad \cdots\cdots\cdots\cdots\cdots\cdots (4)$$

式中：

$P'_{综}$——空气的综合污染指数；

$(C'_i/S'_i)_{max}$——空气污染物中污染指数的最大值；

$(C'_i/S'_i)_{ave}$——空气污染物中污染指数的平均值。

表 11　综合污染指数分级标准

土壤综合污染指数	水质综合污染指数	空气综合污染指数	等级
≤0.7	≤0.5	≤0.6	清洁
0.7～1.0	0.5～1.0	0.6～1.0	尚清洁

5.4.2　土壤肥力评价

土壤肥力仅进行分级划定，不作为判定产地环境质量合格的依据，但可作为评价农业活动对环境土壤养分的影响及变化趋势。

5.4.3　生态环境质量分析

根据调查掌握的资料情况，对产地生态环境质量做出描述，包括农业产业结构的合理性、污染源状况与分布、生态环境保护措施及其生态环境效应分析，以此可作为农业生产中环境保护措施的效果评估。

5.5　评价报告内容

评价报告应包括如下内容：

——前言，包括评价任务的来源、区域基本情况和产品概述；

——产地环境状况，包括自然状况、农业生产方式、污染源分布和生态环境保护措施等；

——产地环境质量监测，包括布点原则、分析项目、分析方法和测定结果；

——产地环境评价，包括评价方法、评价标准、评价结果与分析；

——结论；

——附件，包括产地方位图和采样点分布图等。

绿色食品　食品添加剂使用准则

（NY/T 392—2013）

1　范围

本标准规定了绿色食品食品添加剂的术语和定义、食品添加剂使用原则和使用规定。本标准适用于绿色食品生产。

2　规范性引用文件

下列文件对于本文件的应用是必不可少的。凡是注日期的引用文件，仅注日期的版本适用于本文件。凡是不注日期的引用文件，其最新版本（包括所有的修改单）适用于本文件。

GB 2760　食品安全国家标准　食品添加剂使用标准

GB 26687　食品安全国家标准　复配食品添加剂通则

NY/T 391　绿色食品　产地环境质量

3　术语和定义

GB 2760 界定的以及下列术语和定义适用于本文件。

3.1

AA 级绿色食品　AA grade green food

产地环境质量符合 NY/T 391 的要求，遵照绿色食品生产标准生产，生产过程中遵循自然规律和生态学原理，协调种植业和养殖业的平衡，不使用化学合成的肥料、农药、兽药、渔药、添加剂等物质，产品质量符合绿色食品产品标准，经专门机构许可使用绿色食品标志的产品。

3.2

A 级绿色食品　A grade green food

产地环境质量符合 NY/T 391 的要求，遵照绿色食品生产标准生产，生产过程中遵循自然规律和生态学原理，协调种植业和养殖业的平衡，限量使用限定的化学合成生产资料，产品质量符合绿色食品产品标准，经专门机构许可使用绿色食品标志的产品。

3.3

天然食品添加剂　natural food additive

以物理方法、微生物法或酶法从天然物中分离出来，不采用基因工程获得的产物，经过毒理学评价确认其食用安全的食品添加剂。

3.4

化学合成食品添加剂　chemical synthetic food additive

由人工合成的，经毒理学评价确认其食用安全的食品添加剂。

4　食品添加剂使用原则

4.1　食品添加剂使用时应符合以下基本要求：

a）不应对人体产生任何健康危害；

b）不应掩盖食品腐败变质；

c）不应掩盖食品本身或加工过程中的质量缺陷或以掺杂、掺假、伪造为目的而使用食品添加剂；

d）不应降低食品本身的营养价值；

e）在达到预期的效果下尽可能降低在食品中的使用量；

f）不采用基因工程获得的产物。

4.2　在下列情况下可使用食品添加剂：

a）保持或提高食品本身的营养价值；

b）作为某些特殊膳食用食品的必要配料或成分；

c）提高食品的质量和稳定性，改进其感官特性；

d）便于食品的生产、加工、包装、运输或者贮藏。

4.3　所用食品添加剂的产品质量应符合相应的国家标准。

4.4　在以下情况下，食品添加剂可通过食品配料（含食品添加剂）带入食品中：

a）根据本标准，食品配料中允许使用该食品添加剂；

b）食品配料中该添加剂的用量不应超过允许的最大使用量；

c）应在正常生产工艺条件下使用这些配料，并且食品中该添加剂的含量不应超过由配料带入的水平；

d）由配料带入食品中的该添加剂的含量应明显低于直接将其添加到该食品中通常所需要的水平。

4.5　食品分类系统应符合 GB 2760 的规定。

5 食品添加剂使用规定

5.1 生产 AA 级绿色食品应使用天然食品添加剂。

5.2 生产 A 级绿色食品可使用天然食品添加剂。在这类食品添加剂不能满足生产需要的情况下，可使用 5.5 以外的化学合成食品添加剂。使用的食品添加剂应符合 GB 2760 规定的品种及其适用食品名称、最大使用量和备注。

5.3 同一功能食品添加剂（相同色泽着色剂、甜味剂、防腐剂或抗氧化剂）混合使用时，各自用量占其最大使用量的比例之和不应超过 1。

5.4 复配食品添加剂的使用应符合 GB 26687 的规定。

5.5 在任何情况下，绿色食品不应使用下列食品添加剂（见表 1）。

表 1　生产绿色食品不应使用的食品添加剂

食品添加剂功能类别	食品添加剂名称（中国编码系统 CNS 号）
酸度调节剂	富马酸一钠（01.311）
抗结剂	亚铁氰化钾（02.001）、亚铁氰化钠（02.008）
抗氧化剂	硫代二丙酸二月桂酯（04.012）、4-己基间苯二酚（04.013）
漂白剂	硫磺（05.007）
膨松剂	硫酸铝钾（又名钾明矾）（06.004）、硫酸铝铵（又名铵明矾）（06.005）
着色剂	新红及其铝色淀（08.004）、二氧化钛（08.011）、赤藓红及其铝色淀（08.003）、焦糖色（亚硫酸铵法）（08.109）、焦糖色（加氨生产）（08.110）
护色剂	硝酸钠（09.001）、亚硝酸钠（09.002）、硝酸钾（09.003）、亚硝酸钾（09.004）
乳化剂	山梨醇酐单月桂酸酯（又名司盘 20）（10.024）、山梨醇酐单棕榈酸酯（又名司盘 40）（10.008）、山梨醇酐单油酸酯（又名司盘 80）（10.005）、聚氧乙烯山梨醇酐单月桂酸酯（又名吐温 20）（10.025）、聚氧乙烯山梨醇酐单棕榈酸酯（又名吐温 40）（10.026）、聚氧乙烯山梨醇酐单油酸酯（又名吐温 80）（10.016）
防腐剂	苯甲酸（17.001）、苯甲酸钠（17.002）、乙氧基喹（17.010）、仲丁胺（17.011）、桂醛（17.012）、噻苯咪唑（17.018）、乙萘酚（17.021）、联苯醚（又名二苯醚）（17.022）、2-苯基苯酚钠盐（17.023）、4-苯基苯酚（17.024）、2，4-二氯苯氧乙酸（17.027）
甜味剂	糖精钠（19.001）、环己基氨基磺酸钠（又名甜蜜素）及环己基氨基磺酸钙（19.002）、L-a-天冬氨酰-N-（2，2，4，4-四甲基-3-硫化三亚甲基）-D-丙氨酰胺（又名阿力甜）（19.013）
增稠剂	海萝胶（20.040）
胶基糖果中基础剂物质	胶基糖果中基础剂物质
注：对多功能的食品添加剂，表中的功能类别为其主要功能。	

绿色食品 农药使用准则

（NY/T 393—2013）

1 范围

本标准规定了绿色食品生产和仓储中有害生物防治原则、农药选用、农药使用规范和绿色食品农药残留要求。

本标准适用于绿色食品的生产和仓储。

2 规范性引用文件

下列文件对于本文件的应用是必不可少的。凡是注日期的引用文件，仅注日期的版本适用于本文件。凡是不注日期的引用文件，其最新版本（包括所有的修改单）适用于本文件。

GB 2763 食品安全国家标准 食品中农药最大残留限量

GB/T 8321（所有部分） 农药合理使用准则

GB 12475 农药贮运、销售和使用的防毒规程

NY/T 391 绿色食品 产地环境质量

NY/T 1667（所有部分） 农药登记管理术语

3 术语和定义

NY/T 1667 界定的以及下列术语和定义适用于本文件。

3.1

AA 级绿色食品 AA grade green food

产地环境质量符合 NY/T 391 的要求，遵照绿色食品生产标准生产，生产过程中遵循自然规律和生态学原理，协调种植业和养殖业的平衡，不使用化学合成的肥料、农药、兽药、渔药、添加剂等物质，产品质量符合绿色食品产品标准，经专门机构许可使用绿色食品标志的产品。

3.2

A 级绿色食品 A grade green food

产地环境质量符合 NY/T 391 的要求，遵照绿色食品生产标准生产，生产过程中遵循自然规律和生态学原理，协调种植业和养殖业的平衡，限量使用限定的化学合成生产资料，产品质量符合绿色食品产品标准，经专门机构许可使用绿色食品标志的产品。

4 有害生物防治原则

4.1 以保持和优化农业生态系统为基础，建立有利于各类天敌繁衍和不利于病虫草害孳生的环境条件，提高生物多样性，维持农业生态系统的平衡。

4.2 优先采用农业措施，如抗病虫品种、种子种苗检疫、培育壮苗、加强栽培管理、中耕除草、耕翻晒垡、清洁田园、轮作倒茬、间作套种等。

4.3 尽量利用物理和生物措施，如用灯光、色彩诱杀害虫，机械捕捉害虫，释放害虫天敌，机械或人工除草等。

4.4 必要时，合理使用低风险农药。如没有足够有效的农业、物理和生物措施，在确保人员、产品和环境安全的前提下按照第5、6章的规定，配合使用低风险的农药。

5 农药选用

5.1 所选用的农药应符合相关的法律法规，并获得国家农药登记许可。

5.2 应选择对主要防治对象有效的低风险农药品种，提倡兼治和不同作用机理农药交替使用。

5.3 农药剂型宜选用悬浮剂、微囊悬浮剂、水剂、水乳剂、微乳剂、颗粒剂、水分散粒剂和可溶性粒剂等环境友好型剂型。

5.4 AA级绿色食品生产应按照 A.1 的规定选用农药及其他植物保护产品。

5.5 A级绿色食品生产应按照附录 A 的规定，优先从表 A.1 中选用农药。在表A.1 所列农药不能满足有害生物防治需要时，还可适量使用 A.2 所列的农药。

6 农药使用规范

6.1 应在主要防治对象的防治适期，根据有害生物的发生特点和农药特性，选择适当的施药方式，但不宜采用喷粉等风险较大的施药方式。

6.2 应按照农药产品标签或 GB/T 8321 和 GB 12475 的规定使用农药，控制施药剂量（或浓度）、施药次数和安全间隔期。

7 绿色食品农药残留要求

7.1 绿色食品生产中允许使用的农药，其残留量应不低于 GB 2763 的要求。

7.2 在环境中长期残留的国家明令禁用农药，其再残留量应符合 GB 2763 的要求。

7.3 其他农药的残留量不应超过 0.01mg/kg，并应符合 GB 2763 的要求。

附 录 A

（规范性附录）

绿色食品生产允许使用的农药和其他植保产品清单

A.1 AA 级和 A 级绿色食品生产均允许使用的农药和其他植保产品清单

见表 A.1。

表 A.1 AA 级和 A 级绿色食品生产均允许使用的农药和其他植保产品清单

类别	组分名称	备 注
I. 植物和动物来源	楝素（苦楝、印楝等提取物，如印楝素等）	杀虫
	天然除虫菊素（除虫菊科植物提取液）	杀虫
	苦参碱及氧化苦参碱（苦参等提取物）	杀虫
	蛇床子素（蛇床子提取物）	杀虫、杀菌
	小檗碱（黄连、黄柏等提取物）	杀菌
	大黄素甲醚（大黄、虎杖等提取物）	杀菌
	乙蒜素（大蒜提取物）	杀菌
	苦皮藤素（苦皮藤提取物）	杀虫
	藜芦碱（百合科藜芦属和喷嚏草属植物提取物）	杀虫
	桉油精（桉树叶提取物）	杀虫
	植物油（如薄荷油、松树油、香菜油、八角茴香油）	杀虫、杀螨、杀真菌、抑制发芽
	寡聚糖（甲壳素）	杀菌、植物生长调节
	天然诱集和杀线虫剂（如万寿菊、孔雀草、芥子油）	杀线虫
	天然酸（如食醋、木醋和竹醋等）	杀菌
	菇类蛋白多糖（菇类提取物）	杀菌
	水解蛋白质	引诱
	蜂蜡	保护嫁接和修剪伤口
	明胶	杀虫
	具有驱避作用的植物提取物（大蒜、薄荷、辣椒、花椒、薰衣草、柴胡、艾草的提取物）	驱避
	害虫天敌（如寄生蜂、瓢虫、草蛉等）	控制虫害

类别	组分名称	备注
Ⅱ. 微生物来源	真菌及真菌提取物（白僵菌、轮枝菌、木霉菌、耳霉菌、淡紫拟青霉、金龟子绿僵菌、寡雄腐霉菌等）	杀虫、杀菌、杀线虫
	细菌及细菌提取物（苏云金芽孢杆菌、枯草芽孢杆菌、蜡质芽孢杆菌、地衣芽孢杆菌、多黏类芽孢杆菌、荧光假单胞杆菌、短稳杆菌等）	杀虫、杀菌
	病毒及病毒提取物（核型多角体病毒、质型多角体病毒、颗粒体病毒等）	杀虫
	多杀霉素、乙基多杀菌素	杀虫
	春雷霉素、多抗霉素、井冈霉素、（硫酸）链霉素、嘧啶核苷类抗菌素、宁南霉素、申嗪霉素和中生菌素	杀菌
	S-诱抗素	植物生长调节
Ⅲ. 生物化学产物	氨基寡糖素、低聚糖素、香菇多糖	防病
	几丁聚糖	防病、植物生长调节
	苄氨基嘌呤、超敏蛋白、赤霉酸、羟烯腺嘌呤、三十烷醇、乙烯利、吲哚丁酸、吲哚乙酸、芸薹素内酯	植物生长调节
Ⅳ. 矿物来源	石硫合剂	杀菌、杀虫、杀螨
	铜盐（如波尔多液、氢氧化铜等）	杀菌，每年铜使用量不能超过 6 kg/hm²
	氢氧化钙（石灰水）	杀菌、杀虫
	硫黄	杀菌、杀螨、驱避
	高锰酸钾	杀菌，仅用于果树
	碳酸氢钾	杀菌
	矿物油	杀虫、杀螨、杀菌
	氯化钙	仅用于治疗缺钙症
	硅藻土	杀虫
	黏土（如斑脱土、珍珠岩、蛭石、沸石等）	杀虫
	硅酸盐（硅酸钠、石英）	驱避
	硫酸铁（3价铁离子）	杀软体动物
Ⅴ. 其他	氢氧化钙	杀菌
	二氧化碳	杀虫，用于贮存设施
	过氧化物类和含氯类消毒剂（如过氧乙酸、二氧化氯、二氯异氰尿酸钠、三氯异氰尿酸等）	杀菌，用于土壤和培养基质消毒
	乙醇	杀菌

类别	组分名称	备　注
Ⅴ. 其他	海盐和盐水	杀菌，仅用于种子（如稻谷等）处理
	软皂（钾肥皂）	杀虫
	乙烯	催熟等
	石英砂	杀菌、杀螨、驱避
	昆虫性外激素	引诱，仅用于诱捕器和散发皿内
	磷酸氢二铵	引诱，只限用于诱捕器中使用

注 1：该清单每年都可能根据新的评估结果发布修改单。
注 2：国家新禁用的农药自动从该清单中删除。

A.2　A 级绿色食品生产允许使用的其他农药清单

当表 A.1 所列农药和其他植保产品不能满足有害生物防治需要时，A 级绿色食品生产还可按照农药产品标签或 GB/T 8321 的规定使用下列农药：

a）杀虫剂

1）S-氰戊菊酯　esfenvalerate

2）吡丙醚　pyriproxifen

3）吡虫啉　imidacloprid

4）吡蚜酮　pymetrozine

5）丙溴磷　profenofos

6）除虫脲　diflubenzuron

7）啶虫脒　acetamiprid

8）毒死蜱　chlorpyrifos

9）氟虫脲　flufenoxuron

10）氟啶虫酰胺　flonicamid

11）氟铃脲　hexaflumuron

12）高效氯氰菊酯　beta-cypermethrin

13）甲氨基阿维菌素苯甲酸盐　emamectin benzoate

14）甲氰菊酯　fenpropathrin

15）抗蚜威　pirimicarb

16）联苯菊酯　bifenthrin

17）螺虫乙酯　spirotetramat

18）氯虫苯甲酰胺　chlorantraniliprole

19）氯氟氰菊酯　cyhalothrin

20）氯菊酯　permethrin

21）氯氰菊酯　cypermethrin

22）灭蝇胺　cyromazine

23）灭幼脲　chlorbenzuron

24）噻虫啉　thiacloprid

25）噻虫嗪　thiamethoxam

26）噻嗪酮　buprofezin

27）辛硫磷　phoxim

28）茚虫威　indoxacard

b）杀螨剂

1）苯丁锡　fenbutatin oxide

2）喹螨醚　fenazaquin

3）联苯肼酯　bifenazate

4）螺螨酯　spirodiclofen

5）噻螨酮　hexythiazox

6）四螨嗪　clofentezine

7）乙螨唑　etoxazole

8）唑螨酯　fenpyroximate

c）杀软体动物剂

四聚乙醛　metaldehyde

d）杀菌剂

1）吡唑醚菌酯　pyraclostrobin

2）丙环唑　propiconazol

3）代森联　metriam

4）代森锰锌　mancozeb

5）代森锌　zineb

6）啶酰菌胺　boscalid

7）啶氧菌酯　picoxystrobin

8）多菌灵　carbendazim

9）噁霉灵　hymexazol

10）噁霜灵　oxadixyl

11）粉唑醇　flutriafol

12）氟吡菌胺　fluopicolide

13）氟啶胺　fluazinam

14）氟环唑　epoxiconazole

15）氟菌唑　triflumizole

16）腐霉利　procymidone

17）咯菌腈　fludioxonil

18）甲基立枯磷　tolclofos-methyl

19）甲基硫菌灵　thiophanate-methyl

20）甲霜灵　metalaxyl

21）腈苯唑　fenbuconazole

22）腈菌唑　myclobutanil

23）精甲霜灵　metalaxyl-M

24）克菌丹　captan

25）醚菌酯　kresoxim-methyl

26）嘧菌酯　azoxystrobin

27）嘧霉胺　pyrimethanil

28）氰霜唑　cyazofamid

29）噻菌灵　thiabendazole

30）三乙膦酸铝　fosetyl-aluminium

31）三唑醇　triadimenol

32）三唑酮　triadimefon

33）双炔酰菌胺　mandipropamid

34）霜霉威　propamocarb

35）霜脲氰　cymoxanil

36）萎锈灵　carboxin

37）戊唑醇　tebuconazole

38）烯酰吗啉　dimethomorph

39）异菌脲　iprodione

40）抑霉唑　imazalil

e）熏蒸剂

1）棉隆 dazomet

2）威百亩 metam-sodium

f）除草剂

1）2甲4氯　MCPA

2）氨氯吡啶酸　picloram

3）丙炔氟草胺　flumioxazin

4）草铵膦　glufosinate-ammonium

5）草甘膦　glyphosate

6）敌草隆　diuron

7）噁草酮　oxadiazon

8）二甲戊灵　pendimethalin

9）二氯吡啶酸　clopyralid

10）二氯喹啉酸　quinclorac

11）氟唑磺隆　flucarbazone-sodium

12）禾草丹　thiobencarb

13）禾草敌　molinate

14）禾草灵　diclofop-methyl

15）环嗪酮　hexazinone

16）磺草酮　sulcotrione

17）甲草胺　alachlor

18）精吡氟禾草灵　fluazifop-P

19）精喹禾灵　quizalofop-P

20）绿麦隆　chlortoluron

21）氯氟吡氧乙酸（异辛酸）
　　fluroxypyr

22）氯氟吡氧乙酸异辛酯
　　fluroxypyr-mepthyl

23）麦草畏　dicamba

24）咪唑喹啉酸　imazaquin

25）灭草松　bentazone

26）氰氟草酯　cyhalofop butyl

27）炔草酯　clodinafop-propargyl

28）乳氟禾草灵　lactofen

29）噻吩磺隆　thifensulfuron-methyl

30）双氟磺草胺　florasulam

31）甜菜安　desmedipham

32）甜菜宁　phenmedipham

33）西玛津　simazine

34）烯草酮　clethodim

35）烯禾啶　sethoxydim

36）硝磺草酮　mesotrione

37）野麦畏　tri-allate

38）乙草胺　acetochlor

39）乙氧氟草醚　oxyfluorfen

40）异丙甲草胺　metolachlor

41）异丙隆　isoproturon

42）莠灭净　ametryn

43）唑草酮　carfentrazone-ethyl

44）仲丁灵　butralin

g）植物生长调节剂

1）2，4-滴　2，4-D（只允许作为植物生长调节剂使用）

2）矮壮素　chlormequat

3）多效唑　paclobutrazol

4）氯吡脲　forchlorfenuron

5）萘乙酸　1-naphthal acetic acid

6）噻苯隆　thidiazuron

7）烯效唑　uniconazole

注 1：该清单每年都可能根据新的评估结果发布修改单。

注 2：国家新禁用的农药自动从该清单中删除。

绿色食品　肥料使用准则

（NY/T 394—2013）

1　范围

本标准规定了绿色食品生产中肥料使用原则、肥料种类及使用规定。

本标准适用于绿色食品的生产。

2　规范性引用文件

下列文件对于本文件的应用是必不可少的。凡是注日期的引用文件，仅注日期的版本适用于本文件。凡是不注日期的引用文件，其最新版本（包括所有的修改单）适用于本文件。

GB 20287　农用微生物菌剂

NY/T 391　绿色食品　产地环境质量

NY 525　有机肥料

NY/T 798　复合微生物肥料

NY 884　生物有机肥

3　术语和定义

下列术语和定义适用于本文件。

3.1

AA 级绿色食品　AA grade green food

产地环境质量符合 NY/T 391 的要求，遵照绿色食品生产标准生产，生产过程中遵循自然规律和生态学原理，协调种植业和养殖业的平衡，不使用化学合成的肥料、农药、兽药、渔药、添加剂等物质，产品质量符合绿色食品产品标准，经专门机构许可使用绿色食品标志的产品。

3.2

A 级绿色食品　A grade green food

产地环境质量符合 NY/T 391 的要求，遵照绿色食品生产标准生产，生产过程中遵循自然规律和生态学原理，协调种植业和养殖业的平衡，限量使用限定的化学合成生产资料，产品质量符合绿色食品产品标准，经专门机构许可使用绿色食品标志的产品。

3.3

农家肥料　farmyard manure

就地取材，主要由植物和（或）动物残体、排泄物等富含有机物的物料制作而成的肥料。包括秸秆肥、绿肥、厩肥、堆肥、沤肥、沼肥、饼肥等。

3.3.1

秸秆　stalk

以麦秸、稻草、玉米秸、豆秸、油菜秸等作物秸秆直接还田作为肥料。

3.3.2

绿肥　green manure

新鲜植物体作为肥料就地翻压还田或异地施用。主要分为豆科绿肥和非豆科绿肥两大类。

3.3.3

厩肥　barnyard manure

圈养牛、马、羊、猪、鸡、鸭等畜禽的排泄物与秸秆等垫料发酵腐熟而成的肥料。

3.3.4

堆肥　compost

动植物的残体、排泄物等为主要原料，堆制发酵腐熟而成的肥料。

3.3.5

沤肥　waterlogged compost

动植物残体、排泄物等有机物料在淹水条件下发酵腐熟而成的肥料。

3.3.6

沼肥　biogas fertilizer

动植物残体、排泄物等有机物料经沼气发酵后形成的沼液和沼渣肥料。

3.3.7

饼肥　cake fertilizer

含油较多的植物种子经压榨去油后的残渣制成的肥料。

3.4

有机肥料　organic fertilizer

主要来源于植物和（或）动物，经过发酵腐熟的含碳有机物料，其功能是改善土壤肥力、提供植物营养、提高作物品质。

3.5

微生物肥料 microbial fertilizer

含有特定微生物活体的制品，应用于农业生产，通过其中所含微生物的生命活动，增加植物养分的供应量或促进植物生长，提高产量，改善农产品品质及农业生态环境的肥料。

3.6

有机—无机复混肥料 organic-inorganic compound fertilizer

含有一定量有机肥料的复混肥料。

注：其中复混肥料是指氮、磷、钾三种养分中，至少有两种养分标明量的由化学方法和（或）掺混方法制成的肥料。

3.7

无机肥料 inorganic fertilizer

主要以无机盐形式存在，能直接为植物提供矿质营养的肥料。

3.8

土壤调理剂 soil amendment

加入土壤中用于改善土壤的物理、化学和（或）生物性状的物料，功能包括改良土壤结构、降低土壤盐碱危害、调节土壤酸碱度、改善土壤水分状况、修复土壤污染等。

4 肥料使用原则

4.1　持续发展原则。绿色食品生产中所使用的肥料应对环境无不良影响，有利于保护生态环境，保持或提高土壤肥力及土壤生物活性。

4.2　安全优质原则。绿色食品生产中应使用安全、优质的肥料产品，生产安全、优质的绿色食品。肥料的使用应对作物（营养、味道、品质和植物抗性）不产生不良后果。

4.3　化肥减控原则。在保障植物营养有效供给的基础上减少化肥用量，兼顾元素之间的比例平衡，无机氮素用量不得高于当季作物需求量的一半。

4.4　有机为主原则。绿色食品生产过程中肥料种类的选取应以农家肥料、有机肥料、微生物肥料为主，化学肥料为辅。

5 可使用的肥料种类

5.1　AA 级绿色食品生产可使用的肥料种类

可使用 3.3、3.4、3.5 规定的肥料。

5.2 A 级绿色食品生产可使用的肥料种类

除 5.1 规定的肥料外，还可使用 3.6、3.7 规定的肥料及 3.8 土壤调理剂。

6 不应使用的肥料种类

6.1 添加有稀土元素的肥料。

6.2 成分不明确的、含有安全隐患成分的肥料。

6.3 未经发酵腐熟的人畜粪尿。

6.4 生活垃圾、污泥和含有害物质（如毒气、病原微生物、重金属等）的工业垃圾。

6.5 转基因品种（产品）及其副产品为原料生产的肥料。

6.6 国家法律法规规定不得使用的肥料。

7 使用规定

7.1 AA 级绿色食品生产用肥料使用规定

7.1.1 应选用 5.1 所列肥料种类，不应使用化学合成肥料。

7.1.2 可使用农家肥料，但肥料的重金属限量指标应符合 NY 525 的要求，粪大肠菌群数、蛔虫卵死亡率应符合 NY 884 的要求。宜使用秸秆和绿肥，配合施用具有生物固氮、腐熟秸秆等功效的微生物肥料。

7.1.3 有机肥料应达到 NY 525 技术指标，主要以基肥施入，用量视地力和目标产量而定，可配施农家肥料和微生物肥料。

7.1.4 微生物肥料应符合 GB 20287 或 NY 884 或 NY/T 798 的要求，可与 5.1 所列其他肥料配合施用，用于拌种、基肥或追肥。

7.1.5 无土栽培可使用农家肥料、有机肥料和微生物肥料，掺混在基质中使用。

7.2 A 级绿色食品生产用肥料使用规定

7.2.1 应选用 5.2 所列肥料种类。

7.2.2 农家肥料的使用按 7.1.2 的规定执行。耕作制度允许情况下，宜利用秸秆和绿肥，按照约 25∶1 的比例补充化学氮素。厩肥、堆肥、沤肥、沼肥、饼肥等农家肥料应完全腐熟，肥料的重金属限量指标应符合 NY 525 的要求。

7.2.3 有机肥料的使用按 7.1.3 的规定执行。可配施 5.2 所列其他肥料。

7.2.4 微生物肥料的使用按 7.1.4 的规定执行。可配施 5.2 所列其他肥料。

7.2.5 有机—无机复混肥料、无机肥料在绿色食品生产中作为辅助肥料使用，用来补充农家肥料、有机肥料、微生物肥料所含养分的不足。减控化肥用量，其中无机氮素用量按当地同种作物习惯施肥用量减半使用。

7.2.6　根据土壤障碍因素，可选用土壤调理剂改良土壤。

绿色食品　兽药使用准则

（NY/T 472—2013）

1　范围

本标准规定了绿色食品生产中兽药使用的术语和定义、基本原则、生产 AA 级和 A级绿色食品的兽药使用原则。

本标准适用于绿色食品畜禽及其产品的生产与管理。

2　规范性引用文件

下列文件对于本文件的应用是必不可少的。凡是注日期的引用文件，仅注日期的版本适用于本文件。凡是不注日期的引用文件，其最新版本（包括所有的修改单）适用于本文件。

GB/T 19630.1　有机产品　第 1 部分：生产

NY/T 391　绿色食品　产地环境质量

兽药管理条例

畜禽标识和养殖档案管理办法

中华人民共和国动物防疫法

中华人民共和国农业部　中华人民共和国兽药典

中华人民共和国农业部　兽药质量标准

中华人民共和国农业部　兽用生物制品质量标准

中华人民共和国农业部　进口兽药质量标准

中华人民共和国农业部公告　第 235 号　动物性食品中兽药最高残留限量

中华人民共和国农业部公告　第 278 号　兽药停药期规定

3　术语和定义

下列术语和定义适用于本文件。

3.1

AA 级绿色食品　AA grade green food

产地环境质量符合 NY/T 391 的要求，遵照绿色食品生产标准生产，生产过程中遵循自然规律和生态学原理，协调种植业和养殖业的平衡，不使用化学合成的肥料、农药、兽药、渔药、添加剂等物质，产品质量符合绿色食品产品标准，经专门机构许可使用绿色食品标志的产品。

3.2

A 级绿色食品　A grade green food

产地环境质量符合 NY/T 391 的要求，遵照绿色食品生产标准生产，生产过程中遵循自然规律和生态学原理，协调种植业和养殖业的平衡，限量使用限定的化学合成生产资料，产品质量符合绿色食品产品标准，经专门机构许可使用绿色食品标志的产品。

3.3

兽药　veterinary drug

用于预防、治疗、诊断动物疾病，或者有目的地调节动物生理机能的物质。包括化学药品、抗生素、中药材、中成药、生化药品、血清制品、疫苗、诊断制品、微生态制剂、放射性药品、外用杀虫剂和消毒剂等。

3.4

微生态制剂　probiotics

运用微生态学原理，利用对宿主有益的微生物及其代谢产物，经特殊工艺将一种或多种微生物制成的制剂。包括植物乳杆菌、枯草芽孢杆菌、乳酸菌、双歧杆菌、肠球菌和酵母菌等。

3.5

消毒剂　disinfectant

用于杀灭传播媒介上病原微生物的制剂。

3.6

产蛋期　egg producing period

禽从产第一枚蛋至产蛋周期结束的持续时间。

3.7

泌乳期　duration of lactation

乳畜每一胎次开始泌乳到停止泌乳的持续时间。

3.8

休药期　withdrawal time; withholding time

停药期

从畜禽停止用药到允许屠宰或其产品（乳、蛋）许可上市的间隔时间。

3.9

执业兽医 licensed veterinarian

具备兽医相关技能，取得国家执业兽医统一考试或授权具有兽医执业资格，依法从事动物诊疗和动物保健等经营活动的人员。包括执业兽医师、执业助理兽医师和乡村兽医。

4 基本原则

4.1 生产者应供给动物充足的营养，应按照 NY/T 391 提供良好的饲养环境，加强饲养管理，采取各种措施以减少应激，增强动物自身的抗病力。

4.2 应按《中华人民共和国动物防疫法》的规定进行动物疾病的防治，在养殖过程中尽量不用或少用药物；确需使用兽药时，应在执业兽医指导下进行。

4.3 所用兽药应来自取得生产许可证和产品批准文号的生产企业，或者取得进口兽药登记许可证的供应商。

4.4 兽药的质量应符合《中华人民共和国兽药典》、《兽药质量标准》、《兽用生物制品质量标准》、《进口兽药质量标准》的规定。

4.5 兽药的使用应符合《兽药管理条例》和《兽药停药期规定》等有关规定，建立用药记录。

5 生产 AA 级绿色食品的兽药使用原则

按 GB/T 19630.1 的规定执行。

6 生产 A 级绿色食品的兽药使用原则

6.1 可使用的兽药种类

6.1.1 优先使用第 5 章中生产 AA 级绿色食品所规定的兽药。

6.1.2 优先使用《动物性食品中兽药最高残留限量》中无最高残留限量（MRLs）要求或《兽药停药期规定》中无休药期要求的兽药。

6.1.3 可使用国务院兽医行政管理部门批准的微生态制剂、中药制剂和生物制品。

6.1.4 可使用高效、低毒和对环境污染低的消毒剂。

6.1.5 可使用附录 A 以外且国家许可的抗菌药、抗寄生虫药及其他兽药。

6.2 不应使用药物种类

6.2.1 不应使用附录 A 中的药物以及国家规定的其他禁止在畜禽养殖过程中使用的药物；产蛋期和泌乳期还不应使用附录 B 中的兽药。

6.2.2　不应使用药物饲料添加剂。

6.2.3　不应使用酚类消毒剂，产蛋期不应使用酚类和醛类消毒剂。

6.2.4　不应为了促进畜禽生长而使用抗菌药物、抗寄生虫药、激素或其他生长促进剂。

6.2.5　不应使用基因工程方法生产的兽药。

6.3　兽药使用记录

6.3.1　应符合《畜禽标识和养殖档案管理办法》规定的记录要求。

6.3.2　应建立兽药入库、出库记录，记录内容包括药物的商品名称、通用名称、主要成分、生产单位、批号、有效期、贮存条件等。

6.3.3　应建立兽药使用记录，包括消毒记录、动物免疫记录和患病动物诊疗记录等。其中，消毒记录内容包括消毒剂名称、剂量、消毒方式、消毒时间等；动物免疫记录内容包括疫苗名称、剂量、使用方法、使用时间等；患病动物诊疗记录内容包括发病时间、症状、诊断结论以及所用的药物名称、剂量、使用方法、使用时间等。

6.3.4　所有记录资料应在畜禽及其产品上市后保存 2 年以上。

附　录　A

（规范性附录）

生产 A 级绿色食品不应使用的药物

生产 A 级绿色食品不应使用表 A.1 所列的药物。

表 A.1　生产 A 级绿色食品不应使用的药物目录

序号	种　类		药物名称	用　途
1	β-受体激动剂类		克仑特罗（clenbuterol）、沙丁胺醇（salbutamol）、莱克多巴胺（ractopamine）、西马特罗（cimaterol）、特布他林（terbutaline）、多巴胺（dopamine）、班布特罗（bambuterol）、齐帕特罗（zilpaterol）、氯丙那林（clorprenaline）、马布特罗（mabuterol）、西布特罗（cimbuterol）、溴布特罗（brombuterol）、阿福特罗（arformoterol）、福莫特罗（formoterol）、苯乙醇胺 A（phenylethanolamine A）及其盐、酯及制剂	所有用途
2	激素类	性激素类	己烯雌酚（diethylstilbestrol）、己烷雌酚（hexestrol）及其盐、酯及制剂	所有用途
			甲基睾丸酮（methyltestosterone）、丙酸睾酮（testosterone propionate）、苯丙酸诺龙（nandrolone phenylpropionate）、雌二醇（estradiol）、戊酸雌二醇（estradiol valcrate）、苯甲酸雌二醇（estradiol benzoate）及其盐、酯及制剂	促生长
		具雌激素样作用的物质	玉米赤霉醇类药物（zeranol）、去甲雄三烯醇酮（trenbolone）、醋酸甲孕酮（mengestrol acetate）及制剂	所有用途
3	催眠、镇静类		安眠酮（methaqualone）及制剂	所有用途
			氯丙嗪（chlorpromazine）、地西泮（安定，diazepam）及其盐、酯及制剂	促生长
4	抗菌药类	氨苯砜	氨苯砜（dapsone）及制剂	所有用途
		酰胺醇类	氯霉素（chloramphenicol）及其盐、酯［包括琥珀氯霉素（chloramphenicol succinate）］及制剂	所有用途
		硝基呋喃类	呋喃唑酮（furazolidone）、呋喃西林（furacillin）、呋喃妥因（nitrofurantoin）、呋喃它酮（furaltadone）、呋喃苯烯酸钠（nifurstyrenate sodium）及制剂	所有用途
		硝基化合物	硝基酚钠（sodium nitrophenolate）、硝呋烯腙（nitrovin）及制剂	所有用途
		磺胺类及其增效剂	磺胺噻唑（sulfathiazole）、磺胺嘧啶（sulfadiazine）、磺胺二甲嘧啶（sulfadimidine）、磺胺甲噁唑（sulfamethoxazole）、磺胺对甲氧嘧啶（sulfamethoxydiazine）、磺胺间甲氧嘧啶（sulfamonomethoxine）、磺胺地索辛（sulfadimethoxine）、磺胺喹噁啉（sulfaquinoxaline）、三甲氧苄氨嘧啶（trimethoprim）及其盐和制剂	所有用途

（续）

序号	种 类		药物名称	用 途
4	抗菌药类	喹诺酮类	诺氟沙星（norfloxacin）、氧氟沙星（ofloxacin）、培氟沙星（pefloxacin）、洛美沙星（lomefloxacin）及其盐和制剂	所有用途
		喹噁啉类	卡巴氧（carbadox）、喹乙醇（olaquindox）、喹烯酮（quinoce-tone）、乙酰甲喹（mequindox）及其盐、酯及制剂	所有用途
		抗生素滤渣	抗生素滤渣	所有用途
5	抗寄生虫类	苯并咪唑类	噻苯咪唑（thiabendazole）、阿苯咪唑（albendazole）、甲苯咪唑（mebendazole）、硫苯咪唑（fenbendazole）、磺苯咪唑（oxfendazole）、丁苯咪唑（parbendazole）、丙氧苯咪唑（oxi-bendazole）、丙噻苯咪唑（CBZ）及制剂	所有用途
		抗球虫类	二氯二甲吡啶酚（clopidol）、氨丙啉（amprolini）、氯苯胍（robenidine）及其盐和制剂	所有用途
		硝基咪唑类	甲硝唑（metronidazole）、地美硝唑（dimetronidazole）、替硝唑（tinidazole）及其盐、酯及制剂等	促生长
		氨基甲酸酯类	甲奈威（carbaryl）、呋喃丹（克百威，carbofuran）及制剂	杀虫剂
		有机氯杀虫剂	六六六（BHC）、滴滴涕（DDT）、林丹（丙体六六六，lin-dane）、毒杀芬（氯化烯，camahechlor）及制剂	杀虫剂
		有机磷杀虫剂	敌百虫（trichlorfon）、敌敌畏（dichlorvos）、皮蝇磷（fen-chlorphos）、氧硫磷（oxinothiophos）、二嗪农（diazinon）、倍硫磷（fenthion）、毒死蜱（chlorpyrifos）、蝇毒磷（couma-phos）、马拉硫磷（malathion）及制剂	杀虫剂
		其他杀虫剂	杀虫脒（克死螨，chlordimeform）、双甲脒（amitraz）、酒石酸锑钾（antimony potassium tartrate）、锥虫胂胺（tryparsa-mide）、孔雀石绿（malachite green）、五氯酚酸钠（pentachlo-rophenol sodium）、氯化亚汞（甘汞，calomel）、硝酸亚汞（mercurous nitrate）、醋酸汞（mercurous acetate）、吡啶基醋酸汞（pyridyl mercurous acetate）	杀虫剂
6	抗病毒类药物		金刚烷胺（amantadine）、金刚乙胺（rimantadine）、阿昔洛韦（aciclovir）、吗啉（双）胍（病毒灵）（moroxydine）、利巴韦林（ribavirin）等及其盐、酯及单、复方制剂	抗病毒
7	有机胂制剂		洛克沙胂（roxarsone）、氨苯胂酸（阿散酸，arsanilic acid）	所有用途

附 录 B

（规范性附录）

产蛋期和泌乳期不应使用的兽药

产蛋期和泌乳期不应使用表 B.1 所列的兽药。

表 B.1 产蛋期和泌乳期不应使用的兽药目录

生长阶段	种 类		兽药名称
产蛋期	抗菌药类	四环素类	四环素（tetracycline）、多西环素（doxycycline）
		青霉素类	阿莫西林（amoxycillin）、氨苄西林（ampicillin）
		氨基糖苷类	新霉素（neomycin）、安普霉素（apramycin）、越霉素 A（destomycin A）、大观霉素（spectinomycin）
		磺胺类	磺胺氯哒嗪（sulfachlorpyridazine）、磺胺氯吡嗪钠（sulfachlorpyridazine sodium）
		酰胺醇类	氟苯尼考（florfenicol）
		林可胺类	林可霉素（lincomycin）
		大环内酯类	红霉素（erythromycin）、泰乐菌素（tylosin）、吉他霉素（kitasamycin）、替米考星（tilmicosin）、泰万菌素（tylvalosin）
		喹诺酮类	达氟沙星（danofloxacin）、恩诺沙星（enrofloxacin）、沙拉沙星（sarafloxacin）、环丙沙星（ciprofloxacin）、二氟沙星（difloxacin）、氟甲喹（flumequine）
		多肽类	那西肽（nosiheptide）、黏霉素（colimycin）、恩拉霉素（enramycin）、维吉尼霉素（virginiamycin）
		聚醚类	海南霉素钠（hainan fosfomycin sodium）
	抗寄生虫类		二硝托胺（dinitolmide）、马杜霉素（madubamycin）、地克珠利（diclazuril）、氯羟吡啶（clopidol）、氯苯胍（robenidine）、盐霉素钠（salinomycin sodium）
泌乳期	抗菌药类	四环素类	四环素（tetracycline）、多西环素（doxycycline）
		青霉素类	苄星邻氯青霉素（benzathine cloxacillin）
		大环内酯类	替米考星（tilmicosin）、泰拉霉素（tulathromycin）
	抗寄生虫类		双甲脒（amitraz）、伊维菌素（ivermectin）、阿维菌素（avermectin）、左旋咪唑（levamisole）、奥芬达唑（oxfendazole）、碘醚柳胺（rafoxanide）

绿色食品 渔药使用准则

（NY/T 755—2013）

1 范围

本标准规定了绿色食品水产养殖过程中渔药使用的术语和定义、基本原则和使用规定。

本标准适用于绿色食品水产养殖过程中疾病的预防和治疗。

2 规范性引用文件

下列文件对于本文件的应用是必不可少的。凡是注日期的引用文件，仅注日期的版本适用于本文件。凡是不注日期的引用文件，其最新版本（包括所有的修改单）适用于本文件。

GB/T 19630.1 有机产品 第1部分：生产

中华人民共和国农业部 中华人民共和国兽药典

中华人民共和国农业部 兽药质量标准

中华人民共和国农业部 进口兽药质量标准

中华人民共和国农业部 兽用生物制品质量标准

NY/T 391 绿色食品 产地环境质量

中华人民共和国农业部公告 第176号 禁止在饲料和动物饮用水中使用的药物品种目录

中华人民共和国农业部公告 第193号 食品动物禁用的兽药及其他化合物清单

中华人民共和国农业部公告 第235号 动物性食品中兽药最高残留限量

中华人民共和国农业部公告 第278号 停药期规定

中华人民共和国农业部公告 第560号 兽药地方标准废止目录

中华人民共和国农业部公告 第1435号 兽药试行标准转正标准目录（第一批）

中华人民共和国农业部公告 第1506号 兽药试行标准转正标准目录（第二批）

中华人民共和国农业部公告 第1519号 禁止在饲料和动物饮水中使用的物质

中华人民共和国农业部公告 第1759号 兽药试行标准转正标准目录（第三批）

兽药国家标准化学药品、中药卷

3 术语和定义

下列术语和定义适用于本文件。

3.1

AA 级绿色食品 AA grade green food

产地环境质量符合 NY/T 391 的要求，遵照绿色食品生产标准生产，生产过程中遵循自然规律和生态学原理，协调种植业和养殖业的平衡，不使用化学合成的肥料、农药、兽药、渔药、添加剂等物质，产品质量符合绿色食品产品标准，经专门机构许可使用绿色食品标志的产品。

3.2

A 级绿色食品 A grade green food

产地环境质量符合 NY/T 391 的要求，遵照绿色食品生产标准生产，生产过程中遵循自然规律和生态学原理，协调种植业和养殖业的平衡，限量使用限定的化学合成生产资料，产品质量符合绿色食品产品标准，经专门机构许可使用绿色食品标志的产品。

3.3

渔药 fishery medicine

水产用兽药。

指预防、治疗水产养殖动物疾病或有目的地调节动物生理机能的物质，包括化学药品、抗生素、中草药和生物制品等。

3.4

渔用抗微生物药 fishery antimicrobial agents

抑制或杀灭病原微生物的渔药。

3.5

渔用抗寄生虫药 fishery antiparasite agents

杀灭或驱除水产养殖动物体内、外或养殖环境中寄生虫病原的渔药。

3.6

渔用消毒剂 fishery disinfectant

用于水产动物体表、渔具和养殖环境消毒的药物。

3.7

渔用环境改良剂 environment conditioner

改善养殖水域环境的药物。

3.8

渔用疫苗 fishery vaccine

预防水产养殖动物传染性疾病的生物制品。

3.9

停药期 withdrawal period

从停止给药到水产品捕捞上市的间隔时间。

4 渔药使用的基本原则

4.1 水产品生产环境质量应符合 NY/T 391 的要求。生产者应按农业部《水产养殖质量安全管理规定》实施健康养殖。采取各种措施避免应激、增强水产养殖动物自身的抗病力，减少疾病的发生。

4.2 按《中华人民共和国动物防疫法》的规定，加强水产养殖动物疾病的预防，在养殖生产过程中尽量不用或者少用药物。确需使用渔药时，应选择高效、低毒、低残留的渔药，应保证水资源和相关生物不遭受损害，保护生物循环和生物多样性，保障生产水域质量稳定。在水产动物病害控制过程中，应在水生动物类执业兽医的指导下用药。停药期应满足中华人民共和国农业部公告第 278 号规定、《中国兽药典兽药使用指南化学药品卷》（2010 版）的规定。

4.3 所用渔药应符合中华人民共和国农业部公告第 1435 号、第 1506 号、第 1759 号，应来自取得生产许可证和产品批准文号的生产企业，或者取得《进口兽药登记许可证》的供应商。

4.4 用于预防或治疗疾病的渔药应符合中华人民共和国农业部《中华人民共和国兽药典》、《兽药质量标准》、《兽用生物制品质量标准》和《进口兽药质量标准》等有关规定。

5 生产 AA 级绿色食品水产品的渔药使用规定

按 GB/T 19630.1 的规定执行。

6 生产 A 级绿色食品水产品的渔药使用规定

6.1 优先选用 GB/T 19630.1 规定的渔药。

6.2 预防用药见附录 A。

6.3 治疗用药见附录 B。

6.4 所有使用的渔药应来自具有生产许可证和产品批准文号的生产企业，或者具有《进口兽药登记许可证》的供应商。

6.5 不应使用的药物种类。

6.5.1 不应使用中华人民共和国农业部公告第 176 号、193 号、235 号、560 号和 1519 号中规定的渔药。

6.5.2 不应使用药物饲料添加剂。

6.5.3 不应为了促进养殖水产动物生长而使用抗菌药物、激素或其他生长促进剂。

6.5.4 不应使用通过基因工程技术生产的渔药。

6.6 渔药的使用应建立用药记录。

6.6.1 应满足健康养殖的记录要求。

6.6.2 出入库记录：应建立渔药入库、出库登记制度，应记录药物的商品名称、通用名称、主要成分、批号、有效期、贮存条件等。

6.6.3 建立并保存消毒记录，包括消毒剂种类、批号、生产单位、剂量、消毒方式、消毒频率或时间等。建立并保存水产动物的免疫程序记录，包括疫苗种类、使用方法、剂量、批号、生产单位等。建立并保存患病水产动物的治疗记录，包括水产动物标志、发病时间及症状、药物种类、使用方法及剂量、治疗时间、疗程、停药时间、所用药物的商品名称及主要成分、生产单位及批号等。

6.6.4 所有记录资料应在产品上市后保存两年以上。

附 录 A

（规范性附录）

A 级绿色食品预防水产养殖动物疾病药物

A.1 国家兽药标准中列出的水产用中草药及其成药制剂

见《兽药国家标准化学药品、中药卷》。

A.2 生产 A 级绿色食品预防用化学药物及生物制品

见表 A.1。

表 A.1 生产 A 级绿色食品预防用化学药物及生物制品目录

类 别	制剂与主要成分	作用与用途	注意事项	不良反应
调节代谢或生长药物	维生素 C 钠粉 （Sodium Ascorbate Powder）	预防和治疗水生动物的维生素 C 缺乏症等	1. 勿与维生素 B_{12}、维生素 K_3 合用，以免氧化失效 2. 勿与含铜、锌离子的药物混合使用	
疫苗	草鱼出血病灭活疫苗（Grass Carp Hemorrhage Vaccine, Inactivated）	预防草鱼出血病。免疫期 12 个月	1. 切忌冻结，冻结的疫苗严禁使用 2. 使用前，应先使疫苗恢复至室温，并充分摇匀 3. 开瓶后，限 12 h 内用完 4. 接种时，应作局部消毒处理 5. 使用过的疫苗瓶、器具和未用完的疫苗等应进行消毒处理	
	牙鲆鱼溶藻弧菌、鳗弧菌、迟缓爱德华病多联抗独特型抗体疫苗（Vibrio alginolyticus, Vibrio anguillarum, slow Edward disease multiple anti idiotypic antibody vaccine）	预防牙鲆鱼溶藻弧菌、鳗弧菌、迟缓爱德华病。免疫期为 5 个月	1. 本品仅用于接种健康鱼 2. 接种、浸泡前应停食至少 24 h，浸泡时向海水内充气 3. 注射型疫苗使用时应将疫苗与等量的弗氏不完全佐剂充分混合。浸泡型疫苗倒入海水后也要充分搅拌，使疫苗均匀分布于海水中 4. 弗氏不完全佐剂在 2℃～8℃ 储藏，疫苗开封后，应限当日用完 5. 注射接种时，应尽量避免操作对鱼造成的损伤 6. 接种疫苗时，应使用 1 毫升的一次性注射器，注射中应注意避免针孔堵塞 7. 浸泡的海水温度以 15℃～20℃ 为宜 8. 使用过的疫苗瓶、器具和未用完的疫苗等应进行消毒处理	

（续）

类　别	制剂与主要成分	作用与用途	注意事项	不良反应
疫苗	鱼嗜水气单胞菌败血症灭活疫苗（Grass Carp Hemorrhage Vaccine, Inactivated）	预防淡水鱼类特别是鲤科鱼的嗜水气单胞菌败血症，免疫期为 6 个月	1. 切忌冻结，冻结的疫苗严禁使用，疫苗稀释后，限当日用完 2. 使用前，应先使疫苗恢复至室温，并充分摇匀 3. 接种时，应作局部消毒处理 4. 使用过的疫苗瓶、器具和未用完的疫苗等应进行消毒处理	
	鱼虹彩病毒病灭活疫苗（Iridovirus Vaccine, Inactivated）	预防真鲷、鰤鱼属、拟鲹的虹彩病毒病	1. 仅用于接种健康鱼 2. 本品不能与其他药物混合使用 3. 对真鲷接种时，不应使用麻醉剂 4. 使用麻醉剂时，应正确掌握方法和用量 5. 接种前应停食至少 24 h 6. 接种本品时，应采用连续性注射，并采用适宜的注射深度，注射中应避免针孔堵塞 7. 应使用高压蒸汽消毒或者煮沸消毒过的注射器 8. 使用前充分摇匀 9. 一旦开瓶，一次性用完 10. 使用过的疫苗瓶、器具和未用完的疫苗等应进行消毒处理 11. 应避免冻结 12. 疫苗应储藏于冷暗处 13. 如意外将疫苗污染到人的眼、鼻、嘴中或注射到人体内时，应及时对患部采取消毒等措施	
	鰤鱼格氏乳球菌灭活疫苗（BY1 株）（Lactococcus Garviae Vaccine, Inactivated）（Strain BY1）	预防出口日本的五条鰤、杜氏鰤（高体鰤）格氏乳球菌病	1. 营养不良、患病或疑似患病的靶动物不可注射，正在使用其他药物或停药 4 d 内的靶动物不可注射 2. 靶动物需经 7 d 驯化并停止喂食 24 h 以上，方能注射疫苗，注射 7 d 内应避免运输 3. 本疫苗在 20℃ 以上的水温中使用 4. 本品使用前和使用过程中注意摇匀 5. 注射器具，应经高压蒸汽灭菌或煮沸等方法消毒后使用，推荐使用连续注射器 6. 使用麻醉剂时，遵守麻醉剂用量 7. 本品不与其他药物混合使用 8. 疫苗一旦开启，尽快使用 9. 妥善处理使用后的残留疫苗、空瓶和针头等 10. 避光、避热、避冻结 11. 使用过的疫苗瓶、器具和未用完的疫苗等应进行消毒处理	

（续）

类　别	制剂与主要成分	作用与用途	注意事项	不良反应
消毒用药	溴氯海因粉（Bromochlorodi methylhydantoin Powder）	养殖水体消毒；预防鱼、虾、蟹、鳖、贝、蛙等由弧菌、嗜水气单胞菌、爱德华菌等引起的出血、烂鳃、腐皮、肠炎等疾病	1. 勿用金属容器盛装 2. 缺氧水体禁用 3. 水质较清，透明度高于 30 cm时，剂量酌减 4. 苗种剂量减半	
	次氯酸钠溶液（Sodium Hypo-chlorite Solution）	养殖水体、器械的消毒与杀菌；预防鱼、虾、蟹的出血、烂鳃、腹水、肠炎、疖疮、腐皮等细菌性疾病	1. 本品受环境因素影响较大，因此使用时应特别注意环境条件，在水温偏高、pH 较低、施肥前使用效果更好 2. 本品有腐蚀性，勿用金属容器盛装，会伤害皮肤 3. 养殖水体水深超过 2 m 时，按 2 m 水深计算用药 4. 包装物用后集中销毁	
	聚维酮碘溶液（Povidone Iodine Solution）	养殖水体的消毒，防治水产养殖动物由弧菌、嗜水气单胞菌、爱德华氏菌等细菌引起的细菌性疾病	1. 水体缺氧时禁用 2. 勿用金属容器盛装 3. 勿与强碱类物质及重金属物质混用 4. 冷水性鱼类慎用	
	三氯异氰脲酸粉（Trichloroisocya-nuric Acid Pow-der）	水体、养殖场所和工具等消毒以及水产动物体表消毒等，防治鱼虾等水产动物的多种细菌性和病毒性疾病	1. 不得使用金属容器盛装，注意使用人员的防护 2. 勿与碱性药物、油脂、硫酸亚铁等混合使用 3. 根据不同的鱼类和水体的pH，使用剂量适当增减	
	复合碘溶液（Complex Iodine Solution）	防治水产养殖动物细菌性和病毒性疾病	1. 不得与强碱或还原剂混合使用 2. 冷水鱼慎用	
	蛋氨酸碘粉（Methionine Iodine Podwer）	消毒药，用于防治对虾白斑综合征	勿与维生素 C 类强还原剂同时使用	
	高碘酸钠（Sodium Periodate So-lution）	养殖水体的消毒；防治鱼、虾、蟹等水产养殖动物由弧菌、嗜水气单胞菌、爱德华氏菌等细菌引起的出血、烂鳃、腹水、肠炎、腐皮等细菌性疾病	1. 勿用金属容器盛装 2. 勿与强碱类物质及含汞类药物混用 3. 软体动物、鲑等冷水性鱼类慎用	

（续）

类　别	制剂与主要成分	作用与用途	注意事项	不良反应
消毒用药	苯扎溴铵溶液（Benzalkonium Bromide Solution）	养殖水体消毒，防治水产养殖动物由细菌性感染引起的出血、烂鳃、腹水、肠炎、疖疮、腐皮等细菌性疾病	1. 勿用金属容器盛装 2. 禁与阴离子表面活性剂、碘化物和过氧化物等混用 3. 软体动物、鲑等冷水性鱼类慎用 4. 水质较清的养殖水体慎用 5. 使用后注意池塘增氧 6. 包装物使用后集中销毁	
	含氯石灰（Chlorinated Lime）	水体的消毒，防治水产养殖动物由弧菌、嗜水气单胞菌、爱德华氏菌等细菌引起的细菌性疾病	1. 不得使用金属器具 2. 缺氧、浮头前后严禁使用 3. 水质较瘦、透明度高于 30 cm 时，剂量减半 4. 苗种慎用 5. 本品杀菌作用快而强，但不持久，且受有机物的影响，在实际使用时，本品需与被消毒物至少接触15 min～20 min	
	石灰（Lime）	鱼池消毒、改良水质		
渔用环境改良剂	过硼酸钠（Sodium Perborate Powder）	增加水中溶氧，改善水质	1. 本品为急救药品，根据缺氧程度适当增减用量，并配合充水，增加增氧机等措施改善水质 2. 产品有轻微结块，压碎使用 3. 包装物用后集中销毁	
	过碳酸钠（Sodium Percarborate）	水质改良剂，用于缓解和解除鱼、虾、蟹等水产养殖动物因缺氧引起的浮头和泛塘	1. 不得与金属、有机溶剂、还原剂等解除 2. 按浮头处水体计算药品用量 3. 视浮头程度决定用药次数 4. 发生浮头时，表示水体严重缺氧，药品加入水体后，还应采取冲水、开增氧机等措施 5. 包装物使用后集中销毁	
	过氧化钙（Calcium Peroxide Powder）	池塘增氧，防治鱼类缺氧浮头	1. 对于一些无更换水源的养殖水体，应定期使用 2. 严禁与含氯制剂、消毒剂、还原剂等混放 3. 严禁与其他化学试剂混放 4. 长途运输时常使用增氧设备，观赏鱼长途运输禁用	
	过氧化氢溶液（Hydrogen Peroxide Solution）	增加水体溶氧	本品为强氧化剂，腐蚀剂，使用时顺风向泼洒，勿将药液接触皮肤，如接触皮肤应立即用清水冲洗	

附 录 B

（规范性附录）

A 级绿色食品治疗水生生物疾病药物

B.1 国家兽药标准中列出的水产用中草药及其成药制剂

见《兽药国家标准化学药品、中药卷》。

B.2 生产 A 级绿色食品治疗用化学药物

见表 B.1。

表 B.1 生产 A 级绿色食品治疗用化学药物目录

类 别	制剂与主要成分	作用与用途	注意事项	不良反应
抗微生物药物	盐酸多西环素粉（Doxycycline Hyelate Powder）	治疗鱼类由弧菌、嗜水气单胞菌、爱德华菌等细菌引起的细菌性疾病	1. 均匀拌饵投喂 2. 包装物用后集中销毁	长期应用可引起二重感染和肝脏损害
	氟苯尼考粉（Flofenicol Powder）	防治淡、海水养殖鱼类由细菌引起的败血症、溃疡、肠道病、烂鳃病以及虾红体病、蟹腹水病	1. 混拌后的药饵不宜久置 2. 不宜高剂量长期使用	高剂量长期使用对造血系统具有可逆性抑制作用
	氟苯尼考粉预混剂（50%）（Flofenicol Premix-50）	治疗嗜水气单胞菌、副溶血弧菌、溶藻弧菌、链球菌等引起的感染，如鱼类细菌性败血症、溶血性腹水病、肠炎、赤皮病等，也可治疗虾、蟹类弧菌病、罗非鱼链球菌病等	1. 预混剂需先用食用油混合，之后再与饲料混合，为确保均匀，本品须先与少量饲料混匀，再与剩余饲料混匀 2. 使用后须用肥皂和清水彻底洗净饲料所用的设备	高剂量长期使用对造血系统具有可逆性抑制作用
	氟苯尼考粉注射液（Flofenicol Injection）	治疗鱼类敏感菌所致疾病		
	硫酸锌霉素（Neomycin Sulfate Powder）	用于治疗鱼、虾、蟹等水产动物由气单胞菌、爱德华氏菌及弧菌引起的肠道疾病		
驱杀虫药物	硫酸锌粉（Zinc Sulfate Powder）	杀灭或驱除河蟹、虾类等的固着类纤毛虫	1. 禁用于鳗鲡 2. 虾蟹幼苗期及脱壳期中期慎用 3. 高温低压气候注意增氧	

（续）

类　别	制剂与主要成分	作用与用途	注意事项	不良反应
驱杀虫药物	硫酸锌三氯异氰脲酸粉（Zincsulfate and Trichloroisocyanuric Powder）	杀灭或驱除河蟹、虾类等水生动物的固着类纤毛虫	1. 禁用于鳗鲡 2. 虾蟹幼苗期及脱壳期中期慎用 3. 高温低压气候注意增氧	
	盐酸氯苯胍粉（Robenidinum Hydrochloride Powder）	鱼类孢子虫病	1. 搅拌均匀，严格按照推荐剂量使用 2. 斑点叉尾鮰慎用	
	阿苯达唑粉（Albendazole Powder）	治疗海水鱼类线虫病和由双鳞盘吸虫、贝尼登虫等引起的寄生虫病；淡水养殖鱼类由指环虫、三代虫以及黏孢子虫等引起的寄生虫病		
	地克珠利预混剂（Diclazuril Premix）	防治鲤科鱼类黏孢子虫、碘泡虫、尾孢虫、四级虫、单级虫等孢子虫病		
消毒用药	聚维酮碘溶液（Povidone Iodine Solution）	养殖水体的消毒，防治水产养殖动物由弧菌、嗜水气单胞菌、爱德华氏菌等细菌引起的细菌性疾病	1. 水体缺氧时禁用 2. 勿用金属容器盛装 3. 勿与强碱类物质及重金属物质混用 4. 冷水性鱼类慎用	
	三氯异氰脲酸粉（Trichloroisocyanuric Acid Powder）	水体、养殖场所和工具等消毒以及水产动物体表消毒等，防治鱼虾等水产动物的多种细菌性和病毒性疾病的作用	1. 不得使用金属容器盛装，注意使用人员的防护 2. 勿与碱性药物、油脂、硫酸亚铁等混合使用 3. 根据不同的鱼类和水体的 pH，使用剂量适当增减	
	复合碘溶液（Complex Iodine Solution）	防治水产养殖动物细菌性和病毒性疾病	1. 不得与强碱或还原剂混合使用 2. 冷水鱼慎用	
	蛋氨酸碘粉（Methionine Iodine Podwer）	消毒药，用于防治对虾白斑综合征	勿与维生素 C 类强还原剂同时使用	
	高碘酸钠（Sodium Periodate Solution）	养殖水体的消毒；防治鱼、虾、蟹等水产养殖动物由弧菌、嗜水气单胞菌、爱德华氏菌等细菌引起的出血、烂鳃、腹水、肠炎、腐皮等细菌性疾病	1. 勿用金属容器盛装 2. 勿与强类物质及含汞类药物混用 3. 软体动物、鲔等冷水性鱼类慎用	

（续）

类　别	制剂与主要成分	作用与用途	注意事项	不良反应
消毒用药	苯扎溴铵溶液（Benzalkonium Bromide Solution）	养殖水体消毒，防治水产养殖动物由细菌性感染引起的出血、烂鳃、腹水、肠炎、疖疮、腐皮等细菌性疾病	1. 勿用金属容器盛装 2. 禁与阴离子表面活性剂、碘化物和过氧化物等混用 3. 软体动物、鲑等冷水性鱼类慎用 4. 水质较清的养殖水体慎用 5. 使用后注意池塘增氧 6. 包装物使用后集中销毁	

绿色食品　畜禽饲料及饲料添加剂使用准则

（NY/T 471—2010）

1　范围

本标准规定了生产绿色食品　畜禽产品允许使用的饲料和饲料添加剂的基本要求、使用原则的基本准则。

本标准适用于生产 A 级和 AA 级绿色食品　畜禽产品生产过程中饲料和饲料添加剂的使用。

2　规范性引用文件

下列文件对于本文件的应用是必不可少的。凡是注日期的引用文件，仅注日期的版本适用于本文件。凡是不注日期的引用文件，其最新版本（包括所有的修改单文件）适用于本文件。

GB/T 10647　饲料工业术语

GB 13078　饲料卫生标准

GB/T 16764　配合饲料企业卫生规范

GB/T 19424　天然植物饲料添加剂通则

NY/T 393　绿色食品　农药使用准则

NY/T 915　饲料用水解羽毛粉

中华人民共和国国务院 2001 第 327 号令《饲料和饲料添加剂管理条例》

中华人民共和国农业部公告第 977 号（2008）《单一饲料产品目录》

中华人民共和国农业部公告第 1126 号（2008）《饲料添加剂品种目录》

中华人民共和国农业部公告第 1224 号（2009）《饲料添加剂安全使用规范》

3　术语和定义

GB/T 10647 确立的以及下列术语和定义适用于本标准。

3.1

天然植物饲料添加剂　**natural plant feed additives**

以一种或多种天然植物全株或其部分为原料，经物理提取或生物发酵法加工，具有营养、促生长、提高饲料利用率和改善动物产品品质等功效的饲料添加剂。

4 基本要求

4.1 质量要求

4.1.1 饲料和饲料添加剂应符合单一饲料、饲料添加剂、配合饲料、浓缩饲料和添加剂预混合产品质量标准的规定。其中，单一饲料应符合《单一饲料产品目录》的要求。

4.1.2 饲料添加剂和添加剂预混合饲料应来源于有生产许可证的企业，并且具有产品标准及其文号。进口饲料和饲料添加剂应具有进口产品许可证及配套的质量检验手段，并应为经进出口检验检疫部门鉴定合格的产品。

4.1.3 感官要求。具有该饲料应有的色泽、气味及组织形态特征，质地均匀，无发霉、变质、结块、虫蛀及异味、异物。

4.1.4 配合饲料应营养全面，各营养素间相互平衡。

4.2 卫生要求

4.2.1 饲料和饲料添加剂的卫生指标应符合 GB 13078 的规定，且使用中符合 NY/T 393 的要求。

4.2.2 饲料用水解羽毛粉应符合 NY/T 915 的要求。

5 使用原则

5.1 饲料原料

5.1.1 饲料原料可以是已经通过认定的绿色食品；也可以是来源于绿色食品标准化生产基地的产品；或经绿色食品工作机构认定、按照绿色食品生产方式生产、达到绿色食品标准的自建基地生产的产品。

5.1.2 不应使用转基因方法生产的饲料原料。

5.1.3 不应使用以哺乳类动物为原料的动物性饲料产品（不包括乳及乳制品）饲喂反刍动物。

5.1.4 遵循不使用同源动物源性饲料的原则。

5.1.5 不应使用工业合成的油脂。

5.1.6 不应使用畜禽粪便。

5.1.7 生产 AA 级绿色食品 畜禽产品的饲料原料，除须满足上述要求外，还应满足：

5.1.7.1 不应使用化学合成的生产资料作为饲料原料。

5.1.7.2 原料生产过程应使用有机肥、种植绿肥、作物轮作、生物或物理方法等技术培肥土壤、控制病虫草害、保护或提高产品品质。

5.2 饲料添加剂

5.2.1 饲料添加剂品种应是《饲料添加剂品种目录》中所列的饲料添加剂和允许进口的饲料添加剂品种，或是农业部公布批准使用的饲料添加剂品种，但附录 A 中所列的饲料添加剂品种除外。

5.2.2 饲料添加剂的性质、成分和使用量应符合产品标签。

5.2.3 矿物质饲料添加剂的使用按照营养需要量添加，尽量减少对环境的污染。

5.2.4 不应使用任何药物饲料添加剂。

5.2.5 天然植物饲料添加剂应符合 GB/T 19424 的要求。

5.2.6 化学合成维生素、常量元素、微量元素和氨基酸在饲料中的推荐量以及限量参考《饲料添加剂安全使用规范》的规定。

5.2.7 生产 AA 级绿色食品 畜禽产品的饲料添加剂，除须满足上述要求外，还不应使用化学合成的饲料添加剂。

5.3 加工、贮存和运输

5.3.1 饲料企业的工厂设计与设施卫生、工厂卫生管理和生产过程的卫生应符合 GB/T 16764 的要求。

5.3.2 在配料和混合生产过程中，严格控制其他物质的污染。

5.3.3 生产绿色食品的饲料和饲料添加剂的加工、贮存、运输全过程都应与非绿色食品饲料严格区分管理。

5.3.4 贮存中不应使用任何化学合成的药物毒害虫鼠。

附　录　A

（规范性附录）

生产绿色食品　畜禽产品不应使用的饲料添加剂品种

种类	品种[a]	备注
矿物元素及其络（螯）合物	稀土（铈和镧）壳糖胺螯合盐	
非蛋白氮	尿素、碳酸氢铵、硫酸铵、液氨、磷酸二氢铵、磷酸氢二铵、缩二脲、异丁叉二脲、磷酸脲	反刍动物也不应使用
抗氧化剂	乙氧基喹啉、二丁基羟基甲苯（BHT），丁基羟基茴香醚（BHA）	
防腐剂	苯甲酸、苯甲酸钠	
着色剂	各种人工合成的着色剂	
调味剂和香料	各种人工合成的调味剂和香料	
黏结剂、抗结块剂和稳定剂	羟甲基纤维素钠、聚氧乙烯 20 山梨醇酐单油酸酯、聚丙烯酸钠	
[a] 本表所列饲料添加剂品种，以及不在《饲料添加剂品种目录》中的饲料添加剂品种均不允许在绿色食品　畜禽产品生产中使用。		

绿色食品 渔业饲料及饲料添加剂使用准则

（NY/T 2112—2011）

1 范围

本标准规定了生产绿色食品渔业产品允许使用的饲料和饲料添加剂的基本要求、使用原则、加工、贮存和运输以及不应使用的饲料添加剂品种。

本标准适用于 A 级和 AA 级绿色食品 渔业产品生产过程中饲料和饲料添加剂的使用、管理和认定。

2 规范性引用文件

下列文件对于本文件的应用是必不可少的。凡是注日期的引用文件，仅注日期的版本适用于本文件。凡是不注日期的引用文件，其最新版本（包括所有的修改单）适用于本文件。

GB/T 10647 饲料工业术语

GB13078 饲料卫生标准

GB/T 16764 配合饲料企业卫生规范

GB/T 19164 鱼粉

GB/T 19424 天然植物饲料添加剂通则

NY/T 393 绿色食品 农药使用准则

NY/T 915 饲料用水解羽毛粉

NY/T 5072 无公害食品 渔用配合饲料安全限量

SC/T 1024 草鱼配合饲料

SC/T 1026 鲤鱼配合饲料

SC/T 1077 渔用配合饲料通用技术要求

《饲料和饲料添加剂管理条例》中华人民共和国国务院令 2001 年第 327 号

《单一饲料产品目录（2008）》中华人民共和国农业部公告第 977 号（2008）

《饲料添加剂品种目录》中华人民共和国农业部公告第 1126 号（2008）

《饲料添加剂安全使用规范》中华人民共和国农业部公告第 1224 号（2009）

3 术语和定义

GB/T 10647 和 SC/T 1077 界定的以及下列术语和定义适用于本文件。

3.1

天然植物饲料添加剂 **natural plant feed additives**

以天然植物全株或其部分为原料，经物理提取或生物发酵法加工，具有营养、促生长、提高饲料利用率和改善动物产品品质等功效的饲料添加剂。

4 基本要求

4.1 质量要求

4.1.1 饲料和饲料添加剂应符合单一饲料、饲料添加剂、配合饲料、浓缩饲料和添加剂预混合产品质量标准的规定，其中单一饲料还应符合《单一饲料产品目录》的要求，饲料添加剂应符合《饲料添加剂品种目录》的要求。

4.1.2 饲料添加剂和添加剂预混合饲料应来源于有生产许可证的企业，并且具有产品批准文号及其质量标准。进口饲料和饲料添加剂应具有进口产品许可证及我国进出口检验检疫部门出具的有效合格检验报告。

4.1.3 进口鱼粉应有鱼粉官方原产地证明、卫生证明（声明）和合格有效质量检验报告，鱼粉进口贸易商进口许可证、国家检验检疫合格报告和绿色食品产品质量定点监测机构出具的鱼粉合格有效质量检验报告，产品质量应满足 GB/T 19164 中一级品以上要求，其中砂分和盐分指标为"砂分 ＋ 盐分≤5%"。

4.1.4 感官要求：具有该饲料应有的色泽、气味及组织形态特征，质地均匀，无发霉、变质、结块、虫蛀、鼠咬及异味、异物。颗粒饲料的颗粒均匀，表面光滑。

4.1.5 配合饲料应营养全面、平衡。配合饲料的营养成分指标应符合 SC/T 1077、SC/T 1024、SC/T 1026 等有关国家标准或行业标准的要求。

4.1.6 应做好饲料原料和添加剂的相关记录，确保对所有成分的追溯。

4.2 卫生要求

4.2.1 饲料和饲料添加剂卫生指标应符合 GB 13078、NY 5072 的规定，且使用中符合 NY/T 393 的要求。

4.2.2 饲料用水解羽毛粉应符合 NY/T 915 的要求。

4.2.3 鱼粉应符合 GB/T 19164 安全卫生指标的要求。

5 使用原则

5.1 饲料原料

5.1.1 饲料原料可以是已经通过认定的绿色食品，也可以是全国绿色食品原料标准化生产基地的产品，或是经中国绿色食品发展中心认定、按照绿色食品生产方式生产、达到绿色食品标准的自建基地生产的产品。

5.1.2 配合饲料中应控制棉籽粕和菜籽粕的用量，建议使用脱毒棉籽粕和菜籽粕，棉籽粕用量不超过 15%，菜籽粕用量不超过 20%。

5.1.3 不应使用转基因饲料原料。

5.1.4 不应使用工业合成的油脂和回收油。

5.1.5 不应使用畜禽粪便。

5.1.6 不应使用制药工业副产品。

5.1.7 饲料如经发酵处理，所使用的微生物制剂应是《饲料添加剂品种目录》中所规定的品种或是农业部公布批准使用的新饲料添加剂品种。

5.1.8 生产 AA 级绿色食品 渔业产品的饲料原料，除须满足 5.1.3～5.1.7 的要求外，还应满足以下要求：

——不应使用化学合成的生产资料作为饲料原料；

——原料生产过程应使用有机肥、种植绿肥、作物轮作、生物或物理方法等技术培肥土壤、控制病虫草害、保护或提高产品品质。

5.2 饲料添加剂

5.2.1 经中国绿色食品发展中心认定的生产资料可以作为饲料添加剂来源。

5.2.2 饲料添加剂品种应是《饲料添加剂品种目录》中所列的饲料添加剂和允许进口的饲料添加剂品种，或是农业部公布批准使用的饲料添加剂品种，但附录 A 中所列的饲料添加剂品种不准使用。

5.2.3 饲料添加剂的性质、成分和使用量应符合产品标签的规定。

5.2.4 矿物质饲料添加剂的使用按照营养需要量添加，减少对环境的污染。

5.2.5 不应使用任何药物饲料添加剂。

5.2.6 严禁使用任何激素。

5.2.7 天然植物饲料添加剂应符合 GB/T 19424 的要求。

5.2.8 化学合成维生素、常量元素、微量元素和氨基酸在饲料中的推荐量以及限量应符合《饲料添加剂安全使用规范》的规定。

5.2.9 生产 AA 级绿色食品 渔业产品的饲料添加剂，除须满足 5.2.1～5.2.8 的要求外，不得使用化学合成的饲料添加剂。

5.2.10 接收和处理应保持安全有序，防止误用和交叉污染。

5.3 配合饲料、浓缩饲料和添加剂预混合饲料

5.3.1 经中国绿色食品发展中心认定的生产资料可以作为配合饲料、浓缩饲料和添加剂预混合饲料来源。

5.3.2 饲料配方应遵循安全、有效、不污染环境的原则。

5.3.3 应按照产品标签所规定的用法、用量使用。

5.3.4 应做好所有饲料配方的记录，确保对所有饲料成分的可追溯。

6 加工、贮存和运输

6.1 饲料企业的工厂设计与设施卫生、工厂卫生管理和生产过程的卫生应符合 GB/T 16764 的要求。

6.2 在配料和混合生产过程中，应严格控制其他物质的污染。

6.3 饲料原料的粉碎粒度应符合 SC/T 1077 的要求。

6.4 做好生产过程的档案记录，为调查和追踪有缺陷的产品提供有案可查的依据。

6.5 所有加工设备都应符合我国有关国家标准或行业标准的要求。

6.6 成品的加工质量指标（混合均匀度、粒径、粒长、水中稳定性、颗粒粉化率）应符合有关国家标准或行业标准的要求。

6.7 加工中应特别注意调质充分和淀粉熟化。

6.8 生产绿色食品的饲料和饲料添加剂的加工、贮存、运输全过程都应与非绿色食品饲料严格区分管理。

6.9 袋装饲料不应直接放在地上，应放在货盘上；要避免阳光直接照射。

6.10 贮存中应注意通风，防止霉变；防止害虫、害鸟和老鼠的进入，不应使用任何化学合成的药物毒害虫鼠。

附 录 A
（规范性附录）
生产绿色食品 渔业产品不应使用的饲料添加剂

种类	品种
矿物元素及其络（螯）合物	稀土（铈和镧）壳糖胺螯合盐
抗氧化剂	乙氧基喹啉、二丁基羟基甲苯（BHT），丁基羟基茴香醚（BHA）
防腐剂	苯甲酸、苯甲酸钠
着色剂	各种人工合成的着色剂
调味剂和香料	各种人工合成的调味剂和香料
粘结剂	羟甲基纤维素钠

绿色食品 检查员、标志监督管理员培训大纲

(2014 年 3 月 28 日发布)

1 总则

1.1 培训目的

为进一步加强绿色食品检查员、标志监督管理员培训管理，推进"两员"培训工作规范化、制度化，增强培训效果，提高绿色食品检查员、标志监督管理员队伍整体素质和业务水平，依据《绿色食品标志管理办法》、《绿色食品检查员注册管理办法》和《绿色食品标志监督管理员注册管理办法》，制定本《大纲》。

1.2 培训对象

绿色食品管理工作从业人员（不包括企业人员），包括申请注册和已取得注册资格的绿色食品检查员、绿色食品标志监督管理员。

1.3 培训分类

培训分为 A、B 两类。

A 类培训：由中国绿色食品发展中心（以下简称"中心"）具体组织实施的面向全国各省级绿色食品工作机构（以下简称"省级工作机构"）从业人员的培训，培训规模不超过 150 人。

B 类培训：由中心统一组织，省级工作机构具体实施的面向辖区内地市县级工作机构从业人员的培训，培训规模不超过 100 人。

1.4 培训师资

培训教师应有丰富业务工作经验和实际教学经历，有相关专业背景并从事绿色食品标准、审核和监督管理工作 5 年以上，经中心统一考核确认取得培训师资格。培训班师资由中心统一协调委派。

2 培训方式

注重理论联系实际，推行多媒体视听技术、案例研究、现场实操演示等方式方法。培训班均采用课堂教学和现场教学相结合的培训方式，其中课堂授课学时不少于 16 学时，现场教学不少于 8 学时。课堂教学主要讲授农产品质量安全法律法规、绿色食品标

准、基地建设、申请审核、标志管理、证后监管等内容。现场教学主要包括申请审核和企业年检的现场检查、标志市场监察等内容。

3 培训内容及教材

3.1 基础知识

3.1.1 绿色食品的概念及其内涵，绿色食品基本发展理念；

3.1.2 绿色食品的发展现状和发展方向，国内外食品安全现状及动态；

3.1.3 《食品安全法》、《农产品质量安全法》和《绿色食品标志管理办法》等相关法律法规的要求和规定。

3.2 绿色食品标准知识

3.2.1 绿色食品标准体系的基本情况，国内外相关标准情况；

3.2.2 绿色食品标准中的技术规定和要求；

3.2.3 绿色食品标准执行中的有关规定和要求。

3.3 绿色食品申请审核

3.3.1 绿色食品申请审核程序和要求（包括初次申报和续报）；

3.3.2 种植产品现场检查、审核要点及实施；

3.3.3 畜禽养殖产品现场检查、审核要点及实施；

3.3.4 渔业养殖产品现场检查、审核要点及实施；

3.3.5 加工产品现场检查、审核要点及实施；

3.3.6 绿色食品检查员注册管理规定和职业道德要求。

3.4 绿色食品标志管理

3.4.1 绿色食品标志商标管理规定和要求（包括颁证程序、合同管理、证书管理、产品公告、统计工作等相关规定）；

3.4.2 绿色食品标志申请审查及标志使用收费管理规定。

3.5 绿色食品质量监督检查

3.5.1 绿色食品企业年度检查工作规定及实施；

3.5.2 绿色食品产品质量年度抽检工作管理规定及实施；

3.5.3 绿色食品标志市场监察工作规定及实施；

3.5.4 绿色食品质量安全预警管理规定及实施；

3.5.5 绿色食品标志监督管理员注册管理规定和职业道德要求。

3.6 绿色食品基地管理

3.6.1 绿色食品原料标准化生产基地工作规定、要求及实施（包括创建、评审、验收和续报等）；

3.6.2 绿色食品基地监督管理规定、工作要求及实施。

3.7 现场教学内容

3.7.1 绿色食品生产企业（基地）实地现场检查讲解；

3.7.2 企业年检实地现场检查、标志市场监察讲解。

3.8 培训教材

培训教材由中心统一编印出版。

4 培训考核

4.1 考核

培训考核主要采用平时考评和笔试综合评价的方式。平时考评主要考察培训期间学员按时出勤情况。笔试由培训承办单位（中心或省级工作机构）统一组织实施，中心统一命题。笔试为闭卷方式，参加考试时，考生不能携带任何参考资料，考试时间为 2 小时。

4.2 平时考评

平时考评主要记录学员出勤情况，学员每门课开始前要在签到表上签字，否则视为缺课。

4.3 笔试内容

笔试范围和内容以培训内容为基础，包括：专业基础知识和常识；绿色食品相关法律法规和标准的要求和理解；绿色食品业务工作要求和操作。重点考核学员对基础法律法规、标准的掌握，材料审核、现场检查、颁证和监督检查等实际工作能力和水平。试题题型及分值见附表 1。

4.4 考核合格判定

平时考评缺课 2 学时以上取消笔试资格。笔试满分为 100 分，笔试成绩 75 分（含）以上为合格，由中心统一颁发"培训合格证书"。

5 培训评价管理

培训实施单位对每期培训的效果和教师授课情况进行评价总结。中心统一编制《培训满意度调查表》（见附表 2），培训结束后由学员填写，并当场密封后报中心。培训实施单位根据调查反馈情况编写"培训满意度调查总结"上报中心。对于学员满意度达到 85% 以上的教师，可在全国范围内委派授课，对于学员满意度不足 60% 的教师，将取消其培训师资证。

6 培训档案管理

中心和省级工作机构建立培训档案，填写《培训班基本信息登记表》（见附表3），保存相关培训记录，包括：培训班基本信息登记表、培训相关通知文件、培训证书复印件、考试试卷、考勤签到表和培训总结等。省级工作机构组织的培训档案应同时报中心存档备份。培训档案保存期为3年。

附表 1

试题题型及分值分布

分值分布	1. 绿色食品业务工作要求及实操占 60% 2. 绿色食品相关法律法规、标准要求占 30% 3. 专业基础知识和常识占 10%		
题 型	数 量	单题分值（分）	小计分值（分）
单项选择题	25	1	25
判断题	10	1	10
多项选择题	10	2	20
简答题	3	5	15
案例分析题	5	6	30

附表 2

培训满意度调查表

培训班名称：			承办单位：			
培训时间：						

授课教师	1.	2.	3.	4.
	5.	6.	7.	8.

请在您认为适当的分数格子里打√：　　　　　　优——差

项目	内容		5	4	3	2	1
课程内容设置	课程内容针对性						
	课时安排合理性						
	培训教材实用性						
授课教师水平	1	教师的专业性					
		教师的备课情况、讲义的针对性					
		教师的授课技巧和表达					
	2	教师的专业性					
		教师的备课情况、讲义的针对性					
		教师的授课技巧和表达					
	3	教师的专业性					
		教师的备课情况、讲义的针对性					
		教师的授课技巧和表达					
	4	教师的专业性					
		教师的备课情况、讲义的针对性					
		教师的授课技巧和表达					
	5	教师的专业性					
		教师的备课情况、讲义的针对性					
		教师的授课技巧和表达					
	6	教师的专业性					
		教师的备课情况、讲义的针对性					
		教师的授课技巧和表达					
培训组织	培训的组织管理						
	培训的后勤服务						
您对本次培训班还有哪些意见和建议？							

附表 3

培训班基本信息登记表

培训班名称			
培训承办单位			
培训时间		培训地点	
培训人数		参加考试人数	
考试合格人数			
存档资料清单			
1. 培训请示、批复文件，培训通知等文件		□有　□无	
2. 培训学员签到表		□有　□无	
3. 考试试卷		＿＿＿ 份	
4. 培训合格证复印件		＿＿＿ 份	
5. 培训评价表及总结		＿＿＿ 份	

第 三 篇

标志许可审查

绿色食品标志许可审查程序

(2014 年 5 月 28 日发布)

第一章　总　　则

第一条　为规范绿色食品标志许可审查工作，根据《绿色食品标志管理办法》，制定本程序。

第二条　中国绿色食品发展中心（以下简称中心）负责绿色食品标志使用申请的审查、核准工作。

第三条　省级农业行政主管部门所属绿色食品工作机构（以下简称省级工作机构）负责本行政区域绿色食品标志使用申请的受理、初审、现场检查工作。地（市）、县级农业行政主管部门所属相关工作机构可受省级工作机构委托承担上述工作。

第四条　绿色食品检测机构（以下简称检测机构）负责绿色食品产地环境、产品检测和评价工作。

第二章　标志许可的申请

第五条　申请人应当具备下列资质条件：

（一）能够独立承担民事责任。如企业法人、农民专业合作社、个人独资企业、合伙企业、家庭农场等，国有农场、国有林场和兵团团场等生产单位；

（二）具有稳定的生产基地；

（三）具有绿色食品生产的环境条件和生产技术；

（四）具有完善的质量管理体系，并至少稳定运行一年；

（五）具有与生产规模相适应的生产技术人员和质量控制人员；

（六）申请前三年内无质量安全事故和不良诚信记录；

（七）与绿色食品工作机构或检测机构不存在利益关系。

第六条　申请使用绿色食品标志的产品，应当符合《中华人民共和国食品安全法》

和《中华人民共和国农产品质量安全法》等法律法规规定，在国家工商总局商标局核定的绿色食品标志商标涵盖商品范围内，并具备下列条件：

（一）产品或产品原料产地环境符合绿色食品产地环境质量标准；

（二）农药、肥料、饲料、兽药等投入品使用符合绿色食品投入品使用准则；

（三）产品质量符合绿色食品产品质量标准；

（四）包装贮运符合绿色食品包装贮运标准。

第七条 申请人至少在产品收获、屠宰或捕捞前三个月，向所在省级工作机构提出申请，完成网上在线申报并提交下列文件：

（一）《绿色食品标志使用申请书》及《调查表》；

（二）资质证明材料。如《营业执照》、《全国工业产品生产许可证》、《动物防疫条件合格证》、《商标注册证》等证明文件复印件；

（三）质量控制规范；

（四）生产技术规程；

（五）基地图、加工厂平面图、基地清单、农户清单等；

（六）合同、协议，购销发票，生产、加工记录；

（七）含有绿色食品标志的包装标签或设计样张（非预包装食品不必提供）；

（八）应提交的其他材料。

第三章　初次申请审查

第八条 省级工作机构应当自收到第七条规定的申请材料之日起十个工作日内完成材料审查。符合要求的，予以受理，向申请人发出《绿色食品申请受理通知书》，执行第九条；不符合要求的，不予受理，书面通知申请人本生产周期不再受理其申请，并告知理由。

第九条 省级工作机构应当根据申请产品类别，组织至少两名具有相应资质的检查员组成检查组，在材料审查合格后四十五个工作日内组织完成现场检查（受作物生长期影响可适当延后）。

现场检查前，应提前告知申请人并向其发出《绿色食品现场检查通知书》，明确现场检查计划。

现场检查工作应在产品及产品原料生产期内实施。

第十条 现场检查要求

（一）申请人应当根据现场检查计划做好安排。检查期间，要求主要负责人、绿色食品生产负责人、内检员或生产管理人员、技术人员等在岗，开放场所设施设备，备好文件记录等资料；

（二）检查员在检查过程中应当收集好相关信息，作好文字、影像、图片等信息记录。

第十一条　现场检查程序

（一）召开首次会议：由检查组长主持，明确检查目的、内容和要求，申请人主要负责人、绿色食品生产负责人、技术人员和内检员等参加；

（二）实地检查：检查组应当对申请产品的生产环境、生产过程、包装贮运、环境保护等环节逐一进行严格检查；

（三）查阅文件、记录：核实申请人全程质量控制能力及有效性，如质量控制规范、生产技术规程、合同、协议、基地图、加工厂平面图、基地清单、记录等；

（四）随机访问：在查阅资料及实地检查过程中随机访问生产人员、技术人员及管理人员，收集第一手资料；

（五）召开总结会：检查组与申请人沟通现场检查情况并交换现场检查意见。

第十二条　现场检查完成后，检查组应当在十个工作日内向省级工作机构提交《绿色食品现场检查报告》。省级工作机构依据《绿色食品现场检查报告》向申请人发出《绿色食品现场检查意见通知书》，现场检查合格的，执行第十三条；不合格的，通知申请人本生产周期不再受理其申请，告知理由并退回申请。

第十三条　产地环境、产品检测和评价

（一）申请人按照《绿色食品现场检查意见通知书》的要求委托检测机构对产地环境、产品进行检测和评价；

（二）检测机构接受申请人委托后，应当分别依据《绿色食品　产地环境调查、监测与评价规范》（NY/T 1054）和《绿色食品　产品抽样准则》（NY/T 896）及时安排现场抽样，并自环境抽样之日起三十个工作日内、产品抽样之日起二十个工作日内完成检测工作，出具《环境质量监测报告》和《产品检验报告》，提交省级工作机构和申请人；

（三）申请人如能提供近一年内绿色食品检测机构或国家级、部级检测机构出具的《环境质量监测报告》，且符合绿色食品产地环境检测项目和质量要求的，可免做环境检测。

经检查组调查确认产地环境质量符合《绿色食品　产地环境质量》（NY/T 391）和《绿色食品　产地环境调查、监测与评价规范》（NY/T 1054）中免测条件的，省级工作机构可做出免做环境检测的决定。

第十四条 省级工作机构应当自收到《绿色食品现场检查报告》、《环境质量监测报告》和《产品检验报告》之日起二十个工作日内完成初审。初审合格的，将相关材料报送中心，同时完成网上报送；不合格的，通知申请人本生产周期不再受理其申请，并告知理由。

第十五条 中心应当自收到省级工作机构报送的完备申请材料之日起三十个工作日内完成书面审查，提出审查意见，并通过省级工作机构向申请人发出《绿色食品审查意见通知书》。

（一）需要补充材料的，申请人应在《绿色食品审查意见通知书》规定时限内补充相关材料，逾期视为自动放弃申请；

（二）需要现场核查的，由中心委派检查组再次进行检查核实；

（三）审查合格的，中心在二十个工作日内组织召开绿色食品专家评审会，并形成专家评审意见。

第十六条 中心根据专家评审意见，在五个工作日内做出是否颁证的决定，并通过省级工作机构通知申请人。同意颁证的，进入绿色食品标志使用证书（以下简称证书）颁发程序；不同意颁证的，告知理由。

第四章　续展申请审查

第十七条 绿色食品标志使用证书有效期三年。证书有效期满，需要继续使用绿色食品标志的，标志使用人应当在有效期满三个月前向省级工作机构提出续展申请，同时完成网上在线申报。

第十八条 标志使用人逾期未提出续展申请，或者续展未通过的，不得继续使用绿色食品标志。

第十九条 标志使用人应当向所在省级工作机构提交下列文件：

（一）第七条第（一）、（二）、（五）、（六）、（七）款规定的材料；

（二）上一用标周期绿色食品原料使用凭证；

（三）上一用标周期绿色食品证书复印件；

（四）《产品检验报告》（标志使用人如能提供上一用标周期第三年的有效年度抽检报告，经确认符合相关要求的，省级工作机构可做出该产品免做产品检测的决定）；

（五）《环境质量监测报告》（产地环境未发生改变的，申请人可提出申请，省级工作机构可视具体情况做出是否做环境检测和评价的决定）。

第二十条 省级工作机构收到第十九条规定的申请材料后，应当在四十个工作日内完成材料审查、现场检查和续展初审。初审合格的，应当在证书有效期满二十五个工作日前将续展申请材料报送中心，同时完成网上报送。逾期未能报送中心的，不予续展。

第二十一条 中心收到省级工作机构报送的完备的续展申请材料之日起十个工作日内完成书面审查。审查合格的，准予续展，同意颁证；不合格的，不予续展，并告知理由。

第二十二条 省级工作机构承担续展书面审查工作的，按《省级绿色食品工作机构续展审核工作实施办法》执行。

第二十三条 因不可抗力不能在有效期内进行续展检查的，省级工作机构应在证书有效期内向中心提出书面申请，说明原因。经中心确认，续展检查应在有效期后三个月内实施。

第五章 境外申请审查

第二十四条 注册地址在境外的申请人，应直接向中心提出申请。

第二十五条 注册地址在境内，其原料基地和加工场所在境外的申请人，可向所在行政区域的省级工作机构提出申请，亦可直接向中心提出申请。

第二十六条 申请材料符合要求的，中心与申请人签订《绿色食品境外检查合同》，直接委派检查员进行现场检查，组织环境调查和产品抽样。

环境由国际认可的检测机构进行检测或提供背景值，产品由检测机构进行检测。

第二十七条 初审及后续工作由中心负责。

第六章 申诉处理

第二十八条 申请人如对受理、现场检查、初审、审查等意见结果或颁证决定有异议，应于收到书面通知后十个工作日内向中心提出书面申诉并提交相关证据。

第二十九条 申诉的受理、调查和处置

（一）中心成立申诉处理工作组，负责申诉的受理；

（二）申诉处理工作组负责对申诉进行调查、取证及核实。调查方式可包括召集会议、听取双方陈述、现场调查、调取书面文件等；

（三）申诉处理工作组在调查、取证、核实后，提出处理意见，并通知申诉方。

申诉方如对处理意见有异议，可向上级主管部门申诉或投诉。

第七章　附　　则

第三十条　本程序由中心负责解释。

第三十一条　本程序自 2014 年 6 月 1 日起施行。原《绿色食品认证程序（试行）》、原《绿色食品　续展认证程序》、原《绿色食品境外认证程序》同时废止。

附件 1

绿色食品申请受理通知书

_____ :

你单位___ 年___ 月___ 日提交的绿色食品标志使用申请材料已收到，现通知如下：

□材料审查合格，现正式受理你单位提交的申请。我办将根据生产季节安排现场检查，具体检查时间和检查内容见《绿色食品现场检查通知书》。

□材料不完备，请你单位在收到本通知书___个工作日内，补充以下材料：

材料补充完备后，我办将正式受理你单位提交的申请。

□材料审查不合格，本生产周期内不再受理你单位的申请。

原因：

联系人： 联系电话：

省级工作机构（盖章）

年 月 日

注：该通知书一式三份，中心、省级工作机构和申请人各一份。

附件 2

绿色食品现场检查通知书

_____ :

你单位提交的申请材料（初次申请□　续展申请□）审查合格，按照《绿色食品标志管理办法》的相关规定，计划于___年___月___日至___年___月___日对你单位实施现场检查，现通知如下：

1. 检查目的

检查申请产品（或原料）产地环境、生产过程、投入品使用、包装、贮藏运输及质量管理体系等与绿色食品相关标准及规定的符合性。

2. 检查依据

□《食品安全法》、《农产品质量安全法》、《绿色食品标志管理办法》等国家相关法律法规

　　□ NY/T 391　　绿色食品　产地环境质量

　　□ NY/T 1054　绿色食品　产地环境调查、监测与评价规范

　　□ NY/T 393　　绿色食品　农药使用准则

　　□ NY/T 394　　绿色食品　肥料使用准则

　　□ NY/T 471　　绿色食品　畜禽饲料及饲料添加剂使用准则

　　□ NY/T 472　　绿色食品　兽药使用准则

　　□ NY/T 473　　绿色食品　动物卫生准则

　　□ NY/T 1892　绿色食品　畜禽饲养防疫准则

　　□ NY/T 755　　绿色食品　渔药使用准则

　　□ NY/T 1891　绿色食品　海洋捕捞水产品生产管理规范

　　□ NY/T 392　　绿色食品　食品添加剂使用准则

　　□ NY/T 658　　绿色食品　包装通用准则

　　□ NY/T 1056　绿色食品　贮藏运输准则

　　□ 绿色食品有关规定

3. 检查内容

□ 产地环境质量，包括环境质量状况及周边污染源情况等

□ 种植、养殖、加工过程及包装、贮藏运输等与申请材料的符合性

□ 种植产品农药、肥料等投入品的使用情况，包括购买记录、使用记录等

□ 食用菌基质组成及农药等投入品的使用情况，包括购买记录、使用记录等

□ 畜禽产品饲料及饲料添加剂、疫苗、兽药等投入品的使用情况，包括购买记录、使用记录等

□ 水产品养殖过程的投入品使用情况，包括渔业饲料及饲料添加剂、渔药、藻类肥料等购买记录、使用记录等

□ 蜂产品饲料、兽药、消毒剂等投入品使用情况，包括购买记录、使用记录等

□ 加工产品原料、食品添加剂的使用情况，包括购买记录、使用记录等

□ 质量管理体系和生产管理制度落实情况

□ 绿色食品标志使用情况

4. 检查组

	姓名	性别	注册专业/级别	联系方式
组长				
组员				
组员				

5. 现场检查安排

检查组将依据《绿色食品标志许可审查程序》安排首次会议、实地检查、随机访问、查阅文件（记录）和总结会，请你单位主要负责人、绿色食品生产管理负责人、内检员等陪同检查。

6. 保密

检查组承诺在现场检查过程及结束之后，除国家法律法规要求外，未经申请人书面许可，不得以任何形式向第三方透露申请人要求保密的信息。

检查员（签字）：

联系人：　　　　　　　　　联系电话：

省级工作机构（盖章）

年　　月　　日

7. 申请人确认回执

如你单位对上述事项无异议，请签字盖章确认；如有异议，请及时与我办联系。

联系人：　　　　　　　　　　联系电话：

负责人（签字）：　　　　　　申请人（盖章）

　　　　　　　　　　　　　　　　　　年　　　月　　　日

注：1. 该通知书一式三份，中心、省级工作机构和申请人各一份。

　　2. 检查组组员可根据情况增删。

附件 3

绿色食品现场检查意见通知书

———————————:

根据检查组的现场检查结论,现通知如下:

□ **现场检查合格,请持本通知书委托绿色食品检测机构实施检测工作。**

1. 环境检测

检测项目:

2. 产品检测

□ **现场检查不合格,本生产周期内不再受理你单位的申请。**

原因:

负责人(签字):   省级工作机构(盖章)

                                    年   月   日

注:该通知书一式三份,中心、省级工作机构和申请人各一份。

附件 4

绿色食品
省级工作机构初审报告

中国绿色食品发展中心

填　表　说　明

一、本表一式两份，中心、省级工作机构各一份。

二、本表应如实填写，所有栏目不得空缺。

三、本表无签字、盖章无效。

四、本表的填写内容可以打印或用蓝、黑钢笔或签字笔填写，语言规范准确，印章、签字端正清晰。

五、本表可从 http：//www.moa.gov.cn/sydw/lssp/下载，用 A4 纸打印。

六、本表由中国绿色食品发展中心负责解释。

表 1　申请产品清单

初次申请□		续展申请□	
申请人			
产品名称	商　标	产量（吨）	备注

注：若本页不够，可附页。

表 2　初审意见

序号	项　目	内　　容	有/无/不涉及	符合性（是√否×）	备注
1	申请人	是否符合申请人应当具备条件要求			
2	申请产品	是否符合申请产品条件要求			
3	申请书	是否填写完整、规范且有签字盖章			
4	调查表	是否填写完整、规范且有签字盖章			
5	资质证明材料	营业执照是否符合申请人资质条件要求			
		全国工业产品生产许可证是否符合相关要求			
		动物防疫合格证是否符合相关要求			
		商标注册证是否符合相关要求			
		其他资质证明材料是否齐全且符合要求			
6	质量控制	相关制度是否健全、具有可操作性			
		相关合同（协议）、票据等是否齐全且符合要求			
		基地清单、基地图等材料是否齐全且符合要求			
		生产、加工记录是否健全且符合相关标准要求			
7	生产规程	是否符合绿色食品相关标准要求			
		是否具有科学性、可操作性且能指导实际生产			
		是否有申请人公章			
8	投入品使用	食品添加剂是否符合《绿色食品　食品添加剂使用准则》（NY/T 392）要求			
		农药是否符合《绿色食品　农药使用准则》（NY/T 393）要求			
		肥料是否符合《绿色食品　肥料使用准则》（NY/T 394）要求			
		畜禽饲料及饲料添加剂是否符合《绿色食品　畜禽饲料及饲料添加剂使用准则》（NY/T 471）要求			
		兽药是否符合《绿色食品　兽药使用准则》（NY/T 472）要求			
		渔药是否符合《绿色食品　渔药使用准则》（NY/T 755）要求			
		渔业饲料及饲料添加剂是否符合《绿色食品　渔业饲料及饲料添加剂使用准则》（NY/T 2112）要求			

（续）

序号	项 目	内 容	有/无/ 不涉及	符合性 （是√否×）	备注
9	预包装 食品标签	产品是否有预包装食品标签			
		预包装食品标签设计样张是否符合 NY/T 658 要求			
		绿色食品标志设计（或使用情况）是否符合相关 规范要求			
10	环境质量	环境检测机构是否符合程序要求			
		环境调查是否符合 NY/T 1054 相关要求			
		监测报告是否符合程序和 NY/T 391 相关要求			
11	产品质量	产品检测机构是否符合程序要求			
		抽样产品数是否符合 NY/T 896 相关要求			
		产品检验报告检测依据及项目是否符合相关标准			
12	现场检查	检查员资质是否符合要求			
		是否在产品生产季节			
		检查员是否按时提交检查报告			
		检查报告填写是否完整、规范且反映真实情况			
		检查照片是否真实并反映全部检查环节			
		上一用标周期绿色食品原料是否满足生产需要 （仅适用于续展申请）			
检查员 意见		检查员（签字）： 年　　月　　日			
省级工作机构 初审意见		负责人（签字）　　　　　　　　　省级工作机构（盖章） 年　　月　　日			

附件 5

绿色食品标志使用申请书

初次申请□　　　续展申请□

申请人（盖章）＿＿＿＿＿＿＿＿＿＿＿＿＿＿＿＿＿＿＿＿

申 请 日 期 ＿＿＿＿＿年＿＿＿＿＿月＿＿＿＿＿日

中国绿色食品发展中心

填　写　说　明

一、本申请书一式三份，中国绿色食品发展中心、省级工作机构和申请人各一份。

二、本申请书无签名、盖章无效。

三、申请书的内容可打印或用蓝、黑钢笔或签字笔填写，语言规范准确、印章（签名）端正清晰。

四、申请书可从 http：//www.moa.gov.cn/sydw/lssp/下载，用 A4 纸打印。

五、本申请书由中国绿色食品发展中心负责解释。

保 证 声 明

　　我单位已仔细阅读《绿色食品标志管理办法》有关内容，充分了解绿色食品相关标准和技术规范等有关规定，自愿向中国绿色食品发展中心申请使用绿色食品标志。现郑重声明如下：

　　1. 保证《绿色食品标志使用申请书》中填写的内容和提供的有关材料全部真实、准确，如有虚假成分，我单位愿承担法律责任。

　　2. 保证申请前三年内无质量安全事故和不良诚信记录。

　　3. 保证严格按《绿色食品标志管理办法》、绿色食品相关标准和技术规范等有关规定组织生产、加工和销售。

　　4. 保证开放所有生产环节，接受中国绿色食品发展中心组织实施的现场检查和年度检查。

　　5. 凡因产品质量问题给绿色食品事业造成的不良影响，愿接受中国绿色食品发展中心所作的决定，并承担经济和法律责任。

　　法定代表人（签字）：　　　　　　申请人（盖章）

　　　　　　　　　　　　　　　　　　　　　　年　　月　　日

表 1　申请人基本情况

申请人（中文）	
申请人（英文）	
联系地址	邮 编
网址	
营业执照注册号	首次获证时间
企业法定代表人	座机　　　手机
联 系 人	座机　　　手机
传真	Email
龙头企业	国家级□　省（市）级□　地市级□　其他□
年生产总值（万元）	年利润（万元）
申请人简介	

内检员（签字）：

注：1. 内检员适用于已有中心注册内检员的申请人。

2. 首次获证时间仅适用于续展申请。

表2　申请产品情况

产品名称	商标	产量（吨）	是否有包装	包装规格	备注

注：1. 续展产品名称、商标变化等情况需在备注栏说明。

2. 若此表不够，可附页。

表 3　原料供应情况

原料来源	原料供应情况		
	生产商	产品名称	使用量（吨）
绿色食品			
	基地名称	使用面积（万亩）	使用量（吨）
全国绿色食品原料标准化生产基地			

表 4　申请产品统计表

产品名称	年产值（万元）	年销售额（万元）	年出口量（吨）	年出口额（万美元）	绿色食品包装印刷数量

注：表3、表4可根据需要增加行数。

附件 6

种植产品调查表

申请人（盖章）_____
申 请 日 期 _____年_____月_____日

中国绿色食品发展中心

填 表 说 明

一、本表适用于收获后，不添加任何配料和添加剂，只进行清洁、脱粒、干燥、分选等简单物理处理过程的产品（或原料）。如原粮、新鲜果蔬、饲料原料等。

二、本表无盖章、签字无效。

三、本表应如实填写，所有栏目不得空缺，未填部分应说明理由。

四、本表的内容可打印或用蓝、黑钢笔或签字笔填写，语言规范准确、印章（签名）端正清晰。

五、本表可从 http：//www.moa.gov.cn/sydw/lssp/下载，用 A4 纸打印。

六、本表由中国绿色食品发展中心负责解释。

表 1 种植产品基本情况

名称	面积（万亩）	年产量（吨）	基地位置

表 2　产地环境基本情况

产地是否位于生态环境良好、无污染地区	
产地是否远离工矿区和公路铁路干线	
产地周围 5km，主导风向的上风向 20km 内是否有工矿污染源	
绿色食品生产区和常规生产区域之间是否有缓冲带或物理屏障？请具体描述	
请描述产地及周边的动植物生长、布局等情况	

注：相关标准见《绿色食品　产地环境质量》（NY/T 391）和《绿色食品　产地环境调查、监测与评价规范》（NY/T 1054）

表 3　栽培措施及土壤处理

采用何种耕作模式（轮作、间作或套作）？请具体描述				
采用何种栽培类型（露地、保护地或其他）				
播前土壤是否进行消毒或改良？请具体描述				
是否进行客土？请说明客土原因、类型及来源				
土壤培肥处理	名称	年用量（吨/亩）	来源	无害化处理

表 4　种子（种苗）处理

种子（种苗）来源	
种子（种苗）是否经过包衣等处理？请具体描述处理方法。	
播种（育苗）时间	

表 5　病虫草害农业防治措施

当地常见病虫草害	
简述减少病虫草害发生的生态及农业措施。	
采用何种物理防治措施？请具体描述防治方法和防治对象。	
采用何种生物防治措施？请具体描述防治方法和防治对象。	

注：若有间作或套作作物，请同时填写其病虫草害防治情况。

表 6　肥料使用情况

产品名称	肥料名称	有效成分（%）			施用方法	施用量（kg/亩）	施用时间	当地同种作物习惯施用无机氮种类及用量［kg/（亩·年）］
		氮	磷	钾				

注：1. 相关标准见《绿色食品　肥料使用准则》（NY/T 394）；
　　2. 该表可根据不同产品名称依次填写。

表 7　病虫草害防治农药使用情况

产品名称	农药名称	登记证号	剂型规格	防治对象	使用方法	每次用量	使用时间	安全间隔期（天）

注：1. 相关标准见《绿色食品　农药使用准则》（NY/T 393）；

　　2. 若有间作或套作作物，请同时填写其病虫草害农药防治情况；

　　3. 该表可根据不同产品名称依次填写。

表 8　灌溉情况

是否灌溉		灌溉水来源	
灌溉方式		全年灌溉用水量（吨）	

表 9　收获后处理

收获时间	
收获后是否有清洁过程？请描述方法	
收获后是否对产品进行挑选、分级？请描述方法	
收获后是否有干燥过程？请描述方法	
收获后是否采取保鲜措施？请描述方法	
收获后是否需要进行其他预处理？请描述过程	
使用何种包装材料？包装方式	
仓储时采取何种措施防虫、防鼠、防潮	
请说明如何防止绿色食品与非绿色食品混淆	

表 10　废弃物处理及环境保护措施

　　　　　　　　　　填表人：　　　　　　　　　　　　　　　　内检员：

注：内检员适用于已有中心注册内检员的申请人。

种植产品申请材料清单

1. 《绿色食品标志使用申请书》和《种植产品调查表》。

2. 营业执照复印件。

3. 商标注册证复印件（有必要的应提供续展证明、商标转让证明、商标使用许可证明等）。

4. 质量控制规范（包括基地组织机构设置、人员分工，投入品供应、管理，种植过程管理，产品收后管理，仓储运输管理等），需要申请人盖章。

5. 种植规程，需申请人盖章。

6. 基地行政区划图、基地位置图和地块分布图。

7. 基地清单（包括乡镇、村数、农户数、种植品种、种植面积、预计产量等信息），需申请人盖章。

8. 农户清单（包括农户姓名、种植品种、种植面积、预计产量），对于农户数50户以下的申请人要求提供全部农户清单；对于50户以上的，要求申请人建立内控组织（内控组织不超过20个），即基地内部分块管理，并提供所有内控组织负责人的姓名及其负责地块的种植品种、农户数、种植面积及预计产量。需申请人盖章。

9. 有效期3年以上的种植产品订购合同或协议。

10. 若申请人自有基地，应提供相关证明材料，如土地流转合同、土地承包合同或产权证、林权证、国有农场所有权证书等。

11. 生产记录（能反映生产过程及投入品使用情况）。

12. 预包装食品标签设计样张（非预包装食品不必提供）。

13. 环境质量监测报告。

14. 产品检验报告。

畜禽产品调查表

申请人（盖章）_____

申　请　日　期　_____年_____月_____日

中国绿色食品发展中心

填 表 说 明

一、本表适用于畜禽养殖、生鲜乳及禽蛋收集等。

二、本表应如实填写，所有栏目不得空缺，未填部分应说明理由。

三、本表无签字、盖章无效。

四、本表的内容可打印或用蓝、黑钢笔或签字笔填写，语言规范准确、印章（签名）端正清晰。

五、本表可从 http：//www.moa.gov.cn/sydw/lssp/下载，用 A4 纸打印。

六、本表由中国绿色食品发展中心负责解释。

表 1　养殖场基本情况

畜禽名称		养殖面积	放牧场所（万亩）	
			栏舍（m²）	
基地位置				
养殖场基本情况				
养殖场是否在无规定疫病区域				
养殖场是否距离交通要道、城镇、居民区、医院和公共场所 2km 以上				
养殖场是否距离垃圾处理场和风景旅游区 5km 以上				
天然牧场周边是否有矿区				

　　注：相关标准见《绿色食品　动物卫生准则》（NY/T 473）和《绿色食品　畜禽饲养防疫准则》（NY/T 1892）。

表 2　养殖场基础设施

养殖场建筑材料、饲喂设施材料是否对畜禽有害？请具体说明	
养殖场房舍照明、隔离、加热和通风等自动化设施是否齐备且符合要求？请具体说明	
是否有生物防护设施？请具体说明	
是否有粪尿沟等污道设施	
是否有畜禽活动场所和遮阳设施	
请说明养殖用水来源	

表 3　养殖场管理措施

养殖场内净道和污道是否分开？生产区和生活区是否严格分开	
养殖场是否定期消毒？请描述使用消毒剂名称、用量、使用方法和时间	
是否建立了规范完整的养殖档案	
是否存在平行生产？如何有效隔离	

表4　畜禽饲料及饲料添加剂使用情况

畜禽名称			养殖规模	
品种名称			种畜禽来源	
年出栏量及产量			养殖周期	

生长阶段 ╱ 饲料及 饲料添加剂	用量 (吨)	比例 (%)	用量 (吨)	比例 (%)	用量 (吨)	比例 (%)	用量 (吨)	比例 (%)	年用量 (吨)	来源

注：1. 相关标准见《绿色食品　畜禽饲料及饲料添加剂使用准则》（NY/T 471）；
　　2. 养殖周期及生长阶段应包括从幼畜或幼雏到出栏。

表5　畜禽疫苗及兽药使用情况

畜禽名称			
疫苗使用情况			
疫苗名称	疫苗类型	批准文号	用途

兽药使用情况						
兽药名称	批准文号	用途	用量	使用方法	使用时间	停药期

注：1. 相关标准见《绿色食品　兽药使用准则》（NY/T 472）；
　　2. 疫苗类型栏填写：灭活疫苗、减毒疫苗、基因工程疫苗等。

表6　饲料加工及存贮情况

饲料是否由申请人自行组织加工？请描述加工过程及出成率（委托加工的，请填写加工产品调查表）	
饲料存贮过程采取何种措施防潮、防鼠、防虫	
请说明如何防止绿色食品与非绿色食品饲料混淆	

表7　畜禽、禽蛋、生鲜乳收集

待宰畜禽如何运输？请说明	
禽蛋如何收集、清洗和贮存	
生鲜乳如何收集？收集器具如何清洗消毒？生鲜乳如何储存、运输	
请就上述内容，描述绿色食品与非绿色食品的区分管理措施	

表8　资源综合利用和废弃物处理

养殖场是否具备有效的粪便和污水处理系统？是否实现了粪污资源化利用	
养殖场对病死畜禽如何处理？请具体描述	

填表人：　　　　　　　　　　　　　　　　　内检员：

注：内检员适用于已有中心注册内检员的申请人。

畜禽产品申请材料清单

1. 《绿色食品标志使用申请书》和《畜禽产品调查表》。

2. 营业执照复印件。

3. 商标注册证复印件（包括续展证明、商标转让证明、商标使用许可证明等）。

4. 动物防疫合格证。

5. 屠宰许可证（涉及屠宰的申请人需提供）。

6. 野生动物驯养许可证（经营野生动物养殖的申请人需提供）。

7. 基地行政区划图、基地位置图、养殖场所布局平面图。

8. 对于天然放牧的，应提供基地清单（序号、乡镇、村数、农户数、养殖品种、养殖规模、草场面积等）；农户清单，需要相关行政村或乡镇盖章，对于农户数 50 户以下的申请人要求提供全部农户清单；对于 50 户以上的，要求申请人建立内控组织（内控组织不超过 20 个）及其管理制度，并提供所有内控组织负责人的姓名及其负责地块的养殖品种、农户数、养殖规模及年出栏量（产量）。需申请人盖章。

9. 质量控制规范（包括基地组织机构设置、人员分工，投入品管理，养殖过程管理，畜禽屠宰、生鲜乳收集、禽蛋收集等管理，仓储运输管理等），需申请人和制定单位盖章。

10. 申请人提供与养殖单位签订的有效期 3 年的畜禽产品收购合同或协议。

11. 养殖规程，需申请人盖章。

12. 养殖记录（能反映养殖过程及投入品使用情况）。

13. 预包装食品标签设计样张（非预包装食品不必提供）。

14. 环境质量监测报告。

15. 产品检验报告。

16. 天然放牧牛羊产品申报绿色食品需按《关于牛、羊产品申报绿色食品相关要求的通知》要求提供相关文件。

加工产品调查表

申请人（盖章）_____

申 请 日 期 _____年_____月_____日

中国绿色食品发展中心

填 表 说 明

一、本表适用于按照绿色食品标准生产的植物、动物和微生物原料收获或外购入库后，进行的加工、包装、储藏和运输的全过程，包括食品和饲料。如米面及其制品、食用植物油、肉食加工品、乳制品、酒类、全价饲料和预混料等。

二、本表无盖章、签字无效。

三、本表应如实填写，所有栏目不得空缺，未填部分应说明理由。

四、本表的内容可打印或用蓝、黑钢笔或签字笔填写，语言规范准确、印章（签名）端正清晰。

五、本表可从 http://www.moa.gov.cn/sydw/lssp/下载，用 A4 纸打印。

六、本表由中国绿色食品发展中心负责解释。

表 1　加工产品基本情况

产品名称	商标	年产量（吨）	包装规格	备注

表 2　加工厂环境基本情况

加工厂地址	
加工厂是否远离工矿区和公路铁路干线	
加工厂周围 5km，主导风向的上风向 20km 内是否有工矿企业、医院、垃圾处理场等	
绿色食品生产区和生活区域是否具备有效的隔离措施？请具体描述	

注：相关标准见《绿色食品　产地环境质量》（NY/T 391）。

表3 加工产品配料情况

产品名称		年产量（吨）		出成率（％）	

主辅料使用情况表			
名称	比例（％）	年用量（吨）	来源

添加剂使用情况				
名称	比例（％）	年用量（吨）	用途	来源

加工助剂使用情况				
名称	有效成分	年用量（吨）	用途	来源

是否使用加工水？请说明其来源、年用量（吨）、作用，并说明是否使用净水设备	
主辅料是否有预处理过程？如是，请提供预处理工艺流程、方法、使用物质名称和预处理场所	

注：1. 相关标准见《绿色食品　食品添加剂使用准则》（NY/T 392）和《绿色食品　畜禽饲料及饲料添加剂使用准则》（NY/T 471）；
　　2. 主辅料"比例（％）"应扣除加入的水后计算。

表 4　加工产品配料统计表

配料	名称	合计年用量（吨）	备注
主辅料			
添加剂 （□食品级　□饲料级）			

表 5　产品加工情况

工艺流程及工艺条件
各产品加工工艺流程图（应体现所有加工环节，包括所用原料、添加剂、加工助剂等），并描述各步骤所需生产条件（温度、湿度、反应时间等）：
请选择产品加工过程中所采用的处理方法及工艺： 　　□机械　　□冷冻　　□加热　　□微波　　□烟熏　　□微生物发酵工艺 　　□提取　　□浓缩　　□沉淀　　□过滤　　□其他： 如果采用了提取工艺，请列出所使用的溶剂： 　　□水　　　　□乙醇　　□动植物油　　□醋　　　　□正己烷等有机溶剂 　　□二氧化碳　□氮　　　□羧酸　　　　□其他： 如果采用了浓缩工艺，请列出浓缩方法： 　　□蒸发浓缩　　□膜浓缩　　□冷冻浓缩　　□结晶　　□真空浓缩　　□其他：

是否建立生产加工记录管理程序	
是否建立批次号追溯体系	

表6　包装、储藏、运输

包装材料（来源、材质）、包装充填剂	
包装使用情况	□可重复使用　　□可回收利用　　□可降解
是否设计了产品预包装示样	
库房是否远离粉尘、污水等污染源和生活区等潜在污染源	
库房建筑材料（墙体、房顶、地面）、设施结构和质量是否符合相应食品类别的贮藏设施的规定	
是否建立贮藏设计管理记录程序和批次号追溯体系	
库房数量、容积及类型（常温、冷藏或气调等）	
申报产品是否与常规产品同库储藏？如是，请简述区分方法	
是否借用储藏库？如是，请提供其库房地址、数量、容积、类型（常温、冷藏或气调等）	
申请人是否自有交通工具运输产品	
申请人运输申报产品专车专用	
申报产品运输过程中是否需要采取控温措施	
是否承租交通工具运输？如是，请提供货运公司名称、载重规格、运输频率	

注：相关标准见《绿色食品　包装通用准则》（NY/T 658）和《绿色食品　贮藏运输准则》（NY/T 1056）。

表7　平行加工

是否存在平行生产？如是，请列出常规产品的名称、执行标准和生产规模	
常规产品及非绿色食品产品在申请人生产总量中所占的比例	
请详细说明常规及非绿色食品产品在工艺流程上与绿色食品产品的区别	
在原料运输、加工及储藏各环节中进行隔离与管理，避免交叉污染的措施	□从空间上隔离（不同的加工设备） □从时间上隔离（相同的加工设备） □其他措施，请具体描述：

表 8　设备清洗、维护及有害生物防治

加工过程中加工车间、设备所需使用的清洗、消毒方法及物质	
加工过程中有害（生物、微生物）的控制方法	
包装车间、设备的清洁、消毒、杀菌方式方法	
库房对杂菌、虫、鼠防治措施，所用设备及药品的名称、使用方法、用量	
运输用交通工具消毒措施	

表 9　污水、废弃物处理情况及环境保护措施

加工过程中产生的污水的处理方式、排放措施和渠道	
加工过程中产生的废弃物处理措施	
其他环境保护措施	

填表人：　　　　　　　　内检员：

注：内检员适用于已有中心注册内检员的申请人。

加工产品申请材料清单

1.《绿色食品标志使用申请书》和《加工产品调查表》。

2. 营业执照复印件。

3. 商标注册证复印件（有必要的应提供续展证明、商标转让证明、商标使用许可证明等）。

4. QS证书、食盐定点生产许可证、定点屠宰许可证、饲料生产许可证等其他国家强制要求办理的资质证书复印件（适用时）。

5. 工厂所在地行政区域图（市、县或乡的行政图，标明加工厂位置）。

6. 加工厂区平面布局图（包括厂区各建筑物、设备和周围土地利用情况）。

7. 加工厂所使用证明文件（如为委托加工，提供委托加工合同书、委托加工厂的营业执照、QS证书）。

8. 质量管理手册

（1）绿色食品生产、加工、经营者的简介；

（2）绿色食品生产、加工、经营者的管理方针和目标；

（3）管理组织机构图及其相关岗位的责任和权限；

（4）可追溯体系；

（5）内部检查体系；

（6）文件和记录管理体系。

9. 生产加工管理规程，需申请人盖章

（1）加工规程，技术参数；

（2）产品的包装材料、方法和储藏、运输环节规程；

（3）污水、废弃物的处理规程；

（4）防止绿色食品与非绿色食品交叉污染的规程（存在平行生产的企业须提交）；

（5）运输工具、机械设备及仓储设施的维护、清洁规程；

（6）加工厂卫生管理与有害生物控制规程；

（7）生产批次号的管理规程。

10. 配料固定来源和购销证明

（1）对于购买绿色食品原料标准化生产基地原料的申请人需提供基地证书复印件，购销合同和发票复印件；

（2）对于购买绿色食品产品或其副产品的申请人需提供有效期内的证书复印件，购销合同和发票复印件；

（3）对于购买未获得绿色食品认证、原料含量在 2%～10%的原料（食盐大于等于5%）的，申请人需提供购销合同和发票复印件，绿色食品检测机构出具的符合绿色食品标准的检测报告；

（4）对于购买未获得绿色食品认证、原料含量小于 2%的原料（食盐小于 5%）的申请人需提供固定来源的证明文件。

11. 生产加工记录（能反映产品生产过程和投入品使用情况）。

12. 预包装食品标签设计样张（非预包装食品不必提供）。

13. 加工水监测报告。

14. 产品检验报告。

水产品调查表

申请人（盖章）_____

申 请 日 期 _____年_____月_____日

中国绿色食品发展中心

填 表 说 明

一、本表适用于鲜活水产品及捕捞、收获后未添加任何配料的冷冻、干燥等简单物理加工的水产品。加工过程中，使用了其他配料或加工工艺复杂的腌熏、罐头、鱼糜等产品，需填写《加工产品调查表》。

二、本表应如实填写，所有栏目不得空缺，未填部分应说明理由。

三、本表无签字、盖章无效。

四、本表的内容可打印或用蓝、黑钢笔或签字笔填写，语言规范准确、印章（签名）端正清晰。

五、本表可从 http：//www. moa. gov. cn/sydw/lssp/下载，用 A4 纸打印。

六、本表由中国绿色食品发展中心负责解释。

表1 水产品基本情况

产品名称	面积（万亩）	年产量（吨）	养殖周期	捕捞时间	捕捞区域水深（米）	养殖方式	基地位置

注：养殖方式可填写湖泊/水库/近海放养、网箱养殖、网围养殖、池塘/蓄水池、工厂化养殖或其他养殖方式。

表2 产地环境基本情况

产地是否位于生态环境良好、无污染地区	
产地周围5km，主导风向的上风向20km内是否有工矿污染源	
流入养殖/捕捞区的地表径流是否含有工业、农业和生活污染物	
绿色食品生产区和常规生产区域之间是否设置物理屏障	
绿色食品生产区和常规生产区的进水和排水系统是否单独设立	
请描述产地及周边动植物生长、布局等情况	
养殖废水的排放情况？生产是否对环境或周边其他生物产生污染	

注：相关标准见《绿色食品 产地环境质量》（NY/T 391）和《绿色食品 产地环境调查、监测与评价规范》（NY/T 1054）。

表 3 苗种情况

品种名称			苗种来源	外购□　　自育□
苗种投放时间			投放规格	
苗种投放量（尾/亩）				
外购	外购苗种来源			
	外购水产苗种生产许可证号			
自育	苗种培育天数			
	育苗场所消毒方法			
	苗种消毒方法			
	其他处理方式			

表 4 饵料（肥料）使用情况

天然饵料				
养殖水域是否有天然饵料？请描述其品种及生长情况				
人工饲料				
外购商品饲料	饲料名称	主要成分	年用量（吨/亩）	来源
自制饲料	原料名称	比例	年用量（吨/亩）	来源
肥料使用情况（藻类等水产品养殖）				
肥料名称	使用时间	用量	使用方式	来源

注：相关标准见《绿色食品　渔业饲料及饲料添加剂使用准则》（NY/T 2112）和《绿色食品肥料使用准则》（NY/T 394）。

表5 常见疾病防治

常见疾病						
水产名称	药物名称	用途	用量	使用方法	使用时间	停药期

注：1. 相关标准见《绿色食品 渔药使用准则》（NY/T 755）；

2. 该表可根据不同水产名称依次填写。

表6 水质改良情况

药物名称	用途	用量	使用方法	使用时间	来源

注：相关标准见《绿色食品 渔药使用准则》（NY/T 755）。

表7 捕捞、运输

养殖周期、捕捞时间	
采用何种捕捞方式和工具	
捕捞品种及规格	
预计收获量	
运输方式？运输工具	
活鱼运输过程中如何保证存活率	

表8 初加工、包装、储藏

水产品收获后是否进行初加工	
请描述初加工的工艺流程及条件	
如何对设备进行清洁和消毒	
水产品收获后采取什么管理措施防止有害生物发生	
使用什么包装材料，是否符合食品级要求	
储藏方法及仓库卫生情况	
绿色食品是否单独存放？采取什么措施确保不与其他产品混放	

表 9　废弃物处理及环境保护措施

填表人：　　　　　　　　内检员：

注：内检员适用于已有中心注册内检员的申请人。

水产品申请材料清单

1. 《绿色食品标志使用申请书》及《水产品调查表》。

2. 营业执照复印件。

3. 商标注册证复印件。

4. 水域滩涂养殖证复印件、特种鱼类养殖许可证复印件。

5. 外购苗种，应提供供方苗种生产许可证复印件，购买合同及发票复印件。

6. 自繁自育苗种，应提供苗种繁育规程。

7. 外购饲料或饲料原料，应提供绿色生产资料证书、饲料购买合同及批次发票复印件。

8. 自制饲料，应提供饲料加工规程（含饲料原料种植规程、饲料加工规程）。

9. 养殖规程。

10. 捕捞、运输规程。

11. 产品加工、储藏规程（初级加工产品适用）。

12. 基地来源证明材料（自有基地，应提供土地流转合同；专业合作社，应提供合作社社员名单、合作社章程；委托养殖，应提供委托养殖协议）。

13. 养殖区域分布图（养殖区域所处位置图）；养殖区域图（养殖区域形状、大小、边界、养殖品种及周边临近区域利用情况等）。

14. 基地清单（序号、养殖方式"湖泊、池塘、海水网箱、江河围栏等"、养殖模式（单养、混养）、养殖品种、养殖面积，需要涉及乡镇盖章）。

15. 质量控制规范（包括申请人组织机构设置情况，投入品使用，生产过程的管理，质量内控措施等）。

16. 生产记录。

17. 饲料、渔药等投入品包装标签。

18. 预包装食品标签设计样张（非预包装食品不必提供）。

19. 渔业用水监测报告和底泥监测报告（远洋捕捞的不必提供），使用加工水的还需提供加工水监测报告。

20. 产品检验报告。

食用菌调查表

申请人（盖章）_____

申请日期 _____年_____月_____日

中国绿色食品发展中心

填 表 说 明

一、本表适用于食用菌鲜品或干品，食用菌罐头等深加工产品还需填写《加工产品调查表》。

二、本表应如实填写，所有栏目不得空缺，未填部分应说明理由。

三、本表无签名、盖章无效。

四、本表的内容可打印或用蓝、黑钢笔或签字笔填写，语言规范准确、印章（签名）端正清晰。

五、本表可从 http：//www. moa. gov. cn/sydw/lssp/下载，用 A4 纸打印。

六、本表由中国绿色食品发展中心负责解释。

表1　产品基本情况

产品名称	种植规模（亩或万袋）	鲜品年产量（吨）	基地位置

表2　产地环境基本情况

产地是否位于生态环境良好、无污染地区	
产地是否远离工矿区和公路铁路干线	
产地周围5km，主导风向的上风向20km内是否有工矿污染源	
请描述产地及周边的动植物生长、布局等情况	

注：相关标准见《绿色食品　产地环境质量》（NY/T 391）和《绿色食品　产地环境调查、监测与评价规范》（NY/T 1054）。

表3　基质组成情况

产品名称	成分名称	比例（％）	年用量（吨）	来源

注：1. 比例指某种食用菌基质中每种成分占基质总量的百分比；
　　2. 该表可根据不同食用菌依次填写。

表4 菌种处理

菌种（母种）来源		接种时间	
菌种自繁还是外购？是否经过处理？若处理，请具体描述处理方法			

表5 污染控制管理

基质如何消毒	
菇房如何消毒	
栽培用水来源	
请描述其他潜在污染源（如农药化肥、空气污染等）	

表6 病虫害防治措施

常见病虫害	
采用何种物理、生物防治措施？请具体描述	

农药防治								
产品名称	农药名称	登记证号	剂型规格	防治对象	使用方法	每次用量	使用时间	安全间隔期（天）

注：1. 相关标准见《绿色食品 农药使用准则》（NY/T 393）；
　　2. 该表应按食用菌品种分别填写。

表7 用水情况

基质用水来源		基质用水量（kg/吨）	
种植用水来源		种植用水量（吨）	

表8　采后处理

采收时间	
产品收获时存放的容器或工具？材质？请详细描述	
收获后是否有清洁过程？如是，请描述清洁方法	
收获后是否对产品进行挑选、分级？如是，请描述方法	
收获后是否有干燥过程？如是，请描述干燥方法	
收获后是否采取保鲜措施？如是，请描述保鲜方法	
收获后是否需要进行其他预处理？如是，请描述其过程	
使用何种包装材料？包装方式？包装规格？是否符合食品级要求	
产品收获后如何运输	

表9　食用菌初加工

请描述初加工的工艺流程和条件：

成品名	原料名称	原料量（吨）	出成率（％）	成品量（吨）

表 10　废弃物处理及环境保护措施

　　　　　　　　　　　　　　　　　　　　　　　　　　填表人：　　　　　　　　内检员：

注：内检员适用于已有中心注册内检员的申请人。

食用菌申请材料清单

1.《绿色食品标志使用申请书》和《食用菌调查表》。

2. 营业执照复印件。

3. 商标注册证复印件（有必要的应提供续展证明、商标转让证明、商标使用许可证明等）。

4. 质量控制规范（包括基地组织机构设置、人员分工，投入品供应、管理，种植过程管理，产品收后管理，仓储运输管理等），需要申请人盖章。

5. 种植规程，需申请人盖章。

6. 基地行政区划图、基地位置图和地块分布图。

7. 基地清单（包括乡镇、村数、农户数、种植品种、种植面积、预计产量等信息），需申请人盖章。

8. 农户清单（包括农户姓名、种植品种、种植面积、预计产量），对于农户数 50 户以下的申请人要求提供全部农户清单；对于 50 户以上的，要求申请人建立内控组织（内控组织不超过 20 个），即基地内部分块管理，并提供所有内控组织负责人的姓名及其负责地块的种植品种、农户数、种植面积及预计产量。需申请人盖章。

9. 有效期 3 年以上的种植产品订购合同或协议。

10. 若申请人自有基地，应提供相关证明材料，如土地流转合同、土地承包合同或产权证、林权证、国有农场所有权证书等。

11. 生产记录（能反映种植过程及投入品使用情况）。

12. 预包装食品标签设计样张（非预包装食品不必提供）。

13. 部分品种基质需提供第三方出具的非转基因证明材料，如使用豆粕、棉籽粕等做基质。

14. 环境质量监测报告（包括基质、灌溉水、加工水）。

15. 产品检验报告。

蜂产品调查表

申请人（盖章）＿＿＿＿＿＿＿＿＿＿＿＿＿＿＿＿＿＿＿＿＿＿＿

申 请 日 期 ＿＿＿＿＿年＿＿＿＿＿月＿＿＿＿＿日

中国绿色食品发展中心

填 表 说 明

一、本表适用于涉及蜜蜂养殖的相关产品，加工环节需填写《加工产品调查表》。

二、本表应如实填写，所有栏目不得空缺，未填部分应说明理由。

三、本表无签字、盖章无效。

四、本表的内容可打印或用蓝、黑钢笔或签字笔填写，语言规范准确、印章（签名）端正清晰。

五、本表可从 http：//www.moa.gov.cn/sydw/lssp/下载，用 A4 纸打印。

六、本表由中国绿色食品发展中心负责解释。

表1　蜂产品基本情况

名称	年产量（吨）	基地位置（蜜源地和蜂场）

表2　产地环境基本情况（蜜源地和蜂场）

产地是否位于生态环境良好、无污染地区	
产地是否远离工矿区和公路铁路干线	
产地周围5km，主导风向的上风向20km内是否有工矿污染源	
请描述产地及周边植物的农药、肥料等投入品使用情况	
请描述产地及周边的动植物生长、布局等情况	

注：相关标准见《绿色食品　产地环境质量》（NY/T 391）和《绿色食品　产地环境调查、监测与评价规范》（NY/T 1054）。

表3　蜜源植物

蜜源植物名称		流蜜时间	
当地常见病虫草害			
病虫草害防治方法。若使用农药，请明确农药名称、用量、防治对象和安全间隔期等内容			

表 4　蜂场

生产产品种类	蜂蜜□	蜂王浆□	蜂花粉□	其他产品□：	
年产量（吨）					
蜜源地规模（万亩）		蜂箱数		生产期采收次数	
蜂箱用何种材料制作					
巢础来源及材质					
蜂箱及设备如何消毒					
蜂场如何培育蜂王					
蜜蜂饮用水来源					
是否转场饲养，请具体描述					

表 5　饲喂

饲料名称	年用量（吨）	来源

注：相关标准见《绿色食品　畜禽饲料及饲料添加剂使用准则》（NY/T 471）。

表 6　蜜蜂常见疾病防治

蜜蜂常见疾病				
防治措施				
兽药名称	批准文号	用途	用量	距采蜜间隔期

注：相关标准见《绿色食品　兽药使用准则》（NY/T 472）。

表 7　蜂场消毒

消毒剂名称	批准文号	用途	用量	距采蜜间隔期

注：相关标准见《绿色食品　兽药使用准则》（NY/T 472）。

表 8　采收情况

采收原料类别	蜂蜜□	蜂王浆 □	蜂花粉□	其他产品□
采收方式				
采收设备及材质				
采收时间				
采收数量（kg/蜂箱）				
取蜜设备使用前后是否清洗，请具体描述				
是否存在平行生产？请描述区分管理措施				

表 9　储存及运输情况

储存设备及材质	
如何储存？包括从采收到加工过程中的储存环境、间隔时间等，请具体描述	
储存设备使用前后是否清洗，请具体描述清洗情况	
如何运输？请具体描述	

表 10　废弃物处理及环境保护措施

填表人：　　　　　　　　　　　　　　　内检员：

注：内检员适用于已有中心注册内检员的申请人。

蜂产品申请材料清单

1. 《绿色食品标志使用申请书》和《蜂产品调查表》。

2. 营业执照复印件。

3. 商标注册证复印件（有必要的应提供续展证明、商标转让证明、商标使用许可证明等）。

4. 全国工业产品生产许可证复印件。

5. 蜜源植物基地行政区划图、基地位置图、基地地块分布图（人工栽培蜜源植物的）。

6. 蜜源植物基地清单（序号、乡镇、村数、农户数、种植品种、种植面积），需要涉及乡镇盖章（人工栽培蜜源植物的）。

7. 某村农户清单样本（序号、农户姓名、种植品种、种植面积），需要相应村盖章（蜜源植物人工种植的）。

8. 蜜源植物基地管理制度（包括基地组织机构设置、人员分工，投入品供应、管理，种植过程管理，产品收后管理，仓储运输管理等），需要申请人和制定单位盖章（人工栽培蜜源植物的）。

9. 申请人与农户或乡镇签订的3年蜜源植物种植合同或协议，需双方盖章、签字（人工栽培蜜源植物的）。

10. 若申请人自有基地，应提供相关证明材料，如土地流转合同、土地承包合同或产权证、林权证、国有农场所有权证书等（人工栽培蜜源植物的）。

11. 各蜂场行政区划图和基地地块分布图。

12. 蜂场清单。

13. 申请人与蜂场签订的蜂产品采购合同。

14. 质量控制规范（包括基地组织机构设置、人员分工，投入品管理，养殖过程管理，产品收集、仓储运输等管理）。

15. 蜜源植物种植规程（人工栽培蜜源植物的需提供）。

16. 蜜蜂养殖规程。

17. 蜂产品加工规程。

18. 生产记录（包括种植记录、养殖记录和加工记录）。

19. 预包装食品标签设计样张（非预包装食品不必提供）。

20. 环境质量监测报告（种植基地土壤、灌溉水、蜜蜂饮用水、加工用水）。

21. 产品检验报告。

附件 7

绿色食品申报产品有关情况填报说明

一、产品年产值（单位：万元）

产品年产值＝申报产量×当年产品平均出厂价格

二、产品国内年销售额（单位：万元）

申报产品上年度国内销售额

三、产品出口量、出口额（单位：吨、万美元）

申报产品上个年度的出口量、出口额

四、种养殖面积（单位：万亩）

（一）初级产品

1. 种植业产品　直接填报种植面积（食用菌不需填报）。

2. 畜禽产品　牛、羊肉产品既要填报放牧草场面积，又要填报主要饲料原料（如玉米、小麦、大豆等）的种植面积。猪肉、禽肉与禽蛋类产品只填报饲料主要原料种植面积。

3. 水产品（包括淡水、海水产品）　填报水面养殖面积。

（二）加工产品

主要原料是绿色食品产品的，不需要填报种养殖面积；主要原料来自全国绿色食品标准化原料生产基地或申报单位自建基地的，需要填报种养殖面积。

1. 需要填报主要原料（或饲料）种养殖面积的加工产品

（1）农林类加工产品　小麦粉、大米、大米加工品、玉米加工品、大豆加工品、食用植物油、机制糖、杂粮加工品、冷冻保鲜蔬菜、蔬菜加工品、果类加工品、山野菜加工品、其他农林加工产品。

（2）畜禽类加工产品　蛋制品、液体乳、乳制品、蜂产品。

（3）水产类加工产品　淡水加工品、海水加工品。

（4）饮料类产品　果蔬汁及其饮料、固体饮料（果汁粉、咖啡粉）、其他饮料（含乳饮料及植物蛋白饮料、茶饮料及其他软饮料）、精制茶、其他茶（如代用茶）、白酒、啤酒、葡萄酒、其他酒类（黄酒、果酒、米酒等）。

（5）其他加工产品　方便主食品（米制品、面制品、非油炸方便面、方便粥）、糕点（焙烤食品、膨化食品、其他糕点）、果脯蜜饯、淀粉、调味品（味精、酱油、食醋、料酒、复合调味料、酱腌菜、辛香料、调味酱）、食盐（海盐、湖盐）。

2. 不需要填报主要原料（或饲料）种养殖面积的加工产品

（1）农林类加工产品　食用菌加工品。

（2）畜禽类加工产品　肉食加工品（包括生制品、熟制品、畜禽副产品加工品、肉禽类罐头、其他肉食加工品）。

（3）饮料类产品　瓶（罐）装饮用水、碳酸饮料、固体饮料（乳精、其他固体饮料）、冰冻饮品、其他酒类（露酒）。

（4）其他加工产品　方便主食品（包括速冻食品、其他方便主食品）、糖果（包括糖果、巧克力、果冻等）、食盐（包括井矿盐、其他盐）、调味品（包括水产调味品、其他调味品、发酵制品）、食品添加剂。

绿色食品标志许可审查工作规范

(2014 年 12 月 26 日发布)

第一章 总 则

第一条 为规范绿色食品标志使用许可申请审查工作，保证审查工作的科学性、公正性和有效性，根据《绿色食品标志管理办法》、绿色食品标准和其他相关规定，制定本规范。

第二条 本规范所称审查是指经中国绿色食品发展中心（以下简称中心）核准注册且具有相应专业资质的绿色食品检查员，对申请人材料、环境和产品质量证明材料、绿色食品现场检查报告、省级绿色食品工作机构（以下简称省级工作机构）相关材料等实施审核的过程。

第三条 省级工作机构负责对申请人材料、环境和产品质量证明材料、绿色食品现场检查报告的初审，中心负责对省级工作机构初审结果及其提交相关材料的综合审查，并对审查工作统一管理。

第四条 审查工作应当客观、公正，实行签字负责制。

第二章 申请材料构成

第五条 申请材料由申请人材料、环境和产品质量证明材料、绿色食品现场检查报告和省级工作机构相关材料构成。

第六条 申请人材料

（一）申请人按《绿色食品标志许可审查程序》第七条和第十九条要求提交，其中上一用标周期绿色食品证书需加盖年检章；

（二）有平行生产的，应提供绿色食品区别管理制度，包括生产、储运、文件记录、人员培训等；有委托加工的，还应提供有效的委托加工合同（协议）和被委托方的相关资质证明材料；

（三）中心要求提交的其他材料。

第七条 环境和产品质量证明材料

（一）环境质量监测报告；

（二）产品检验报告；

（三）产品抽样单；

其中（一）和（二）应提供原件，环境免测依据的监测报告可提供复印件。

第八条 省级工作机构相关材料

（一）《绿色食品申请受理通知书》；

（二）《绿色食品现场检查通知书》；

（三）《绿色食品现场检查意见通知书》；

（四）《绿色食品现场检查报告》、检查照片和《会议签到表》；

（五）《现场检查发现问题汇总表》；

（六）《绿色食品省级工作机构初审报告》；

（七）中心要求提交的其他材料。

第九条 申请材料应齐全完整、统一规范，并按第六条、第七条和第八条的顺序编制成册。

第三章　申请人材料审查

第十条 资质审查

（一）申请人应为在国家工商行政管理部门登记取得营业执照的企业法人、农民专业合作社、个人独资企业、合伙企业、家庭农场等，国有农场、国有林场和兵团团场等生产单位；

（二）具有稳定的生产基地；

（三）具有绿色食品生产的环境条件和生产技术；

（四）具有完善的质量管理体系，并至少稳定运行一年；

（五）具有与生产规模相适应的生产技术人员和质量控制人员；

（六）申请前三年内无质量安全事故和不良诚信记录；

（七）与绿色食品工作机构或检测机构不存在利益关系；

（八）"集团公司＋分公司"可作为申请人，分公司不可独立作为申请人；

（九）全军农副业生产基地申请绿色食品应按中心相关规定执行；

（十）申请产品应为现行《绿色食品产品标准适用目录》范围内产品，但产品本身或产品配料成分属于卫生部发布的"可用于保健食品的物品名单"中的产品（其中已获卫生部批复可作为普通食品管理的产品除外），需取得国家相关保健食品或新食品原料的审批许可后方可进行申报。

（十一）其他要求

1. 续展申请人应完全履行《绿色食品标志商标使用许可合同》责任和义务；

2. 无稳定原料生产基地（不包括购买全国绿色食品原料标准化生产基地原料或绿色食品及其副产品的申请人），且实行委托加工的，不得作为申请人。

第十一条　资质证明材料审查

（一）营业执照复印件

1. 申请人应与企业名称一致；

2. 经营范围应涵盖申请产品类别。

（二）商标注册证

1. 申请人应与商标注册人或其法人代表一致，若不一致，应提供申请人使用权证明材料（商标变更证明、商标使用许可证明、商标转让协议等）；

2. 核定商品使用类别应涵盖申请产品；

3. 应在有效期内；

4. 应提供正式商标注册证，在受理期、公告期的按无商标处理；

5. 未注册商标的无需提供相关注册材料。

（三）全国工业产品生产许可证（QS证）

1. 在QS证取证目录范围内产品，应提供生产许可证及其副页；

2. 申请人应与被许可人或其申请产品生产方一致；

3. 许可生产产品范围应涵盖申请产品；

4. 应在有效期内。

（四）动物防疫条件合格证

1. 按照农业部《动物防疫条件审查办法》应取得动物防疫条件合格证的，应提供该证书；

2. 申请人应与证书中单位名称或申请人养殖场所名称一致；

3. 经营范围应涵盖申请产品。

（五）屠宰许可证

1. 需提供屠宰许可证的产品，应提供该证书；

2. 申请人应与证书中企业名称或其申请产品屠宰加工方一致；

3. 应在有效期内。

（六）采矿（取水）许可证

1. 矿泉水、矿盐等矿产资源产品申请人应提供该证书；

2. 申请人应与采矿权人或其采矿单位一致；

3. 生产规模应能满足产品申请产量需要；

4. 应在有效期内。

（七）其他资质证明材料

1. 食盐定点生产企业证书：申请人应与证书中单位名称一致，生产品种应涵盖申请产品，证书应在有效期内。

2. 野生动物驯养（繁育）许可证：属野生动物养殖产品的，应提供该证书且应在有效期内。

3. 特种水产养殖许可证：属特种水产养殖产品的，应提供该证书且应在有效期内。

4. 野生采集证明材料：属野生采集产品的，应提供证明材料。

5. 其他需提供的资质证明材料，应符合国家相关要求。

第十二条　《绿色食品标志使用申请书》（以下简称申请书）审查

（一）应符合其填写说明要求；

（二）封面应明确初次申请和续展申请；

（三）保证声明应有法定代表人签字和申请人盖章，并填写日期；已有中心注册内检员的申请人，应有内检员签字；

（四）表一是否准确填写相关信息，并明确龙头企业级别；

（五）续展申请人应填写首次获证时间；

（六）申请人简介应包括申请人注册时间、注册资本、生产规模、员工组成、发展状况及经营产品等情况；

（七）产品名称应符合国家现行标准或规章要求；

（八）商标应与商标注册证一致。若有图形、英文或拼音等，应按"文字＋拼音＋图形"或"文字＋英文"等形式填写；若一个产品同一包装标签中使用多个商标，商标之间应用顿号隔开；

（九）年产量单位应为吨；

（十）是否有包装，包装规格应符合实际预包装情况；

（十一）续展产品名称、商标、产量等发生变化的，应在表 2 备注栏说明；

（十二）申请产品原料来源于绿色食品或全国绿色食品原料标准化生产基地的，应如实填写表 3，否则杠划；

（十三）表四内容应按申请产品分别填写；绿色食品包装印刷数量应按包装规格如

实填写。

第十三条 《种植产品调查表》审查

（一）应符合其填表说明要求；

（二）该表用于不添加任何配料和添加剂，只进行清洁、脱粒、干燥、分选等简单物理处理过程的产品（或原料）。如原粮、新鲜果蔬、饲料原料等。来源于全国绿色食品原料标准化生产基地的产品，无需填写该表。

（三）种植产品基本情况审查

1. 名称应填写种植产品或产品原料、饲料原料作物名称；

2. 面积、年产量应按不同作物分别填写，且符合实际；

3. 基地位置应具体到乡（镇）、村，5个以上的可另附基地清单。

（四）产地环境基本情况

1. 对于产地分散、环境差异较大的，应分别描述；

2. 需描述的，应做具体文字说明；

3. 审查填写内容是否符合 NY/T 391 和 NY/T 1054 标准要求。

（五）栽培措施及土壤处理

1. 措施及处理方式不同的，应分别填写；

2. 涉及土壤消毒的，应填写消毒剂名称、使用方法、用量及使用时间等；涉及土壤改良的，应描述具体措施，如深翻、晒土、使用土壤改良剂等；

3. 土壤培肥处理应填写肥料原料名称、年用量，并详细描述来源及处理方式；

4. 审查是否符合 NY/T 393 和 NY/T 394 标准要求。

（六）种子（种苗）处理

1. 种子（种苗）来源应详细填写来源方式及单位；

2. 种子（种苗）处理应填写具体措施，涉及药剂使用的应说明药剂名称和用量；

3. 播种（育苗）时间应根据实际情况填写，有多茬次的应分别填写；

4. 审查是否符合 NY/T 393 标准要求。

（七）病虫草害农业防治措施

1. 应详细描述防治措施；

2. 有间、套作的，应同时填写其病虫草害农业防治措施。

（八）肥料使用情况

1. 产品名称应填写作物名称，使用情况应按作物分别填写；

2. 氮、磷、钾不涉及项可杠划；

3. 当地同种作物习惯施用无机氮种类及用量应符合实际情况；

4. 审查是否符合 NY/T 394 标准要求。

（九）病虫草害防治农药使用情况

1. 产品名称应填写作物名称，使用情况应按作物分别填写；

2. 农药名称应填写"商品名（通用名）"，例如一遍净（吡虫啉）；混配农药应明确每种成分的名称，如克露（代森锰锌·霜脲氰）；

3. 登记证号应为农药包装标签上的农药登记证号，且应与中国农药信息网上查询结果一致；

4. 剂型规格应按相应农药的包装标签填写，如 50％乳油，10％可湿性粉剂，200 克/升水剂，3.6％颗粒剂、8 000IU/毫克（Bt）等；

5. 防治对象应填写具体病虫草害名称；

6. 使用方法应按农药实际使用情况填写，如喷雾、拌种、土壤处理、熏蒸、涂抹、种子包衣等；

7. 每次用量应符合农药包装标签标识的制剂用药量；

8. 使用时间应符合农药包装标签标识的安全间隔期要求；

9. 有间作或套作的，应同时填写其病虫草害农药使用情况；

10. 审查填写内容是否符合 NY/T 393 标准要求。

（十）灌溉情况

1. 属天然降水的在是否灌溉栏标注；

2. 其他灌溉方式应按实际情况填写。

（十一）收获后处理

1. 收获时间应具体到日期，有多茬次或多批次采收的，应按茬口或批次填写收获时间；

2. 收获后清洁、挑选、干燥、保鲜等预处理措施应简要描述处理方法，包括工艺流程图，器具、清洁剂、保鲜剂等使用情况等；

3. 包装材料应描述包装材料具体材质，包装方式应填写袋装、罐装、瓶装等；

4. 防虫、防鼠、防潮应填写具体措施，有药剂使用的，应说明具体成分；

5. 如何防止绿色食品食品与非绿色食品混淆栏应填写具体措施；

6. 审查填写内容是否符合 NY/T 658 和 NY/T 393 标准要求。

（十二）废弃物处理及环境保护措施

应按实际情况填写，包括投入品包装袋、残次品处理情况，基地周边环境保护情况等，应符合国家相关标准要求。

第十四条 《畜禽产品调查表》审查

（一）应按填表说明填写；

（二）本表适用于畜禽养殖、生鲜乳及禽蛋收集等；

（三）应按不同畜禽名称分别填写；

（四）养殖场基本情况

1. 养殖面积应按实际情况填写；

2. 基地位置应填写养殖场或牧场位置，具体到乡（镇）、村，5 个以上的可另附基地清单；

3. 对于养殖场分散、环境差异较大的，应分别描述；

4. 审查填写内容是否符合 NY/T 473 和 NY/T 1892 标准要求；

5. 对于养殖场不在无规定疫病区的，审查是否有针对当地易发的流行性疾病制定相关防疫和扑灭净化制度。

（五）养殖场基础设施

1. 应按实际情况填写，需描述内容做具体文字说明；

2. 审查填写内容是否符合 NY/T 473 和 NY/T 1892 标准要求。

（六）养殖场管理措施

1. 应按实际情况填写，需描述内容做具体文字说明；

2. 养殖场消毒应填写具体措施，有药剂使用的，应说明使用药剂名称及使用时间；

3. 审查填写内容是否符合 NY/T 472 标准要求。

（七）畜禽饲料及饲料添加剂使用情况

1. 应按畜禽名称分别填写；

2. 养殖规模应填写存栏量，并说明单位，如头、只、羽等；

3. 品种名称应具体到种，如长白猪、荷斯坦奶牛、乌骨鸡等；

4. 种畜禽来源应填写种苗来源，如自繁或外购来源单位；

5. 年出栏量及产量应填写畜禽年出栏量（头/只/羽），蛋禽、奶牛等应填写蛋、奶的产量（吨）；

6. 养殖周期应填写畜禽从入栏到出栏（或淘汰）的时间；

7. 饲料及饲料添加剂应填写所有成分，如豆粕、青贮玉米、预混料或微量元素（如矿物质、维生素）等；

8. 用量及比例应符合动物不同生长阶段营养需求；

9. 来源应填写饲料生产单位或基地名称或自给；

10. 审查饲料使用情况是否符合 NY/T 471 标准要求。

（八）畜禽疫苗及兽药使用情况

1. 应按畜禽名称分别填写；

2. 兽药名称栏应填写商品名（通用名）；

3. 用途应填写具体防治的疾病名称；

4. 使用方法应填写肌注、口服等；

5. 审查填写内容是否符合 NY/T 472 标准要求。

（九）饲料加工及存贮情况

1. 防虫、防鼠、防潮应填写具体措施，有药剂使用的，应说明使用药剂名称；

2. 如何防止绿色食品食品与非绿色食品混淆栏应填写具体措施；

3. 审查填写内容是否符合 NY/T 393 标准要求。

（十）畜禽、禽蛋、生鲜乳收集

1. 清洗、消毒应具体填写方法，涉及药剂使用的，应说明使用药剂名称、用量等；

2. 存在平行生产的，应说明区分管理措施；

3. 审查填写内容是否符合 NY/T 472 标准要求。

（十一）资源综合利用和废弃物处理

应按实际情况填写，并符合国家相关标准要求。

第十五条 《加工产品调查表》审查

（一）应符合其填表说明要求；

（二）该表用于以植物、动物、食用菌、矿物资源、微生物等为原料，进行加工、包装、储藏和运输的产品，如米面及其制品、食用植物油、肉食加工品、乳制品、酒类、畜禽配合饲料和预混料等。

（三）加工产品基本情况

1. 产品名称应与申请书一致，饲料加工也应填写该表；

2. 商标、年产量应与申请书一致；

3. 包装规格栏应填写所有拟使用绿色食品标志的包装；

4. 续展涉及产品名称、商标、产量变化的，应在备注栏说明。

（四）加工厂环境基本情况

1. 对于有多处加工场所的，应分别描述；

2. 需描述内容应做具体文字说明；

3. 审查填写内容是否符合 NY/T 391 和 NY/T 1054 标准要求。

（五）加工产品配料情况

1. 应按申请产品名称分别填写，产品名称、年产量应与申请书一致；

2. 主辅料使用情况表应填写产品加工过程中所有投入原料使用情况；

3. 添加剂使用情况中名称应填写具体成分名称，如柠檬酸、山梨酸钾等，不得以"防腐剂"等名称代替，应明确添加剂用途；

4. 原料及添加剂比例总计应为100%；

5. 有加工助剂的，应填写加工助剂的有效成分、年用量和用途；

6. 来源应填写原料生产单位或基地名称；

7. 加工水使用情况和主辅料预处理情况应根据生产情况如实填写；

8. 加工产品配料应符合食品级要求；

9. 符合绿色食品要求的原料（包括绿色食品、绿色食品加工产品的副产品、产地环境质量符合 NY/T 391 标准要求，按照绿色食品标准生产和管理而获得的原料、绿色食品原料标准化生产基地生产的原料及绿色食品生产资料）应不少于90%，其他原料且比例在2%～10%的，应有固定来源和省级或省级以上检测机构出具的产品检验报告（产品检验应依据《绿色食品标准适用目录》执行，如产品标准不在目录范围内，应按照国家标准、行业标准和地方标准的顺序依次选用）；原料比例<2%的，年用量1吨（含）以上的，应提供原料订购合同和购买凭证；年用量1吨以下的，应提供原料购买凭证；

10. 使用食盐的，使用比例<5%的，应提供合同、协议或发票等购买凭证；≥5%的，还应提供具有法定资质机构出具的符合 NY/T 1040 标准要求的产品检验报告；

11. 同一种原料不应同时来自获得绿色食品标志的产品和未获得标志的产品；

12. 对于标注酒龄黄酒，还应符合以下要求：

（1）产品名称相同，标注酒龄不同的，应按酒龄分别申请；

（2）标注酒龄相同，产品名称不同的，应按产品名称分别申请；

（3）标注酒龄基酒的比例不得低于70%，且该基酒应为绿色食品。

13. 审查填写内容是否符合 NY/T 392 和 NY/T 471 标准要求。

（六）加工产品配料统计表

1. 合计年用量应包括所有配料，不同产品的相同配料合计填写；

2. 应对添加剂级别进行勾选。

（七）产品加工情况

1. 加工工艺不同的产品应分别填写加工工艺流程；

2. 处理方法、提取工艺使用溶剂和浓缩方法应同时反映所有加工产品的使用情况。

（八）包装、储藏、运输

1. 应根据实际情况填写；

2. 审查是否符合 NY/T 658 和 NY/T 1056 标准要求。

（九）平行加工

1. 应按实际情况填写；

2. 对避免交叉污染的措施进行勾选或描述。

（十）设备清洗、维护及有害生物防治

1. 应按实际情况填写；

2. 涉及药剂使用的，应说明具体成分；

3. 审查填写内容是否符合 NY/T 393 标准要求。

（十一）污水、废弃物处理情况及环境保护措施

应按实际情况填写，且符合国家相关标准要求。

第十六条 《水产品调查表》审查

（一）应按填表说明填写

（二）该表适用于鲜活水产品及捕捞、收获后未添加任何配料的冷冻、干燥等简单物理加工的水产品。加工过程中，使用了其他配料或加工工艺复杂的腌熏、罐头、鱼糜等产品，需填写《加工产品调查表》。

（三）水产品基本情况

应按不同养殖方式填写相关内容。

（四）产地环境基本情况

1. 对于产地分散、环境差异较大的，应分别描述；

2. 需描述内容应做具体文字说明；

3. 审查填写内容是否符合 NY/T 391 和 NY/T 1054 标准要求。

（五）苗种情况

1. 品种名称应填写鲤鱼、鳙鱼等产品名称；

2. 苗种来源应对外购和自育进行勾选，并说明来源单位；

3. 消毒应填写具体方法，涉及药剂使用的，应说明药剂名称；

4. 审查填写内容是否符合 NY/T 755 标准要求。

（六）饵料（肥料）使用情况

1. 饵料配方不同的应分别填写；

2. 应按生产实际选填相关内容；

3. 审查饵料构成是否符合 NY/T 2112 标准要求；

4. 海带、螺旋藻等藻类养殖应填写肥料使用情况；

5. 审查肥料使用是否符合 NY/T 394 标准要求。

（七）常见疾病防治

1. 应按产品名称分别填写；

2. 审查药物使用是否符合 NY/T 755 标准要求。

（八）水质改良情况

1. 涉及水质改良的应填写该表；

2. 审查药物使用是否符合 NY/T 755 标准要求。

（九）捕捞、运输

1. 养殖周期应填写投苗到捕捞的时间；

2. 如何保证存活率应填写具体措施，涉及药物使用的，应说明药物名称；

3. 审查药物使用是否符合 NY/T 755 标准要求。

（十）初加工、包装、储藏

1. 应按实际情况填写；

2. 审查填写内容是否符合 NY/T 755 和 NY/T 658 标准要求。

（十一）废弃物处理及环境保护措施

应按实际情况填写，并符合国家相关标准要求。

第十七条 《食用菌调查表》审查

（一）应按填表说明填写；

（二）该表适用食用菌鲜品和干品。压缩食用菌、食用菌罐头等产品还需填写《加工产品调查表》；

（三）产品基本情况

1. 产品名称应填写原料种类，如金针菇、香菇等；

2. 基地位置应具体乡（镇）、村，5 个以上的，可另附基地清单。

（四）产地环境基本情况

1. 对于产地分散、环境差异较大的，应分别描述；

2. 需描述内容应做具体文字说明；

3. 审查填写内容是否符合 NY/T 391 和 NY/T 1054 标准要求。

（五）基质组成情况

1. 应按产品名称分别填写，不涉及基质的不填写该表；

2. 成分组成应符合生产实际，来源应填写原料供应单位。

（六）菌种处理

1. 应按产品名称分别填写；

2. 接种时间应填写本年度每批次接种时间；

3. 菌种如"自繁"应详细描述菌种逐级扩大培养的方法和步骤。

（七）污染控制管理

1. 基质消毒、菇房消毒应填写具体措施，有药剂使用的，应描述使用药剂名称及使用时间等；

2. 栽培用水来源应按实际生产情况填写；

3. 其他潜在污染源及污染物处理方法应对食用菌生产及产品无害，如感染菌袋、废弃菌袋等；

4. 审查填写内容是否符合 NY/T 393 标准要求。

（八）病虫害防治措施

1. 产品名称应填写原料种类，农药防治应按产品名称分别填写；

2. 农药防治情况审查要求同《种植产品调查表》。

（九）用水情况

应按实际情况填写。

（十）采后处理

1. 收获后清洁、挑选、干燥、保鲜等预处理措施应简要描述处理方法，包括工艺流程图，器具、清洁剂、保鲜剂等使用情况等；

2. 包装材料应描述包装材料具体材质，包装方式应填写袋装、罐装、瓶装等；

3. 审查填写内容是否符合 NY/T 658 和 NY/T 393 标准要求。

（十一）食用菌初加工

1. 加工工艺不同的产品应分别填写工艺流程；

2. 成品名应与申请书一致；

3. 原料量、出成率、成品量应符合实际生产情况；

4. 审查生产过程中是否使用漂白剂、增白剂、荧光剂等非法添加物质。

（十二）废弃物处理及环境保护措施

应按实际情况填写，并符合国家相关标准要求。

第十八条 《蜂产品调查表》审查

（一）应按填表说明填写；

（二）该表适用于涉及蜜蜂养殖的相关产品，加工环节需填写《加工产品调查表》；

（三）蜂产品基本情况

1. 名称应填写花粉、蜂王浆、蜂蜜等；

2. 基地位置应填写蜜源地名称，5 个以上的可另附基地清单。

（四）产地环境基本情况

1. 对于蜜源地分散、环境差异较大的，应分别描述；

2. 需描述的，应做具体文字说明；

3. 审查填写内容是否符合 NY/T 391 和 NY/T 1054 标准要求。

（五）蜜源植物

1. 应按蜜源植物分别填写；

2. 病虫草害防治应填写防治方法，涉及农药使用的，应填写使用的农药通用名、用量、使用时间、防治对象和安全间隔期等内容；

3. 审查填写内容是否符合 NY/T 393 标准要求。

（六）蜂场

1. 应按申请产品对生产产品种类进行勾选；

2. 蜜源地规模应填写蜜源地总面积；

3. 巢础来源及材质应按实际情况填写；

4. 蜂箱及设备如何消毒应填写消毒方法、消毒剂名称、用量、消毒时间等；

5. 蜜蜂饮用水来源应填写露水、江河水、生活饮用水等；

6. 涉及转场饲养的，应描述具体的转场时间、转场方法等；

7. 审查填写内容是否符合 NY/T 393 和 NY/T 472 标准要求。

（七）饲喂

1. 饲料名称应填写所有饲料及饲料添加剂使用情况；

2. 来源应填写自留或饲料生产单位名称；

3. 审查饲料使用是否符合 NY/T 471 标准要求。

（八）蜜蜂常见疾病防治

1. 应按实际情况填写；

2. 审查填写内容是否符合 NY/T 472 标准要求。

（九）蜂场消毒

1. 应按实际情况填写；

2. 审查填写内容是否符合 NY/T 472 标准要求。

（十）采收情况

1. 有多次采收的，应填写所有采收时间；

2. 有平行生产的，应具体描述区分管理措施。

（十一）储存及运输情况

应按实际情况填写。

（十二）废弃物处理及环境保护措施

应按实际情况填写，符合国家相关标准要求。

第十九条 生产技术规程审查

生产技术规程包括种植规程（涵盖食用菌种植规程）、养殖规程（包括畜禽、水产品和蜜蜂等养殖规程）和加工规程。各项规程应依据绿色食品相关标准准则、结合当地实际情况制定，并具有科学性、可操作性和实用性的特点。技术规程应由申请人负责人签发或加盖申请人公章。

（一）种植规程

1. 应包括立地条件、品种与茬口（包括耕作方式）、育苗与移栽、种植密度、田间肥水管理、病虫草鼠害的发生及防治、收获（包括亩产量）、原粮存储（包括防虫、防潮和防鼠措施）、收后预处理、平行生产及废弃物处理等内容；

2. 肥料使用情况应包括施用肥料名称、类别、使用方法、每次用量、全年用量等；涉及食用菌基质的，应说明基质组成情况、基质消毒情况等；

3. 病虫草鼠害发生及防治应说明当地常见病虫草鼠害发生情况、具体措施（包括农业措施、物理、化学和生物防治措施）。涉及化学防治的，应说明使用农药名称、防治对象、使用方法和使用时间。

4. 审查农药、肥料等投入品使用是否符合 NY/T 393 和 NY/T 394 标准要求。

（二）养殖规程

1. 主要包括养殖环境，品种选择、繁育，不同生长阶段饲养管理（包括饲料及饲料添加剂使用、防疫及疾病防治等）；

2. 饲料及饲料添加剂使用应包括不同生长阶段饲料及饲料添加剂组成情况、用量；

3. 药物使用应说明使用药物名称、用量、用途、用法、使用时间及停药期等；

4. 审查投入品使用是否符合 NY/T 471、NY/T 472、NY/T 473、NY/T 755、NY/T 1892、NY/T 2112。

（三）加工规程

1. 应描述主辅料来源、验收、储存及预处理方法等；

2. 应明确主辅料组成及比例，食品添加剂品种、来源、用途、使用量、使用方式等；

3. 应描述加工工艺及主要技术参数，如温度、湿度、时间、浓度、用量、杀菌方法、添加剂使用情况等；主要设备及清洗方法；产品包装、仓储及成品检验制度；

4. 涉及仓储产品或原料应说明其防虫、防鼠、防潮等措施；

5. 审查投入品使用是否符合 GB 2760、NY/T 392、NY/T 393 标准要求。

第二十条 原料订购凭证

（一）合同（协议）的总体要求

1. 应真实、有效，不得涂改或伪造；

2. 应清晰、完整并确保双方（或多方）签字、盖章清晰；

3. 应包括绿色食品相关技术要求、法律责任等内容；

4. 原料及其生产规模（产量或面积）应满足申请产品生产需要；

5. 应确保至少三年的有效期。

（二）原料供应为"自有基地"的

1. 应提供自有基地证明材料，如土地流转（承包）合同、产权证、林权证、滩涂证、国有农场所有权证书等；

2. 若土地承包合同中发包方为非产权人，应提供产权人土地来源证明；

3. 发包方为合作社的，应提供社员清单，包括姓名、面积、品种、产量等内容。

（三）原料供应为"公司＋基地＋农户"形式的

1. 应提供公司与农场、村或农户等签订的合同（协议）样本（样本数以签订的合同数开平方计）；

2. 应提供基地清单和农户（社员）清单

（1）基地清单应包括乡（镇）、村数、农户数、品种、面积（或规模）、预计产量等信息；

（2）农户清单应包括农户姓名、面积（或规模）、品种、预计产量等；对于农户数50 户（含 50 户）以下的申请人要求提供全部农户清单；对于 50 户以上的，要求申请人建立内控组织（内控组织不超过 20 个），即基地内部分块管理，并提供所有内控组织负责人的姓名及其负责地块的品种、农户数、面积（或规模）及预计产量。

（四）原料供应为"外购绿色食品或其副产品"的

1. 应提供申请人与绿色食品生产企业签订的合同（协议）以及一年内的原料购销发票复印件 2 张：

合同（协议）、购销发票中产品应与绿色食品证书中批准产品相符，购销发票中收付款双方应与合同（协议）中一致；

2. 若申请人与经销商签订合同（协议），还应提供经销商销售绿色食品原料的证明材料，包括合同（协议）、发票或绿色食品生产企业提供的销售证明等；

3. 提供真实有效的绿色食品证书复印件；

4. 审查绿色食品原料是否供给其他单位，现有原料产量能否满足申请产品的生产需要。

（五）原料供应为"外购全国绿色食品原料标准化生产基地"原料的

1. 应提供真实有效的基地证书复印件；

2. 提供申请人与基地范围内产业化经营单位或合作社等生产主体签订的原料供应合同及相应票据；

3. 基地办应提供相应材料，证明购买原料来自全国绿色食品原料标准化生产基地，确认签订的原料供应合同真实有效；

4. 申请人无需提供《种植产品调查表》、种植规程、基地管理制度、基地图等材料。

第二十一条　基地图

（一）基地图应清晰反映基地所在行政区划（具体到县级）、基地位置（具体到乡镇村）和地块分布；

（二）加工产品还应提供加工厂平面图，养殖产品还应提供养殖场所平面图。

第二十二条　质量控制规范

（一）应由申请人负责人签发或加盖申请人公章；

（二）非加工产品应提供加盖申请人公章的基地管理制度，内容包括基地组织机构设置、人员分工；投入品供应、管理；种植（养殖）过程管理；产品收后管理；仓储运输管理等相关内容。

（三）加工产品应提供《质量管理手册》，内容应包括

1. 绿色食品生产、加工、经营者的简介；

2. 绿色食品生产、加工、经营者的管理方针和目标；

3. 管理组织机构图及其相关岗位的责任和权限；

4. 可追溯体系、内部检查体系、文件和记录管理体系。

第二十三条　预包装食品标签或设计样

（一）应符合《食品标识管理规定》、《食品安全国家标准　预包装食品标签通则》（GB 7718）、《食品安全国家标准　预包装食品营养标签通则》（GB 28050）等标准要求；

（二）标签上生产商名称、产品名称、商标、产品配方等内容应与申请材料一致；

（三）标签上绿色食品标志设计样应符合《中国绿色食品商标标志设计使用规范手册》要求，且应标示企业信息码；

（四）申请人可在标签上标示产品执行的绿色食品标准，也可标示其执行的其他标准；

（五）非预包装食品不需提供产品包装标签。

第二十四条　环境质量证明材料审查

（一）《环境质量监测报告》的检测项目应与《绿色食品现场检查意见通知书》一致；

（二）若申请人提供了近 1 年内（以省级工作机构受理时间为准）绿色食品检测机构（以下简称检测机构）或国家级、部级检测机构出具的《环境质量监测报告》原件或复印件，且符合绿色食品产地环境检测项目和质量要求的，可免做环境抽样检测；

（三）涉及牛羊草原放牧的，其草原土壤免做环境抽样检测；

（四）《环境质量监测报告》应符合以下要求：

1. 报告封面应有监测单位盖章、CMA 专用章，并加盖骑缝章；

2. 报告第一页检测结论应表述为"＊＊＊＊＊（申请人名称）申请的＊＊区域（基地位置）＊＊万亩（基地面积）＊＊＊（产品名称）产地环境质量符合（不符合）NY/T 391 标准要求，适宜（不适宜）发展绿色食品"，并加盖检测专用章，且有批准、审查、制表人员签名；

3. 报告内容至少应包括采样地点名称（明确到行政村）、标准要求、检测结果、单项判定（P_i）和综合评价（$P_综$）；

4. 土壤监测结果应明确采样深度（cm），土壤肥力检测结果要进行级别划分，但不作为判定产地环境质量合格与否的依据；

（五）审查检测项目和结果是否符合 NY/T 391 标准要求。

第二十五条　产品质量证明材料审查

（一）产品抽样应符合 NY/T 896 标准要求；

（二）《产品抽样单》应填写完整，不涉及项目应杠划，并有抽样单位（检测机构）与被抽样单位（申请人）签字、盖章；

（三）《产品检验报告》应符合以下要求：

1. 报告封面受检产品、受检单位应与申请产品、申请人一致，有检测机构盖章、CMA 专用章，并加盖骑缝章；

2. 报告第 1 页检验相关信息应与申请产品一致，检测依据应符合产品执行的绿色食品标准，应有检测机构盖章，并有批准、审查、制表人员签名；

3. 检测项目应在备案认可范围内；

4. 检测结论应符合《农业部产品质量监督检验测试机构审查认可评审细则》条文释义第八十一条规定，备注栏不得填写"仅对来样负责"等描述；

5. 分包检测应符合国家相关规定；

6. 报告至少应包括序号、检验项目、计量单位、标准要求、检出限、检测结果、单项判定、检验结论；

（四）续展申请人提供上一用标周期第三年度的全项抽检报告，可作为其同类系列产品的质量证明材料；非全项抽检报告，可作为该产品的质量证明材料。

（五）审查检测项目和结果是否符合相关绿色食品产品标准。

（六）同类分割肉产品只需提供一份检测机构出具的全项产品检验报告。

第四章　省级工作机构材料和现场检查报告审查

第二十六条　省级工作机构材料审查

（一）《绿色食品申请受理通知书》

1. 应明确材料审查意见；

2. 审查意见不合格的或需要补充的应用"不符合……"、"未规定……"、"未提供……"等方式表达，不应用"请提供……"、"请补充……"、"应……"等方式表达；

3. 应有省级工作机构盖章。

（二）《绿色食品现场检查通知书》

1. 应明确初次申请或续展申请；

2. 应明确检查依据和检查内容等相关信息；

3. 填写内容、签字、盖章应完整。

（三）《绿色食品现场检查意见通知书》

1. 应明确现场检查意见；

2. 现场检查合格的，应说明环境检测项目，如灌溉水、土壤等；不合格的，应说明原因；

3. 填写内容、签字、盖章应完整。

（四）《绿色食品现场检查报告》

1. 报告内容应翔实；

2. 检查日期应在产品生产季节；

3. 检查应由至少 2 名具有相关专业的检查员实施；

4. 填写内容、签字、盖章应完整；

5. 审查填写内容是否符合绿色食品相关标准要求。

（五）《现场检查发现问题汇总表》

1. 发现问题描述应客观说明检查中存在的问题；

2. 依据应明确具体标准条款，如 NY/T 393 中 5.5，使用了附录 A 以外的农药；

3. 涉及整改的，申请人应附整改报告，检查组应就其整改落实情况填写意见；

4. 填写内容、签字、盖章应完整。

（六）会议签到表

1. 应根据参会情况对首次会议和总结会进行勾选；

2. 检查员、签到日期应与《绿色食品现场检查报告》一致；

3. 填写内容、签字应完整。

（七）现场检查照片

1. 应反映检查员工作，体现申请人名称，标注检查地点和内容，且检查员应与检查报告一致；

2. 应清晰反映首次会议、实地检查、随机访问、查阅文件（记录）、总结会，并覆盖申请产品生产、加工、仓储等关键环节；

3. 应提供 5 寸照片，并在 A4 纸上按检查顺序打印或粘贴。

（八）《绿色食品省级工作机构初审报告》

1. 初审报告应由省级工作机构主要负责人授权的检查员完成并签字，现场检查人员不能参与同一申请的初审；

2. 应明确初次申请或续展申请；

3. 续展申请人、产品名称、商标和产量发生变化的应填写表一备注栏；

4. 申请书、调查表和现场检查报告产量不一致的，以最小产量为准；

5. 表 2 应对相关内容的"有/无/不涉及"进行说明，对其"符合性"进行判断，并对需说明的加以备注；

6. 应由省级工作机构主要负责人或分管领导签字，并加盖机构公章；

7. 检查员意见应表述为：经审查，＊＊＊＊（申请人）申请的＊＊＊＊（申请产品）等产品，其产地环境、生产过程、产品质量符合绿色食品相关标准要求，申请材料完备有效；

8. 省级工作机构初审意见应表述为：初审合格，同意报送中心或同意续展。

第二十七条　补充材料审查

1. 应针对审查意见，在规定的时限内逐条书面答复，逾期未提交的，视为自动放弃申请；因客观原因不能按期提交续展补充材料的，应在有效期后 3 个月内完成；

2. 应有申请人或相关部门盖章；

3. 应由省级工作机构审核，并签字确认。

第二十八条　省级工作机构承担续展书面审查工作的，中心每月随机抽取 10％ 的综合审核材料进行监督抽查。

第五章　评　判

第二十九条　不通过情况

有下列情况之一的，审查不予通过：

（一）申请材料任一部分造假的，如伪造合同、发票、证书、现场检查报告及照片等；

（二）产地环境质量不符合标准要求的

1. 环境质量监测报告检测数据不符合 NY/T 391 标准要求或检测结论不合格；

2. 产地环境发生变化的，不符合绿色食品产地环境质量要求的。

（三）投入品使用不符合标准要求的

1. 使用转基因技术及其产物的；

2. 食品添加剂使用不符合标准要求的：

（1）使用非法添加物质；

（2）使用量、使用范围不符合 GB 2760 标准要求；

（3）添加 NY/T 392 中不应使用的食品添加剂。

3. 农药使用不符合标准要求的：

（1）使用不符合国家相关法律法规的，并未获得国家农药登记许可；

（2）使用 NY/T 393 附录以外的农药；

（3）使用量超过农药登记用量的；

（4）安全间隔期不符合要求的。

4. 肥料使用不符合标准要求的：

（1）使用添加有稀土元素的肥料；

（2）使用成分不明确、含有安全隐患成分的肥料；

（3）使用未经发酵腐熟的人畜粪尿；

（4）使用生活垃圾、污泥和含有害物质的工业垃圾；

（5）使用的无机氮素用量超过当地同种作物习惯施用量一半；

（6）使用的肥料不符合国家法律法规要求。

5. 畜禽饲料及饲料添加剂使用不符合标准要求的：

（1）饲料原料不全是通过认定的绿色食品，或来源于绿色食品标准化生产基地的产品，或经绿色食品工作机构认定或按照绿色食品生产方式生产、达到绿色食品标准的自建基地生产的产品；

（2）使用以哺乳类动物为原料的动物性饲料产品（不包括乳及乳制品）饲喂反刍动物；

（3）使用同源动物源性饲料的原则；

（4）使用工业合成的油脂；

（5）使用畜禽粪便；

（6）使用任何药物饲料添加剂；

（7）饲料添加剂品种不是《饲料添加剂品种目录》中所列的饲料添加剂和允许进口的饲料添加剂品种，或不是农业部公布批准使用的饲料添加剂品种；

（8）使用 NY/T 471 附录 A 中所列的饲料添加剂品种。

（9）饲料贮存中使用化学合成药物毒害虫鼠。

6. 兽药使用不符合标准要求的：

（1）使用国家规定的其他禁止在畜禽养殖过程中使用的药物；

（2）使用 NY/T 472 附录 A 中的药物，产蛋期和泌乳期使用附录 B 中的兽药；

（3）使用药物饲料添加剂；

（4）使用酚类消毒剂，产蛋期使用酚类和醛类消毒剂；

（5）使用抗菌药物、抗寄生虫药、激素或其他生长促进剂促进畜禽生长；

（6）使用剂量超过登记用量。

7. 渔药使用不符合标准要求的：

（1）使用中华人民共和国农业部公告第 176 号、193 号、235 号、560 号和 1519 号公告中规定的渔药；

（2）使用药物饲料添加剂；

（3）使用抗菌药物、激素或其他生长促进剂促进水产动物生长；

（4）预防用药使用 NY/T 755 附录 A 以外的药物；

（5）治疗用药使用 NY/T 755 附录 B 以外的药物；

（6）使用剂量超过登记用量。

8. 渔业饲料及饲料添加剂使用不符合标准要求的：

（1）饲料原料不全是通过认定的绿色食品，或全国绿色食品原料标准化生产基地的产品，或经中国绿色食品发展中心认定、按照绿色食品生产方式生产、达到绿色食品标准的自建基地生产的产品；

（2）使用工业合成的油脂和回收油；

（3）使用畜禽粪便；

（4）使用制药工业副产品；

（5）饲料如经发酵处理，所使用的微生物制剂不是《饲料添加剂品种目录》中所规定的品种或不是农业部公布批准使用的新饲料添加剂品种；

（6）饲料添加剂品种不是《饲料添加剂品种目录》中所列的饲料添加剂和允许进口的饲料添加剂品种，或不是农业部公布批准使用的饲料添加剂品种；

（7）使用 NY/T 2112 附录 A 中所列的饲料添加剂品种；

（8）使用药物饲料添加剂；

（9）使用激素；

（10）饲料贮存过程使用化学合成药物毒害虫鼠。

（四）产品质量不符合标准要求的：

产品检验报告检测数据不符合产品标准要求或检测结论不合格。

（五）其他不符合国家法律法规标准等相关要求的情况。

第三十条　需要补充材料的

有下列情况之一的，需进一步补充材料：

（一）申请材料不齐全、填写内容不完整；

（二）申请材料不符合逻辑

1. 产品名称、申请人名称前后不符；

2. 合同（协议）、发票上相关内容前后不符；

3. 产品或原料的产量不符合生产实际；

4. 加工工艺与申请产品标称工艺不符；

5. 绿色食品原料购买量超过证书批准产量；

6. 现场检查时间与照片中反映时间不符。

（三）资质证明、合同（协议）等超过有效期限。

（四）环境质量监测报告、产品检验报告不符合要求的。

（五）其他需要补充材料的情况。

第三十一条　需要现场核查的

投入品使用情况不明确、生产经营组织模式不满足绿色食品生产管理需要。

第三十二条　审查合格的

无不合格项，材料完备。

第六章　附　　则

第三十三条　本规范由中心负责解释。

第三十四条　本规范自 2015 年 1 月 1 日起施行。相关规范规定同时废止。

附件 1

绿色食品标志许可
审查报告

申 请 人＿＿＿＿＿＿＿＿＿＿＿＿＿＿＿＿＿＿＿＿＿

申请产品＿＿＿＿＿＿＿＿＿＿＿＿＿＿＿＿＿＿＿＿＿

中国绿色食品发展中心

表1　基本情况表

申请类型	初次申请□　　续展申请□		
申请人			
产品名称	商　标	产量（吨）	备　注

备注：若本页不够，可附页。

表 2　审查情况表

项　目	审查内容	审查结果
（一）省级工作机构		
材料完整性	《受理通知书》	
	《现场检查通知书》	
	《现场检查意见通知书》	
	《初审报告》	
初审程序工作时限	是否符合《审查程序》要求	
初审报告	是否依照《审核规范》完成	
主任审核	主任审核签字以及工作机构盖章	
其他情况		
（二）检查员		
材料完整性	《现场检查报告》	
	现场检查照片	
	会议签到表	
	《现场检查发现问题汇总表》	
	其他文件	
资格要求	是否具有检查项目的资格	
现场检查	是否按照《现场检查规范》完成	
	检查项目是否无遗漏	
现场检查报告	填写是否规范、无遗漏	
	评价内容公正客观	
现场检查照片	照片是否清晰、环节是否齐全	
现场发现问题	是否完成整改并附整改材料	
其他情况		
（三）检测机构		
工作时限	是否符合《审查程序》规定	
环境质量监测报告	报告是否有效	
	报告结论表述是否规范	
产品检验报告附抽样单	报告是否有效	
	报告结论表述是否规范	
其他	需注明的情况	

（续）

项　目	审查内容	审查结果
（四）申请人		
申请人资质	是否符合绿色食品申请人条件	
申请产品	是否符合产品申报条件	
资质证明文件	营业执照、QS、商标注册证、动物防疫合格证等是否有效	
申请书、调查表	是否规范、真实	
生产技术规程	是否科学、有效、可行，是否符合标准要求	
质量管理体系	是否有切实可行的质量管理体系	
	是否有专人负责绿色食品生产	
	是否有内检员	
食品预包装标签	是否符合 NY/T 658 的要求	
生产记录	是否齐全、真实、有效	
免检环境	提供材料符合免检条件	
免检产品	提供材料符合免检条件	
标志使用	上一周期绿色食品标志使用情况	
其他		
（五）投入品使用		
1. 种植产品		
种子、种苗	是否为转基因	
肥料	是否符合 NY/T 394 有要求	
农药（含仓储阶段）	是符合 NY/T 393 要求	
2. 养殖产品		
种苗来源	外购、自繁自育	
饲料组成	是否符合 NY/T 471 标准，无禁用饲料及添加剂	
饲料添加剂	是否有其他饲料添加剂	
饲料来源	是否来源固定且有合同、清单、发票	
兽药使用	是否符合 NY/T 472 标准，无禁用药物	
卫生防疫	符合国家要求及 NY/T 1892 标准	
3. 加工产品		
原辅料组成	是否符合加工产品原料的有关规定	

（续）

项　目	审查内容	审查结果
原辅料来源	是否有固定来源和合同、清单、发票	
食品添加剂	是否符合 GB 2760 及 NY/T 392 标准	
加工助剂	是否符合食品生产加工助剂要求	
预包装材料	是否可循环利用、可降解、回收利用	
仓储用药	列于 NY/T 393 准用清单中，使用符合农药登记用法及用量	
4. 水产品		
种苗来源	外购、自繁自育	
饲料组成	是否符合 NY/T 471 标准，无禁用饲料及添加剂	
饲料来源	是否有固定来源和合同、清单、发票	
渔药使用	是否符合 NY/T 755 标准，无禁用药物	
5. 食用菌		
菌种	来源，是否为转基因	
基质组成	是否符合生产需要，无禁用物质	
基质来源	是否固定来源且有合同、清单、发票	
生产用药	符合 NY/T 393 标准，无禁用药物	
6. 蜂产品		
品种、来源	中蜂，意蜂	
巢础	来源及主要成分是否符合要求	
蜜源植物	天然、种植	
饲料组成	是否符合 NY/T 471 标准，无禁用饲料及添加剂	
饲料来源	是否固定来源且有合同、清单、发票	
蜂药使用	是否符合 NY/T 472 标准，无禁用药物	
其他需要说明的事项		

绿色食品审查意见通知书

申请类型	初次申请 □ 　　　续展申请 □
申请人	
申请产品	

审查意见□ 　　补充材料审查意见 □

注：1. 补充材料请于_____个工作日内完成，逾期视为放弃；
　　2. 补充材料应由省级工作机构审核并报送中心。

检查员 （签字）			
处长 （签字）		认证审核处 （盖章）	年　　月　　日

注：1. 联系地址：北京市海淀区学院南路 59 号 203，邮编：100081；
　　2. 联系电话：010－62191404/1407/1408/，传真：010－62113258。

绿色食品审查结论

审查结论	□ 申请材料齐全，内容真实有效，产地环境质量、投入品使用、产品质量、包装储运均符合绿色食品标准及相关要求，建议提交专家评审。
	□ 申请材料和补充材料齐全，内容真实有效，产地环境质量、投入品使用、产品质量、包装储运均符合绿色食品标准及相关要求，建议提交专家评审。
	□ 申请材料存在以下严重问题，不符合绿色食品相关标准规定，不予通过。
	检查员（签字）： 年　月　日
处长（签字）：	年　月　日

绿色食品专家评审意见

评审结论	□申请材料齐全，内容真实有效，产地环境质量、投入品使用、产品质量、包装储运均符合绿色食品标准及相关要求，建议颁证。
	□申请材料存在以下严重问题，不符合绿色食品标准及相关要求，建议不予颁证。
专家组长（签字）：	年　　月　　日

中心主任审批

同意上述意见

主任（签字）：

年　　月　　日

绿色食品专家评审意见通知单

申请人	
申请产品	
专家评审 意　见	
专家评审 意见回复 情　况	检查员（签字）： 年　　月　　日
评审日期		认证审核处 （盖章）	

注：1. 联系地址：北京市海淀区学院南路 59 号 203，邮编：100081；

　　2. 联系电话：010－62191404/1407/1408/，传真：010－62113258。

绿色食品续展审查意见

申请人	
申请产品	
申请材料存在以下严重问题，不符合绿色食品标准及相关要求，建议不予续展。	
检查员 （签名）	
处　长 （签名）		年　月　日
分管主任 （签名）		年　月　日

绿色食品续展审查意见通知书

_____:

你单位申请的_____产品，存在以下严重问题，不符合绿色食品标准及相关要求，不予续展。

年　　月　　日

注：1. 联系地址：北京市海淀区学院南路59号203，邮编：100081；

　　2. 联系电话：010－62191404/1407/1408/，传真：010－62113258。

绿色食品续展审查结论

审查结论	□申请材料齐全，内容真实有效，产地环境质量、投入品使用、产品质量、包装储运均符合绿色食品标准及相关要求，建议予以续展。
	□申请材料和补充齐全，内容真实有效，产地环境质量、投入品使用、产品质量、包装储运均符合绿色食品标准及相关要求，建议予以续展。
	□申请材料存在以下严重问题，不符合绿色食品标准及相关要求，建议不予续展。
	检查员（签字）： 年　月　日
处长（签字）：	年　月　日

中心主任审批

同意续展

主任（签字）：

年　月　日

绿色食品现场检查工作规范

（2014 年 12 月 26 日发布）

第一章 总 则

第一条 为规范绿色食品现场检查工作，提高现场检查质量和效率，依据《绿色食品标志管理办法》和绿色食品相关法律法规要求，制定本规范。

第二条 本规范所称现场检查是指经中国绿色食品发展中心（以下简称中心）核准注册且具有相应专业资质的绿色食品检查员（以下简称检查员）依据绿色食品技术标准和有关法规对绿色食品申请人提交的申请材料、产地环境质量、产品质量等实施核实、检查、调查、风险分析和评估并撰写检查报告的过程。

第三条 本规范适用于检查员开展境内外绿色食品现场检查工作。

第二章 现场检查程序

第四条 检查前的准备

（一）委派检查员。省级绿色食品工作机构（以下简称省级工作机构）根据申请产品类别，委派至少 2 名具有相应资质的检查员组成检查组，必要时可配备相应领域的技术专家。境外现场检查由中心直接委派检查员。

（二）确定现场检查时间。检查时间应安排在申请产品的生产、加工期间（如从种子萌发到产品收获的时间段，从母体妊娠到屠宰加工的时间段，从原料到产品包装的时间段）的高风险时段进行，不在生产、加工期间的现场检查为无效检查。现场检查应覆盖所有申请产品，因生产季等原因未能覆盖的，应在未覆盖产品的生产季节内实施补充检查。

（三）确定现场检查计划。检查组审阅申请人的申请材料，根据省级工作机构派发的《绿色食品现场检查通知书》确定检查的要点，检查组长对检查工作内容进行分配。

（四）通知申请人。在现场检查日期 3 个工作日前将《绿色食品现场检查通知书》

发送给申请人，请申请人做好各项准备，配合现场检查工作，并签字确认。

（五）备齐资料和物品。包括相关绿色食品标准规定、国家有关法律法规等文件、检查报告、签到表、现场检查发现意见汇总表、相机等。

第五条　工作程序

现场检查包括首次会议、实地检查（包括环境调查）、查阅文件（记录）、随机访问和总结会等5个环节，其中查阅文件（记录）、随机访问两个环节贯穿现场检查的始终。

（一）首次会议

首次会议由检查组长主持，申请人主要负责人、绿色食品生产负责人、各生产管理部门负责人、技术人员和内检员参加。检查组向申请人明确检查目的、依据、内容、检查场所及时间安排等，并就检查计划与申请人进一步沟通，参会人员填写会议签到表，并且向申请人作出保密承诺。

1. 对于初次申请人，请申请人确定作为向导和见证作用的陪同人员，确认检查所需要的资源。检查组需听取申请人关于申请产品及其产地环境、生产管理等有关情况的介绍，检查员对疑点问题与申请人进行沟通。

2. 对于续展申请人，检查组还应核实前次现场检查或年度检查中发现问题的整改落实情况。

（二）实地检查

在申请人生产现场对照检查依据调查并评估产地环境状况，调查绿色食品生产、收获、加工、包装、仓储和运输等全过程及其场所和产品情况，核实保证绿色食品生产过程的技术措施和管理措施，收集相关技术文件和管理体系文件；核查投入物的使用情况，收集相关证据和资料，进行风险评估。

1. 产地环境调查　省级绿色食品工作机构应依据《绿色食品　产地环境调查、监测与评价规范》（NY/T 1054）标准要求，采用资料核查、座谈会、问卷调查、实地考察等多种形式，组织实施环境质量现状调查。检查员可结合现场检查对申请人的产地环境进行调查并作出书面评价。调查内容应包括：

（1）产地是否生态环境良好、无污染的地区，远离工矿区和公路铁路干线，避开污染源。

（2）在绿色食品和常规生产区域之间是否设置有效的缓冲带或物理屏障，以防止绿色食品生产基地受到污染。

（3）是否建立生物栖息地，保护基因多样性、物种多样性和生态系统多样性，以维持生态平衡。

（4）调查产品产地所在区域的自然环境概况；土壤类型（包括农田、牧场、食用菌基质、渔业养殖底泥）；植被及生物多样性；自然灾害；农业生产方式；农业投入品使用情况（特别是产地是否施用过垃圾多元肥、稀土肥料、重金属制剂、污泥等，是否大量引用外来有机肥）；产地客土情况；水源的水质和水量、灌溉条件；周边道路及隔离设施；工矿业污染分布和污染物排放；生态环境保护措施包括废弃物处理、农业自然资源合理利用；生态农业、循环农业、清洁生产、节能减排等情况。

根据调查及掌握的资料情况，分析产地环境质量现状、发展趋势及区域污染控制措施，兼顾产地自然环境、社会经济及工农业生产对产地环境质量的影响，作出关于绿色食品发展适宜性的评价。

2. 申请材料核查　提供给检查组的材料是否完整、真实；生产规模、产品产量；种植、养殖、加工的场所及其位置、面积；作物种植、动物养殖、绿色食品加工的工艺和方法是否与申请材料相一致；管理体系文件是否能有效运行并保持最新版本；是否符合相关法律法规。

3. 检查范围　农田、养殖场、生产车间、库房等场所；边界和可能的污染物，生产地的生态环境及周边环境情况；作物病、虫、草害防治管理和动物疾病治疗及预防管理；投入品的使用情况（包括品种、用量、方法、使用时间等）和储藏地点；产品的生产、收获、加工、包装、储藏、运输和销售方式。根据需要检查的基地数（以村为单位）、地块数（以自然分布的区域划分）和农户数，采用取整的方法（n 代表样本数）确定抽样数量，随机进行检查和调查。

（三）随机访问

通过对农户、生产人员、技术人员等进行访问，核实申请人生产过程中绿色食品相关技术标准的落实情况及申请材料与生产实际的符合性。

（四）查阅文件、记录

通过查阅文件了解申请人全程质量控制措施及确保绿色食品产品质量的能力；通过查阅记录，核实申请人生产和管理的执行情况及控制的有效性。

1. 查阅文件　基地（农户）管理制度、合同（协议）、生产管理制度、生产操作规程、质量管理手册、土地所有权证明、基地图、申请人资质证明、国家强制要求办理的相关证书等。

2. 查阅记录　生产及其管理记录、生产资料购买及使用记录、出入库记录、运输记录、销售记录、卫生管理记录、有害生物防治记录、内部监督检查记录、培训记录等。

3. 查阅其他资料　生产资料及投入品标签和购买发票、产品预包装（如涉及）、绿色食品原料标准化生产基地证明材料、绿色食品证书复印件等。

（五）风险性评估

有以下因素之一，需要进行风险评估：

1. 有禁用物质使用迹象的，检查可能使用的禁用物质的来源，遗留包装物，记录，随机访谈了解到的相关情况；

2. 产地周边有污染源的，根据绿色食品生产区域所处位置，确认是否受到周边污染源的影响；

3. 存在平行生产的，查看区别管理制度的建立和运行情况，检查农田、养殖场、生产车间、库房等场所的相关记录。

（六）总结会

检查组通过内部沟通形成现场检查意见后，组织召开总结会，参会人员填写会议签到表。检查组长向申请人通报现场检查意见及事实依据。申请人可对现场检查意见进行解释和说明，对有争议的，双方可进一步核实。检查组填写《现场检查发现问题汇总表》，并由申请人确认。

（七）检查组对上述每个环节进行拍照（影像资料），将照片、会议签到表和《现场检查发现问题汇总表》附于《绿色食品现场检查报告》中。

第六条　工作要求

（一）申请人要根据现场检查计划做好人员安排，现场检查期间，主要负责人、绿色食品生产负责人、技术人员、内检员、库管人员要在岗，各相关记录、档案随时备查阅。

（二）检查员在现场检查工作中应保持严谨、科学、谦逊的态度，仔细倾听申请人的讲述，与申请人平等交流。

（三）检查员要在检查中收集信息，作好记录和必要资料的收集，记录要有现场检查双方的签字确认，并进行拍照、复印和实物取证，照片应体现申请人名称，标明检查日期，检查组成员在现场。

（四）对于现场检查中发现的问题，申请人应在规定的期限内予以整改，由于客观原因（如农时、季节、生产设备改造等）在短期内不能完成整改的，申请人应对整改完成的时限作出承诺，检查组在申请人承诺时限内对整改落实情况进行验证，并将验证结果附于现场检查材料中。

第七条　现场检查报告

现场检查完成后，检查组应当在 10 个工作日内向省级工作机构提交《绿色食品现场检查报告》（以下简称"报告"），报告应公正、客观和全面，真实反映现场检查情况。会议签到表、现场检查照片、现场检查发现问题汇总表、现场检查过程中收集的其他材料一并提交。

第三章 现场检查要点

第八条 种植产品现场检查

（一）产地环境质量调查

1. 检查种植区（大田、蔬菜露地、设施、野生采集）是否位于生态环境良好，无污染的地区；是否远离城区、工矿区和公路铁路干线，避开工业污染源、生活垃圾场、医院、工厂等污染源。

2. 检查绿色食品和常规种植区域之间是否设置了有效的缓冲带或物理屏障，缓冲带内作物的种植情况。

3. 申请人是否采取了有效防止污染的措施。

4. 种植区是否具有可持续生产能力，生产废弃物是否对环境或周边其他生物产生污染。

5. 调查种植区的土地利用情况、耕作方式（旱田/水田/果园/水旱轮作）、农业种植结构、生物多样性，了解当地自然灾害种类，生态环境保护措施等。

6. 检查灌溉用水（如涉及）来源，是否存在污染源或潜在污染源。

（二）种子、种苗来源与处理

1. 核查种子、种苗品种、来源，查看外购种子、种苗是否有正规的购买发票或收据，是否有非转基因证明。

2. 核查种子、种苗的预处理方法，使用物质是否符合《绿色食品 农药使用准则》（NY/T 393）标准。

3. 多年生作物嫁接用的砧木、实生苗、扦插苗（无性苗）是否有明确的来源，预处理方法和使用物质是否符合《绿色食品 农药使用准则》（NY/T 393）标准要求。

（三）作物栽培

1. 查看种植区内作物的长势情况。

2. 检查轮作、间作、套作计划是否符合实际生产情况。

3. 了解轮作计划是否保持作物多样性；是否在维持或改善土壤有机质、肥力、氮素含量、生物活性及土壤结构、健康的同时，能减少土壤养分的损失；是否考虑各轮作作物间病、虫、草害的相互影响。

（四）土壤管理和培肥

1. 了解土壤肥力恢复的方式（秸秆还田、种植绿肥和农家肥的使用等）。

2. 核查肥料的种类、来源、无机氮使用量等是否符合《绿色食品 肥料使用准则》（NY/T 394）标准要求。

（1）检查商品有机肥、商品微生物肥料来源、成分、使用方法、施用量和施用时间，是否有正规的购买发票或收据等凭证。

（2）检查有机—无机复混肥、无机肥料、土壤调理剂等的来源、成分、使用方法、施用量和施用时间，是否有正规的购买发票或收据等凭证。

（3）确认当地同种作物习惯施用无机氮肥种类及用量，核实作物当季的无机氮素使用量。

3. 检查农家肥料原料（有机质）的处理、储藏及使用是否给地表和地下水造成污染。

（五）病虫草害防治

1. 调查当地常见病虫草害的发生规律、危害程度及防治方法。

2. 核查病虫草害防治的方式、方法和措施是否符合《绿色食品 农药使用准则》（NY/T 393）标准要求。

（1）检查申请种植产品当季发生病虫草害的农业、物理、生物防治措施及效果。

（2）检查种植区地块及周边、生资库房、记录档案，核查使用农药的种类、使用方法、用量、使用时间、安全间隔期等。

（六）收获及采后处理

1. 了解收获的方法、工具。

2. 检查绿色食品在收获时采取何种措施防止污染。

3. 了解采后产品质量检验方法及检测指标。

4. 涉及投入品使用的，核查使用投入品是否应符合《绿色食品 食品添加剂使用准则》（NY/T 392）、《绿色食品 农药使用准则》（NY/T 393）及《食品安全国家标准 食品添加剂使用标准》（GB 2760）标准要求。

5. 涉及清洗的，了解加工用水来源。

（七）包装、标识与贮藏运输

1. 核查包装及标识是否符合《绿色食品 包装通用准则》（NY/T 658）标准要求。

（1）核查使用的包装材料是否可重复使用或回收利用，包装废弃物是否可降解。

（2）检查包装标识是否符合 GB 7718、NY/T 658、绿色食品标志是否符合《中国绿色食品商标标志设计使用规范手册》的要求。

（3）对于续展申请人，还应检查绿色食品标志使用情况。

2. 核查贮藏运输是否符合《绿色食品 贮藏运输准则》（NY/T 1056）标准要求。

（1）检查绿色食品是否设置专用库房或存放区并保持洁净卫生；是否根据种植产品特点、贮存原则及要求，选用合适的贮存技术和方法；贮存方法是否引起污染。

（2）检查贮藏场所内是否存在有害生物、有害物质的残留。

（3）检查贮藏设施是否具有防虫、防鼠、防鸟的功能，或采取何种措施防虫、防鼠、防潮、防鸟。涉及药剂使用的，是否符合《绿色食品　农药使用准则》（NY/T 393)标准要求。

（4）核查绿色食品可降解食品包装与非降解食品包装是否分开贮存与运输；不应与农药、化肥及其他化学制品等一起运输。

（5）检查运输绿色食品的工具，并了解运输管理情况。

（八）质量控制体系

1. 是否有绿色食品生产负责人和企业内检员。

2. 查看企业质量控制规范、种植技术规程、产品质量保障措施等技术性文件的制定与执行情况。

3. 检查相关标准和技术规范是否上墙，产地是否有明显的绿色食品标识。

4. 检查申请人是否有统一规范的、内容全面的生产记录，是否建立了全程可追溯系统。

5. 检查记录是否有专人保管并保存3年以上。

6. 存在平行生产的，是否建立区分管理全程质量控制系统。包括防止绿色食品与常规食品在生产、收获、贮藏、运输等环节混淆的措施或制度；绿色食品与常规食品的各环节记录等。

（九）风险性评估

1. 评估各生产环节是否建立有效合理的生产技术规程，操作人员是否了解规程并准确执行。

2. 评估整体质量控制情况，是否存在平行生产，质量管理体系是否稳定。

3. 评估农药、肥料等投入品使用是否符合绿色食品标准要求。

4. 评估作物生产全过程是否会对周边环境造成污染。

（十）其他

1. 核对申请产品信息

（1）核对申请材料上的申请人名称、产品名称与包装上的是否一致。

（2）核对预包装标签上的商标与商标注册证上的是否一致。

（3）核实生产规模是否能满足产品申请需要。

2. 对于续展申请人，还应核查其上一用标周期绿色食品投入品合同是否有效执行。

第九条 畜禽产品现场检查

（一）产地环境

1. 核查基地（放牧基地、养殖场所）是否位于生态环境良好，无污染的地区；是否远离医院、工矿区和公路铁路干线。

2. 核查养殖基地/畜舍位置、基地分布情况、基地面积、养殖规模等与申请材料是否一致。

3. 核查放牧基地载畜（禽）量是否超过基地植被承受力（或是否过度放牧）；放养基地是否具有可持续生产能力（是否需要休牧，休牧期长短）；是否对周边生态环境有不可逆的影响。

4. 核查畜禽圈舍使用的建筑材料和生产设备是否对人或畜禽有害；

5. 核查畜禽圈舍内是否有绿色食品禁用物质。

（二）畜禽来源（含种用及商品畜禽）

1. 外购畜禽

（1）核查畜禽来源；查看供应方资质证明，购买发票或收据。

（2）外购畜禽如作为种用畜禽，应了解其引入日龄，引入前疾病防治、饲料使用等情况。

（3）核查是否外购畜禽短期育肥。

2. 自繁自育

（1）采取自然繁殖方式的。查看系谱档案；如为杂交，了解杂交品种来源及杂交方式。

（2）采用同期发情、超数排卵的。核查是否使用禁用激素类物质保证整齐度。

（3）采取人工或辅助性繁殖方式的。了解冷冻精液、移植胚胎来源，操作人员资质等。

（三）饲养管理

1. 饲料管理（包括原料及添加剂）

（1）全部使用外购饲料的

①核查各饲料原料及饲料添加剂的来源、比例、年用量，核实其是否100％为绿色食品。

②查看购买协议期限是否涵盖一个用标周期、购买量是否能够满足生产需求量。

③查看绿色食品证书、绿色生资证书、绿色食品原料标准化基地证书（原件）。

④查看饲料包装标签：名称、主要成分、生产企业等信息。

（2）自制饲料（含外购及自制皆有）的

①自种的绿色食品原料，核查其农药与肥料使用是否符合绿色食品标准要求、其种植量能否满足需求量。

②查看购买协议，协议期限是否涵盖一个用标周期。核实购买量是否能够满足生产需求量。

③查看绿色食品证书、绿色生资证书、绿色食品原料标准化基地证书（原件）。

④查看饲料包装标签：名称、主要成分、生产企业等信息。

⑤核查是否使用同源动物源性饲料、畜禽粪便等作为饲料原料。

⑥核查饲料添加剂成分是否含有绿色食品禁用添加剂。

⑦核查饲料及饲料添加剂成分中是否含有激素、药物饲料添加剂或其他生长促进剂。

⑧若预混料配方中含有肉质改善剂、蛋白增加剂等成分，应进一步核实其是否含有绿色食品禁用物质。

⑨核查饲料加工工艺、饲料配方、设施设备等是否能够满足饲料生产需要。

⑩核查自制饲料总量是否能够满足生产需求量。

（3）核查畜禽饮用水中是否添加激素、药物饲料添加剂或其他生长促进剂。

（4）核查饲料存储仓库中是否有绿色食品禁用物质；仓库是否有防潮、防鼠、防虫设施；是否使用化学合成药物；药物的名称、用法与用量。

（5）查看饲料原料及添加剂购买发票、出入库记录，饲料加工记录等。

（6）采取纯天然放牧方式进行养殖的畜禽。应核查其饲草面积，放牧期，饲草产量能否满足生产需求量；是否存在补饲，补饲所用饲料及饲料添加剂是否符合《绿色食品 畜禽饲料及饲料添加剂使用准则》（NY/T 471）的要求。

（7）核查申报畜禽在一个生长（或生产）周期内，其各养殖阶段所用饲料是否均为绿色食品。

2. 日常饲养管理

（1）核查绿色食品养殖和常规养殖之间是否具有效的隔离措施；或严格的区分管理措施。

（2）了解畜（禽）圈舍是否配备采光通风、防寒保暖、防暑降温、粪尿沟槽、废物收集、清洁消毒等设备或措施。

（3）了解是否根据不同性别、不同养殖阶段进行分舍饲养；是否提供足够的活动及休息场所；幼畜是否能够吃到初乳。

（4）核查幼畜断奶前是否进行补饲训练；补饲所用饲料是否符合《绿色食品 畜禽饲料及饲料添加剂使用准则》（NY/T 471）的要求。

（5）核查是否有病死畜禽、畜禽粪尿、养殖污水等废弃物处理措施，是否进行无害化处理；养殖基地污染物排放是否会造成环境污染，是否符合《畜禽养殖业污染物排放标准》（GB 18596）的规定。

（6）核查是否具有专门的绿色食品饲养管理规范；是否具有饲养管理相关记录；饲养管理人员是否经过绿色食品生产管理培训。

（7）询问一线饲养管理人员在实际生产操作中使用的饲料、饮水、兽药、消毒剂等物质，核实其是否用过绿色食品禁用物质。

（8）核查畜禽饮用水是否符合《绿色食品　产地环境质量》（NY/T 391—2013）的规定。

（四）疾病防治

1. 疫病防控

（1）了解当地常见疫病种类及发生规律。

（2）核查是否具有染疫畜禽隔离措施。

（3）核查病死畜禽处理是否符合《绿色食品　动物卫生准则》（NY/T 473）、《绿色食品　畜禽饲养防疫准则》（NY/T 1892）的要求。

（4）核查疫病防控使用的疫苗、消毒剂等是否符合《绿色食品　兽药使用准则》（NY/T 472）、《绿色食品　动物卫生准则》（NY/T 473）、《绿色食品　畜禽饲养防疫准则》（NY/T 1892）的要求。

2. 疾病处理

（1）查看兽医处方笺及兽药使用记录。包括畜禽编号、疾病名称、防治对象、发病时间及症状、治疗用药物名称及其有效成分、用药日期、用药方式、用药量、停药期、用药人、技术负责人等。

（2）核查疾病防治措施及所使用的药物是否符合《绿色食品　兽药使用准则》（NY/T 472）、《绿色食品　动物卫生准则》（NY/T 473）、《绿色食品　畜禽饲养防疫准则》（NY/T 1892）的要求。

（3）核查停药期是否符合《兽药停药期规定》（中华人民共和国农业部公告第278号）。

（4）核查兽药存储仓库中的兽药、消毒剂等是否有绿色食品禁用物质。

（五）动物福利

1. 了解是否供给畜禽足够的阳光、食物、饮用水、活动空间等。

2. 了解是否采取完全圈养、舍饲、拴养、笼养等饲养方式。

3. 了解是否进行过非治疗性手术（断尾、断喙、烙翅、断牙等）。

4. 了解是否存在强迫喂食现象。

（六）畜禽出栏及产品收集

1. 查看畜禽产品出栏（产品收集）标准、时间、数量、活重等相关记录。

2. 查看畜禽出栏检疫记录，不合格产品处理方法及记录。

3. 了解收集的禽蛋是否进行清洗、消毒等处理；消毒所用物质是否对禽蛋品质有影响。

4. 核查处于疾病治疗期与停药期内收集的蛋、奶如何处理。

5. 核查挤奶方式、挤奶设施、存奶器皿是否严格清洗消毒，是否符合食品要求。了解挤奶前是否进行消毒处理；"头三把"奶如何处理。

（七）活体畜禽装卸及运输

1. 查看运输记录。包括运输时间、运输方式、运输数量、目的地等。

2. 核查是否具有与常规畜禽进行区分隔离的相关措施及标识。

3. 了解装卸及运输过程是否会对动物产生过度应激。核查运输过程是否使用镇静剂或其他调节神经系统的制剂。

（八）屠宰加工（如有涉及）

1. 核查加工厂所在位置、面积、周围环境与申请材料是否一致。

2. 核查厂区卫生管理制度及实施情况。

3. 了解待宰圈设置是否能够有效减少对畜禽的应激。

4. 核查屠宰前后的检疫记录，不合格产品处理方法及记录。

5. 了解屠宰加工流程。

6. 核查加工设施与设备的清洗与消毒情况。

7. 核查加工设备是否同时用于绿色和非绿色产品；如何避免混杂和污染。

8. 核查加工用水是否符合《绿色食品 产地环境质量》（NY/T 391）标准要求。

9. 核查屠宰加工过程中污水排放是否符合《肉类加工工业水污染物排放标准》（GB 13457）的要求。

（九）储藏、包装与运输

1. 储藏

（1）生产资料库房。核查是否有专门的绿色食品生产资料存放仓库；是否有明显的标识；是否有绿色食品禁用物质。

（2）产品库房。核查是否有专门的绿色食品产品储藏场所；其卫生状况是否符合食品储藏条件；库房硬件设施是否齐备；若与同类非绿色食品产品一起储藏如何防混、防污；储藏场所是否具有防虫、防鼠、防潮措施，是否使用化学合成药物，药物的名称、用法与用量。

（3）查看生产资料、产品出入库记录。

2. 预包装标签

（1）核查产品是否包装；核实产品预包装送审样。

（2）核查包装标识是否符合《预包装食品标签通则》（GB 7718）、《绿色食品 包装通用准则》（NY/T 658）标准要求；绿色食品标志是否符合《中国绿色食品商标标志设计使用规范手册》的要求。

（3）核查使用的包装材料是否可重复使用或回收利用；包装废弃物是否可降解。

3. 运输

（1）核查是否单独运输；若与非绿色食品一同运输，是否有明显的区别标识。

（2）核查运输过程是否需要控温等措施。

（3）核查运输工具的清洁消毒处理情况。

（4）核查运输工具是否满足产品运输的基本要求；运输工具和运输过程管理是否符合《绿色食品 贮藏运输准则》（NY/T 1056）的要求。

（5）核查运输记录是否完整；是否能够保证产品可追溯。

（十）质量控制体系

1. 了解申请人机构设置是否专门设置基地负责人和企业内检员。

2. 了解基地位置及组成情况。查看土地流转合同，或有效期 3 年以上的委托养殖合同或协议，基地清单，农户清单等。

3. 查看申请单位的资质性文件：企业营业执照、商标注册证、养殖许可证等其他合法性文件等资质证明原件。

4. 核查企业质量控制规范、养殖技术规程、屠宰加工规程和产品质量保障措施等技术性文件的制定与执行情况。

5. 核查绿色食品相关标准和技术规范是否上墙或在醒目的地方公示；产地是否有绿色食品的明显标识。

6. 核查是否建立可追溯的全程质量安全监管记录；查看近两年的生产记录、生产资料的采购与使用记录；核实生产过程记录的真实性、完整性和符合性。

（十一）风险性评估

1. 评估各生产环节是否建立有效合理的生产技术规程，操作人员是否了解规程并准确执行。

2. 评估整体质量控制情况，是否存在平行生产，质量管理体系是否稳定。

3. 评估使用的兽药、消毒剂等是否符合绿色食品标准要求。

4. 评估是否存在使用常规饲料及饲料添加剂的风险。

5. 评估绿色食品养殖过程是否会对周边环境造成污染。

（十二）其他

1. 核对申请产品信息

（1）核对申请材料上的申请人名称、产品名称与包装上的是否一致。

（2）核对预包装标签上的商标与商标注册证上的是否一致。

（3）核实生产规模是否能满足产品申请需要。

2. 对于续展申请人，还应核查其上一用标周期绿色食品投入品合同是否有效执行。

3. 对于人工种植饲料原料的申请人，还应参照种植产品的现场检查规范。

4. 对于涉及肉类及乳制品加工、饲料加工的申请人，还应参照加工产品现场检查规范。

第十条　加工产品现场检查

（一）基本情况

1. 了解申请人基本情况，核查资质证明材料是否有效、申请材料中内容是否与实际一致。

2. 核查厂区地址、加工厂区平面图与实际情况是否一致。

3. 了解加工厂区生产情况（含平行生产、委托加工、非申报产品生产情况）。

4. 了解生产运营、管理体系（如 ISO、HACCP 等）、产品质量情况（如是否稳定运营、有无质量投诉等）。

（二）厂区环境质量

1. 核查厂区周边环境是否良好，是否远离工矿区和公路铁路干线。

2. 核查厂区周边、厂内是否有污染源或潜在污染源。

3. 核查厂房是否齐备，是否合理且能满足生产需要。

4. 核查加工厂及生产车间设施是否齐备，卫生状况是否良好，是否能满足《食品企业通用卫生规范》（GB 14881）的基本要求。

5. 核查物流及人员流动状况是否合理，应避免交叉污染且生产前、中、后卫生状况良好。

（三）生产加工

1. 核查生产工艺应与申请材料是否相一致，是否能满足产品生产需要。

2. 核查生产工艺中是否有潜在质量风险。

3. 核查生产工艺是否设置了必要的监控参数，配备了恰当的监控措施和设备，以保证和监控生产正常运行。监控措施和设备应有效运行。

4. 核查生产设备是否能满足生产工艺需求，且布局合理，正常运转；生产设备是否对加工生产造成污染（如排放废气、废水、扬尘等）。

5. 核查各个生产环节是否有行之有效的操作规程，应包含非正常生产时，不合格品的处置、召回等纠正措施。

6. 核查生产操作规程是否符合绿色食品标准要求，有无违禁投入品和违禁工艺。

7. 核查所有生产操作规程是否保持最新有效版本，并在需要时方便取得。

8. 核查操作人员是否具有相应的资质且熟悉本岗位要求。

9. 核查操作人员是否掌握绿色食品生产技术标准。

（四）主辅料和食品添加剂

1. 核查主辅料来源、组成、配比和年用量是否与申请材料一致，且符合工艺要求和生产实际。

2. 核查主辅料、添加剂的组成、配比和用量是否符合国家食品安全要求和绿色食品标准要求。如《食品安全国家标准　食品添加剂使用准则》（GB 2760）、《食品营养强化剂使用标准》（GB 14880）、《绿色食品　食品添加剂使用准则》（NY/T 392）等。

3. 核查主辅料的组成、配比和用量是否符合绿色食品加工产品原料的规定。

4. 核查主辅料采购量是否满足生产需求，产出率合理。

5. 了解主辅料、添加剂入厂前是否经过检验，检验结果是否合格。

6. 核查主辅料等投入品的购买合同、协议、领用、投料生产记录是否真实有效。

7. 核查主辅料等投入品是否符合《绿色食品　贮藏运输准则》（NY/T 1056）标准要求。

8. 了解是否使用加工水及加工水来源。

9. 了解加工水是否经过二次净化，确认净化的流程和设备。

10. 了解加工水是否定期进行检测，确认检测方法和结果。

（五）包装和贮运

1. 核查产品是否包装，检查预包装送审样。

2. 核查包装标识是否符合《食品安全国家标准　预包装食品标签通则》（GB 7718）、《绿色食品　包装通用准则》（NY/T 658）、绿色食品标志是否符合《中国绿色食品商标标志设计使用规范手册》的要求。

3. 核查使用的包装材料是否可重复使用或回收利用，包装废弃物是否可降解。

4. 核查绿色食品可降解食品包装与非降解食品包装是否分开贮存与运输；不应与农药、化肥及其他化学制品等一起运输。

5. 核查运输绿色食品的工具和管理是否符合《绿色食品　贮藏运输准则》（NY/T

1056）标准要求。

6. 核查绿色食品是否设置专用库房或存放区并保持洁净卫生；是否根据产品特点、贮存原则及要求，选用合适的贮存技术和方法；贮存方法是否引入污染。

7. 核查贮藏场所内是否存在有害生物、有害物质的残留。贮藏设施应具有防虫、防鼠、防鸟的功能。确认防虫、防鼠、防潮的具体措施，涉及药剂使用的，是否符合《绿色食品 农药使用准则》（NY/T 393）和《绿色食品 兽药使用准则》（NY/T 472）标准要求。

8. 核查运输工具是否满足产品运输的基本要求。

9. 核查运输记录是否完整、齐全且保证产品可追溯。

（六）质量管理体系

1. 了解申请人是否设置了绿色食品生产负责人和企业内检员。

2. 查看企业质量控制规范、种加工技术规程、产品质量保障措施等技术性文件的制定与执行情况。

3. 查看相关标准和技术规范是否上墙。产地是否有绿色食品的明显标识。

4. 核查是否对生产各个环节有详细记录。是否有固定的记录格式；是否通过全程记录建立追溯系统以及可跟踪的生产批次号系统；是否有专人保管和保管地。记录是否能保存 3 年以上。

5. 存在平行生产的，核查是否建立区分管理的全程质量控制系统。（包括防止绿色食品与常规食品在生产、收获、贮藏、运输等环节混淆的措施或制度）绿色食品与常规食品的各环节记录是否能够区分且完整。

6. 核查废弃物（下脚料、废水、废弃排放等）是制订了处理方案，是否妥善处理。

（七）风险性评估

1. 评估各生产环节是否建立有效合理的操作规程，操作人员是否了解规程并准确执行。

2. 评估各投入品来源是否稳定，质量是否合格，是否达到绿色食品标准要求。

3. 评估各中间产物、废弃物、废品和次品如何处理、是否会对生产过程和产品造成污染。

4. 评估整体质量控制情况如何，是否存在潜在风险，质量管理体系是否稳定。

5. 平行生产的，评估原料加工、成品储藏及运输、设备清洗等各环节如何进行区分，避免混淆及污染。

（八）其他

1. 核对申请产品信息

（1）核对申请材料上的申请人名称、产品名称与包装上的是否一致。

（2）核对预包装标签上的商标与商标注册证上的是否一致。

（3）核实生产规模是否能满足产品申请需要。

2. 对于续展申请人，还应核查其上一用标周期绿色食品投入品合同是否有效执行。

第十一条　水产品现场检查

（一）产地环境

1. 核查基地是否位于生态环境良好，无污染的地区；是否远离工矿区和公路铁路干线。

2. 核查养殖基地位置、水域分布方位、面积与申请材料是否一致。

3. 核查养殖水域水质情况，水体是否明显受到污染或有异色、异臭、异味。

4. 核查开放水体绿色食品养殖区域和常规养殖区域、农业或工业污染源之间是否保持一定的距离。

5. 核查开放水体养殖区域是否具有可持续的生产能力；是否会对周边水体产生污染；是否会破坏该水域生物多样性。

6. 核查封闭水体绿色食品养殖区域和常规养殖区域之间是否有有效的天然隔离或设置物理屏障。

7. 核查同一养殖区域中是否同时含有绿色与非绿色养殖产品。如何区分管理？

8. 核查养殖区域使用的建筑材料和生产设备是否明显有害。

9. 核查封闭水体养殖用水来源；是否有可能引起养殖用水受污染的污染物，污染物来源及处理措施；绿色食品养殖区和常规养殖区域之间的进排水系统是否有有效的隔离措施。

10. 核查开放水体周边水域是否存在污染源，是否会对绿色食品养殖区域产生影响。

（二）苗种来源

1. 外购苗种。查看苗种供应方相应的资质证明、购买协议、发票或收据，了解外购苗种在运输过程中疾病发生和防治情况。

2. 自繁自育苗种。了解其繁殖方式，是否使用激素类物质控制性别比率。

（三）饲养管理

1. 水质管理

（1）了解水质更换频率及更换方法。

（2）核查消毒剂和渔用环境改良剂的使用是否符合《绿色食品　渔药使用准则》（NY/T 755）标准要求。

（3）了解是否向养殖水域中投放粪便以提高水体总氮、总磷浓度。

（4）查养殖区域水质是否符合《绿色食品　产地环境质量》（NY/T 391）标准要求。

2. 苗种培育

（1）核查育苗场水质是否符合《绿色食品　产地环境质量》（NY/T 391）标准要求；育苗场所消毒及苗种消毒是否符合《绿色食品　渔药使用准则》（NY/T 755）标准要求。

（2）核查苗种培育周期；苗种投放量是否满足申报量；苗种投放规格。

（3）核查苗种培育阶段所用的饲料是否为绿色食品。

（4）核查苗种培育阶段疾病发生及防治情况，是否使用绿色食品禁用渔药。

3. 饲料管理（包括原料及添加剂）

（1）全部使用外购饲料的

①核查各饲料原料及饲料添加剂的来源、比例、年用量，是否 100％为绿色食品。

②查看购买协议，协议期限是否涵盖一个用标周期。核查购买量是否能够满足生产需求量。

③查看绿色食品证书、绿色生资证书、绿色食品原料标准化基地证书（原件）。

④查看饲料包装标签：名称、主要成分、生产企业等信息。

（2）自制饲料（含外购及自制皆有）的

①自种的绿色食品原料，核查其农药与肥料使用是否符合绿色食品的要求；其种植量能否满足需求量。

②查看购买协议，协议期限是否涵盖一个用标周期。核查购买量是否能够满足生产需求量。

③查看绿色食品证书、绿色生资证书、绿色食品原料标准化基地证书（原件）。

④查看饲料包装标签：名称、主要成分、生产企业等信息。

⑤核查饲料添加剂成分是否含有绿色食品禁用添加剂。

⑥核查饲料及饲料添加剂成分中是否含有激素、药物饲料添加剂或其他生长促进剂。

⑦核查饲料加工工艺、饲料配方、设施设备等是否能够满足饲料生产需要。

⑧核查自制饲料总量是否能够满足生产需求量。

⑨全部使用水域中野生天然饵料的，应核查饵料品种、生长情况及能否满足生产需求量。

⑩人工培养天然饵料的，应核查饵料来源、养殖情况、养殖过程是否使用绿色食品禁用物质。

（3）核查养殖用水中是否添加激素、药物饲料添加剂或其他生长促进剂。

（4）核查饲料存储仓库中是否有绿色食品禁用物质；仓库是否有防潮、防鼠、防虫设施；是否使用化学合成药物；药物的名称、用法与用量。

（5）查看饲料原料及添加剂购买发票、出入库记录，饲料加工记录等。

（6）藻类等水产品，应核查肥料使用情况。

①肥料类别、商品名称。

②氮的类型、每亩使用量、使用时间、使用方法。

③所用肥料是否符合《绿色食品　肥料使用准则》（NY/T 394）标准要求。

4. 日常饲养管理

（1）了解养殖模式（单养、混养），单养品种，混养品种及投放比例。

（2）核查养殖密度是否超过水域负载量。

（3）核查各品种养殖周期、上市规格、产量。

（4）核查是否具有专门的绿色食品饲养管理规范；是否具有饲养管理相关记录；饲养管理人员是否经过绿色食品生产管理培训。

（5）核查是否有病死产品、养殖污水等废弃物处理措施；污染物排放是否会造成环境污染，是否符合国家相关标准。

（6）询问一线养殖人员在实际生产操作中使用的饲料、渔药、消毒剂和渔用环境改良剂等物质，核实其是否用过绿色食品禁用物质。

（四）疾病防治

1. 了解当地常见疾病及其流行程度。对于上述疾病，采取何种措施进行预防？本年度发生过何种疾病？危害程度如何？

2. 核查疫苗使用情况，包括疫苗名称、使用时间、使用方法，所用疫苗是否符合《绿色食品　渔药使用准则》（NY/T 755）标准要求。

3. 查看药品存储仓库中的渔药、消毒剂等是否有不在《绿色食品　渔药使用准则》（NY/T 755）渔药准用列表中的物质。

4. 查看渔药使用记录，包括疾病名称、防治对象、治疗用药物名称及其有效成分、用药日期、用药方式、用药量、停药期、用药人、技术负责人等。核实生产中所用渔药及消毒剂是否符合《绿色食品　渔药使用准则》（NY/T 755）标准要求。

（五）捕捞与运输

1. 捕捞

（1）了解捕捞措施。核查措施和工具是否符合国家相关规定。

（2）了解开放性水域采取何种措施保证生态系统的可持续生产能力，避免掠夺性捕捞?

(3) 核查疾病治疗期、停药期内是否进行捕捞。捕捞所得产品如何处理?

(4) 了解捕捞过程是否采取措施尽可能减少对水生生物的应激。

2. 运输

(1) 了解鲜活水产品如何运输? 运输过程中采取何种措施提高存活率? 核查运输过程中是否使用化学试剂。若用, 为何种物质?

(2) 核查鲜活水产品运输用水的水质是否符合《绿色食品　产地环境质量》（NY/T 391）标准要求。

(3) 核查运输设备和材料是否有潜在的毒性影响。

(4) 核查是否具有与常规产品进行区分隔离的相关措施及标识。

(5) 核查运输过程是否需要控温等措施。

(6) 核查运输工具的清洁消毒处理情况。

(7) 核查运输工具是否满足产品运输的基本要求; 运输工具和运输过程管理是否符合《绿色食品　贮藏运输准则》（NY/T 1056）标准要求。

(8) 核查运输记录是否完整; 是否能够保证产品可追溯。

3. 对于海洋捕捞的水产品, 核查其捕捞与运输过程是否符合《绿色食品　海洋捕捞水产品生产管理规范》（NY/T 1891）标准要求。

(六) 初级加工（适用于鲜活水产品捕捞、收获后未添加任何配料的冷冻、干燥等简单物理加工的水产品）

1. 核查加工厂所在位置、面积、周围环境与申请材料是否一致。

2. 核查厂区卫生管理制度及实施情况。

3. 了解加工规程制定与实施情况。

4. 核查检疫记录, 不合格产品处理方法及记录。

5. 核查加工设施与设备的清洗与消毒情况。

6. 核查加工设备是否同时用于绿色和非绿色产品; 如何避免混杂和污染?

7. 核查加工用水是否符合《绿色食品　产地环境质量》（NY/T 391）标准要求。

8. 核查加工污水排放是否符合国家相关标准。

(七) 储藏与包装

1. 储藏

(1) 生产资料库房。核查是否有专门的绿色食品生产资料存放仓库; 是否有明显的标识; 是否有绿色食品禁用物质。

(2) 产品库房。核查是否有专门的绿色食品产品储藏场所; 其卫生状况是否符合食品储藏条件；库房硬件设施是否齐备；若与同类非绿色食品产品一起储藏如何防混、防污；储藏场所是否具有防虫、防鼠、防潮措施，是否使用化学合成药物，药物的名称、用法与用量。

（3）查看生产资料、产品出入库记录。

（4）了解鲜活水产品出售前是否暂养。核查暂养过程中是否使用绿色食品禁用物质；暂养用水是否符合《绿色食品 产地环境质量》（NY/T 391）标准要求。

2. 预包装标签

（1）核查产品是否包装；核实产品预包装送审样。

（2）核查包装标识是否符合《预包装食品标签通则》（GB 7718）、《绿色食品 包装通用准则》（NY/T 658）的要求；绿色食品标志是否符合《中国绿色食品商标标志设计使用规范手册》的要求。

（3）核查使用的包装材料是否可重复使用或回收利用；包装废弃物是否可降解。

（八）质量控制体系

1. 了解企业机构设置，是否专门设置基地负责人和企业内检员。

2. 了解基地位置及组成情况。查看水域滩涂使用证明，或有效期 3 年以上的委托养殖合同或协议、基地清单、农户清单等。核查基地位置和养殖场水域分布与申请材料的符合性。

3. 查看申请单位的资质性文件：企业营业执照、商标注册证、养殖许可证等其他合法性文件等资质证明原件。

4. 核查企业质量控制规范、养殖技术规程、加工规程和产品质量保障措施等技术性文件的制定与执行情况。

5. 核查绿色食品相关标准和技术规范是否上墙或在醒目的地方公示；产地是否有绿色食品的明显标识。

6. 核查是否建立可追溯的全程质量安全监管记录；查看近两年的生产记录、生产资料的采购与使用记录；核实生产过程记录的真实性、完整性和符合性。

（九）风险性评估

1. 评估各生产环节是否建立有效合理的生产技术规程，操作人员是否了解规程并准确执行。

2. 评估整体质量控制情况，是否存在平行生产，质量管理体系是否稳定。

3. 评估使用的渔药、消毒剂等是否符合绿色食品标准要求。

4. 评估是否存在使用常规饲料及饲料添加剂的风险。

5. 评估绿色食品养殖水域的水质控制措施是否有效；是否存在与常规水域的水质

窜排窜灌的风险，是否会对周边环境造成污染。

（十）其他

1. 核对申请产品信息

（1）核对申请材料上的申请人名称、产品名称与包装上的是否一致。

（2）核对预包装标签上的商标与商标注册证上的是否一致。

（3）核实生产规模是否能满足产品申请需要。

2. 对于续展申请人，还应核查其上一用标周期绿色食品投入品合同是否有效执行。

3. 对于人工种植饲料原料的申请人，还应参照种植产品的现场检查规范。

4. 对于涉及水产品深加工（即加工过程中，使用了其他配料或加工工艺复杂的腌熏、罐头、鱼糜等产品）的申请人，还应参照加工产品现场检查规范。

第十二条 食用菌现场检查

（一）产地环境质量调查

1. 检查栽培区（露地、设施、野生采集）是否位于生态环境良好，无污染的地区，是否远离城区、工矿区和公路铁路干线，避开工业污染源、生活垃圾场、医院、工厂等污染源。

2. 绿色食品和常规栽培区域之间是否设置有效的缓冲带或物理屏障，缓冲带内作物的栽培情况。

3. 申请人是否采取了有效防止污染的措施；

4. 栽培区是否具有可持续生产能力，生产废弃物是否对环境或周边其他生物产生污染。

5. 调查栽培区所在地农业栽培结构、植被及生物资源，了解当地自然灾害种类，生物环境保护措施等。

6. 检查栽培基质质量、加工用水质量，是否符合《绿色食品 产地环境质量》（NY/T 391）标准要求。

（二）菌种来源与处理

1. 核查菌种品种、来源，查看外购菌种类型（母种、原种、栽培种）是否有正规的购买发票、品种证明；

2. 核查自制菌种的培养和保存方法，应明确培养基的成分、来源。

3. 检查制作菌种的设备和用品，包括灭菌锅（高压、常压蒸汽灭菌锅）、接种设施、装袋机、灭菌消毒药品等。

（三）食用菌栽培

1. 检查栽培设施、场地应与位置图、基地分布图的方位、面积一致。核实基地名称、场地编号、生产面积。

2. 核查栽培基质原料的堆放场所是否符合《绿色食品　贮藏运输准则》（NY/T 1056）标准要求。

3. 检查栽培基质原料名称、比例（％），主要原料来源及年用量。原料是否有转基因品种（产品）及其副产品。

4. 检查栽培基质的拌料室、装袋室、灭菌设施室、菌袋冷却室以及接种室、培养菌室，出耳（菇）地（发菌室）清洁消毒措施，使用的物质是否符合《绿色食品　农药使用准则》（NY/T 393）标准要求。

5. 检查栽培基质灭菌方法，栽培品种，栽培场地，栽培设施。

（四）病虫害防治

1. 调查当地同种食用菌类常见病虫害的发生规律、危害程度及防治方法。

2. 核查病虫害防治的方式、方法和措施应符合《绿色食品　农药使用准则》（NY/T 393）标准要求。

（1）检查申请栽培的食用菌当季发生病虫害防治措施及效果。

（2）检查栽培区及周边、生资库房、记录档案，核查使用农药的种类、使用方式、使用量、使用时间、安全间隔期等是否符合《绿色食品　农药使用准则》（NY/T 393）标准要求。

（五）收获及采后处理

1. 了解收获的方法、工具。

2. 检查绿色食品在收获时采取何种措施防止污染。

3. 了解采后产品质量检验方法及检测指标。

4. 了解采后处理方式（晾晒、烘干等初加工），涉及投入品使用的，核查使用投入品是否符合《绿色食品　食品添加剂使用准则》（NY/T 392）、《绿色食品　农药使用准则》（NY/T 393）及《食品安全国家标准　食品添加剂使用标准》（GB2760）标准要求。

5. 涉及清洗的，了解加工用水来源。

（六）包装、贮藏运输与标识

1. 核查包装及标识是否符合《绿色食品　包装通用准则》（NY/T 658）标准要求。

（1）核查使用的包装材料是否可重复使用或回收利用，包装废弃物是否可降解。

（2）检查包装标识是否符合 GB 7718、NY/T 658、绿色食品标志是否符合《中国绿色食品商标标志设计使用规范手册》的要求。

（3）对于续展申请人，还应检查绿色食品标志使用情况。

2. 核查贮藏运输是否符合《绿色食品　贮藏运输准则》（NY/T 1056）标准要求。

（1）检查绿色食品是否设置专用库房或存放区并保持洁净卫生；是否根据种植产品特点、贮存原则及要求，选用合适的贮存技术和方法；贮存方法是否引起污染。

（2）检查贮藏场所内是否存在有害生物、有害物质的残留。

（3）检查贮藏设施是否具有防虫、防鼠、防鸟的功能，或采取何种措施防虫、防鼠、防潮、防鸟。涉及药剂使用的，是否符合《绿色食品　农药使用准则》（NY/T 393）标准要求。

（4）核查绿色食品可降解食品包装与非降解食品包装是否分开贮存与运输；不应与农药、化肥及其他化学制品等一起运输。

（5）检查运输绿色食品的工具，并了解运输管理情况。

（七）质量控制体系

1. 是否有绿色食品生产负责人和企业内检员。

2. 查看企业质量控制规范、种植技术规程、产品质量保障措施等技术性文件的制定与执行情况。

3. 检查相关标准和技术规范是否上墙，产地是否有明显的绿色食品标识。

4. 检查申请人是否有统一规范的、内容全面的生产记录，是否建立了全程可追溯系统。

5. 检查记录是否有专人保管并保存 3 年以上。

6. 存在平行生产的，是否建立区分管理全程质量控制系统。包括防止绿色食品与常规食品在生产、收获、贮藏、运输等环节混淆的措施或制度；绿色食品与常规食品的各环节记录等。

（八）风险性评估

1. 评估各生产环节是否建立有效合理的生产技术规程，操作人员是否了解规程并准确执行。

2. 评估整体质量控制情况，是否存在平行生产，质量管理体系是否稳定。

3. 评估农药、肥料等投入品使用是否符合绿色食品标准要求。

4. 评估食用菌生产全过程是否会对周边环境造成污染。

（九）其他

1. 核对申请产品信息

（1）核对申请材料上的申请人名称、产品名称与包装上的是否一致。

（2）核对预包装标签上的商标与商标注册证上的是否一致。

（3）核实生产规模是否能满足产品申请需要。

2. 对于续展申请人，还应核查其上一用标周期绿色食品投入品合同是否有效执行。

第十三条　蜂产品现场检查

（一）产地环境

1. 蜂场

（1）核查蜂场周围是否有工矿区、公路铁路干线、垃圾场、化工厂、农药厂。

（2）核查蜂场周围是否有大型蜂场和以蜜、糖为生产原料的食品厂。

（3）核查蜂场周围是否具有能满足蜂群繁殖和蜜蜂产品生产的蜜源植物；是否具有清洁的水源。

（4）核查蜂场周围半径 5km 范围内是否存在有毒蜜源植物；在有毒蜜源植物开花期是否放蜂。如何隔离？

（5）核查蜂场周围半径 5km 范围内是否有常规农作物；针对常规农作物所用的农药是否对蜂群有影响。

（6）核查流蜜期内蜂场周围半径 5km 范围内是否有处于花期的常规农作物。如何区别管理？

2. 蜜源植物

（1）核查蜜源植物为野生还是人工种植？

（2）核查蜜源地位置、蜜源植物品种、分布情况；核实蜜源地规模与申请材料是否一致。

（3）人工种植的蜜源植物，核查其农药使用情况是否符合《绿色食品　农药使用准则》（NY/T 393）标准要求，其肥料使用情况是否符合《绿色食品　肥料使用准则》（NY/T 394）标准要求。

（4）核查在野生蜜源植物地放蜂时，是否会对当地蜜蜂种群以及其他依靠同种蜜源植物生存的昆虫造成严重影响。

（5）核查申报产品的蜜源植物花期的长短；申报产量是否与一个花期的产量相符。

（6）蜂群如转场，转场蜜源植物的生产管理应符合绿色食品相关标准要求。

3. 养蜂机具

（1）核查蜂箱和巢框用材是否无毒、无味、性能稳定、牢固；蜂箱是否定期消毒、换洗；消毒所用制剂是否符合《绿色食品　兽药使用准则》（NY/T 472）标准要求。

（2）核查养蜂机具及采收机具（包括隔王栅、饲喂器、起刮刀、脱粉器、集胶器、摇蜜机和台基条等）、产品存放器具所用材料是否无毒、无味。

（3）核查巢础的材质及更换频率。

（二）蜜蜂来源

（1）了解引入种群品系、来源、数量，查看供应商资质、检疫证明等。

（2）蜂王为自育或外购？若为外购蜂王或卵虫育王，应了解其来源，查看供应商资质、检疫证明。

（3）查看进出场日期和运输等记录。

（三）饲养管理

1. 饲料管理（含自留蜜、自留花粉等）

（1）核查各饲料品种、来源、比例、使用时间、年用量，核实是否 100% 为绿色食品。

（2）查看购买协议，协议期限是否涵盖一个用标周期。核查购买量是否能够满足生产需求量。

（3）查看绿色食品证书、绿色生资证书、绿色食品原料标准化基地证书（原件）。

（4）查看饲料包装标签：名称、主要成分、生产企业等信息。

（5）了解是否使用红糖作为蜜蜂饲料。

（6）了解转场和越冬饲料是否使用自留蜜、自留花粉；使用量、所占比例。

（7）核查蜜蜂饮用水中是否添加绿色食品禁用物质；饮水器材是否安全无毒。

（8）核查饲料存储仓库中是否有绿色食品禁用物质；仓库是否有防潮、防鼠、防虫设施；是否使用化学合成药物；药物的名称、用法与用量。

（9）核查蜂场内是否有绿色食品禁用物质。

（10）查看购买发票、出入库记录等。

2. 转场管理

（1）查看转场饲养的转地路线、转运方式、日期和蜜源植物花期、长势、流蜜状况等信息的材料及记录。

（2）了解转场前是否调整群势；运输过程中是否备足饲料及饮水。

（3）核查是否用装运过农药、有毒化学品的运输设备装运蜂群。

（4）了解是否采取有效措施防止蜂群在运输途中的伤亡。

（5）核查运输途中是否放蜂；是否经过污染源；途中采集的产品是否作为绿色食品或蜜蜂饲料。

（6）查看运输记录，包括时间、天气、起运地、途经地、到达地、运载工具、承运人、押运人、蜂群途中表现等情况。

（7）转场蜂场的生产管理应符合绿色食品相关标准要求。

3. 日常饲养管理

（1）了解蜂群是否有专门的背风向阳，干燥安静的越冬场所；是否布置越冬蜂巢；蜂箱是否具有配备专门的保温措施。核查越冬期饲料是否充足；饲料是否为绿色食品。

（2）核查春繁扩群期饲料配比是否符合蜜蜂生理需要；饲料是否为绿色食品。

（3）核查蜜源缺乏期是否供给足够饲料；饲料是否为绿色食品。

（4）了解蜂场废弃物如何处理？核查蜜蜂尸体、蜜蜂排泄物、杂草等废弃物处理是否符合国家相关规定。

（5）核查是否配备饮水器和充足的清洁水；水中是否添加盐类等矿物质；添加的物质是否为绿色食品。

（6）了解蜂箱是否具有调节光照、通风和温、湿度等条件的措施。

（7）核查蜂场卫生状况，是否具有相关管理制度、消毒程序。核查养蜂机具和采收器具是否经常清洗消毒，消毒剂的使用是否符合《绿色食品　兽药使用准则》（NY/T 472）标准要求。查看清洗、消毒记录。

（8）核查是否具有专门的绿色食品饲养管理规范；是否具有饲养管理相关记录；饲养管理人员是否经过绿色食品生产管理培训。

（9）询问一线蜜蜂养殖人员在实际生产操作中使用的饲料、饮水、蜂药、消毒剂等物质，核实其是否用过绿色食品禁用物质。

（10）核查继箱、更换蜂王过程中是否使用诱导剂；是否为绿色食品禁用物质。

（四）疾病防治

1. 了解当地蜜蜂常见疾病、有害生物种类及发生规律。核查疾病防治所用蜂药、消毒剂等是否符合《绿色食品　兽药使用准则》（NY/T 472）、《绿色食品　动物卫生准则》（NY/T 473）、《绿色食品　畜禽饲养防疫准则》（NY/T 1892）标准要求。

2. 核查所用蜂药是否有停药期的规定；停药期是否符合该规定。

3. 解是否采取综合措施培养强群，提高蜂群自身的抗病能力。

4. 查看用药记录（包括蜂场编号、蜂群编号、蜂群数、蜂病名称、防治对象、发病时间及症状、治疗用药物名称及其有效成分、用药日期、用药方式、用药量、停药期、用药人、技术负责人等）。

（五）产品采收

1. 核查产品采收时间、标准、产量。

2. 了解是否存在掠夺式采收的现象（采收频率过高、经常采光蜂巢内蜂蜜等）。

3. 了解成熟蜜、巢蜜的采收间隔期是否根据蜜源种类、水分、天气等情况适当延长。

4. 核查蜂产品采收期间，生产群是否使用蜂药；蜂群在停药期内是否从事蜜蜂产品采收，所得产品如何处理？

5. 核查蜜源植物施药期间（含药物安全间隔期）是否进行蜂产品采收，所得产品如何处理？

6. 核查采收机具和产品存放器具是否严格清洗消毒；是否符合国家相关要求。

7. 查看蜜源植物施药情况（使用时间、使用量）及蜂产品采收记录（采收日期、产品种类、数量、采收人员、采收机具等）。

8. 了解蜂蜜采收之前，是否取出生产群中的饲料蜜。

9. 蜂王浆的采集过程中，移虫、采浆作业需在对空气消毒过的室内或者帐篷内进行，核查消毒剂的使用是否符合《绿色食品　兽药使用准则》（NY/T 472）标准要求。

（六）蜂产品加工（如有涉及）

1. 核查加工厂所在位置、面积、周围环境与申请材料是否一致。

2. 核查厂区卫生管理制度及实施情况。

3. 了解成熟蜜、浓缩蜜的加工流程。

4. 核查加工设施的清洗与消毒情况。

5. 核查加工设备是否同时用于绿色和非绿色产品。如何避免混杂和污染？

6. 核查加工用水是否符合《绿色食品　产地环境质量》（NY/T 391）标准要求。

7. 查看不合格产品处理记录。

（七）储藏、包装与运输

1. 储藏

（1）生产资料库房。核查是否有专门的绿色食品生产资料存放仓库；是否有明显的标识；是否有绿色食品禁用物质。

（2）产品库房。核查是否有专门的绿色食品产品储藏场所；其卫生状况是否符合食品储藏条件；库房硬件设施是否齐备；若与同类非绿色食品产品一起储藏如何防混、防污；储藏场所是否具有防虫、防鼠、防潮措施，是否使用化学合成药物，药物的名称、用法与用量。

（3）查看生产资料、产品出入库记录。

2. 预包装标签

（1）核查产品是否包装；核实产品预包装送审样。

（2）核查包装标识是否符合《预包装食品标签通则》（GB 7718）、《绿色食品　包装通用准则》（NY/T 658）的要求；绿色食品标志是否符合《中国绿色食品商标标志设计使用规范手册》的要求。

（3）核查使用的包装材料是否可重复使用或回收利用；包装废弃物是否可降解。

3. 运输

（1）核查是否单独运输；若与非绿色食品一同运输，是否有明显的区别标识。

（2）核查运输过程是否需要控温等措施。

（3）核查运输工具的清洁消毒处理情况。

（4）核查运输工具是否满足产品运输的基本要求；运输工具和运输过程管理是否符合《绿色食品　贮藏运输准则》（NY/T 1056）标准要求。

（5）核查运输记录是否完整；是否能够保证产品可追溯。

（八）质量控制体系

1. 了解申请人机构设置，是否专门设置基地负责人和内检员。

2. 了解蜂场所在地情况（固定蜂场及转场蜂场）。核查蜂场分布与申请材料是否一致。

3. 核实蜜源地位置，查看土地流转合同，或有效期 3 年以上的委托养殖合同或协议，基地清单、农户清单等。

4. 查看申请单位的资质性文件：企业营业执照、商标注册证、养殖许可证等其他合法性文件等资质证明原件。

5. 核查企业质量控制规范、养殖技术规程、加工规程和产品质量保障措施等技术性文件的制定与执行情况。

6. 核查绿色食品相关标准和技术规范是否上墙或在醒目的地方公示；产地是否有绿色食品的明显标识。

7. 核查是否建立可追溯的全程质量安全监管记录；查看近两年的生产记录、生产资料的采购与使用记录；核实生产过程记录的真实性、完整性和符合性。

（九）风险性评估

1. 评估各生产环节是否建立有效合理的生产技术规程，操作人员是否了解规程并准确执行。

2. 评估整体质量控制情况，是否存在平行生产，质量管理体系是否稳定。

（1）转场过程中是否放蜂；是否经过污染源；途中采集的产品是否作为绿色食品或蜜蜂饲料。

（2）采蜜范围内是否有与申报产品同花期的常规植物。

3. 评估使用蜂药、消毒剂等是否符合绿色食品标准要求。

4. 评估是否存在使用常规饲料及饲料添加剂的风险。

5. 评估绿色食品养殖过程是否会对周边环境造成污染。

（十）其他

1. 核对申请产品信息

（1）核对申请材料上的申请人名称、产品名称与包装上的是否一致。

（2）核对预包装标签上的商标与商标注册证上的是否一致。

（3）核实生产规模是否能满足产品申请需要。

2. 对于续展申请人，还应核查其上一用标周期绿色食品投入品合同是否有效执行。

3. 对于人工种植蜜源植物的申请人，还应参照种植产品的现场检查规范。

4. 对于蜂产品采集后再进行净化、浓缩等加工处理的申请人，还应参照加工产品现场检查规范。

第四章　现场检查结论

第十四条　现场检查不合格

有下列情况之一的，现场检查结论为不合格：

（一）产地环境质量现状调查

1. 产地周围 5km 内有污染源的，如工矿区、造纸厂、化工厂、垃圾填埋场、医院、排污设施等。

2. 有废水流经生产区域的。

（二）投入品使用不符合标准要求

1. 使用转基因技术及其产物的（包括种苗、投入品及生产技术等）。

2. 食品添加剂使用不符合标准要求的

（1）使用非法添加物质。

（2）使用量、使用范围不符合 GB 2760 标准要求。

（3）添加 NY/T 392 中不应使用的食品添加剂。

3. 农药使用不符合标准要求的

（1）使用不符合国家相关法律法规的，并未获得国家农药登记许可。

（2）使用 NY/T 393 附录以外的农药。

（3）使用量超过农药登记用量的。

（4）安全间隔期不符合要求的。

4. 肥料使用不符合标准要求的

（1）使用添加有稀土元素的肥料。

（2）使用成分不明确、含有安全隐患成分的肥料。

（3）使用未经发酵腐熟的人畜粪尿。

（4）使用生活垃圾、污泥和含有害物质的工业垃圾。

（5）使用的无机氮素用量超过当地同种作物习惯施用量一半。

（6）使用的肥料不符合国家法律法规要求。

5. 畜禽饲料及饲料添加剂使用不符合标准要求的

（1）饲料原料（如玉米、豆粕）不全是通过认定的绿色食品，或来源于绿色食品标准化生产基地的产品，或经绿色食品工作机构认定或按照绿色食品生产方式生产、达到绿色食品标准的自建基地生产的产品。

（2）使用以哺乳类动物为原料的动物性饲料产品（不包括乳及乳制品）饲喂反刍动物。

（3）使用同源动物源性饲料的原则。

（4）使用工业合成的油脂。

（5）使用畜禽粪便。

（6）使用任何药物饲料添加剂。

（7）饲料添加剂品种不是《饲料添加剂品种目录》中所列的饲料添加剂和允许进口的饲料添加剂品种，或不是农业部公布批准使用的饲料添加剂品种。

（8）使用附录 A 中所列的饲料添加剂品种。

6. 兽药使用不符合标准要求的

（1）使用国家规定的其他禁止在畜禽养殖过程中使用的药物。

（2）使用 NY/T 472 附录 A 中的药物，产蛋期和泌乳期使用附录 B 中的兽药。

（3）使用药物饲料添加剂。

（4）使用酚类消毒剂，产蛋期使用酚类和醛类消毒剂。

（5）使用抗菌药物、抗寄生虫药、激素或其它生长促进剂促进畜禽生长。

（6）使用剂量超过登记用量。

7. 渔药使用不符合标准要求的

（1）使用中华人民共和国农业部公告第 176 号、193 号、235 号、560 号和 1519 号公告中规定的渔药。

（2）使用药物饲料添加剂。

（3）使用抗菌药物、激素或其他生长促进剂促进水产动物生长。

（4）预防用药使用 NY/T 755 附录 A 以外的药物。

（5）治疗用药使用 NY/T 755 附录 B 以外的药物。

（6）使用剂量超过登记用量。

8. 渔业饲料及饲料添加剂使用不符合标准要求的

（1）饲料原料不全是通过认定的绿色食品，或全国绿色食品原料标准化生产基地的产品，或经中心认定、按照绿色食品生产方式生产、达到绿色食品标准的自建基地生产的产品。

（2）使用工业合成的油脂和回收油。

（3）使用畜禽粪便。

（4）使用制药工业副产品。

（5）饲料如经发酵处理，所使用的微生物制剂不是《饲料添加剂品种目录》中所规定的品种或不是农业部公布批准使用的新饲料添加剂品种。

（6）饲料添加剂品种不是《饲料添加剂品种目录》中所列的饲料添加剂和允许进口的饲料添加剂品种，或不是农业部公布批准使用的饲料添加剂品种。

（7）使用 NY/T 2112 附录 A 中所列的饲料添加剂品种。

（8）使用药物饲料添加剂。

（9）使用激素。

（三）质量管理体系检查

1. 伪造资质证明文件。

2. 生产技术规程与生产实际不符。

3. 编造生产记录、购销凭证。

4. 合同（协议）造假或未落实。

第十五条　现场检查需整改的

（一）产地环境质量

未在绿色食品和常规生产区之间设置有效的缓冲带或物理屏障。

（二）质量管理体系

1. 未建立切实可行的基地管理制度或制度未落实。

2. 有平行生产或委托加工的，未建立区分管理制度或制度未落实。

3. 无生产记录或生产记录未反映生产过程及投入品使用情况。

4. 未建立产品质量追溯体系或未有效实施。

5. 参与绿色食品生产或管理的人员或农户不熟悉绿色食品标准要求。

（三）收获、包装、储运

1. 收获环节不能有效区分绿色食品与非绿色食品。

2. 包装材料及设计不符合 NY/T 658 标准要求。

3. 仓储环节未有效区分绿色食品与非绿色食品。

4. 防虫、防鼠、防潮、防鸟措施不完备。

（四）环境保护

1. 未建立生物栖息地，保护基因多样性、物种多样性和生态系统多样性，以维持生态平衡。

2. 污水、废弃物等处理措施欠缺，可能对环境或周边其他生物产生污染。

第十六条　现场检查合格的

不存在不合格项，且按期完成整改的，现场检查合格。

第五章　现场检查报告的撰写

第十七条　撰写要求

（一）应按中心规定的格式填写，字迹整洁、术语规范。

（二）应由检查组成员完成，不可由他人代填，并经申请人的法定代表人（负责人）和检查组成员双方签字确认。

（三）应包括检查组对申请人的生产、加工活动的客观描述与绿色食品标准要求符合性的判断，对其管理体系运行有效性的评价，对检查过程中发现的风险因素进行评估，对其产品质量安全状况的判定等内容，对于续展申请人还应确认其绿色食品标志使用的情况。

（四）检查员应依据标准和判定规则，对报告所规定的项目内容进行逐项检查并评定，对检查各环节关键控制点进行客观描述，做到准确且不缺项。

（五）现场检查综合评价应重点填写申请人执行绿色食品标准的总体情况、存在问题等内容，但不应对是否通过绿色食品标志许可作出结论。如果没有足够的信息作出评判，须指出需要补充的信息和材料，以及是否需要再次检查。

（六）现场检查意见分为合格、限期整改、不合格，应在相应项目栏内勾选。

（七）检查组应对于现场检查中发现的问题，汇总并填入《现场检查发现问题汇总表》。

第十八条　其他要求

检查组应将在现场检查中收集到的各种证据和材料进行有序整理，以支持报告中叙述的检查发现、观点和结论等。

第六章　附　　则

第十九条　本规范由中心负责解释。

第二十条　本规范自 2015 年 1 月 1 日起施行。

附表 1

种植产品现场检查报告

申 请 人			联系人	
申请类型		□初次申请　□续展申请	电　话	
申请产品			商　标	
种植面积（万亩）				
检查组派出单位				
检查组	分工	姓名	工作单位	电话
	组长			
	成员			
检查日期		年　月　日～　年　月　日		

中国绿色食品发展中心

1. 质量管理体系

序号	检查项目	检查内容	检查情况描述
1	基本情况	申请人的基本情况与申请书内容是否一致	
		申请人的营业执照、商标注册证、土地权属证明等资质证明文件是否合法、齐全、真实	
		绿色食品生产管理负责人姓名、职务、职责	
		内检员姓名、职务、职责	
2	种植基地及产品情况	基地地址、面积	
		基地清单（具体到村）	
		种植产品名称、面积	
		基地行政区划图、基地分布图、地块分布图与实际情况是否一致	
		基地权属情况（自有、租赁、合同种植）	
3	种植基地管理制度	是否涵盖了绿色食品生产的管理要求	
		种植基地管理制度是否健全（应包括人员管理、投入品供应与管理、种植过程管理、产品采后管理、仓储运输管理等）	
		种植基地管理制度在生产中是否能够有效落实？相关制度和标准是否在基地内公示	
		是否有50个农户以上内控组织管理制度？是否科学、可行、实用、有效	
		生产组织形式	□自有基地 □公司＋基地＋农户 □绿色食品原料标准化生产基地 　其他：
		核实种植基地清单的真实性	
		核实种植农户清单的真实性	

（续）

序号	检查项目	检查内容	检查情况描述
3	种植基地管理制度	核实种植产品订购合同或协议的有效性	
		是否存在平行生产？是否有平行生产管理制度	
		生产管理人员是否定期接受绿色食品培训	
		是否有绿色食品标志使用管理制度	
4	种植规程	是否包括种子种苗处理、土壤培肥、病虫害防治、灌溉等内容	
		是否有收获规程及收获后、采集后运输、初加工、贮藏、产品包装规程	
		是否轮作/间作/套种其他作物？是否有这些作物的种植规程？是否会对申报作物生产造成影响	
5	产品质量追溯	申请前三年或用标周期（续展）内是否有质量安全事故和不诚信记录	
		是否有产品内检制度和内检记录	
		是否有产品检验报告或质量抽检报告	
		是否建设立了产品质量追溯体系？描述其主要内容	
		是否保存了能追溯生产全过程的上一生产周期或用标周期（续展）的生产记录	
		记录中是否有绿色食品禁用的投入品及生产技术	
		是否具有组织管理绿色食品产品生产和承担责任追溯的能力	
	检查员评价		

2. 产地环境质量

序号	检查项目	检查内容	检查情况描述
6	产地环境	地理位置、地形地貌	
		年积温、年平均降水量、日照时数	
		简述当地主要植被及生物资源	
		农业种植结构	
		简述生态环境保护措施	
		产地是否远离工矿区和公路铁路干线	
		周边是否有对农业生产活动和产地造成危害的污染源	
		绿色食品和常规生产区域之间是否有缓冲带或物理屏障	
		是否建立生物栖息地？应保证基地具有可持续生产能力，不对环境或周边其他生物产生污染	
		是否有保护基因多样性、物种多样性和生态系统多样性，以维持生态平衡的措施	
		产地是否有绿色食品的明显标识	
7	灌溉水源	灌溉水来源	
		灌溉方式	
		可能引起灌溉水受污染的污染物及其来源	
		绿色食品和常规生产区域之间的排灌系统是否有有效的隔离措施	
8	免测项目及免测理由	□空气免测	□产地周围5km，主导风向的上风向20km内无工矿污染源的种植业区空气免测
			□设施种植业区只测温室大棚外空气
		□土壤免测	□提供了符合要求的环境背景值
		□灌溉水免测	□灌溉水来源为天然降水
			□提供了符合要求的环境背景值

（续）

序号	检查项目	检查内容	检查情况描述
8	免测项目及免测理由	□续展免测	□产地环境、范围、面积未发生变化
			□产地及其周边未增加新的污染源
			□影响产地环境质量（空气、土壤、水质）的因素未发生变化
9	检测项目	□空气　　□土壤　　□灌溉水	
绿色食品生产适宜性评价			

3. 种子（种苗）

序号	检查项目	检查内容	检查情况描述
10	种子（种苗）来源	品种及来源	
		外购种子（种苗）是否有标签和购买凭证	
		是否为转基因品种	
11	种子（种苗）处理	处理方式	
		是否包衣？包衣剂种类、用量	
		处理药剂的有效成分、用量、用法	
12	播种/育苗	土壤消毒方法	
		营养土配制方法	
		药土配制方法	
检查员评价			

4. 土壤培肥

序号	检查项目	检查内容	检查情况描述
13	土壤类型	栽培类型（露地/设施）	
		土壤类型、肥力状况	
		简述土壤肥力保持措施	
14	农家肥料	是否秸秆还田	
		是否种植绿肥？说明种类及亩产量	
		是否堆肥？简述来源、堆制方法（时间、场所、温度），亩施用量	
		说明其他农家肥料的种类、来源及亩施用量	
15	商品有机肥	说明有机肥的种类、来源及亩施用量，有机质、N、P、K 等主要成分含量	
16	微生物肥料	说明种类、来源及亩施用量	
17	有机—无机复混肥料、无机肥料	说明每种肥料的种类、来源及亩施用量，有机质、N、P、K 等主要成分含量	
18	土壤调理剂	简述土壤障碍因素	
		说明使用制剂名称、成分和使用方法	
19	肥料使用	是否施用添加稀土元素的肥料	
		是否施用成分不明确的、含有安全隐患成分的肥料	
		是否施用未经发酵腐熟的人畜粪尿	
		是否施用生活垃圾、污泥和含有害物质（如毒气、病原微生物、重金属等）的工业垃圾	
		是否施用转基因品种（产品）及其副产品为原料生产的肥料	
		是否使用国家法律法规不得使用的肥料	
20	氮素用量	当地同种作物习惯施用无机氮素用量〔kg/（亩·年）〕	
		核算无机氮素用量〔kg/（亩·年）〕	

（续）

序号	检查项目	检查内容	检查情况描述
21	肥料使用记录	是否有肥料使用记录（包括地块、作物名称与品种、施用日期、肥料名称、施用量、施用方法和施用人员等）	
检查员评价			

5. 病虫草害防治

序号	检查项目	检查内容	检查情况描述
22	病虫草害发生情况	本年度发生的病虫草害名称及为害程度	
23	农业防治	具体措施及防治效果	
24	物理防治	具体措施及防治效果	
25	生物防治	具体措施及防治效果	
26	农药和其他植保产品的使用	商品名、有效成分、防治对象、施药时间、施药剂量（或浓度）、安全间隔期	
		是否获得国家农药登记许可	
		农药种类是否符合 NY/T 393 要求	
		是否按农药标签规定用量合理使用	
		检查地块、周边等是否有农药等投入品包装物，并确认是否有绿色食品禁用投入品	
27	农药使用记录	是否有农药使用记录（应包括地块、作物名称和品种、使用日期、药名、使用方法、使用量和施用人员）	
检查员评价			

6. 采后处理

序号	检查项目	检查内容	检查情况描述
28	收获	简述作物收获时间、方式	
		是否有收获记录	
29	初加工	作物收获后经过何种初加工处理（清理、晾晒、分级、包装等）	
		是否打蜡？是否使用化学药剂？说明其成分，是否符合 GB 2760、NY/T 393 中标准要求	
		简述加工厂所地址、面积、周边环境	
		简述厂区卫生制度及实施情况	
		简述加工流程	
		是否清洗？清洗用水的来源	
		简述加工设备及清洁方法	
		加工设备是否同时用于绿色和非绿色产品？如何防止混杂和污染	
		简述清洁剂、消毒剂种类和使用方法，如何避免对产品产生污染	
	检查员评价		

7. 包装与贮运

序号	检查项目	检查内容	检查情况描述
30	包装材料	简述包装材料、来源	
		说明周转箱材料，是否清洁	
		纸类包装表面是否涂蜡、上油？涂塑料等防潮材料	
		纸箱是否使用扁丝钉订合？所作标记是否使用油溶性油墨	
		塑料制品是否使用含氟氯烃（CFS）的发泡聚苯乙烯（EPS）、聚氨酯（PUR）等产品	

（续）

序号	检查项目	检查内容	检查情况描述
30	包装材料	金属类包装是否使用对人体和环境造成危害的密封材料和内涂料	
		所用油墨、粘结剂等是否无毒？是否直接接触食品	
		包装材料是否可重复使用、回收利用或可降解	
31	标志与标识	是否提供了含有绿色食品标志的包装标签或设计样张（非预包装食品不必提供）	
		包装标签标识及标识内容是否符合 GB 7718、NY/T 658 标准要求	
		绿色食品标志设计是否符合《中国绿色食品商标标志设计使用规范手册》要求	
		包装标签中生产商、商品名、注册商标等信息是否与上一周期绿色食品证书中一致（续展）	
32	生产资料仓库	是否与产品分开贮藏	
		简述卫生管理制度及执行情况	
		绿色食品与非绿色食品使用的生产资料是否分区储藏，区别管理	
		是否储存了绿色食品生产禁用物？禁用物如何管理	
		出入库记录和领用记录是否与投入品使用记录一致	
33	产品贮藏仓库	周围环境是否卫生、清洁，远离污染源	
		简述仓库内卫生管理制度及执行情况	
		简述贮藏设备及贮藏条件，是否满足产品温度、湿度、通风等贮藏要求	
		简述堆放方式，是否会对产品质量造成影响	

（续）

序号	检查项目	检查内容	检查情况描述
33	产品贮藏仓库	是否与有毒、有害、有异味、易污染物品同库存放	
		与同类非绿色食品产品一起贮藏的如何防混、防污、隔离	
		简述防虫、防鼠、防潮措施，说明使用的药剂种类和使用方法，是否符合 NY/T 393 规定	
		是否有贮藏设备管理记录	
		是否有产品出入库记录	
34	运输管理	采用何种运输工具	
		简述保鲜措施	
		是否与化肥、农药等化学物品及其他任何有害、有毒、有气味的物品一起运输	
		铺垫物、遮垫物是否清洁、无毒、无害	
		运输工具是否同时用于绿色食品和非绿色食品？如何防止混杂和污染	
		简述运输工具清洁措施	
		是否有运输过程记录	
	检查员评价		

8. 废弃物处理及环境保护措施

序号	检查项目	检查内容	检查情况描述
35	废弃物处理	污水、农药包装袋、垃圾等废弃物是否及时处理	
		废弃物存放、处理、排放是否对食品生产区域及周边环境造成污染	

（续）

序号	检查项目	检查内容	检查情况描述
36	环境保护	如果造成污染，采取了哪些保护措施	
检查员评价			

9. 绿色食品标志使用情况（仅适用于续展）

序号	检查内容	检查情况描述
37	是否提供了经核准的绿色食品证书	
38	是否按规定时限续展	
39	是否执行了《绿色食品标志商标使用许可合同》	
40	续展申请人、产品名称等是否发生变化	
41	质量管理体系是否发生变化	
42	用标周期内是否出现产品质量投诉现象	
43	用标周期内是否接受中心组织的年度抽检？产品抽检报告是否合格	
44	用标周期内是否出现年检不合格现象？说明年检不合格原因	
45	核实用标周期内标志使用数量、原料使用凭证	
46	申请人是否建立了标志使用出入库台账，能够对标志的使用、流向等进行记录和追踪	
47	用标周期内标志使用存在的问题	
检查员评价		

10. 收获统计

作物名称	种植面积（万亩）	茬/年	当地常规产量〔吨／（亩·年）〕	绿色食品产量〔吨／（亩·年）〕	预计收获量〔吨/年〕

现场检查意见

<table>
<tr>
<td rowspan="2">现　场
检　查
综　合
评　价</td>
<td></td>
</tr>
<tr>
<td>□合格
□限期整改
□不合格</td>
</tr>
<tr>
<td>检　查
意　见</td>
<td></td>
</tr>
</table>

检查组成员签字：

年　月　日

我确认检查组已按照《绿色食品现场检查通知书》的要求完成了现场检查工作，报告内容符合客观事实。

申请人法定代表人（负责人）签字：

（盖章）
年　月　日

附表 2

畜禽产品现场检查报告

申　请　人				联系人	
申请类型	□初次申请　□续展申请			电　话	
申请产品				商　标	
养殖规模（头/羽/只）					
检查组派出单位					
检查组	分工	姓名	工作单位		电话
	组长				
	成员				
检查日期		年　月　日～　年　月　日			

中国绿色食品发展中心

1. 质量管理体系

序号	检查项目	检查内容	检查情况描述
1	基本情况	申请人的基本情况与申请书内容是否一致	
		申请人的营业执照、商标注册证、土地权属证明、动物防疫合格证等资质证明文件是否合法、齐全	
		绿色食品生产管理负责人姓名、职务、职责	
		内检员姓名、职务、职责	
2	养殖基地及产品情况	养殖基地（牧场/养殖场）地址、面积	
		养殖基地清单（具体到村）	
		畜禽品种及规模	
		饲养方式	□完全草原放牧 □半放牧半饲养 □农区养殖场
		养殖周期	
		养殖规模是否超过当地规定的载畜量	
		基地行政区划图、基地位置图、养殖场所布局平面图与实际情况是否一致	
		是否种植牧草等饲料作物？饲料作物生产是否符合绿色食品生产要求？产量可否满足养殖生产需求	
		基地权属情况（自有、租赁、合同养殖）	
3	养殖基地管理制度	是否涵盖了绿色食品生产的管理要求	
		基地管理制度是否健全（应包括人员管理、饲料供应与加工、养殖过程管理、疾病防治、畜禽出栏及产品收集管理、仓储运输管理等）	

（续）

序号	检查项目	检查内容	检查情况描述
3	养殖基地管理制度	管理制度在生产中是否能够有效落实？相关制度和标准是否在基地内公示	
		是否有 50 个农户以上内控组织管理制度？是否科学、可行、实用、有效	
		生产组织形式	□自有基地 □公司＋基地＋农户 □绿色食品原料标准化生产基地 其他：
		核实养殖基地清单的真实性	
		核实养殖农户清单的真实性	
		核实畜禽产品收购合同或协议的有效性	
		是否存在平行生产？是否有平行生产管理制度	
		是否有与其养殖规模相适应的执业兽医或者乡村兽医指导养殖	
		饲养人员是否符合国家规定的卫生健康标准并定期接受专业知识培训	
		是否有绿色食品标志使用管理制度	
4	养殖规程	是否包括品种来源、饲养管理、疾病防治、场地消毒、无害化处理等内容	
		是否有畜禽出栏及产品收集规程	
		是否有产品初加工、包装、贮藏、运输规程	
5	产品质量追溯	申请前三年内或用标周期内（续展）是否有质量安全事故和不诚信记录	
		是否有产品内检制度和内检记录	

（续）

序号	检查项目	检查内容	检查情况描述
5	产品质量追溯	是否有产品检验报告或质量抽检报告	
		是否建立了产品质量追溯体系？描述其主要内容	
		是否保存了能追溯生产全过程的上一生产周期或用标周期（续展）的生产记录	
		生产记录中是否有绿色食品禁用的投入品及生产技术	
		是否具有组织管理绿色食品生产和承担追溯责任的能力	
	检查员评价		

2. 养殖基地环境质量

序号	检查项目	检查内容	检查情况描述
6	周边环境	养殖基地（牧场/养殖场）地址、地形地貌	
		养殖基地是否远离医院、工矿区和公路铁路干线	
		生态养殖模式	
		周边是否有对畜禽养殖造成危害的污染源	
		是否建立生物栖息地？应保证养殖基地具有可持续生产能力，不对环境或周边其他生物产生污染	
		是否有保护基因多样性、物种多样性和生态系统多样性，以维持生态平衡的措施	
		简述生态环境保护措施	
		绿色食品和常规生产区域之间是否有缓冲带或物理屏障	
		生产区域是否有明显绿色食品标识	

（续）

序号	检查项目	检查内容	检查情况描述
7	场区环境与设施	养殖场区是否有明显的功能区划分？各功能区布局设计是否合理？是否进行了有效的隔离	
		养殖场区入口处是否配置消毒设备？描述消毒方法	
		是否有良好的采光、防暑降温、防寒保暖、通风等设施	
		是否有畜禽活动场所和遮阳设施？是否有清洁的养殖用水供应	
		是否有与生产规模相适应的饲草饲料加工及贮存设备设施	
		是否配备疫苗冷冻（冷藏）设备、消毒和诊疗等防疫设备的兽医室或者有兽医机构为其提供相应服务	
		是否有与生产规模相适应病死畜禽和污水污物的无害化处理设施	
		是否有相对独立的隔离栏舍	
		养殖场是否配备防鼠、防鸟、防虫等设施	
		简述养殖场卫生情况	
8	畜禽养殖用水	来源	
		是否定期检测？检测结果是否合格	
		可能引起水源受污染的污染物及其来源	
9	免测项目及免测理由	□空气免测	□养殖业区只测养殖原料（饲料）生产区域空气
		□土壤免测	□放牧牧场的草原土壤免测
		□畜禽养殖用水	□提供了符合要求的环境背景值
		□续展免测	□产地环境、范围、面积未发生变化
			□产地及其周边未增加新的污染源
			□影响产地环境质量（空气、水质）的因素未发生变化

（续）

序号	检查项目	检查内容		检查情况描述
10	检测项目	□空气	□土壤	□畜禽养殖用水
绿色食品生产适宜性评价				

3. 畜禽来源

序号	检查项目	检查内容	检查情况描述
11	外购	外购种苗来源	
		是否有外购种苗凭证	
		是否购买成年畜禽短期饲养或育肥	
12	自繁自育	繁殖方式（自然繁殖/人工繁殖/人工辅助繁殖）	
		是否使用转基因技术繁殖种苗	
		种苗培育规格、培育时间	
检查员评价			

4. 畜禽饲料及饲料添加剂

序号	检查项目	检查内容	检查情况描述
13	饲料配方	简述每个养殖阶段饲料及饲料添加剂组成、比例、年用量	
		饲料原料来源	□绿色食品 □绿色食品生产资料 □绿色食品原料标准化生产基地 其他：
		简述预混料组成及比例	
		简述饲料添加剂成分	
		牛羊产品饲料是否符合《关于牛羊产品申报绿色食品相关要求的通知》中规定	
		是否使用转基因饲料	

（续）

序号	检查项目	检查内容	检查情况描述
14	外购饲料	简述外购饲料及饲料添加剂来源	
		核实购买合同（协议）及发票的有效性	
15	自制饲料	简述来源	
		简述加工过程	
		如自行加工，是否具备相应的生产加工设备？是否建立完善的生产加工制度	
		如委托加工，是否有委托加工合同（协议）？是否有区别生产管理制度	
		饲料中是否使用抗病、抗虫药物、激素或其他生长促进剂等药物添加剂	
	检查员评价		

5. 消毒和疾病防治

序号	检查项目	检查内容	检查情况描述
16	消毒	生产人员进入生产区是否有更衣、消毒等制度或措施	
		非生产人员出入生产区如何管理	
		简述消毒对象、消毒剂、消毒时间、使用方法	
		简述消毒制度或消毒措施的实施情况	
		是否有消毒记录	
17	疾病防治	简述当地常规养殖发生的疾病及流行程度	
		畜禽的种苗引入后采用何种措施预防疾病发生	

（续）

序号	检查项目	检查内容	检查情况描述
17	疾病防治	简述本养殖周期免疫接种情况（疫苗种类、接种时间、次数）	
		简述本养殖周期疾病发生情况，使用药物名称、剂量、使用方法、停药期	
		所使用的兽药是否取得国家兽药批准文号？是否按照兽药标签的方法和说明使用	
		是否有兽药使用记录	
		是否有使用禁用药品的迹象	
检查员评价			

6. 畜禽出栏或产品收集

序号	检查项目	检查内容	检查情况描述
18	畜禽出栏或产品收集	畜禽出栏时间	
		如何收集产品	
		描述质量检验方法	
19	初加工	是否进行清洗、除杂、过滤等处理？简述处理方式	
		简述加工场所的位置、周围环境	
		简述加工场所的卫生制度及实施情况	
		是否使用加工水？说明其来源	
		简述所用的设备及清洁方法	
		简述清洁剂、消毒剂种类和使用方法，如何避免对产品产生的污染	
		所用设备是否同时用于绿色和非绿色产品？如何防止混杂和污染	
检查员评价			

7. 包装及贮运

序号	检查项目	检查内容	检查情况描述
20	包装材料	简述包装材料、来源	
		简述周转箱材料、是否清洁	
		纸类包装表面是否涂蜡、上油？涂塑料等防潮材料	
		纸箱是否使用扁丝钉订合？所作标记是否使用油溶性油墨	
		塑料制品是否使用含氟氯烃（CFS）的发泡聚苯乙烯（EPS）、聚氨酯（PUR）等产品	
		金属类包装是否使用对人体和环境造成危害的密封材料和内涂料	
		所用油墨、粘结剂等是否无毒？是否直接接触食品	
		包装材料是否可重复使用、回收利用或可降解	
21	标志与标识	是否提供了含有绿色食品标志的包装标签或设计样张？（非预包装食品不必提供）	
		包装标签标识及标识内容是否符合 GB 7718、NY/T 658 标准要求	
		绿色食品标志设计是否符合《中国绿色食品商标标志设计使用规范手册》要求	
		包装标签中生产商、商品名、注册商标等信息是否与上一周期绿色食品证书中一致（续展）	
22	生产资料仓库	是否与产品分开贮藏	
		简述卫生管理制度及执行情况	
		绿色食品与非绿色食品使用的生产资料是否分区储藏，区别管理	
		是否储存了绿色食品生产禁用物？禁用物如何管理	
		出入库记录和领用记录是否与投入品使用记录一致	

（续）

序号	检查项目	检查内容	检查情况描述
23	产品贮藏仓库	周围环境是否卫生、清洁，远离污染源	
		简述仓库内卫生管理制度及执行情况	
		简述贮藏设备及贮藏条件，是否满足食品温度、湿度、通风等贮藏要求	
		简述堆放方式，是否会对产品质量造成影响	
		是否与有毒、有害、有异味、易污染物品同库存放	
		与同类非绿色食品产品一起贮藏的如何防混、防污、隔离	
		简述防虫、防鼠、防潮措施，使用的药剂种类、剂量和使用方法是否符合 NY/T 393 规定	
		是否有设备管理记录	
		是否有产品出入库记录	
24	运输管理	运输工具	
		简述保鲜措施	
		是否与化肥、农药等化学物品及其他任何有害、有毒、有气味的物品一起运输	
		铺垫物、遮垫物是否清洁、无毒、无害	
		运输工具是否同时用于绿色食品和非绿色食品？如何防止混杂和污染	
		简述运输工具清洁措施	
		是否有运输过程记录	
	检查员评价		

8. 废弃物处理及环境保护措施

序号	检查项目	检查内容	检查情况描述
25	废弃物处理	污水、畜禽粪便、病死畜禽尸体、垃圾等废弃物是否及时处理	
		废弃物存放、处理、排放是否对生产区域及周边环境造成污染	
26	环境保护	如果造成污染，采取了哪些保护措施	
检查员评价			

9. 绿色食品标志使用情况（仅适用于续展）

序号	检查内容	检查情况描述
27	是否提供了经核准的绿色食品证书	
28	是否按规定时限续展	
29	是否执行了《绿色食品商标标志使用许可合同》	
30	续展申请人、产品名称等是否发生变化	
31	质量管理体系是否发生变化	
32	用标周期内是否出现产品质量投诉现象	
33	用标周期内是否接受中心组织的年度抽检？产品抽检报告是否合格	
34	用标周期内是否出现年检不合格现象？说明年检不合格原因	
35	核实上一用标周期标志使用数量、原料使用凭证	
36	申请人是否建立了标志使用出入库台账，能够对标志的使用、流向等进行记录和追踪	
37	用标周期内标志使用存在的问题	
检查员评价		

10. 收获统计

畜禽名称	养殖规模（头/只/羽）	养殖周期（月）	当地常规产量（吨/年）	绿色食品产量（吨/年）	预计产量（吨/年）

现场检查意见

现 场 检 查 综 合 评 价	
检 查 意 见	□合格 □限期整改 □不合格

检查组成员签字：

年 月 日

我确认检查组已按照《绿色食品现场检查通知书》的要求完成了现场检查工作，报告内容符合客观事实。

申请人法定代表人（负责人）签字：

（盖章）
年 月 日

附表 3

加工产品现场检查报告

申　请　人			联系人	
申请类型	□初次申请　□续展申请		电　话	
申请产品			商　标	
申请产量（吨）				
检查组派出单位				
检查组	分工	姓名	工作单位	电话
	组长			
	成员			
检查日期		年　　月　　日～　年　　月　　日		

中国绿色食品发展中心

1. 质量管理体系

序号	检查项目	检查内容	检查情况描述
1	基本情况	申请人的基本情况与申请书内容是否一致	
		申请人的营业执照、商标注册证、QS证等资质证明文件是否合法、齐全、真实	
		绿色食品生产管理负责人姓名、职务、职责	
		内检员姓名、职务、职责	
2	厂区及产品情况	厂区地址	
		加工厂区平面图与实际情况是否一致	
		是否委托加工	
		是否存在平行生产？说明平行生产的产品名称、产量	
3	生产管理制度	是否涵盖了绿色食品生产的管理要求	
		生产管理制度是否健全并有效运行（应包括人员管理、投入品供应与管理、加工过程管理、成品管理、仓储运输管理等）	
		如委托加工，委托加工企业是否有资质（如QS等）？是否有绿色食品生产合同和生产制度	
		如存在平行生产，是否有平行生产管理制度	
		生产管理人员是否定期接受绿色食品培训	
		是否有绿色食品标志使用管理制度	
4	加工规程	是否符合绿色食品标准要求	
		是否上墙或在醒目地方公示	
		产品加工、贮藏、运输、包装等各生产环节是否有行之有效的操作规程（应包含非正常生产时不合格品的处置、召回等纠正措施）	

（续）

序号	检查项目	检查内容	检查情况描述
5	产品质量追溯	申请前三年或用标周期内（续展）是否有质量安全事故和不诚信记录	
		是否有产品内检制度和内检记录	
		是否有产品检验报告或质量抽检报告	
		是否建设立了产品质量追溯体系？描述其主要内容	
		是否保存了能追溯生产全过程的上一生产周期或用标周期（续展）的生产记录	
		记录中是否有绿色食品禁用的投入品及生产技术	
		是否具有组织管理绿色食品产品生产和承担责任追溯的能力	
	检查员评价		

2. 厂区环境质量

序号	检查项目	检查内容	检查情况描述
6	周边环境	厂区是否远离工矿区和公路铁路干线	
		周边是否存在对生产造成危害的污染源或潜在污染源	
		生产是否对周边环境产生污染	
7	厂区环境	厂区是否有污染源	
		厂房及功能区布局是否合理	
		厂房设施是否满足生产需要	
		厂区及生产车间设施清洁卫生状况是否符合 GB 14881 标准要求	

（续）

序号	检查项目	检查内容	检查情况描述
7	厂区环境	物流和人员流动是否合理	
		简述生产前、中、后卫生管理状况	
8	加工用水（包括食用盐生产用水、食用盐原料水）、食盐水源水	来源	
		可能引起水源受污染的污染物及其来源	
		是否二次净化？简述净化流程	
		是否定期检测	
9	免测项目及免测理由	□空气免测	□矿泉水水源区、食用盐原料产区空气免测
		□土壤免测	□加工业区、矿泉水水源区、食用盐原料产区土壤免测
		□加工用水免测	□提供了符合要求的环境背景值
		□矿泉水水源水	□矿泉水水源水免测
		□续展免测	□产地环境、范围、面积未发生变化
			□产地及其周边未增加新的污染源
			□影响产地环境质量（空气、土壤、水质）的因素未发生变化
10	检测项目	□空气	□加工用水
	绿色食品生产适宜性评价		

3. 生产加工

序号	检查项目	检查内容	检查情况描述
11	生产工艺	简述工艺流程	
		是否存在潜在质量风险	
12	生产设备	是否满足生产工艺需求	
		是否正常运转	

（续）

序号	检查项目	检查内容	检查情况描述
13	生产人员	是否有相应资质	
		是否掌握绿色食品生产技术要求	
检查员评价			

4. 主辅料和食品添加剂

序号	检查项目	检查内容	检查情况描述
14	主辅料	简述每种产品主辅料的组成、配比、年用量、来源	
		是否经过入厂检验且达标	
		组成和配比是否符合绿色食品加工产品原料的规定	
		核实原辅料购买合同和发票的有效性	
15	食品添加剂	简述每种产品中食品添加剂的添加比例、成分、年用量、来源	
		是否经过入厂检验且达标	
		添加使用是否符合 GB 2760 和 NY/T 392 标准要求	
		核实购买合同和发票的有效性	
16	生产记录	主辅料等投入品的购买合同（协议）、领用、生产等记录是否真实有效	
检查员评价			

5. 包装与贮运

序号	检查项目	检查内容	检查情况描述
17	包装材料	说明包装材料、来源	
		周转箱材料、是否清洁	

（续）

序号	检查项目	检查内容	检查情况描述
17	包装材料	纸类包装表面是否涂蜡、上油？涂塑料等防潮材料	
		纸箱是否使用扁丝钉订合？所作标记是否使用油溶性油墨	
		塑料制品是否使用含氟氯烃（CFS）的发泡聚苯乙烯（EPS）、聚氨酯（PUR）等产品	
		金属类包装是否使用对人体和环境造成危害的密封材料和内涂料	
		所用油墨、粘结剂等是否无毒？是否直接接触食品	
		包装材料是否可重复使用、回收利用或可降解	
18	标志与标识	是否提供了含有绿色食品标志的包装标签或设计样张（非预包装食品不必提供）	
		包装标签标识及标识内容是否符合 GB 7718、NY/T 658 标准要求	
		绿色食品标志设计是否符合《中国绿色食品商标标志设计使用规范手册》要求	
		包装标签中生产商、商品名、注册商标等信息是否与上一周期绿色食品证书中一致（续展）	
19	原料贮藏	是否与产品分开贮藏	
		简述卫生管理制度及执行情况	
		绿色食品与非绿色食品使用的原料是否分区储藏，区别管理	
		是否储存了绿色食品生产禁用物？禁用物如何管理	
		防虫、防鼠、防潮措施，使用的药剂种类、剂量和使用方法是否符合 NY/T 393 规定	
		出入库记录和领用记录是否与原料使用记录一致	

（续）

序号	检查项目	检查内容	检查情况描述
20	成品贮藏	周围环境是否卫生、清洁，远离污染源	
		简述仓库内卫生管理制度及执行情况	
		简述贮藏设备及贮藏条件，是否满足食品温度、湿度、通风等贮藏要求	
		说明堆放方式，是否会对产品质量造成影响	
		是否与有毒、有害、有异味、易污染物品同库存放	
		与同类非绿色食品产品一起贮藏的如何防混、防污、隔离	
		简述防虫、防鼠、防潮措施，使用的药剂种类和使用方法是否符合 NY/T 393 规定	
		是否有贮藏设备管理记录	
		是否有成品出入库记录	
21	运输管理	采用何种运输工具	
		是否与化学物品及其他任何有害、有毒、有气味的物品一起运输	
		铺垫物、遮垫物是否清洁、无毒、无害	
		运输工具是否同时用于绿色食品和非绿色食品？如何防止混杂和污染	
		简述运输工具清洁措施	
		是否有运输过程记录	
	检查员评价		

6. 废弃物处理及环境保护措施

序号	检查项目	检查内容	检查情况描述
22	废弃物处理	污水、下脚料、垃圾等废弃物是否及时处理	
		废弃物存放、处理、排放是否对食品生产区域及周边环境造成污染	
23	环境保护	如果造成污染,采取了哪些保护措施	
检查员评价			

7. 绿色食品标志使用情况(仅适用于续展)

序号	检查内容	检查情况描述
24	是否提供了经核准的绿色食品证书	
25	是否按规定时限续展	
26	是否执行了《绿色食品标志商标使用许可合同》	
27	续展申请人、产品名称等是否发生变化	
28	质量管理体系是否发生变化	
29	用标周期内是否出现产品质量投诉现象	
30	用标周期内是否接受中心组织的年度抽检?产品抽检报告是否合格	
31	用标周期内是否出现年检不合格现象?说明年检不合格原因	
32	核实上一用标周期标志使用数量、原料使用凭证	
33	申请人是否建立了标志使用出入库台账,能够对标志的使用、流向等进行记录和追踪	
34	用标周期内标志使用存在的问题	
检查员评价		

8. 产量统计

产品名称	原料用量 （吨/年）	出成率 （%）	实际产量 （吨/年）	计划产量 （吨/年）

现场检查意见

现 场 检 查 综 合 评 价	
检 查 意 见	□合格 □限期整改 □不合格

检查组成员签字：

年 月 日

我确认检查组已按照《绿色食品现场检查通知书》的要求完成了现场检查工作，报告内容符合客观事实。

申请人法定代表人（负责人）签字：

（盖章）
年 月 日

附表 4

水产品现场检查报告

申 请 人				联系人	
申请类型	□初次申请	□续展申请		电 话	
申请产品				商 标	
养殖面积（万亩）					
检查组派出单位					
检查组	分工	姓名	工作单位		电话
	组长				
	成员				
检查日期		年 月 日～ 年 月 日			

中国绿色食品发展中心

1. 质量管理体系

序号	检查项目	检查内容	检查情况描述
1	基本情况	申请人的基本情况与申请书内容是否一致	
		申请人的营业执照、商标注册证、水域滩涂养殖证等资质证明文件是否合法、齐全、真实	
		绿色食品生产管理负责人姓名、职务、职责	
		内检员姓名、职务、职责	
2	基地及产品情况	基地地址、面积	
		基地清单	
		养殖品种及养殖密度	
		养殖方式（湖泊/水库/池塘/蓄水池/近海；网箱养殖/网围养殖/工厂化养殖/其他养殖方式）	
		养殖模式（单养/混养）、混养品种及比例	
		养殖区域分布图和养殖区域图与实际情况是否一致	
		养殖规模是否满足产品申报需要	
3	基地管理制度	是否涵盖了绿色食品生产的管理要求	
		基地管理制度是否健全（应包括人员管理、投入品供应与管理、养殖过程管理，产品捕捞管理、仓储运输管理等）	
		基地管理制度在生产中是否有效实施	
		相关制度和标准是否在公司或基地公示	
		生产组织形式	□自有基地 □公司＋基地＋农户 □绿色食品原料标准化生产基地 其他：

（续）

序号	检查项目	检查内容	检查情况描述
3	基地管理制度	核实基地清单真实性	
		核实农户清单真实性	
		是否有50个农户以上内控组织管理制度？是否科学、可行、实用、有效	
		是否存在平行生产？是否有平行生产管理制度	
		生产管理人员是否定期接受绿色食品培训	
		是否有绿色食品标志使用管理制度	
4	养殖规程	是否包含混养、套养品种的养殖技术规程	
		是否有捕捞规程	
		是否有初加工、包装、贮藏、运输规程	
5	产品质量追溯	申请前三年或用标周期内（续展）是否有质量安全事故和不诚信记录	
		是否有产品内检制度和内检记录	
		是否有产品检验报告或质量抽检报告	
		是否建立了产品质量追溯体系？描述其主要内容	
		是否保存了能追溯生产全过程的上一生产周期或用标期（续展）的生产记录	
		记录中是否有绿色食品禁用的投入品及生产技术	
		是否具有组织管理绿色食品生产和承担追溯责任的能力	
	检查员评价		

2. 产地环境质量

序号	检查项目	检查内容	检查情况描述
6	产地环境	地理位置、水域环境	
		气候与气象	
		简述当地主要植被及生物资源	
		渔业生产结构	
		生态环境保护措施	
		产地是否远离工矿区和公路铁路干线	
		周边有无对养殖水域环境造成危害的污染源	
		绿色食品和常规养殖区之间是否有有效的隔离措施	
		养殖废弃物或养殖废水是否对环境或周边其他生物产生污染	
		产地是否有绿色食品的明显标识	
7	渔业用水	来源	
		是否定期检测？检测结果是否合格	
		可能引起水源受污染的污染物及其来源	
		进排水方式	
		绿色食品和常规养殖区的进排水系统是否有有效的隔离措施	
8	免测项及目免测理由	□空气免测	□养殖业区只测养殖原料（饲料）生产区域空气
		□底泥免测	□深海和网箱养殖区底泥免测
			□提供了符合要求的环境背景值
		□渔业用水	□深海渔业用水免测
			□提供了符合要求的环境背景值

（续）

序号	检查项目	检查内容	检查情况描述
8	免测项及目免测理由	□续展免测	□产地环境、范围、面积未发生变化
			□产地及其周边未增加新的污染源
			□影响产地环境质量（空气、底泥、水质）的因素未发生变化
9	检测项目	□空气　　　□底泥　　　□渔业用水	
绿色食品生产适宜性评价			

3. 苗种

序号	检查项目	检查内容	检查情况描述
10	外购	外购苗种、规格	
		供方是否有苗种生产许可证	
		是否有外购苗种凭证	
		简述苗种运输过程的药物使用情况	
11	自繁自育	繁殖方式（自然繁殖/人工繁殖/人工辅助繁殖）	
		是否使用转基因技术繁殖苗种	
		苗种培育规格、培育时间	
检查员评价			

4. 渔业饲料及饲料添加剂

序号	检查项目	检查内容	检查情况描述
12	饲料配方	简述每个养殖阶段渔业饲料及饲料添加剂组成、比例、年用量	
		饲料原料来源	□绿色食品 □绿色食品生产资料 □绿色食品原料标准化生产基地 其他：
		简述预混料组成、比例	
		简述饲料添加剂成分	
		是否使用转基因饲料	
13	外购饲料	简述外购饲料及饲料添加剂来源	
		核实来源、购买合同（协议）及发票的有效性	
14	自制饲料	简述来源	
		简述加工过程	
		如自行加工，是否具备相应的生产加工设备？是否建立完善的生产加工制度	
		如委托加工，是否有委托加工合同（协议）？是否有区别生产管理制度	
		饲料中是否使用抗菌药物、激素或其他生长促进剂	
15	肥料使用情况（藻类等水产品）	如天然水生生物、青草等作为饲料，简述其来源及对生态环境的影响	
		肥料类别（氮类型）	
		商品名、每亩使用量、使用时间、使用方法	
		核实肥料购买凭证和肥料使用记录	
	检查员评价		

5. 疾病防治

序号	检查项目	检查内容	检查情况描述
16	疾病调查	当地常规养殖基地发生的疾病、以及流行程度	
		对于上述疾病，采取何种措施预防	
17	疾病预防与治疗情况	养殖水体使用何种消毒剂？如何消毒	
		苗种投放前如何消毒	
		养殖期内采用何种方法预防疾病发生	
		本年度发生过何种疾病？危害程度？采用何种药物治疗疾病	
		使用渔药的商品名、有效成分、施药剂量（或浓度）和时间、停药期	
		是否以预防为目的使用药物饲料添加剂	
		是否为了促进水产品生长，使用抗菌药物、激素或其他生长促进剂	
		是否使用通过基因工程技术生产的渔药	
		是否有渔药及消毒剂使用记录	
	检查员评价		

6. 捕捞与初加工

序号	检查项目	检查内容	检查情况描述
18	产品捕捞	捕捞工具	
		捕捞时间	
		捕捞量是否合理	

（续）

序号	检查项目	检查内容	检查情况描述
19	初加工	捕捞后是否进行简单加工处理？简述处理方式	
		简述加工场所的位置、周围环境	
		简述加工场所的卫生制度及实施情况	
		是否使用加工水？说明其来源	
		简述所用的设备及清洁方法	
		简述清洁剂、消毒剂种类和使用方法，如何避免对产品产生的污染	
		所用设备是否同时用于绿色和非绿色产品？如何防止混杂和污染	
	检查员评价		

7. 包装及贮运

序号	检查项目	检查内容	检查情况描述
20	包装材料	简述包装材料、来源	
		说明周转箱材料，是否清洁	
		纸类包装表面是否涂蜡、上油？涂塑料等防潮材料	
		纸箱是否使用扁丝钉订合？所作记号是否使用油溶性油墨	
		塑料制品是否使用含氟氯烃（CFS）的发泡聚苯乙烯（EPS）、聚氨酯（PUR）等产品	
		金属类包装是否使用对人体和环境造成危害的密封材料和内涂料	
		所用油墨、粘结剂等是否无毒？是否直接接触食品	
		包装材料是否可重复使用、回收利用或可降解	

（续）

序号	检查项目	检查内容	检查情况描述
21	标志与标识	是否提供了含有绿色食品标志的包装标签或设计样张（非预包装食品不必提供）	
		包装标签标识及标识内容是否符合 GB 7718、NY/T 658 标准要求	
		绿色食品标志设计是否符合《中国绿色食品商标标志设计使用规范手册》要求	
		包装标签中生产商、商品名、注册商标等信息是否与上一周期绿色食品证书中一致（续展）	
22	生产资料仓库	是否与产品分开贮藏	
		卫生管理制度及执行情况	
		绿色食品与非绿色食品使用的生产资料是否分区储藏，区别管理	
		是否储存了绿色食品生产禁用物？禁用物如何管理	
		出入库记录和领用记录是否与投入品使用记录一致	
23	产品贮藏仓库	周围环境是否卫生、清洁，远离污染源	
		仓库内卫生管理制度及执行情况	
		简述贮藏设备及贮藏条件，是否满足产品温度、湿度、通风等贮藏要求	
		简述堆放方式，是否会对产品质量造成影响	
		是否与有毒、有害、有异味、易污染物品同库存放	
		与同类非绿色食品产品一起贮藏的如何防混、防污、隔离	
		简述防虫、防鼠、防潮措施，说明使用的药剂种类和使用方法，是否符合 NY/T 393 规定	
		是否有贮藏设备管理记录	
		是否有产品出入库记录	

（续）

序号	检查项目	检查内容	检查情况描述
24	运输管理	采用何种运输工具	
		简述保鲜措施	
		是否与化肥、农药等化学物品及其他任何有害、有毒、有气味的物品一起运输	
		铺垫物、遮垫物是否清洁、无毒、无害	
		运输工具是否同时用于绿色食品和非绿色食品？如何防止混杂和污染	
		简述运输工具清洁措施	
		是否有运输过程记录	
	检查员评价		

8. 废弃物处理及环境保护措施

序号	检查项目	检查内容	检查情况描述
25	废弃物处理	污水、养殖废弃物、垃圾等是否及时处理	
		废弃物存放、处理、排放是否对食品生产区域及周边环境造成污染	
26	环境保护	如果造成污染，采取了哪些保护措施	
	检查员评价		

9. 绿色食品标志使用情况（仅适用于续展）

序号	检查内容	检查情况描述
27	是否提供了经核准的绿色食品证书	
28	是否按规定时限续展	

（续）

序号	检查内容	检查情况描述
29	是否执行了《绿色食品商标标志使用许可合同》	
30	续展申请人、产品名称等是否发生变化	
31	质量管理体系是否发生变化	
32	用标周期内是否出现产品质量投诉现象	
33	用标周期是否接受中心组织的年度抽检？产品抽检报告是否合格	
34	用标周期内是否出现年检不合格现象？说明年检不合格原因	
35	核实上一用标周期标志使用数量、原料使用凭证	
36	申请人是否建立了标志使用出入库台账，能够对标志的使用、流向等进行记录和追踪	
37	用标周期标志使用存在的问题	
检查员评价		

10. 收获统计

产品名称	养殖面积（万亩）	养殖周期	当地常规产量（吨/年）	绿色食品产量（吨/年）	预计产量（吨/年）

现场检查意见

现　场 检　查 综　合 评　价	
检　查 意　见	□合格 □限期整改 □不合格

检查组成员签字：

年　月　日

我确认检查组已按照《绿色食品现场检查通知书》的要求完成了现场检查工作，报告内容符合客观事实。

申请人法定代表人（负责人）签字：

（盖章）
年　月　日

附表5

食用菌现场检查报告

申 请 人			联系人	
申请类型	□初次申请　　□续展申请		电 话	
申请产品			商 标	
种植规模（万亩/袋）				
检查组派出单位				
检查组	分工	姓名	工作单位	电话
	组长			
	成员			
检查日期		年　　月　　日～　　年　　月　　日		

中国绿色食品发展中心

1. 质量管理体系

序号	检查项目	检查内容	检查情况描述
1	基本情况	申请人的基本情况与申请书内容是否一致	
		申请人的营业执照、商标注册证、土地权属证明等资质证明文件是否合法、齐全、真实	
		绿色食品生产管理负责人姓名、职务、职责	
		内检员姓名、职务、职责	
2	基地及产品情况	基地地址、面积	
		基地清单（具体到村）	
		栽培品种	
		栽培场地（露天/竹、草棚/塑料棚/砖房/彩钢板房/其他）及设施（有控温湿设施/无控温湿设施/其他）	
		基地行政区划图、基地分布图、地块分布图与实际情况是否一致	
		基地权属情况（自有、租赁、合同种植）	
3	基地管理制度	是否涵盖了绿色食品生产的管理要求	
		基地管理制度是否健全（应包括人员管理、投入品供应与管理、栽培过程、产品收获及仓储运输管理）	
		基地管理制度在生产中是否有效落实？相关制度和标准是否在基地内公示	
		相关制度和标准是否在公司或基地公示	
		核实基地清单真实性	
		核实农户清单真实性	
		50户以上是否有内控组织管理制度？是否科学、可行、实用、有效	

（续）

序号	检查项目	检查内容	检查情况描述
3	基地管理制度	生产组织形式	□自有基地 □公司＋基地＋农户 □绿色食品原料标准化生产基地 其他：
		核实栽培产品订购合同或协议的有效性	
		是否存在平行生产？是否有平行生产管理制度	
		生产管理人员是否定期接受绿色食品培训	
		是否有绿色食品标志使用管理制度	
4	栽培规程	是否包括菌种处理、基质制作、病虫害防治、日常管理等内容	
		是否有收获规程及产品初加工、包装、贮藏、运输规程	
5	产品质量追溯	申请前三年内或用标周期内（续展）是否有质量安全事故和不诚信记录	
		是否有产品内检制度和内检记录	
		是否有产品检验报告或质量抽检报告	
		是否建设立了产品质量追溯体系？描述其主要内容	
		是否保存了能追溯生产全过程的上一生产周期或用标周期（续展）的生产记录	
		记录中是否有绿色食品禁用的投入品及生产技术	
		是否具有组织管理绿色食品产品生产和承担责任追溯的能力	
	检查员评价		

2. 产地环境质量

序号	检查项目	检查内容	检查情况描述
6	周边环境	地理位置	
		年积温、年平均降水量、日照时数	
		简述当地主要植被及生物资源	
		农业种植结构	
		生态环境保护措施	
		产地是否远离工矿区和公路铁路干线	
		周边是否有对农业生产活动和产地造成危害的污染源	
		绿色食品和常规生产区域之间是否有缓冲带或物理屏障	
		生产是否对周边环境产生污染	
7	菇房环境	是否有污染源	
		布局是否合理	
		设施是否满足生产需要	
		简述清洁卫生状况是否符合GB 14881	
		简述消毒措施	
8	食用菌生产用水	来源	
		是否定期检测? 检测结果是否合格	
		简述可能引起水源受污染的污染物及其来源	
9	免测项目及免测理由	□空气免测	□产地周围5km, 主导风向的上风向20km内无工矿污染源的种植业区空气免测
			□设施种植业区只测温室大棚外空气
		□基质免测	□提供了符合要求的环境背景值
		□食用菌生产用水免测	□提供了符合要求的环境背景值

（续）

序号	检查项目	检查内容	检查情况描述
9	免测项目及免测理由	□续展免测	产地环境、范围、面积未发生变化
			产地及其周边未增加新的污染源
			影响产地环境质量的因素（空气、土壤、水质）未发生变化
10	检测项目	□空气　　　　□基质	□食用菌生产用水
	绿色食品生产适宜性评价		

3. 菌种

序号	检查项目	检查内容	检查情况描述
11	菌种来源	菌种来源（外购/自繁）	
		核实外购菌种标签和购买凭证	
12	菌种处理	简述菌种的培养和保存方法	
		菌种是否需要处理？简述处理方法	
	检查员评价		

4. 基质

序号	检查项目	检查内容	检查情况描述
13	基质组成	简述每种食用菌栽培基质原料的名称、比例、年用量	
		是否是转基因品种（产品）及其副产品的原料	
		基质原料来源	
		核实购买合同、发票	
14	基质灭菌	简述基质灭菌方法	
	检查员评价		

5. 病虫害防治

序号	检查项目	检查内容	检查情况描述
15	病虫害发生情况	本年度发生病虫害名称及危害程度	
16	物理防治	具体措施及防治效果	
17	生物防治	具体措施及防治效果	
18	化学防治	商品名、有效成分、防治对象、施药时间、施药剂量（或浓度）、安全间隔期	
		是否获得国家农药登记许可	
		农药种类是否符合 NY/T 393 要求	
		是否按农药标签规定用量合理使用	
19	农药使用记录	是否有农药使用记录（应包括栽培地块、栽培品种、药名、使用日期、使用方法、使用量和施用人员）	
	检查员评价		

6. 采后处理

序号	检查项目	检查内容	检查情况描述
20	收获	收获时间、方式、工具	
		采收记录	
		简述质量检验方法、制度和记录	
21	初加工	收获后是否进行简单加工处理？简述处理方式	
		加工厂所位置、面积、周围环境	
		简述厂区卫生制度及实施情况	
		加工规程	
		加工设备及清洁方法	
		清洁剂、消毒剂种类和使用方法，如何避免对产品产生的污染	

（续）

序号	检查项目	检查内容	检查情况描述
21	初加工	加工设备是否同时用于绿色和非绿色产品？如何防止混杂和污染	
		初加工过程是否使用荧光剂等非食品添加剂物质	
	检查员评价		

7. 包装与贮运

序号	检查项目	检查内容	检查情况描述
22	包装材料	简述包装材料、来源	
		周转箱材料、是否清洁	
		纸类包装表面是否涂蜡、上油？涂塑料等防潮材料	
		纸箱是否使用扁丝钉订合？所作标记是否使用油溶性油墨	
		塑料制品是否使用含氟氯烃（CFS）的发泡聚苯乙烯（EPS）、聚氨酯（PUR）等产品	
		金属类包装是否使用对人体和环境造成危害的密封材料和内涂料	
		所用油墨、粘结剂等是否无毒？是否直接接触食品	
		包装材料是否可重复使用、回收利用或可降解	
23	标志与标识	是否提供了含有绿色食品标志的包装标签或设计样张（非预包装食品不必提供）	
		包装标签标识及标识内容是否符合 GB 7718、NY/T 658 标准要求	
		绿色食品标志设计是否符合《中国绿色食品商标标志设计使用规范手册》要求	
		包装标签中生产商、商品名、注册商标等信息是否与上一周期绿色食品证书中一致（续展）	

（续）

序号	检查项目	检查内容	检查情况描述
24	生产资料仓库	是否与产品分开贮藏	
		简述卫生管理制度及执行情况	
		绿色食品与非绿色食品使用的生产资料是否分区储藏，区别管理	
		是否储存了绿色食品生产禁用物？禁用物如何管理	
		出入库记录和领用记录是否与投入品使用记录一致	
25	产品贮藏仓库	周围环境是否卫生、清洁，远离污染源	
		简述仓库内卫生管理制度及执行情况	
		简述贮藏设备及贮藏条件，是否满足食品温度、湿度、通风等贮藏要求	
		简述堆放方式，是否会对产品质量造成影响	
		是否与有毒、有害、有异味、易污染物品同库存放	
		与同类非绿色食品产品一起贮藏的如何防混、防污、隔离	
		防虫、防鼠、防潮措施，使用的药剂种类、剂量和使用方法是否符合 NY/T 393 规定	
		是否有贮藏设备管理记录	
		是否有产品出入库记录	
26	运输管理	采用何种运输工具	
		简述保鲜措施	
		是否与化肥、农药等化学物品及其他任何有害、有毒、有气味的物品一起运输	
		铺垫物、遮垫物是否清洁、无毒、无害	
		运输工具是否同时用于绿色食品和非绿色食品？如何防止混杂和污染	

（续）

序号	检查项目	检查内容	检查情况描述
26	运输管理	简述运输工具清洁措施	
		是否有运输过程记录	
检查员评价			

8. 废弃物处理及环境保护措施

序号	检查项目	检查内容	检查情况描述
27	废弃物处理	污水、农药包装袋、垃圾等废弃物是否及时处理	
		废弃物存放、处理、排放是否对食品生产区域及周边环境造成污染	
28	环境保护	如果造成污染，采取了哪些保护措施	
检查员评价			

9. 绿色食品标志使用情况（仅适用于续展）

序号	检查内容	检查情况描述
29	是否提供了经核准的绿色食品证书	
30	是否按规定时限续展	
31	是否执行了《绿色食品商标标志使用许可合同》	
32	续展申请人、产品名称等是否发生变化	
33	质量管理体系是否发生变化	
34	用标周期内是否出现产品质量投诉现象	
35	用标周期内是否接受中心组织的年度抽检？产品抽检报告是否合格	
36	用标周期内是否出现年检不合格现象？说明年检不合格原因	

（续）

序号	检查内容	检查情况描述
37	核实上一用标周期标志使用数量、原料使用凭证	
38	申请人是否建立了标志使用出入库台账，能够对标志的使用、流向等进行记录和追踪	
39	用标周期内标志使用存在的问题	
检查员评价		

10. 收获统计

食用菌名称	种植面积（万亩/袋）	茬/年	当地常规产量［吨/（亩·年）］	绿色食品产量［吨/（亩·年）］	预计收获量［吨/年］

现场检查意见

现　场 检　查 综　合 评　价	
检　查 意　见	□合格 □限期整改 □不合格
检查组成员签字： 　　　　　　　　　　　　　　　　　　　　　　　　　　年　月　日	
我确认检查组已按照《绿色食品现场检查通知书》的要求完成了现场检查工作，报告内容符合客观事实。 　申请人法定代表人（负责人）签字： 　　　　　　　　　　　　　　　　　　　　　　　　　　（盖章） 　　　　　　　　　　　　　　　　　　　　　　　　　　年　月　日	

附表 6

蜂产品现场检查报告

申 请 人			联系人	
申请类型	□初次申请　□续展申请		电 话	
申请产品			商 标	
养殖规模（群）				
检查组派出单位				
检查组	分工	姓名	工作单位	电话
	组长			
	成员			
检查日期		年　月　日～　年　月　日		

中国绿色食品发展中心

1. 质量管理体系

序号	检查项目	检查内容	检查情况描述
1	基本情况	申请人的基本情况与申请书内容是否一致	
		申请人营业执照、商标注册证等资质证明文件是否合法、齐全、真实	
		绿色食品生产管理负责人姓名、职务、职责	
		内检员姓名、职务、职责	
2	基地及产品情况	蜜源地地址、面积	
		蜜源地清单（具体到村）	
		蜂场地址、蜂箱数	
		是否转场	
		产品名称	
		蜜源地行政区划图、基地分布图、地块分布图与实际情况是否一致	
		基地权属情况（自有、租赁、合同种植）	
3	蜜源地和蜂场管理制度	是否涵盖了绿色食品蜂产品生产的管理要求	
		管理制度是否健全（应包括人员管理、投入品供应与管理、饲养管理、疾病防治、采收管理、仓储运输管理等）	
		管理制度在生产中是否能够有效落实？相关制度和标准是否在基地内公示	
		是否有 50 个农户以上内控组织管理制度？是否科学、可行、实用、有效	
		生产组织形式	□自有蜂场 □公司＋基地＋农户 其他：
		核实蜜源地清单真实性	
		核实蜂场及农户清单真实性	

（续）

序号	检查项目	检查内容	检查情况描述
3	蜜源地和蜂场管理制度	核实蜂产品订购合同或协议有效性	
		是否存在平行生产？是否有平行生产管理制度	
		生产管理人员是否定期接受绿色食品培训	
		是否有绿色食品标志使用管理制度	
4	蜜源植物种植规程（适用于人工种植蜜源植物）	是否包括种子种苗处理、土壤培肥、病虫害防治、灌溉等内容	
		是否符合绿色食品标准要求	
		是否轮作/间作/套种其他作物？是否有这些作物的种植规程？是否会对蜜源作物生产造成影响	
5	养殖规程	是否包含对蜂王、工蜂、雄蜂的培育与养殖管理	
		是否包括当地常见疾病的防治措施	
		是否有采收规程及产品初加工、包装、贮藏、运输规程	
6	产品质量追溯	申请前三年或用标周期内（续展）是否有质量安全事故和不诚信记录	
		是否有产品内检制度和内检记录	
		是否有产品检验报告或质量抽检报告	
		是否建设立了产品质量追溯体系？描述其主要内容	
		是否保存了能追溯生产全过程的上一生产周期或用标周期（续展）的生产记录	
		记录中是否有绿色食品禁用的投入品及生产技术	
		是否具有组织管理绿色食品产品生产和承担责任追溯的能力	
	检查员评价		

2. 蜜源地及蜂场环境质量

序号	检查项目	检查内容	检查情况描述
7	蜜源地和蜂场环境	地理位置、地形地貌	
		是否远离工矿区和公路铁路干线	
		周边是否有排尘污染源？区域内是否有上游被污染的江河流过	
		是否远离村庄、城镇、车站等人口活动区	
		周边是否有畜禽养殖场？如有，请描述与蜂场距离	
		蜜源地与常规农田的距离？简述隔离措施	
		是否建立生物栖息地？应保证基地具有可持续生产能力，不对环境或周边其他生物产生污染	
		是否有保护基因多样性、物种多样性和生态系统多样性，以维持生态平衡的措施	
		简述生态环境保护措施	
8	灌溉水源（适用于人工种植蜜源植物）	灌溉水来源	
		灌溉方式	
		可能引起灌溉水受污染的污染物及其来源	
		绿色食品和常规生产区域之间的排灌系统是否有有效的隔离措施	
9	养蜂用水	来源	
		是否定期检测？检测结果是否合格	
		可能引起水源受污染的污染物及其来源	
10	免测项目及免测理由	□空气免测	□蜜源地周围 5km，主导风向的上风向 20km 内无工矿污染源的种植业区空气免测
		□土壤免测	□提供了符合要求的环境背景值

（续）

序号	检查项目	检查内容	检查情况描述
10	免测项目及免测理由	□灌溉水免测	□灌溉水来源为天然降水
			□提供了符合要求的环境背景值
		□养蜂用水免测	□提供了符合要求的环境背景值
		□续展免测	□产地环境、范围、面积未发生变化
			□产地及其周边未增加新的污染源
			□影响产地环境质量（空气、土壤、水质）的因素未发生变化
11	检测项目	□空气　　　□土壤　　　□灌溉水　　　□养蜂用水	
	绿色食品生产适宜性评价		

3. 蜜源植物

序号	检查项目	检查内容	检查情况描述
12	野生采集	蜜源植物名称、覆盖率（株/单位面积）。如为杂花产品，请写出主要的几种	
		流蜜时间	
		区域内与蜜源植物同花期植物名称、覆盖率（株/单位面积）	
		蜜源植物是否发生过病虫害？是否做过人工防治？简述防治时间及防治措施	
13	人工种植	蜜源植物名称	
		流蜜时间	
		简述花期的农事活动（施肥、病虫草害防治等）	
	检查员评价		

4. 蜂王培育及其他蜂管理

序号	检查项目	检查内容	检查情况描述
14	蜂王培育	品种及来源	
		正常寿命	
		繁育能力	高峰日产卵____枚
		检查频率	
		分蜂速度	经____日，可由__箱分为____箱
15	工蜂管理	采蜜期寿命	
		每群数量	
16	雄蜂管理	每群数量与工蜂的比例	
	检查员评价		

5. 蜂场综合管理

序号	检查项目	检查内容	检查情况描述
17	养蜂机具	蜂箱和巢框用材是否无毒、无味、性能稳定、牢固	
		养蜂机具及采收机具（包括隔王栅、饲喂器、起刮刀、脱粉器、集胶器、摇蜜机和台基条等）、产品存放器具所用材料是否无毒、无味	
		巢础材质、巢脾更换频率	
18	饲喂	流蜜期饲喂成分	
		是否饲喂自留蜜和花粉	
		非流蜜期和越冬期是否饲喂蔗糖？说明蔗糖种类、来源	
		是否饲喂糖浆	
19	疾病防治	简述当地常见疾病及防治措施	
		简述当年发生疾病及防治措施	
		简述药物使用情况	

（续）

序号	检查项目	检查内容	检查情况描述
19	疾病防治	简述蜂场、蜂箱、器具消毒情况（消毒剂、方法、频次）	
		是否有药物使用记录	
20	采收	花期、平均采收频次、单群平均产量	花期：___月___日至___月___日 频次：___天/次 产量：___千克/箱
	检查员评价		

6. 包装与贮运

序号	检查项目	检查内容	检查情况描述
21	包装材料	简述包装材料、来源	
		说明周转容器材料、是否清洁	
		纸类包装表面是否涂蜡、上油、涂塑料等防潮材料	
		纸箱是否使用扁丝钉订合？所作标记是否使用油溶性油墨	
		塑料制品是否使用含氟氯烃（CFS）的发泡聚苯乙烯（EPS）、聚氨酯（PUR）等产品	
		金属类包装是否使用对人体和环境造成危害的密封材料和内涂料	
		所用油墨、粘结剂等是否无毒？是否直接接触食品	
		包装材料是否可重复使用、回收利用或可降解	
22	标志与标识	是否提供了含有绿色食品标志的包装标签或设计样张（非预包装食品不必提供）	
		包装标签标识及标识内容是否符合 GB 7718、NY/T 658 标准要求	

（续）

序号	检查项目	检查内容	检查情况描述
22	标志与标识	绿色食品标志设计是否符合《中国绿色食品商标标志设计使用规范手册》要求	
		包装标签中生产商、商品名、注册商标等信息是否与上一周期绿色食品证书中一致（续展）	
23	生产资料仓库	是否与产品分开贮藏	
		简述卫生管理制度及执行情况	
		绿色食品与非绿色食品使用的生产资料是否分区储藏，区别管理	
		是否储存了绿色食品生产禁用物质？禁用物质如何管理	
		出入库记录和领用记录是否与投入品使用记录一致	
24	产品贮藏仓库	周围环境是否卫生、清洁，远离污染源	
		简述仓库内卫生管理制度及执行情况	
		简述贮藏设备及贮藏条件，是否满足食品温度、湿度、通风等贮藏要求	
		简述堆放方式，是否会对产品质量造成影响	
		是否与有毒、有害、有异味、易污染物品同库存放	
		与同类非绿色食品产品一起贮藏的如何防混、防污、隔离	
		简述防虫、防鼠、防潮措施，使用的药剂种类、剂量和使用方法是否符合 NY/T 393 规定	
		是否有贮藏设备管理记录	
		是否有产品出入库记录	
25	运输管理	运输工具	
		是否与有害、有毒、有气味的物品一起运输	

（续）

序号	检查项目	检查内容	检查情况描述
25	运输管理	铺垫物、遮垫物是否清洁、无毒、无害	
		运输工具是否同时用于绿色食品和非绿色食品？如何防止混杂和污染	
		简述运输工具清洁措施	
		是否有运输过程记录	
检查员评价			

7. 废弃物处理及环境保护措施

序号	检查项目	检查内容	检查情况描述
26	废弃物处理	污水、废旧巢脾、垃圾等废弃物是否及时处理	
		废弃物存放、处理、排放是否对生产区域及周边环境造成污染	
27	环境保护	如果造成污染，采取了哪些保护措施	
检查员评价			

8. 绿色食品标志使用情况（仅适用于续展）

序号	检查内容	检查情况描述
28	是否提供了经核准的绿色食品证书	
29	是否按规定时限续展	
30	是否执行了《绿色食品商标标志使用许可合同》	
31	续展申请人、产品名称等是否发生变化	
32	质量管理体系是否发生变化	

（续）

序号	检查内容	检查情况描述
33	用标周期内是否出现产品质量投诉现象	
34	用标周期内是否接受中心组织的年度抽检？产品抽检报告是否合格	
35	用标周期内是否出现年检不合格现象？说明年检不合格原因	
36	核实上一用标周期标志使用数量、原料使用凭证	
37	申请人是否建立了标志使用出入库台账，能够对标志的使用、流向等进行记录和追踪	
38	用标周期标志使用存在的问题	
检查员评价		

9. 采收统计

产品名称	群数	流蜜期（天）	常规采收量（吨/群）	绿色食品采收量（吨/群）	预计采收量（吨/群）

现场检查意见

现　　场 检　　查 综　　合 评　　价	
检　　查 意　　见	□合格 □限期整改 □不合格

检查组成员签字：

年　月　日

　　我确认检查组已按照《绿色食品现场检查通知书》的要求完成了现场检查工作，报告内容符合客观事实。

　　申请人法定代表人（负责人）签字：

（盖章）
年　月　日

附表7

现场检查发现问题汇总表

申 请 人			
申请产品			
检查时间			
检查组长		检查员	

发现问题描述	依据

申请人整改措施及时限承诺：

负责人：　　　　　　申请人（盖章）　　　　　日期：

整改措施落实情况：

检查组长：　　　　　　　　　日期：

注：1. 此表一式三份，中心、省级工作机构、申请人各一份；

　　2. 申请人应在承诺时限内将整改材料提交检查组；

　　3. 检查组长对整改措施落实情况判定合格后，将此表、整改材料和检查报告一并报送。

绿色食品专家评审工作程序

（2015 年 5 月 25 日发布）

第一条　为保证绿色食品标志许可审查工作的科学性、公正性和权威性，根据《绿色食品标志管理办法》和《绿色食品标志许可审查程序》，制定本程序。

第二条　评审专家由中国绿色食品发展中心（以下简称"中心"）专家库专家和行业知名专家组成。

第三条　专家评审工作职责：

（一）负责对书面审查合格的申请材料进行评审，重点对生产中的投入品使用情况进行全面评估；

（二）负责进行行业风险预警，并把握行业最新动态；

（三）负责对进一步规范、完善审查工作提出意见和建议。

第四条　中心原则上每月组织一次专家评审，为期一天，并根据每次参加评审产品涉及的行业，有针对性的邀请至少 3 名相关专业专家，组成专家组，并指定一人担任组长。

第五条　评审

（一）专家评审由专家组组长主持；

（二）组长根据产品行业将评审材料分配给相关专业专家；

（三）每位专家对各自评审材料提出评审意见；

（四）专家组对每份评审材料提出终审意见，并作出是否通过评审的决定。

第六条　专家应坚持科学、公正的评审原则，并对参加评审的申请人情况予以保密；当申请人与专家有利益关系时，专家应主动声明并回避。

第七条　本程序自 2015 年 6 月 1 日起实施。

第八条　本程序由中心负责解释。

省级绿色食品工作机构续展审查
工作实施办法

（2015 年 2 月 11 日发布）

第一条 为充分发挥省级绿色食品工作机构（以下简称省级工作机构）的职能作用，进一步提高续展工作效率，制定本办法。

第二条 省级工作机构负责本行政区域绿色食品续展申请的受理、初审、现场检查、书面审查及相关工作。中国绿色食品发展中心（以下简称中心）负责续展申请材料的备案登记、监督抽查和颁证工作。

第三条 绿色食品检测机构（以下简称检测机构）负责绿色食品产地环境、产品检测和评价工作。

第四条 畜禽产品及其加工品、人工养殖的水产品及其加工品、蜂产品，按照《绿色食品标志许可审查程序》，其书面审查工作仍由中心负责。

第五条 承担续展书面审查工作的省级工作机构应具备以下条件：

（一）续展工作的领导分工明确；

（二）续展工作有确定的工作部门和专职检查员；

（三）辖区内地（市）、县级绿色食品工作机构健全、工作力量强、有检查员；

（四）辖区内绿色食品检查员注册专业齐全，能够满足续展书面审查工作需要。

第六条 续展申请按照以下要求执行：

（一）省级工作机构按照《绿色食品标志许可审查程序》、《绿色食品现场检查工作规范》、《绿色食品标志许可审查工作规范》的要求，完成受理、现场检查、初审、书面审查等工作。

（二）省级工作机构组织至少 1 名绿色食品检查员对续展申请人提交的材料、现场检查报告、环境质量监测报告、产品检验报告等相关材料进行书面审查，填写《绿色食品省级工作机构初审报告》，并分别由检查员和省级工作机构负责人在报告上签字、盖章。书面审查务必确保续展申请材料完备有效，续展申请人缴清前期标志使用费，并在证书上加盖年检章。

（三）省级工作机构应在绿色食品证书有效期满前二十五个工作日完成书面审查，

并将审查合格的续展申请材料原件报送中心，同时完成网上报送。逾期未能报送中心的，不予续展。

（四）中心以《绿色食品省级工作机构初审报告》作为续展决定依据，随机抽取10％的续展申请材料进行监督抽查，监督抽查意见与审查结论不一致时，以监督抽查意见为准。监督抽查意见分为以下情况：

1. 需要进一步完善的，续展申请人应在《绿色食品审查意见通知书》规定的时限内补充相关材料，逾期视为放弃续展。

2. 需要现场核查的，由中心委派检查组现场核查并提出核查意见。

3. 合格的，准予续展。

4. 抽查不合格的，不予续展，中心将不予续展意见通知省级工作机构，并由省级工作机构及时通知申请人。

（五）中心主任做出准予续展颁证决定。

（六）续展申请人与中心签订《绿色食品标志使用合同》，履行相关手续后，中心颁发证书并予以公告。

第七条 因不可抗力不能在证书有效期内进行现场检查的，省级工作机构应向中心提出书面申请，说明原因。经中心确认，续展检查应在证书有效期后三个月内实施。

第八条 省级工作机构应结合当地实际情况制定续展审查工作实施细则，并报中心备案。

第九条 本办法由中心负责解释。

第十条 本办法自 2015 年 3 月 1 日施行。原《省级绿色食品管理机构续展综合审核工作实施办法（试行）》废止。

中国绿色食品发展中心关于改进绿色食品申报有关事项的通知

中绿认〔2015〕99号

各地绿办（中心）：

为了优化绿色食品产业结构，鼓励和支持大型企业、畜禽水产品企业申报绿色食品，按照"方便企业、简化程序、降低成本、提高效率"的指导思想，中心对现行的绿色食品标志许可审查、证书管理、标志使用的有关制度进行了调整。现就有关事项通知如下：

一、总公司及其子公司、分公司申报绿色食品

（一）总公司或子公司可独立作为申请人单独提出申请，按《绿色食品标志许可审查程序》（以下简称审查程序）实施审查。

（二）"总公司＋分公司"可作为申请人，按审查程序实施审查，分公司不可独立作为申请人单独提出申请。

（三）总公司可作为统一申请人，子公司或分公司作为其加工场所，与其签订委托加工合同，由总公司向所在地省级工作机构统一提交相关材料，并按审查程序实施审查。跨省（区）的现场检查由中心统一协调；若同一产品由多家子公司或分公司生产，应分别进行产地环境监测和产品抽样检测。

总公司申请加工场所增加、变更或减少的，应由总公司提交书面申请，经所在地省级工作机构审查确认后，报中心审批。

（四）总公司与子公司、分公司使用绿色食品标志

1. 以总公司名义统一申报绿色食品，子公司或分公司作为总公司的受委托方，总公司获证后如需使用统一的包装，可在包装上统一使用总公司的绿色食品企业信息码，同时标注总公司和子公司或分公司的名称，向消费者和监管部门明示不同的生产商。

2. 总公司与子公司分别申报绿色食品并领取证书，如需使用统一的包装，在绿色食品标志图形、文字下方可不标注绿色食品企业信息码，而在包装上的其他位置同时标注总公司和子公司的具体名称及其绿色食品企业信息码，区分不同的生产商。

二、增报绿色食品产品或产量

（一）申请审查

增报是指企业在已获证产品的基础上，申请在其他产品上使用绿色食品标志或增加已获证产品产量。具体包括以下几种情形：

1. 申报已获证产品的同类多品种产品。

2. 申报与已获证产品产自相同生产区域的非同类多品种产品，包括：种植区域相同，生产管理模式相同的农林产品；捕捞水域相同，非人工投喂模式的水产品；加工场所相同，原料来源相同，加工工艺略有不同的产品。

3. 已获证产品总产量保持不变，将其拆分为多个商标或产品名称的产品。

4. 增加已获证产品的产量。

企业可在标志使用期间，根据上述产品增报的情形提交相关材料，经检查员现场检查，省级工作机构审查确认后，报中心审批。企业也可在续展时提出申请。当生产区域扩大、变更或增报非同类多品种产品时，应进行产品抽样检测，并视情况进行环境检测。

（二）颁证

1. 在标志使用期间，增报产品可按初次申报产品办理颁证手续，亦可将原获证产品提前续展，并与增报产品同时颁证，如可归为系列产品，则按系列产品核定收费。

2. 在标志使用期间，在已获证产品上增加产量的，按证书变更办理。

三、申报绿色食品畜禽、水产分割肉产品

（一）申请审查

在标志使用期间，企业在已获证产品产量不变的基础上，增报同类畜禽、水产分割肉产品的，应提交申请书、预包装标签设计样和绿色食品证书原件，经检查员现场检查并由省级工作机构审查确认后，报中心审批即可。企业也可在续展时提出申请。

（二）费用核定

申报同类绿色食品畜禽、水产分割肉产品，认证费按一个产品核定，标志使用费从第 6 个产品开始减半收取。

请各地绿办（中心）将本《通知》精神面向企业积极进行宣传、解释和说明，主动做好服务指导工作。

特此通知。

2015 年 10 月 20 日

关于牛羊产品申报绿色食品
相关要求的通知

中绿认〔2013〕101 号

各有关绿办：

为做好牛羊产品绿色食品申报工作，优化绿色食品产业结构，促进畜牧业健康良性发展，中心多地调研，组织部分省绿办和专家及牛羊养殖、屠宰、加工企业技术人员召开研讨会，在此基础上，中心决定，对绿色食品牛羊产品的申报和受理提出以下要求：

一、受理范围

（一）鼓励具备饲料种植加工、牛羊养殖、牛羊屠宰加工的全产业链生产企业申报绿色食品，经营范围仅有屠宰、加工，牛羊无固定来源的加工企业申报绿色食品暂不受理。

（二）牛羊养殖申请人应具备以下条件：

1. 公司自主经营、公司＋基地＋合作社、公司＋基地＋农户、专业合作社、家庭农场、农户等经营主体，完全草原放牧的。

2. 公司自主经营、公司＋基地＋合作社、公司＋基地＋农户等经营主体，半放牧半饲养和农区养殖场养殖的。

专业合作社、家庭农场、农户等经营主体除完全草原放牧外，其他饲养方式的暂不受理。

二、申报条件

牛羊产品申报绿色食品，除符合相关绿色食品标准要求外，还应具备以下条件：

（一）应建立和完善健康养殖管理制度，需要时建立完善的养殖管理体系，包括：统一提供优良品种、统一规划场地和圈舍设计、统一饲料配方和饲料添加剂供给、统一疫病防治措施及兽药供给、统一生产管理标准、分户建设和经营等。

（二）应建立生产记录制度，包括饲料种植和生产、牛羊养殖、屠宰、加工等过程，记录应有当地农业行政主管部门的指导和监督。

（三）应建立可追溯体系，包括饲料来源、母系图谱、饲养过程、疫病防治、产品加工和销售等，鼓励在产品上采用二维码等防伪追溯体系。

（四）应制定符合绿色食品相关要求的生产技术标准，并报县级以上农业行政主管部门认可。

（五）粗饲料应全部来自符合绿色食品相关要求的自有、合作共建的生产基地或全国绿色食品原料标准化生产基地，预混料应为绿色食品生产资料。

（六）兽药、预混料及饲料添加剂应来自当地农业行政主管部门监管的合法供应商。

三、申报要求及证后监督管理

（一）强化审核检查工作。县级绿色食品检查员和专业技术人员（作为技术专家）应参与对申请人申报绿色食品的审核和现场检查工作。重点关注饲养环节的专业化、规范化、标准化、规模化、集约化生产，切实把握饲料、疫苗、兽药使用以及生产过程记录等关键环节。

（二）产品检测。坚持由检测机构负责抽取检测样品，确保检样的代表性和有效性。初次申报时，同类分割肉产品只需提供一份定点检测机构出具的全项产品检验报告；续展或增报产品时，提供一份定点检测机构出具的全项产品检验报告。

（三）加强证后监管。要吸收县级专业管理人员参与证后监管工作，落实监管制度，加大监管力度。年检工作要深入到生产的各个环节，产品抽检和年检督导要将畜牧业作为重点。

特此通知。

2013 年 9 月 9 日

绿色食品检查员注册管理办法

（2014 年 7 月 11 日发布）

第一章 总 则

第一条 为加强绿色食品检查员的管理，提高检查员队伍整体素质和业务水平，促进绿色食品事业持续健康发展，根据《绿色食品标志管理办法》，制定本办法。

第二条 绿色食品检查员（以下简称检查员）是指经中国绿色食品发展中心（以下简称中心）核准注册的从事绿色食品材料审查和现场检查的人员。

第三条 中心对检查员实行统一注册管理，检查员的注册专业分为种植、养殖和加工。

第四条 绿色食品检查员分为两个级别：检查员和高级检查员。

检查员是指符合本办法相应要求，能够对申请材料实施审查或对申请企业实施现场检查的人员。

高级检查员是指符合本办法相应要求，并具有丰富的材料审查和现场检查的经验，能够对申请绿色食品企业实施现场检查或对申请材料实施审查的人员。

第五条 检查员的来源包括各级绿色食品工作机构的专职工作人员、大专院校、科研机构、行业协会的专家和学者。检查员不得来源于生产企业。

第二章 注册要求

第六条 申请注册的检查员应当具备下列条件：

（一）个人素质

1. 热爱绿色食品事业，对所从事的工作有强烈的责任感；

2. 能够正确执行国家有关方针、政策、法律及法规，掌握绿色食品标准及有关规定；

3. 具有良好观察能力和业务能力，并能根据客观证据做出正确的判断；

4. 具有良好口头和书面表达能力，能够客观全面地表述概念和意见；

5. 具有履行检查员职责所需的保持充分独立性和客观性的能力，具有有效开展审查和检查工作所需的个人组织能力和人际交流能力；

6. 身体健康，具有从事野外工作的能力。

（二）教育和工作经历

申请人应具有国家承认的大学本科以上（含大学本科）学历，至少1年相关专业技术或相关农产品质量安全工作经历；或具有国家承认的大专学历，至少2年相关专业技术或相关农产品质量安全工作经历。

申请人所学专业为非相关专业的，本科学历申请人至少4年相关专业技术或相关农产品质量安全工作经历；大专学历申请人至少5年相关专业技术或相关农产品质量安全工作经历。

具有相关专业中级以上（含中级）技术职称视为符合教育和工作经历。

（三）专业背景

注册种植业检查员应具有农学、园艺、植保、农业环保及相关专业的专业；注册养殖业检查员应具有畜牧、兽医、动物营养或水产及相关专业的专业；注册加工业检查员应具有食品加工、发酵及相关专业的专业。

（四）培训经历

申请人应完成中心指定的检查员相关课程的培训，并通过中心或中心委托的有关单位组织的各门专业课程的考试，取得《绿色食品培训合格证书》。

（五）审查和现场检查经历

依据材料审查和现场检查经历对检查员进行分级：

1. 检查员：申请人应在取得《绿色食品培训合格证书》后参加至少2次注册专业类别绿色食品材料审查和现场检查见习，并由所在省级绿色食品工作机构（以下简称省级工作机构）就申请人的能力给出鉴定意见。

2. 高级检查员：申请人应取得检查员级别注册资格1年以上，并至少完成10个相关专业类别绿色食品企业的材料审查和现场检查。

3. 所有材料审查和现场检查经历应在申请注册前3年内获得。

第七条 检查员可以同时注册多个专业。申请扩大专业注册的，应从申请注册检查员开始，还应提供相关专业考试合格证书复印件或其他有效证明材料。

第三章 注册程序

第八条 申请人填写《绿色食品检查员注册申请表》，并附上第十二条要求提交的相关证明材料，经省级工作机构签署推荐意见后，由省级工作机构统一报送中心。申请人应当同时完成网上注册申请。

第九条　申请人应与中心签订《绿色食品检查员责任书》，切实履行检查员职责，认真落实检查员审查和现场检查工作质量第一责任人制度，如有违反将追究其责任。

第十条　申请人与中心签署保密承诺，确保不泄露申请企业商业和技术秘密。

第十一条　申请人应当签署个人声明，声明其保证遵守（或已经遵守）绿色食品检查员行为准则及绿色食品有关规定。

第十二条　申请注册应当提交下列材料：

（一）初次申请

1.《绿色食品检查员注册申请表》

2. 身份证（复印件）

3. 学历证书、职称证书（复印件）

4.《绿色食品培训合格证书》（复印件）

5.《绿色食品材料审查/现场检查经历表》

（二）再注册申请

1.《绿色食品检查员注册申请表》

2. 身份证（复印件）

3.《绿色食品材料审查/现场检查经历表》

（三）扩大专业申请

1. 绿色食品检查员注册申请表

2. 身份证（复印件）

3. 申请扩大专业的学历或职称证明材料

4. 涉及扩大专业的现场检查/材料审查经历证明材料

第十三条　中心对申请人提交的申请材料进行核定。

第十四条　中心对符合注册要求的申请人予以注册，并公布名单。

第四章　检查员职责、职权和行为准则

第十五条　检查员依据《绿色食品标志管理办法》及有关法律法规履行下列职责：

（一）对申请企业的材料进行审查，核实申请企业提供的信息、资料是否完整，是否符合绿色食品的有关要求等；

（二）依据注册的专业类别，对申请企业实施现场检查，全面核实申请企业提交申请

材料的真实性，客观描述现场检查实际情况，科学评估申请企业的生产过程和质量控制体系是否达到绿色食品标准及有关规定的要求综合评估现场检查情况，撰写检查报告；

（三）完成中心交办的其他审查工作。

第十六条　检查员具有下列职权：

（一）检查申请企业的生产现场、库房、产品包装、生产记录和档案资料等有关情况。根据检查需要，可要求受检方提供相关的证据；

（二）依据绿色食品标准独立地对申请企业申请材料提出审查意见，不受任何单位和个人的干预；

（三）指出申请企业在生产过程中不当行为，并要求其整改；

（四）了解申请企业的产地环境监测情况和产品质量检测情况；

（五）向中心如实报告有关绿色食品工作机构、检测机构和申请企业在相关工作中存在的问题；

（六）向上级绿色食品工作机构提出改进绿色食品工作的建议；

（七）有权向绿色食品工作机构申诉对检查员的各种投诉；

（八）检查员依据注册的级别，具有相应的工作职权：检查员有权对所在省绿色食品申请企业进行材料审查和现场检查；高级检查员有权对所在省、国内其它区域和境外绿色食品申请企业进行材料审查和现场检查。

第十七条　检查员应遵守下列行为准则：

（一）遵守国家有关法律法规、绿色食品规章制度和保密协议；

（二）从事材料审查和现场检查工作应遵循科学、公正、公平的原则；

（三）按照注册专业类别从事材料审查和现场检查工作；

（四）不断学习现场检查所需的专业知识，提高自身素质和现场检查能力；

（五）尊重客观事实，如实记录现场检查或材料审查对象现状，保证材料审查和现场检查的规范性和有效性；

（六）检查员在检查前后 1 年内不得与申请企业有任何有偿咨询服务关系；可以提出生产方面改进意见，但不得收取费用；

（七）不应向申请企业做出颁证与否的承诺；

（八）未经中心书面授权和申请企业同意，不得讨论或披露任何与审查和检查活动有关的信息，法律有特殊要求的除外；

（九）到少数民族地区检查时，应尊重当地文化和风俗习惯；

（十）不接受申请企业任何形式的酬劳；

（十一）不以任何形式损坏中心声誉，并针对违反本行为准则进行的调查工作提供全面合作；

（十二）接受中心的监督管理。

第五章　监督与管理

第十八条　中心统一负责检查员监督管理。省级工作机构负责所辖区域内检查员日常管理工作。

第十九条　检查员注册有效期为 3 年，检查员需在注册期满前 3 个月向中心提出书面再注册申请。超过有效期未提交再注册申请或 3 年内未完成 3 个以上注册专业类别申请企业材料审查和现场检查的，不予再注册。

第二十条　中心建立检查员工作绩效考核评价制度，每年对检查员工作实施绩效考评，对工作业绩突出和表现优秀的检查员，中心给予表彰和奖励。

第二十一条　对违反检查员行为准则，尚未构成严重后果的，中心依据有关情况给予检查员批评、暂停注册资格等处置。在暂停期内，检查员不得从事相关材料审查和现场检查等活动。对于暂停注册资格的检查员，应在暂停期内采取相应整改措施，并经中心验证后，恢复其注册资格。

第二十二条　有下列情况之一者，撤销其检查员资格：

（一）与申请企业合作（或提示申请企业），故意隐瞒申请产品真实情况的；

（二）经核实，在材料审查或现场检查工作中，存在故意弄虚作假行为的，年度绩效考评为零分的；

（三）严重违反检查员行为准则或由于失职、渎职而出现严重质量安全问题的；

（四）严重违反检查员行为准则，对绿色食品事业或中心声誉造成恶劣影响的。

第二十三条　被中心撤销检查员资格的，1 年内不再受理其注册申请。如再申请注册，须经培训、考试，取得《绿色食品培训合格证书》。

第二十四条　中心就检查员的资格处置情况向绿色食品工作系统及其上级行政主管部门等相关方进行通报。

第二十五条　中心建立绿色食品注册检查员档案，对检查员的培训、考试、考核评价信息及检查员注册、再注册、撤销等管理活动进行存档。

第六章　附　　则

第二十六条　本办法由中心负责解释。

第二十七条　本办法自 2014 年 8 月 1 日起施行。原《绿色食品检查员注册管理办法》（中绿认〔2009〕60 号）同时废止。

绿色食品检查员工作绩效考评暂行办法

(2013年9月11日发布)

第一章 总 则

第一条 为了强化和规范绿色食品检查员（以下简称检查员）工作绩效考核评价的管理，促进工作质量和效率不断提高，依据《绿色食品标志管理办法》和《绿色食品检查员注册管理办法》，制定本办法。

第二条 本办法适用于所有经中国绿色食品发展中心（以下简称中心）核准注册的绿色食品检查员。

第三条 中心建立检查员履行材料审核和现场检查职责的个人工作档案，据此考评检查员工作绩效和表彰先进，并将有关情况予以通报。绩效考评结果将作为检查员资格、级别认定的重要依据。

第四条 检查员工作档案的信息主要来自申报材料和中心组织实施的复核检查。

检查员工作档案信息运行以"绿色食品审核与管理系统"（简称"金农系统"）为技术支撑，有关申报材料信息必须通过"金农系统"上传中心。

第五条 绩效考核遵循工作数量与工作质量相统一，更加注重工作质量的基本原则。

第二章 考核内容

第六条 绩效考核包括以下四项指标：

（一）申报材料完备率：考核申报材料不需补报的一次完备性；

（二）终审合格数量：考核材料审核和现场检查工作的有效量；

（三）终审合格率：考核材料审核和现场检查工作的有效性；

（四）申报材料真实性：考核材料审核和现场检查工作真实程度。

第七条 绩效考核分指标评分，按年度考核，逐年累计。

第三章　评分方法

第八条　申报材料完备率评分以企业数为单位，总分值 40 分。

申报材料完备率得分＝申报材料完备的企业数量÷材料审核（或者现场检查）企业的数量×权重×40。其中：审核企业 1～5 个权重为 0.20，6～10 个权重为 0.40，11～15 个权重为 0.60，16～20 个权重为 0.80，21 个以上权重为 1.00。

参与同一企业材料审核和现场检查的不重复计算企业数。

第九条　终审合格数量评分以企业数及产品数为单位，分值不设上限。

每个企业的材料审核和现场检查各记 2 分，同一企业申报产品数超过 2 个，加乘权数。

同一企业申报产品数未超过 2 个的终审合格数量得分＝（材料审核企业数＋现场检查企业数）×2；

同一企业申报产品数超过 2 个的终审合格数量得分＝（材料审核企业数＋现场检查企业数）×2×$[1+0.1×(X-2)]$，X 为产品数。

第十条　终审合格率评分以产品数为单位，总分值 30 分。

终审合格率得分＝终审通过产品数量÷材料审核（或现场检查）产品总数×30。参与同一企业材料审核和现场检查的产品数不重复计算。

第十一条　申报材料真实性评分以审核项目为单位，总分值 30 分，实行加减分制。

（一）全年申报材料未出现虚假项目的，得 30 分。

（二）出现以下情况之一，当年绩效考评为零分：

1. 提供虚假的现场检查证明（如：提供 PS 照片，或用往年或者其它企业现场检查照片代替本企业当期现场检查照片等）；

2. 提供虚假的现场检查记录；

3. 纵容申请人提供虚假材料；

4. 其他同类情况。

（三）出现以下情况之一，扣减 15 分（总分值 30 分，扣完为止）：

1. 材料中出现虚假绿色食品证书；

2. 检查员互相代签相关文件；

3. 其他同类情况。

（四）出现以下情况之一，扣减 10 分（总分值 30 分，扣完为止）：

1. 材料中出现虚假资质性文件（如：营业执照、商标注册证、QS 证书、防疫合格证、土地使用证等）；

2. 材料中出现虚假合同（如：虚构合同相关产品、产品量、日期、单位名称、责任人等情况）；

3. 材料中出现其他虚假材料；

4. 其他同类情况。

申报材料不真实及其责任人以及应扣分值的认定，由中心审核处处长牵头组成三人以上小组负责。

第十二条 第八条至第十一条的各项得分合计，为检查员年度绩效考评总分值。

第十三条 当年 12 月 10 日以后的绩效考评分值计入下一年度。

第十四条 续展工作绩效考评适用本办法。已下放省绿办的续展综合审核工作的绩效考核，中心抽查的部分，其申报材料完备率、终审合格率、申报材料真实性按抽查结果评分；中心未抽查的部分，其申报材料完备率、终审合格率、申报材料真实性按满分评分；所有完成备案的，其数量评分参照第九条执行。

第四章　通报和表彰

第十五条 中心每年向省绿办通报检查员本年度及年度累计绩效考评分值。

第十六条 中心每年依据绩效考评结果对检查员进行评定，并对优秀检查员给予表彰和奖励。

第五章　附　　则

第十七条 本办法由中心负责解释。

第十八条 本办法自 2014 年 1 月 1 日起施行。

第四篇

标 志 管 理

绿色食品标志使用证书管理办法

(2014 年 12 月 10 日发布)

第一章　总　　则

第一条　为规范绿色食品标志使用证书（以下简称证书）的颁发、使用和管理，依据《中华人民共和国商标法》、农业部《绿色食品标志管理办法》、国家工商行政管理总局《集体商标、证明商标注册和管理办法》，制定本办法。

第二条　证书是绿色食品标志使用人（以下简称标志使用人）合法有效使用绿色食品标志的凭证，证明标志使用申请人及其申报产品通过绿色食品标志许可审查合格，符合绿色食品标志许可使用条件。

第三条　证书实行"一品一证"管理制度，即为每个通过绿色食品标志许可审查合格产品颁发一张证书。

第四条　中国绿色食品发展中心（以下简称中心）负责证书的颁发、变更、注销与撤销等管理事项。

省级绿色食品工作机构（以下简称省级工作机构）负责证书转发、核查，报请中心核准证书注销、撤销等管理工作。

第二章　证书的颁发、使用与管理

第五条　证书颁发执行中心的《绿色食品颁证程序》。

第六条　证书内容包括产品名称、商标名称、生产单位及其信息编码、核准产量、产品编号、标志使用许可期限、颁证机构、颁证日期等。

第七条　证书分中文、英文两种版式，具有同等效力。

第八条　证书有效期为三年，自中心与标志使用人签订《绿色食品标志使用合同》之日起生效。

经审查合格，准予续展的，证书有效期自上期证书有效期期满次日计算。

第九条　在证书有效期内，标志使用人接受年度检查合格的，由省级工作机构在证书上加盖年度检查合格章。

第十条　获证产品包装标签在标识证书所载相关内容时，应与证书载明的内容准确一致。

第十一条　证书的颁发、使用与管理接受政府有关部门和社会的监督。

第十二条　任何单位和个人不得涂改、伪造、冒用、买卖、转让证书。

第三章　证书的变更与补发

第十三条　在证书有效期内，标志使用人的产地环境、生产技术、质量管理制度等没有发生变化的情况下，单位名称、产品名称、商标名称等一项或多项发生变化的，标志使用人拆分、重组与兼并的，标志使用人应办理证书变更。

第十四条　证书变更程序如下：

（一）标志使用人向所在地省级工作机构提出申请，并根据证书变更事项提交以下相应的材料：

1. 证书变更申请书；

2. 证书原件；

3. 标志使用人单位名称变更的，须提交行政主管部门出具的《变更批复》复印件及变更后的《营业执照》复印件；

4. 商标名称变更的，须提交变更后的《商标注册证》复印件；

5. 如获证产品为预包装食品，须提交变更后的《预包装食品标签设计样张》；

6. 标志使用人拆分、重组与兼并的，须提供拆分、重组与兼并的相关文件，省级工作机构现场确认标志使用人作为主要管理方，且产地环境、生产技术、质量管理体系等未发生变化，并提供书面说明。

（二）省级工作机构收到证书变更材料后，在 5 个工作日内完成初步审查，并提出初审意见。初审合格的，将申请材料报送中心审批；初审不合格的，书面通知标志使用人并告知原因。

（三）中心收到省级工作机构报送的材料后，在 5 个工作日内完成变更手续，并通过省级工作机构通知标志使用人。

第十五条　标志使用人申请证书变更，须按照绿色食品相关收费标准，向中心缴纳证书变更审核费。

第十六条　证书遗失、损坏的，标志使用人可申请补发。

第四章 证书的注销与撤销

第十七条 在证书有效期内，有下列情形之一的，由标志使用人提出申请，省级工作机构核实，或由省级工作机构提出，经中心核准注销并收回证书，中心书面通知标志使用人：

（一）自行放弃标志使用权的；

（二）产地环境、生产技术等发生变化，达不到绿色食品标准要求的；

（三）由于不可抗力导致丧失绿色食品生产条件的；

（四）因停产、改制等原因失去独立法人地位的；

（五）其他被认定为可注销证书的。

第十八条 在证书有效期内，有下列情形之一的，由中心撤销并收回证书，书面通知标志使用人，并予以公告：

（一）生产环境不符合绿色食品环境质量标准的；

（二）产品质量不符合绿色食品产品质量标准的；

（三）年度检查不合格的；

（四）未遵守标志使用合同约定的；

（五）违反规定使用标志和证书的；

（六）以欺骗、贿赂等不正当手段取得标志使用权的；

（七）其他被认定为应撤销证书的。

第五章 附 则

第十九条 本办法由中心负责解释。

第二十条 本办法自 2015 年 1 月 1 日起施行，原 2004 年颁布实施的《绿色食品标志商标使用证管理办法》同时废止。

绿色食品颁证程序

（2014 年 12 月 10 日发布）

第一条 为规范《绿色食品标志使用证书》（以下简称证书）的颁发（以下简称颁证），依据农业部《绿色食品标志管理办法》、国家工商行政管理总局《集体商标、证明商标注册和管理办法》，制定本程序。

第二条 颁证是中国绿色食品发展中心（以下简称中心）向通过绿色食品标志许可审查的申请人（以下简称申请人）颁发证书的过程，包括核定费用、签订《绿色食品标志使用合同》（以下简称《合同》）、制发证书、发布公告等。

第三条 中心负责核定费用、制发《合同》、编制信息码、产品编号、制发证书等颁证工作。

省级绿色食品工作机构（以下简称省级工作机构）负责组织、指导申请人签订《合同》、缴纳费用、向申请人转发证书等颁证工作。

第四条 中心依据颁证决定，按照有关绿色食品收费标准，在 10 个工作日内完成费用核定工作，通过"绿色食品网上审核与管理系统"生成《办证须知》、《合同》电子文本，并传送省级工作机构。

第五条 省级工作机构通过"绿色食品网上审核与管理系统"在 10 个工作日内下载《办证须知》、《合同》、《绿色食品防伪标签订单》等办证文件，并将上述办证文件发送申请人，其中《合同》文本为一式三份。

第六条 申请人收到办证文件后，应按《办证须知》的要求，在 2 个月内签订《合同》（纸质文本，一式三份），并寄送中心，同时按照《合同》的约定，一并缴纳审核费和标志使用费。

第七条 中心收到申请人签订的《合同》后，在 10 个工作日内完成信息码编排、产品编号、证书制作等工作。

证书分中文、英文两种版式，申请人如需要英文证书，应填报《绿色食品英文证书信息表》，中心审核后同时制发英文证书。

第八条 中心在 2 个工作日内完成《合同》、证书、缴费等信息核对工作，核对后将《合同》（一式两份）和证书原件统一寄送省级工作机构，并将《合同》一份、证书复印件一份存档。

第九条 省级工作机构收到中心寄发送的《合同》和证书后，在 5 个工作日内将《合同》（一份）和证书原件转发申请人，并将《合同》一份、证书复印件一份存档。

第十条 中心依据相关规定，对获证产品予以公告。

第十一条 各级绿色食品工作机构应建立颁证工作记录制度，记录颁证工作流程、时间、经办人等情况。建立颁证档案管理制度，加强颁证信息管理。

第十二条 本程序由中心负责解释。

第十三条 本程序自 2015 年 1 月 1 日起施行，2004 年颁布的《绿色食品标志商标使用证管理办法》中有关颁证程序同时废止。

绿色食品颁证文件

（2013 年 6 月 14 日发布）

办 证 须 知

你单位申报产品（详见《绿色食品标志使用合同》，以下简称《合同》）已通过我中心审查，请按以下程序办理证书领取手续：

一、签订《合同》。填写《合同》（一式三份）第 1 页的有关项目，并由你单位法定代表人在《合同》最后一页被许可人（乙方）处签字、盖章。如非法人代表签字，须附《法人代表委托书》。请你单位在 2 个月内签订《合同》（一式三份），并寄至我中心标志管理处（通讯地址：北京市海淀区学院南路 59 号 204 室，收件人：标志管理处，邮编：100081，电话：010 - 62191419/20 传真：010 - 62133552），过期将被视为自行放弃办证。

二、交纳费用。请你单位按照《合同》第六条核定的审核费及第一年标志使用费电汇至我中心银行账户。收款单位：中国绿色食品发展中心，开户银行：北京银行大钟寺支行（行号：313100000600，账号：01090326500120111158818）。涉及汇款及发票问题，请与我中心计划财务处联系（电话：010 - 62132257，010 - 62122266 转 2103，传真：010 - 62191426）。

为便于核查和避免延误办证，请勿通过邮局汇款，也不要以个人或其他单位代为汇款。汇款时请注明缴费项目，保持汇款单位名称与申报绿色食品的单位名称一致。如因特殊情况以个人或其他单位代为汇款的，请在汇款单备注栏中注明申报绿色食品的单位名称及联系方式，同时将汇款单复印件盖章后随《合同》寄回我中心。

对上期欠费的续展单位，须一并补交上期《合同》核定的标志使用费（金额：_____元）。

三、颁发证书。我中心收到《合同》及费用后，在 10 个工作日内颁发证书，并将证书、《合同》寄送省级绿色食品工作机构，由其在 5 个工作日内转发你单位。如需要英文证书，可填报《绿色食品英文证书信息表》，由我中心审核后制发。

四、订制防伪标签。如你单位需使用绿色食品防伪标签，请按照《防伪标签订制说明》，填报《绿色食品防伪标签订单》，并将防伪标签制作费电汇至北京中绿田源农业发展有限公司（开户银行：招商银行北京分行双榆树支行，行号：308100005086，账号：861583411210001）。联系方式：电话：010－62131338 或 62122266 转 2083，传真：010-62131337。

本《办证须知》由办证单位留存。

中国绿色食品发展中心

绿色食品英文证书信息表

申报单位名称（中文）		
申报单位名称（英文）		
商标名称（中文）	商标名称（英文）	
产品名称（中文）	产品名称（英文）	
	年 月 日（盖章）	

附件1

绿色食品标志使用合同

合同编号：_____

绿色食品标志使用合同

标志使用许可人（甲方）：中国绿色食品发展中心

地址：北京市海淀区学院南路 59 号　　　　邮编：100081

电话：（010）-62191419，62191420　　　传真：（010）-62133552

银行账户：开户名称：中国绿色食品发展中心

　　　　　开户银行：北京银行大钟寺支行

　　　　　账　　号：01090326500120111158818

标志使用被许可人（乙方）：

地　　址：

邮　　编：

联 系 人：　　　　电　话：　　　　手 机 号：

传　　真：

根据《中华人民共和国商标法》、农业部《绿色食品标志管理办法》的有关规定，甲、乙双方遵循自愿和诚信的原则，经协商一致，签订本《绿色食品标志使用合同》（以下简称合同）。

第一节　总　　则

第一条　绿色食品标志是依法注册的证明商标，受法律保护。注册号为：第892107 至 892139 号；核准商品为《商标注册用商品和服务性国际分类》第 1、2、3、5、29、30、31、32、33 类。

第二条　甲方是绿色食品标志的唯一所有人和许可人。甲方根据国家有关法律、法规和有关规定，实施绿色食品标志使用许可。

第三条　乙方已充分知悉并保证遵守《绿色食品标志管理办法》、《绿色食品标志使用证书管理办法》、《绿色食标志设计使用规范手册》、《绿色食品产品质量年度抽检管理办法》、《绿色食品年度检查工作规范》、《绿色食品标志市场监察实施办法（试行）》等有关管理规定。上述有关规定可通过农业部门户网绿色食品子站（网址：www. greenfood. moa. gov. cn）或中国绿色食品网（网址：www. greenfood. org. cn）查询。

在此基础上，乙方愿意按照本合同的约定，获得绿色食品标志使用权，并接受甲方和有关地方绿色食品工作机构的监督管理；甲方在乙方遵守绿色食品标志管理规定及本合同约定的前提下，许可乙方在核准的产品上使用绿色食品标志。

第二节　绿色食品标志使用许可

第四条　甲方根据审核结论，按照本合同条款，许可乙方在_____产品上使用绿色食品标志，其核准产量在《绿色食品标志使用证书》（以下简称《证书》）中载明。

第五条　许可使用绿色食品标志的期限为三年，许可使用期限以《证书》为准。乙方如继续使用绿色食品标志，必须于许可期满前 3 个月提出申请，通过核准后与甲方续签合同，由甲方颁发新的《证书》。

第三节　缴　　费

第六条　乙方须按照下列规定向甲方缴纳费用：

1. 领取《证书》前，一次性缴纳审核费，按本合同核准产品数，共计_____元；
2. 分年度缴纳绿色食品标志使用费，各年度缴纳数额及时限为：

第一年，人民币_____元，于领取《证书》前缴纳；

第二年，人民币_____元，于使用绿色食品标志第一年期满前一个月缴纳；

第三年，人民币_____元，于使用绿色食品标志第二年期满前一个月缴纳。

第七条　乙方应当于本合同签订后缴齐本合同第六条第 1 项审核费及第 2 项第一年绿色食品标志使用费。甲方核实后，向乙方颁发《证书》。

乙方亦可合并缴纳其余年度的绿色食品标志使用费。

第八条　乙方申请续展时，如在上一许可期内欠缴绿色食品标志使用费，须按上期合同核定的金额补交。

第四节　权利与义务

第九条　甲方负责保证绿色食品标志注册的有效性和标志许可的合法性。

第十条　甲方通过媒体对乙方获得《证书》的产品（以下简称获证产品）和被取消绿色食品标志使用权的产品予以公告。

第十一条　甲方和有关地方绿色食品工作机构依据绿色食品标志管理相关规定，对乙方实施产品质量年度抽检、企业年度检查、标志市场监察等跟踪检查。

第十二条　在《证书》有效期内，乙方应当严格按照绿色食品标准生产，对其生产的绿色食品产品质量和信誉负责；遵守本合同的相关约定；按照甲方的相关规定，规范使用绿色食品标志。

第十三条　在《证书》有效期内，乙方应当根据甲方和有关地方绿色食品工作机构的要求，如实提供有关获证产品统计数据及其它有关情况。

第五节　合同生效与终止

第十四条　本合同自签订之日起生效。发生下列情况之一时，本合同自动终止，乙方必须自终止之日起停止使用绿色食品标志，并交回《证书》：

1. 乙方违反有关规定和本合同约定，被甲方取消绿色食品标志使用权；

2. 由于不可抗力导致乙方丧失绿色食品生产条件；

3. 乙方停业、解散、倒闭、吊销、注销，或者失去原独立法人地位和独立承担民事责任的能力。

第十五条　在本合同执行过程中，第四条所述获证产品数发生改变时，乙方应按甲方重新核定的数额缴纳绿色食品标志使用费。

第十六条　本合同生效后，乙方自行放弃办证，或因超过规定办证时限甲方不予颁证，甲方仅退还乙方已缴纳的绿色食品标志使用费，其他费用不予退还。在《证书》有效期内，由于乙方原因导致获证产品失去绿色食品标志使用权，乙方所交费用均不予退回。

第六节　附　　则

第十七条　本合同中涉及的有关绿色食品标志管理制度如有实质性修订，甲方将通过农业部门户网绿色食品子站或中国绿色食品网及时发布，双方按照修订后的制度执行。

第十八条　因本合同的解释和履行而引起的争议，甲、乙双方应先行协商解决，若自争议发生之日起30日内双方仍未能达成一致意见，则任何一方均有权向甲方所在地有管辖权的人民法院起诉。

第十九条　本合同一式三份，甲、乙双方和乙方所在地的省级绿色食品工作机构各执一份，具有同等法律效力。

标志使用许可人（甲方）：　　　　　　标志使用被许可人（乙方）：

盖章：　　　　　　　　　　　　　　　盖章：

法定代表人：　　　　　　　　　　　　法定代表人：

　　　　　年　　月　　日　　　　　　　　年　　月　　日

附件 2

防伪标签订制说明

一、绿色食品统一的防伪标签是绿色食品形象的一部分，是绿色食品有效的防伪措施，也是绿色食品标志管理的重要手段。绿色食品企业应在其获证产品上使用绿色食品防伪标签。

二、根据绿色食品"一品一号"的标志管理制度，绿色食品防伪标签印有与其获证产品相一致的绿色食品产品编号。

三、绿色食品企业应根据获证产品的核准产量订制和使用绿色食品防伪标签，不得超出核准范围订制和使用。

四、各种规格标签最低订量说明：

规格	最低订量（每个获证产品、单次）
直径 15mm 圆形防伪标签	100 万枚
直径 20mm 圆形防伪标签	10 万枚
直径 25mm 圆形防伪标签	10 万枚
直径 30mm 圆形防伪标签	10 万枚
54mm×126mm 方形防伪标签	1 万枚

五、防伪标签订制价格如下（元/枚）：

规格 \ 订量	10 万	20 万	30 万	40 万	50 万	60 万	70 万	80 万	90 万	100 万
Φ15										0.012
Φ20	0.030	0.029	0.028	0.027	0.026	0.025	0.024	0.023	0.022	0.021
Φ25	0.039	0.038	0.037	0.036	0.035	0.034	0.033	0.032	0.031	0.030
Φ30	0.048	0.047	0.046	0.045	0.044	0.043	0.042	0.041	0.040	0.039
备注	1. 规格为 54mm×126mm 的方形防伪标签，1 万枚起印，0.272 元/枚； 2. 以上价格包含普通邮寄费用，如需加急快递，运费自行承担。									

六、企业需在签署《绿色食品标志使用合同》后填报《绿色食品防伪标签订单》（以下简称《订单》），并请将《订单》与《绿色食品标志使用合同》一同邮寄至中国绿色食品发展中心，通讯地址：北京市海淀区学院南路 59 号 204 房间标志管理处，邮编：100081。

七、《订单》寄出后，请按照如下账址电汇防伪标签货款，电汇时务必注明汇款项目。

收款单位：北京中绿田源农业发展有限公司

开 户 行：招商银行北京分行双榆树支行（行号 308100005086）

账 　号：861583411210001

备注：①请勿通过邮局汇款；②汇款请用本单位名称，并务必在摘要栏注明标签款，如必须以个人或其他单位名称汇款的，请在汇款单备注栏中加以说明。③企业如需开具增值税专用发票，请于汇款后将开票信息传真至 010－62131337，如发票抬头与汇款人不符，必须由汇款人出具开具发票的说明加盖公章后传真至 010－62131337 并致电 010－62122266－2083 确认说明是否清晰，以个人名义汇款未做说明的在汇款一个月后将按照汇款人名称开具发票。

八、接到《订单》和货款并核实绿色食品产品编号无误后即行安排投产，自生产之日起 15 个工作日内按《订单》所列地址发货。

九、在订制防伪标签过程中，如有疑问，请致电 010－62131338 或 62122266 转 2083 进行咨询。

绿色食品防伪标签订单

企业名称				
规　　格		拟贴签产品名称	订量（万枚）	单价（元）
圆形	直径　　mm			
圆形	直径　　mm			
圆形	直径　　mm			
圆形	直径　　mm			
方形	54mm×126mm			
方形	54mm×126mm			
总数量（万枚）		总金额（元）		
收货单位				
收货地址				
联系人			邮编	
手机号码（非常重要）			电话	
备注				

订制单位盖章：

年　　月　　日

绿色食品认证及标志使用收费管理办法

（2003 年 12 月 23 日发布）

第一条　为规范绿色食品认证及标志使用收费行为，维护绿色食品标志所有者和使用者的合法权益，促进绿色食品事业的健康发展，特制定本办法。

第二条　农业部负责组织实施绿色食品的质量监督、认证工作，中国绿色食品发展中心依据标准认定绿色食品，依据《商标法》实施绿色食品标志商标管理。

第三条　中国绿色食品发展中心开展绿色食品认证和绿色食品标志许可工作，可收取绿色食品认证费和标志使用费。

第四条　绿色食品认证费由申请获得绿色食品标志使用许可的企业在申请时缴纳，具体收费标准按附件二的规定执行。

第五条　绿色食品标志使用费由获得绿色食品标志使用许可的企业在每个绿色食品标志使用年度开始前缴纳，标志使用权有效期 3 年。具体收费标准按附件二的规定执行。

第六条　下列产品的标志使用费按优惠政策收取：

（一）国家扶贫开发工作重点县企业的初级产品、初加工产品、深加工产品；

（二）西部地区企业的初级产品；

（三）获得绿色食品标志商标使用许可当年的产品。具体优惠政策按农业部的规定执行。

第七条　在申请绿色食品标志使用过程中需接受环境监测和产品检验的企业，应按规定缴纳环境监测费和产品检验费，环境监测费和产品检验费由具有环境监测或产品检验资格的单位在实施监测或检验时收取，收费单位应按规定到指定的价格主管部门申领《收费许可证》，并使用规定的收费票据。环境监测费和产品检验费的具体收费标准按附件三、四的规定执行。

第八条　在企业使用绿色食品标志期间，为实施监督管理所进行的产品检验和环境监测，其费用由实施监督管理的单位负担；监督管理要求的企业整改复检，其费用由企业负担；企业申请的仲裁检验，其费用先由企业垫付，再根据仲裁检验结果由责任方负担。

第九条 绿色食品认证费和标志使用费的收入作为绿色食品事业的一项资金来源。认证费主要用于受理认证申请、认证检查、认证审核、制发证书、颁布公告等；标志使用费主要用于标志管理和发展绿色食品事业。

第十条 收取认证费和标志使用费的有关事项，应在《绿色食品标志商标使用许可合同》中依照本办法的有关规定予以约定。

第十一条 未按规定缴纳认证费或标志使用费的，中国绿色食品发展中心可以对其做出不予或终止绿色食品标志使用许可的处理。

第十二条 中国绿色食品发展中心收取绿色食品认证费和绿色食品标志使用费，应到国家发展改革委办理《收费许可证》，使用税务发票，依法纳税。

第十三条 中国绿色食品发展中心除收取绿色食品认证费和绿色食品标志使用费外，不得另外收取绿色食品标志工本费，收费单位应严格按照本办法规定执行，不得擅自扩大收费范围、提高收费标准，自觉接受社会监督。

第十四条 本办法由国家发展和改革委员会负责解释。

第十五条 本办法自二〇〇四年一月一日起施行。

绿色食品认证及标志使用费收费标准

（国家发展和改革委员会 2003 年 12 月 23 日发布）

一、绿色食品认证费收费标准

绿色食品认证费收费标准具体为：每个产品 8 000 元，同类的（57 小类）系列初级产品，超过两个的部分，每个产品 1 000 元；主要原料相同和工艺相近的系列加工产品，超过两个的部分，每个产品 2 000 元；其他系列产品，超过两个的部分，每个产品 3 000 元。

二、绿色食品标志年度使用费标准

表 1 绿色食品标志使用收费标准（单位：万元）

类别编号	产品类别	非系列产品	系列产品
一	初级产品		
（一）	农林产品		
0.1	小麦	0.1	0.03
0.5	玉米	0.1	0.03
0.7	大豆	0.1	0.03
0.9	油料作物产品	0.1	0.03
11	糖料作物产品	0.1	0.03
13	杂粮	0.1	0.01
15	蔬菜	0.1	0.01
18	鲜果类	0.1	0.03
19	干果类	0.1	0.03
21	食用菌及山野菜	0.1	0.03
23	其他食用农林产品	0.1	0.03
（二）	畜禽类产品		
25	猪肉	0.18	0.06
26	牛肉	0.18	0.06
27	羊肉	0.18	0.06

（续）

类别编号	产品类别	非系列产品	系列产品
28	禽肉	0.18	0.06
29	其他肉类	0.18	0.06
31	禽蛋	0.18	0.06
（三）	水产类产品		
36	水产品	0.18	0.06
二	初加工产品		
（一）	农林加工产品		
0.2	小麦粉	0.18	0.06
0.3	大米	0.18	0.06
0.6	玉米加工品（初加工）	0.18	0.06
14	杂粮加工品（初加工）	0.18	0.06
16	冷冻、保鲜蔬菜	0.18	0.06
17	蔬菜加工品（初加工）	0.18	0.06
20	果品加工类（初加工）	0.18	0.06
22	食用菌及山野菜加工品	0.18	0.06
24	其他农林加工食品（初加工）	0.18	0.06
（二）	畜禽类产品		
32	蛋制品	0.25	0.08
35	蜂产品（初加工）	0.25	0.08
（三）	水产类产品		
37	水产加工品（初加工）	0.25	0.08
（四）	饮料类产品		
44	精制茶	0.15	0.05
（五）	其他产品		
50	方便主食品	0.18	0.06
54	食盐	0.18	0.06
55	淀粉	0.18	0.06
三	深加工产品		
（一）	农林加工产品		
0.4	大米加工品	0.3	0.1
0.6	玉米加工品（深加工）	0.3	0.1
0.8	大豆加工品	0.3	0.1

（续）

类别编号	产品类别	非系列产品	系列产品
10	食用植物油及其制品	0.3	0.1
12	机制糖	0.3	0.1
14	杂粮加工品（深加工）	0.25	0.08
17	蔬菜加工品（深加工）	0.25	0.08
20	果品加工品（深加工）	0.25	0.08
24	其他农林加工食品（深加工）	0.28	0.08
（二）	畜禽类产品		
30	肉食加工品	0.3	0.1
33	液体乳	0.3	0.1
34	乳制品	0.3	0.1
35	蜂产品（深加工）	0.3	0.1
（三）	水产类产品		
37	水产加工品（深加工）	0.3	0.1
（四）	饮料类产品		
38	瓶（罐）装饮用水	0.3	0.1
39	碳酸饮料	0.3	0.1
40	果蔬汁及其饮料	0.3	0.1
41	固体饮料	0.3	0.1
42	其他饮料	0.3	0.1
43	冷冻饮料	0.3	0.1
45	其他茶	0.3	0.1
（五）	其他产品		
51	糕点	0.25	0.08
52	糖果	0.25	0.08
53	果脯蜜饯	0.25	0.08
56	调味品类	0.25	0.08
57	食品添加剂	0.25	0.08
四	酒类产品		
46	白酒	1.25	0.4
47	啤酒	0.75	0.25
48	葡萄酒	0.75	0.25
49	其他酒类	0.75	0.25

关于绿色食品认证及标志使用收费
管理办法的实施意见

（2004 年 4 月 12 日发布）

为了实施国家发展和改革委员会印发的《绿色食品认证及标志使用收费管理办法》（以下简称《收费办法》）及相关的收费标准，根据农业部《关于印发〈绿色食品认证及标志使用收费管理办法〉的通知》的精神，提出以下意见：

一、缴费额的核定

绿色食品认证费和标志使用费的应缴金额，由中国绿色食品发展中心（以下简称中心）根据认证产品的类别、核准产品的数量和《收费办法》规定的标准核定。

二、系列产品和非系列产品的界定

《收费办法》规定的认证费和标志使用费收费标准所指的系列产品为，同一企业申报并被同时核准的同类别（57 小类，下同）产品中超过两个的部分；两个以下（含两个）的产品为非系列产品。不是同时核准的，或不属同一类别的产品，或主要原料不同的同类别产品均不构成系列产品。不同类别的产品应分别按类计算产品数，再确定非系列产品或系列产品。

三、缴费办法及时间

认证费和标志使用费均直接向中心缴纳。认证费应于产品认证合格后，在领取准用证前一次性缴纳；标志使用费第一年应与认证费同时缴纳，第二年、第三年应分别在每个标志使用年度开始前一个月缴纳。超过标志使用年度开始日期六个月未缴纳标志使用费的，中心按其自行放弃标志使用权处理，并根据《绿色食品标志商标使用许可合同》（以下简称《合同》）的规定予以公告。

四、有关产品的标志使用费优惠政策

（一）国家级扶贫开发工作重点县企业的初级产品、初加工产品、深加工产品（酒类除外），同时认证的同类产品超过 5 个的部分，其标志使用费按系列产品收费标准优惠 10％收取。

（二）西部地区企业的初级产品，同时认证的同类产品超过 5 个的部分，其标志使用费按系列产品收费标准优惠 10％收取。

（三）获得绿色食品标志商标使用许可当年的产品（酒类除外），同时认证的同类产品超过5个的部分，其标志使用费按系列产品收费标准优惠10%收取。

五、《收费办法》施行前签定《合同》的处理

在2004年1月1日《收费办法》施行前签定的《合同》，原则上应按《合同》执行。《收费办法》施行前已按《合同》规定执行的，或已到《合同》执行时限的仍按原《合同》规定数额缴费；《收费办法》施行后尚未到《合同》第二年或第三年执行时限的，其标志使用费可由中心按《收费办法》规定标准重新核定。《收费办法》施行前超过《合同》规定时限仍未缴纳标志使用费的，须按《合同》规定数额补缴欠费；补缴欠费有困难并符合减免条件的，企业可向当地的中心委托管理机构提出减免申请，经审核后报中心批准。未缴清欠费的，不予核准证书，并按自行放弃标志使用权处理，其中标志使用期满的，其续展申请不予受理。

六、自《收费办法》施行之日起，按《收费办法》规定标准签定《合同》的，或按《收费办法》规定标准重新核定标志使用费的，中心不再受理和批准其减免申请。

七、中心及其委托管理机构为实施监督管理所进行的产品检验和环境监测。其收费标准由实施监督管理的单位与有关监测单位参照有关标准商定；企业整改复检和仲裁检验收费参照社会收费标准执行。

八、各委托管理机构要根据《合同》的有关规定，切实履行职责，进一步加强收费管理工作，保障《收费办法》的施行。要进行深入细致地调查研究，了解《收费办法》施行中存在的问题，及时向中心和有关部门报告。

关于调整绿色食品畜禽分割产品
认证费核定标准的通知

中绿标〔2014〕104 号

各地绿办（中心）：

为鼓励畜禽企业申报绿色食品，降低畜禽分割产品审核成本，方便获证产品使用绿色食品标志，在前期调研的基础上，依据绿色食品标志许可使用及收费管理的有关规定，中心决定，调整畜禽分割产品认证费核定标准。现将有关事项通知如下：

一、继续实行"一品一证、一品一号"原则

继续依据中心核准的产品名称和数量制发绿色食品证书，即"一个产品一张证书，一个产品一个产品编号"。畜禽分割产品应按此原则申报绿色食品，办理绿色食品证书，使用绿色食品标志。

二、调整畜禽分割产品认证费核定标准

畜禽企业在申报绿色食品时，根据其市场销售需要，如需按分割产品销售的，应按分割产品种类分别申报，在核定认证费时将分割产品作为一个整体（不包括畜禽副产品）核定，即按一个产品核定认证费，标志使用费则仍按系列产品核定。

本《通知》自 2014 年 7 月 1 日起施行，在此之前的畜禽获证产品仍按原规定执行，请各绿办（中心）做好相关宣传、解释工作。

特此通知。

2014 年 6 月 5 日

中国绿色食品商标标志设计
使用规范手册（摘要）

（2013 年 4 月 1 日发布）

说　　明

一、为了指导绿色食品企业规范使用绿色食品标志，依据农业部 2012 年颁布实施的《绿色食品标志管理办法》，中国绿色食品发展中心对 2009 年编制的《绿色食品商标标志设计使用规范手册（摘要）》（以下简称《摘要》）进行了修订。绿色食品企业应严格按照本《摘要》的要求，在其获证产品包装上设计使用绿色食品标志。

二、本《摘要》对绿色食品标志的图形、中英文字体、颜色等基本要素作了标准规定，绿色食品企业在其获证产品包装上使用时，可根据需要按比例进行缩放，但不得对要素间的尺寸做任何更改。

三、绿色食品企业须按照"绿色食品标志图形、中英文文字与企业信息码"组合形式设计获证产品包装，同时可根据产品包装的大小、形状，在企业信息码右侧或下方标注"经中国绿色食品发展中心许可使用绿色食品标志"字样。"获证产品包装设计样稿"须报送中国绿色食品发展中心审核。

四、"绿色食品标志图形、中英文署式"矢量图可通过中国绿色食品网（网址：http：//www.greenfood.agri.cn）下载。

五、本《摘要》自修订之日其施行，原《摘要》（2009 年版）同时废止。

六、本《摘要》由中国绿色食品发展中心负责解释。

绿色食品商标标志设计使用规范

　　企业信息码（GFXXXXXXXXXXXXX）是中国绿色食品发展中心赋予每个绿色食品企业的唯一数字编码，应与《绿色食品标志使用证书》上的企业信息码相一致。

　　企业信息码与中、英文居中署式组合时，须左右对齐。

　　绿色食品标志图形及中、英文署式颜色为 C100 Y90 或绿色食品标志图形及中文署式颜色 C100 Y90，英文署式颜色 C50 Y80

　　企业信息码与中文居中署式组合时，须左右对齐。

　　企业信息码与英文居中署式组合时。

　　企业信息码与中、英文组合基本署式的组合。

　　底色为白色时，图形和文字应为绿色。

　　企业信息码的下方可标注"经中国绿色食品发展中心许可使用绿色食品标志"。

（续）

企业信息码与中文基本署式的组合。

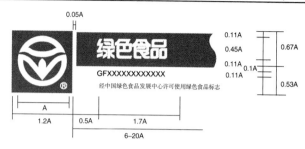

企业信息码与英文基本署式的组合。

绿色食品新编号制度

（2009 年 6 月 29 日发布）

一、新编号制度的主要内容

（一）继续实行"一品一号"原则。现行产品编号只在绿色食品标志商标许可使用证书上体现，不要求企业将产品编号印在该产品包装上。

（二）为每一获证企业建立一个可在续展后继续使用的企业信息码。要求将企业信息码印在产品包装上原产品编号的位置，并与绿色食品标志商标（组合图形）同时使用。没有按期续展的企业，在下一次申报时将不再沿用原企业信息码，而使用新的企业信息码。

（三）企业信息码的编码形式为 GFXXXXXXXXXXXX。GF 是绿色食品英文"GREEN FOOD"头一个字母的缩写组合，后面为 12 位阿拉伯数字，其中一到六位为地区代码（按行政区划编制到县级），七到八位为企业获证年份，九到十二位为当年获证企业序号。

（四）完善绿色食品标志商标许可使用证书。一是在证书原有内容的基础上增加企业信息码；二是采用证书复印防伪技术，增加水印底纹，防止证书复印件涂改造假。

（五）建立监管信息查询系统。在我中心建立企业查询数据库，向社会公开，可通过访问我中心网站（www.greenfood.org.cn）获得企业认证产品信息。

二、新旧编号制度的过渡

（一）为便于企业消化库存包装，2009 年 8 月 1 日前已获证的产品在有效期内可以继续使用印有原产品编号的包材，待再次印制包材或续展后启用新编号方式。企业信息码可从我中心网站"查询专栏"中获取或电话查询。电话：（010）62191419、62191420。

（二）2009 年 8 月 1 日后完成续展的产品，原产品包装没有用完的，经向我中心书面申请并获得书面同意后，可延期使用，但最长不超过六个月。

（三）过渡期截止到 2012 年 7 月 31 日。此后，所有获证产品包装上统一使用企业信息码。

绿色食品企业信息码与产品编号编码规则

一、绿色食品企业信息码

GF	XXXXXX	XX	XXXX
绿色食品	地区代码	获证年份	获证企业序号
英文缩写			

二、绿色食品企业信息码使用示例

GFXXXXXXXXXXXX

示例1

GFXXXXXXXXXXXX

示例2

三、绿色食品产品编号

LB -	XX -	XX	XX	XX	XXXX	A
绿标	产品类别	标志许可年份	月份	省份（国别）	产品序号	级别

绿色食品统计工作规范（试行）

(2013年11月1日发布)

第一章 总 则

第一条 为了规范绿色食品统计工作，确保统计资料的真实性和准确性，依据《中华人民共和国统计法》、农业部《农业综合统计工作规范》、《绿色食品标志管理办法》，结合绿色食品事业发展实际，制定本工作规范。

第二条 本规范适用于各级绿色食品工作机构、绿色食品申报单位及获证单位。

第三条 绿色食品统计工作以农业部"金农工程——绿色食品审核与管理系统"（以下简称金农系统）为技术支撑，建立统计数据库。

第四条 中国绿色食品发展中心（以下简称中心）及各地工作机构应加强对绿色食品统计工作的组织领导，为统计工作提供必要的保障。

第二章 统计范围及指标体系

第五条 绿色食品统计范围：

（一）业务范围：绿色食品产业发展（包括绿色食品获证单位与产品、全国绿色食品原料标准化生产基地）、绿色食品工作体系与队伍建设等情况。

（二）区域范围：全国、分地区（省、自治区、直辖市）以及境外绿色食品情况。

第六条 中心根据体现绿色食品产业的完整性以及经济效益、社会效益和生态效益协调性的原则，设立全国统一的绿色食品统计指标体系（附件1）。

第三章 统计数据采集与审核

第七条 绿色食品按产品类别设置统一的统计代码（附件2）。编码方式如下：现行绿色食品产品5个大类、57个小类分别为一级、二级类别，现行国家农业、食品工业细分产品种类分别为三级、四级分类（未细分三级、四级的用 00、00 表示），每级编排 2 位数码，共 8 位数码。各地工作机构应根据绿色食品申报产品类别，选定产品统计代码。

第八条　绿色食品申报单位按照《绿色食品标志使用申请书》（初次申报、续展申报）设立的统计指标，以及有关统计方法（附件 3），填报"申报产品产量、产品年产值、年销售额、出口量、出口额、监测面积"等统计数据。省级绿色食品工作机构（以下简称省级工作机构）组织向金农系统录入统计数据。

第九条　中心根据实际工作需要，设计有关年度统计报表，由省级工作机构组织填报，审核后报送中心。

第十条　省级工作机构对统计数据进行审核，中心予以复核。统计数据审核的重点是：（1）完整性。填报的统计指标及数据是否齐全。（2）规范性。统计数据的整理、汇总、推算、报送等过程是否合乎要求，计量单位是否正确等。（3）逻辑性。统计指标及其数据之间的关系是否矛盾、数量关系是否平衡。（4）合理性。统计数据与全国或当地农产品生产、食品加工业相关指标是否吻合。

第十一条　年度统计报表数据统计及录入的截止日期为每年的 12 月 10 日。

第四章　统计数据管理与使用

第十二条　中心和各地工作机构应建立绿色食品统计数据管理制度，加强对原始记录、年度数据、统计报告、统计年报等统计资料的保管、移交、归档等工作，并根据实际工作需要，建立和不断完善统计数据库。

第十三条　中心和各地工作机构应执行国家有关保密规定，加强对统计数据的管理。

第十四条　中心每年编制《全国绿色食品统计年报》。各地工作机构可根据实际工作需要，编制本地区《绿色食品统计年报》。中心每年定期通过农业部信息网绿色食品子站（网址：www. greenfood. moa. gov. cn）和中国绿色食品网（网址：www. greenfood. org. cn）发布绿色食品有关统计数据。全国和分地区绿色食品统计数据以中心发布的统计数据为准。

第五章　统计工作职责

第十五条　中心负责组织开展全国绿色食品统计工作，包括统计指标设计、全国统计数据的收集、汇总、审核和发布、统计报告编制、统计信息化与工作体系建设等工作。各地工作机构负责组织开展辖区内绿色食品统计工作。

第十六条　中心标志管理处负责统筹绿色食品统计指标与统计报表设计、统计数据的收集、汇总、整理、核对、分析与发布等工作，其他相关处室协助开展以下统计工作：

（一）办公室负责核查全国绿色食品工作机构与队伍建设统计数据。

（二）认证审核处负责核查省级工作机构录入金农系统的统计数据，提供全国绿色食品检查员统计数据；

（三）科技标准处负责提供全国绿色食品原料标准化生产基地、绿色食品指定监测机构统计数据；

（四）质量监督处负责提供全国绿色食品监管员及企业内检员统计数据；

（五）市场信息处负责统计数据网上发布工作。

第十七条　省级工作机构履行以下统计工作职责：

（一）及时采集、审核并通过金农系统录入、上传统计数据；

（二）填报中心制发的有关绿色食品统计报表。

第十八条　中心相关处室及各地工作机构应设立绿色食品统计工作岗位，配备专职或兼职统计员，并明确统计工作负责人。省级工作机构统计工作负责人、专职或兼职统计员报中心备案。

第十九条　绿色食品申报单位和获证单位应按照农业部《绿色食品标志管理办法》第十一条规定和《绿色食品标志商标使用许可合同》第十三条约定，客观、准确、完整、及时地填报《绿色食品标志使用申请书》中有关统计数据，并对填报数据的真实性负责。

第二十条　各地工作机构统计员应对采集、录入、审核、填报、上传的统计数据的真实性、准确性、完整性以及与绿色食品申报和获证单位填报的统计数据的一致性负责。

第二十一条　绿色食品企业内检员应按照《绿色食品企业内检员管理办法》的有关规定，履行绿色食品统计工作职责。

第二十二条　各地工作机构统计员应指导、检查和督促绿色食品申报单位填报《绿色食品标志使用申请书》中有关统计数据，对其提供的不真实、不准确、不完整的统计数据，应予以及时纠正，并重新填报。

第二十三条　中心和各地工作机构及其统计员在开展统计工作中应保守绿色食品申报和获证单位商业秘密和个人信息，不得对外提供和披露，不得用于统计以外的目的。

第二十四条　中心和各地工作机构鼓励统计员参加国家统计专业技术职务资格考试，取得专业资质证书，并支持其参加绿色食品统计业务培训，提高专业素质；建立统计工作激励机制，对工作表现优秀的统计员予以表扬和奖励。

第二十五条　各地工作机构及其统计员有以下情形的，中心将予以通报批评：

（一）未如实采集、录入、上传统计资料，所报统计资料缺乏真实性、准确性和完整性；

（二）拒报、迟报、误报、漏报统计资料；

（三）篡改统计资料或者编造虚假数据。

第六章　附　　则

第二十六条　本规范由中国绿色食品发展中心负责解释。

第二十七条　本规范自发布之日起施行。

附件 1

绿色食品统计指标体系

（一）绿色食品获证单位与产品

1. 当年获证的绿色食品单位与产品

2. 三年有效用标的绿色食品单位与产品

3. 绿色食品获证单位类型

（1）农业产业化龙头企业（国家级、省级、地市县级）

（2）农民专业合作社

4. 绿色食品产品结构

（1）类别结构：按 5 大类统计：农林及其加工产品、畜禽
类产品、水产类产品、饮品类产品、其他类产品。

（2）级别结构：初级产品、加工产品。

5. 境外绿色食品获证单位与产品

（二）绿色食品产品年产量

（三）绿色食品产品年产值

（四）绿色食品产品国内年销售额

（五）绿色食品产品年出口量、出口额

（六）绿色食品产地环境监测面积

1. 农作物（包括粮食作物、油料作物、糖料作物、蔬菜瓜果、其他农作物）

2. 果园

3. 茶园

4. 林地

5. 草场

6. 水产养殖（包括淡水养殖、海水养殖）

7. 其他（包括蜜源植物、海盐与湖盐监测面积等）

（七）绿色食品原料标准化生产基地

1. 总量统计：建设单位数量、基地数量、基地面积、产量、
带动农户数量、农民增收情况。

2. 结构统计：粮食作物、油料作物、糖料作物、蔬菜、水

果、茶叶、畜禽、水产、其他种植（养殖）业基地面积与产量。

（八）绿色食品工作体系与队伍建设

1. 工作机构：省级、地市级、县市级；专职、挂靠。

2. 工作人员：专职、兼职；绿色食品检查员、监管员。

3. 绿色食品指定监测机构：环境监测机构、产品检测机构。

4. 绿色食品企业内检员。

附件 2

绿色食品产品统计代码

一、农林产品及其加工产品

01 小麦

02 小麦粉

03 大米

04 大米加工品

05 玉米

06 玉米加工品

07 大豆

08 大豆加工品

（1）熟制大豆

（2）豆粉

（3）豆浆粉（速溶豆粉）

（4）豆浆

（5）豆腐

（6）豆腐花（豆腐脑）

（7）豆腐干

（8）臭豆腐类

（9）腐竹类

（10）膨化豆制品类

（11）发酵类

（12）大豆蛋白

（13）豆芽

（14）豆粕

（15）其他豆制品

09 油料作物产品

（1）花生

（2）油菜籽

（3）芝麻

（4）胡麻籽

（5）向日葵籽

（6）其他油料

10 食用植物油及其制品

（1）大豆油

（2）花生油

（3）菜籽油

（4）芝麻油

（5）棉籽油

（6）玉米油

（7）米糠油

（8）葵花籽油

（9）胡麻油

（10）亚麻仁油

（11）茶籽油

（12）棕榈油

（13）橄榄油

（14）色拉油

（15）食用调和油

（16）其他食用植物油及其制品

11 糖料作物产品

（1）甘蔗

（2）甜菜

（3）其他糖料

12 机制糖

（1）甘蔗糖

（2）甜菜糖

（3）其他糖

13 杂粮

（1）谷物杂粮

（2）豆类杂粮

（3）薯类杂粮（不含马铃薯）

（4）其他杂粮

14　杂粮加工品（包括杂粮粉等）

15　蔬菜（包括瓜果类）

（1）蔬菜类（含菜用瓜）

——叶菜类（菠菜、芹菜、大白菜、圆白菜、油菜等）

——瓜菜类（黄瓜、冬瓜、丝瓜、西葫芦等）

——块根类（萝卜、胡萝卜、牛蒡、榨菜等）

——茄果菜类（茄子、番茄、辣椒等）

——葱蒜类（大蒜、蒜头、韭菜、洋葱等）

——菜用豆类（四季豆、豇豆等）

——甘蓝类（花椰菜、芥蓝等）

——薯芋类（土豆、生姜、山药、魔芋、葛根等）

——水生菜类（莲藕、茭白等）

——其他蔬菜（百合、蕨菜等）

（2）瓜果类（含果用瓜）

——西瓜

——甜瓜

——草莓

——其他瓜果

16　冷冻保鲜蔬菜

（1）冷冻蔬菜

（2）保鲜蔬菜

（3）干制蔬菜

（4）蔬菜罐头

（5）其他冷冻保鲜蔬菜

17　蔬菜加工品（包括番茄酱等）

18　鲜果类

（1）苹果

（2）梨

（3）柑橘

——柑

——橘

——橙

——柚

——其他柑橘

（4）热带亚热带水果

——香蕉

——菠萝

——荔枝

——龙眼

——其他热带亚热带水果

（5）其他园林水果

——桃

——猕猴桃

——葡萄

——柿子

——其他园林水果

19　干果类（包括坚果）

（1）核桃

（2）板栗

（3）松子

（4）开心果

（5）红枣

（6）其他干果

20　果类加工品

（1）水果加工品

（2）干果加工品（包括烘焙/炒制坚果与籽类）

（3）其他果类加工品

21　食用菌及山野菜

（1）食用菌

（2）山野菜

22　食用菌及山野菜加工品

（1）食用菌加工品

（2）山野菜加工品

23　其他食用农林产品

（1）农作物

——水稻

——高粱

——薯类（包括作为粮食作物的马铃薯）

——其他农作物

（2）热带作物

——咖啡豆

——椰子

——腰果

——香料

——其他热带作物

（3）食用林产品

——油茶籽

——竹笋

——人参

——西洋参

——枸杞

——其他食用林产品

（4）其他食用农林产品

24　其他农林加工产品

二、畜禽类产品

25　猪肉

26　牛肉

27　羊肉

28　禽肉

（1）鸡肉

（2）鸭肉

（3）其他禽肉

29　其他肉类（如兔肉等）

30　肉食加工品

（1）生制品

（2）熟制品

（3）畜禽副产品加工品

（4）肉禽类罐头

（5）其他肉食加工品

31 禽蛋

（1）鸡蛋

（2）鸭蛋

（3）其他禽蛋

32 蛋制品（如咸蛋、皮蛋等）

33 液体乳（包括巴氏杀菌乳、灭菌乳、酸乳等）

34 乳制品

（1）乳粉（全脂、全脂加糖、脱脂、婴幼儿、中老年奶粉等）

（2）奶油

（3）干酪

（4）炼乳

（5）乳清粉

（6）其他乳制品

35 蜂产品

（1）蜂蜜

（2）蜂王浆

（3）蜂花粉

（4）蜂胶

（5）其他蜂产品

三、水产类产品

36 水产品

（1）淡水产品

——鱼类

——甲壳类（虾、蟹等）

——贝类

——藻类

——其他类淡水产品

（2）海水产品

——鱼类

——甲壳类（虾、蟹等）

——贝类

——藻类（海带、紫菜等）

——头足类（鱿鱼、章鱼等）

——其他类海水产品（海蜇、海参等）

37　水产加工品

（1）淡水加工品

——水产冷冻品（冷冻品、冷冻加工品）

——鱼糜制品

——干淹制品

——藻类加工品（螺旋藻等）

——罐制品

——其他淡水加工品

（2）海水加工品

——水产冷冻品（冷冻品、冷冻加工品）

——鱼糜制品

——干腌制品（虾米、鱿鱼干、干贝、干海带、紫菜、烤鱼片、鱿鱼丝、休闲鱼干等）

——藻类加工品（海苔等）

——罐制品

——其他海水产加工品

四、饮品类产品

38　瓶（罐）装饮用水

39　碳酸饮料

40　果蔬汁及其饮料

（1）果汁饮料

（2）蔬菜汁饮料

（3）其他果蔬汁及其饮料

41　固体饮料

（1）果汁粉

（2）咖啡粉

（3）乳精

（4）其他固体饮料

42　其他饮料

（1）含乳饮料及植物蛋白饮料

（2）茶饮料及其他软饮料（冰红茶、奶茶等）

（3）其他饮料

43　冰冻饮品

（1）冰淇淋

（2）雪糕

（3）冰棍

（4）雪泥

（5）甜味冰

（6）食用冰

（7）其他冰冻饮品

44　精制茶

（1）绿茶

（2）红茶

（3）乌龙茶

（4）紧压茶

（5）其他精制茶

45　其他茶（如代用茶：花类、叶类、果类、根茎类、混合类）

46　白酒

47　啤酒

48　葡萄酒

49　其他酒类

（1）黄酒（绍兴黄酒、即墨老酒、福建老酒、竹叶青等）

（2）果酒（枸杞果酒、沙棘酒、山楂酒、蓝莓酒、桑椹酒、石榴酒、猕猴桃酒、五味子酒等）

（3）露酒（参茸酒、三鞭酒、虫草酒、灵芝酒等）

（4）其他酒（米酒等）

五、其他产品

50　方便主食品

（1）米制品（米粉等）

（2）面制品（挂面等）

（3）非油炸方便面

（4）方便粥

（5）速冻食品（水饺、馄饨、汤圆等）

（6）其他方便主食品

51　糕点

（1）焙烤食品

——面包

——糕点（月饼等）

——饼干

——其他焙烤食品（煎饼、烤馍片等）

（2）膨化食品（米酥、雪饼、薯片、锅巴、虾条等）

（3）其他糕点

52　糖果（包括糖果、巧克力、果冻等）

53　果脯蜜饯（包括果脯类、凉果类、话化类、果糕、果丹类等）

54　食盐

（1）海盐

（2）井矿盐

（3）湖盐

（4）其他食盐

55　淀粉（包括淀粉加工品）

（1）淀粉（玉米、木薯、甘薯、马铃薯、红薯、小麦淀粉及粉丝、粉条、粉皮等）

（2）变性淀粉

（3）淀粉糖（葡萄糖、麦芽糖等）

（4）糖醇（山梨醇、木糖醇等）

（5）其他淀粉

56　调味品（包括发酵制品）

（1）味精

（2）酱油

（3）食醋

（4）料酒

（5）复合调味料（如鸡精等）

（6）酱腌菜（如榨菜等）

（7）辛香料

（8）调味酱

（9）水产调味品（蚝油、虾油、鱼露等）

（10）其他调味品、发酵制品（包括西餐调味品、调味食品原料、汤料、火锅调料等）

57　食品添加剂

（1）食用香精香料

（2）食用着色剂（含焦糖色素）

（3）甜味剂

（4）防腐、抗氧、保鲜剂

（5）增稠、乳化剂

（6）品质改良剂

（7）营养强化剂

（8）其他食品添加剂（柠檬酸、乳酸、酶制剂、酵母等）

附件 3

绿色食品有关统计指标与统计方法说明

一、产品年产值

（一）统计目的：主要反映申报单位的经济规模。

（二）统计方法：分申报产品逐个统计年产值。

产品年产值＝申报产量×当年产品平均出厂价格

（国家统计规定，从 2004 年开始，以当年价格计算产值）

（三）数据汇总：按三年有效用标产品总数统计年产值。

（四）统计单位：万元。

二、产品国内年销售额

（一）统计目的：主要反映申报单位的经济效益。

（二）统计方法：按申报产品逐个统计上年度国内销售额。

（三）数据汇总：按三年有效用标产品总数统计年国内销售额。

（四）统计单位：万元。

三、产品出口量、出口额

（一）统计目的：主要反映申报单位的出口贸易情况。

（二）统计方法：分申报产品逐个统计上个年度的出口量、出口额。

（三）数据汇总：按三年有效用标产品总数统计年出口量、出口额。

（四）统计单位：万美元。

四、监测面积

（一）统计目的：（1）反映绿色食品初级农林产品、加工产品原料生产规模，延伸反映绿色食品生产种养殖面积占农业生产总规模的比例；（2）体现绿色食品产业的生态效益。

（二）统计范围

1. 农产品种植面积。

2. 林产品林地监测面积。

3. 畜牧产品放牧草场监测面积。

4. 水产品养殖面积。

（三）统计方法

1. 初级产品

需要统计监测面积的初级产品：

（1）农林类初级产品：直接统计种植面积，包括粮食作物（水稻、小麦、玉米、大豆、高粱、杂粮、薯类等）、油料作物、糖料作物、蔬菜瓜果、其他农作物、鲜果类、干果类（包括坚果类）、山野菜、热带作物、食用林产品、其他食用农林产品。

（2）畜禽类初级产品：牛、羊肉产品既要统计放牧草场监测面积，又要统计主要饲料原料（如玉米、小麦、大豆等）的种植面积。猪肉、禽肉与禽蛋类产品只统计主要饲料原料种植面积。

（3）水产类初级产品（包括淡水、海水产品）：只统计水面养殖面积，不统计饲料主要原料种植面积。

不需要统计监测面积的初级产品：食用菌。

2. 加工产品

主要原料需要统计的监测面积，分三种情况统计：

（1）原料是绿色食品产品，不再重复统计监测面积；

（2）原料来自全国绿色食品标准化原料生产基地的，需统计监测面积；

（3）原料来自申报单位自建基地的，需统计监测面积。

需要统计主要原料监测面积的加工产品：

（1）农林类加工产品：小麦粉、大米、大米加工品、玉米加工品、大豆加工品、食用植物油及其制品、机制糖、杂粮加工品、冷冻保鲜蔬菜、蔬菜加工品、果类加工品、山野菜加工品、其他农林加工产品。

（2）畜禽类加工产品：蛋制品、液体乳、乳制品、蜂产品。

（3）水产类加工产品（只统计养殖面积）：淡水加工品、海水加工品。

（4）饮料类产品：果蔬汁及其饮料、固体饮料（果汁粉、咖啡粉）、其他饮料（含乳饮料及植物蛋白饮料、茶饮料及其他软饮料）、精制茶、其他茶（如代用茶）、白酒、啤酒、葡萄酒、其他酒类（黄酒、果酒、米酒等）。

（5）其他加工产品：方便主食品（米制品、面制品、非油炸方便面、方便粥）、糕点（焙烤食品、膨化食品、其他糕点）、果脯蜜饯、淀粉、调味品（味精、酱油、食醋、料酒、复合调味料、酱腌菜、辛香料、调味酱）、食盐（海盐、湖盐）。

以下加工产品的主要原料（或饲料）不需要统计监测面积：

（1）农林类加工产品：食用菌加工品。

（2）畜禽类加工产品：肉食加工品（包括生制品、熟制品、畜禽副产品加工品、肉禽类罐头、其他肉食加工品）。

（3）饮料类产品：瓶（罐）装饮用水、碳酸饮料、固体饮料（乳精、其他固体饮料）、冰冻饮品、其他酒类（露酒）。

（4）其他加工产品：方便主食品（包括速冻食品、其他方便主食品）、糖果（包括糖果、巧克力、果冻等）、食盐（包括井矿盐、其他盐）、调味品（包括水产调味品、其他调味品、发酵制品）、食品添加剂。

（四）数据汇总

先按单个产品逐一统计监测面积，然后按三年有效用标产品总数以及 7 个大的类别分别汇总，包括农作物（粮食作物、油料作物、糖料作物、蔬菜瓜果、其他农作物）、果园、茶园、林地、草场、水产养殖（淡水养殖、海水养殖）、其他（蜜源植物、海盐与湖盐监测面积等）。

（五）统计单位：万亩。

绿色食品标志管理公告、通报实施办法

（2004 年 8 月 17 日发布）

第一章　总　　则

第一条　为了建立健全绿色食品公告和通报制度，加强绿色食品标志管理工作，根据《绿色食品标志管理办法》和《绿色食品企业年度检查工作规范》，制定本办法。

第二条　绿色食品公告是指通过媒体向社会发布绿色食品重要事项或法定事项。

第三条　绿色食品通报是指以文件形式向绿色食品工作系统及有关企业告知绿色食品重要事项或法定事项。

第四条　中国绿色食品发展中心（以下简称中心）负责发布绿色食品公告和通报。

第二章　公告、通报的事项

第五条　以下事项予以公告：

一、通过中心认证并获得绿色食品标志使用许可的产品；

二、经中心组织抽检或国家及行业监督检验，质量安全指标不合格，被中心取消标志使用权的产品；

三、违反绿色食品标志使用规定，被中心取消标志使用权的产品；

四、逾期未缴纳绿色食品标志使用费，视为其自动放弃标志使用权的产品；

五、逾期未参加中心组织的年检，视为其自动放弃标志使用权的产品；

六、绿色食品标志使用期满，逾期未提出续展申请的产品；

七、其他有关绿色食品标志管理的重要事项或法定事项。

第六条　以下事项予以通报：

一、本办法第五条第二至六款予以公告的；

二、因产品抽检不合格限期整改的；

三、在标志管理工作中做出突出成绩的绿色食品管理机构、定点监测机构及有关个人予以表彰的；

四、在标志管理工作中严重失职、造成不良后果的绿色食品管理机构、定点监测机构及有关个人予以批评教育，并做出相应处理的；

五、绿色食品产品质量年度抽检结果；

六、绿色食品监管员注册、考核结果；

第三章　公告、通报的内容、形式和范围

第七条　产品公告的内容包括：公告事由、企业名称、产品名称、商标、绿色食品编号；其他公告的内容根据具体事由确定。

第八条　通报的内容包括：

（一）本办法第七条规定的产品公告内容；

（二）限期整改企业的名称、产品名称、商标、绿色食品编号、整改原因、整改期限等；

（三）其他通报的内容根据具体事由确定。

第九条　公告的形式以全国发行的报刊杂志和国际互联网等为载体公开发布。

第十条　通报的形式为中心印发《绿色食品标志管理通报》寄送各级绿色食品管理机构、定点监测机构和绿色食品行政主管部门及有关企业。

第四章　公告、通报的发布

第十一条　中心标志管理部门负责公告、通报的具体工作。

第十二条　涉及终止标志使用许可、企业整改、表彰、处罚的公告和通报，中心标志管理部门应先报经中心做出相应处理决定，再依据处理决定发布公告或通报。

第十三条　中心做出终止标志使用许可的处理决定前，应函告相关委托管理机构和企业。在确认无异议后，方可公告或通报。对处理意见有异议的，应于接到函告5个工作日（以当地邮戳日期为准）内向中心书面提出，逾期则视为无异议。中心应于接到书面异议后10个工作日内核实情况，并做出相应的处理决定。

第十四条　公告时限如下：

（一）符合第五条第一款，自标志使用许可之日起3个月内公告。

（二）符合第五条第二至三款的，自做出处理决定之日起2个月内公告。

（三）符合第五条第四至六款的，逾期3个月后公告。

（四）符合第五条第七款的，及时予以公告。

第十五条　通报时限如下：

（一）符合第六条第一款的，自公告之日起 1 个月内通报。

（二）符合第六条第二至四款的，自做出决定之日起 5 个工作日内通报。

（三）绿色食品产品质量年度抽检结果于次年第一季度通报。

（四）符合第六条第六至七款的，及时予以通报。

第五章　申请复议和投诉

第十六条　企业对中心公告、通报内容有异议的，可于公告、通报之日起 15 天内向中心书面提出复议申请。

第十七条　中心在收到复议申请 15 个工作日内将复议结果通知复议申请人。如确认公告或通报内容有误，中心应于 15 日内以公告或通报的形式予以更正。

第十八条　发现在公告、通报过程中有违反国家或中心有关规定的行为，任何人都可以向中心书面投诉，中心查实后按有关规定严肃处理，并将处理结果通知投诉人。

第六章　附　则

第十九条　有关绿色食品生产资料、绿色食品基地的公告和通报参照执行本办法。

第二十条　本办法由中心负责解释。

第二十一条　本办法自颁布之日起施行。

绿色食品认证档案管理办法（试行）

（2012 年 6 月 27 日发布）

第一章 总 则

第一条 为了加强绿色食品认证档案（以下简称认证档案）工作，提高认证档案管理水平，发挥认证档案在绿色食品事业发展中的作用，根据《中华人民共和国档案法》及农业部有关规定，制定本办法。

第二条 本办法所称认证档案，是指在绿色食品认证申请、检查审核等业务工作中直接形成的具有保存价值的历史记录。具体包括：认证申请材料、现场检查报告及图片、环境监测报告、产品检测报告、认证评审报告、产品包装设计送审稿、证书复印件等与绿色食品获证单位相关的技术和管理资料。

第三条 本办法适用纸质认证档案管理。

第四条 认证档案实行中国绿色食品发展中心（以下简称中心）统一管理、部门协助配合的工作机制。中心标志管理处为认证档案主管部门，承担认证档案的收集、整理、归档、保管以及办理查询、借阅等工作；认证审核处负责认证申报、审核材料的整理和移交工作；后勤服务中心负责认证档案硬件设施建设工作。中心相关处室应安排专人负责认证档案管理工作。

第五条 中心应创造条件，加强规范管理，维护认证档案的完整性与安全性，不断提高认证档案的管理水平和服务能力。

第二章 认证档案的立卷归档

第六条 认证档案应齐全、整洁、无破损。立卷时，卷内资料排列要条理化、系统化。

第七条 认证档案按年份、年内颁证流水号依次编号。编号组成：年份—年内颁证流水号，年内颁证流水号为产品编号末位四位数字。编号时，应使用附着力强、不易褪色的油性记号笔在认证档案袋的正反面写上认证档案的编号，编号书写须工整、清晰、无涂改。

第八条　中心标志管理处应在绿色食品证书制作后 10 个工作日内完成认证档案的编号、归档工作，并转移到专用认证档案库保存。

第三章　认证档案的保管和借阅

第九条　认证档案管理人员根据认证档案编号顺序，按年份、年内编号从小到大的顺序入库上架排列，并妥善保管。年度认证档案之间应设立标示牌，以示区分。

第十条　认证档案库房应符合基本安全要求，门窗要坚固，要配置足够的认证档案专用柜架，并配有防火、防盗、防潮、防鼠、防虫等设施。

第十一条　中心工作人员因业务工作需要借阅认证档案的，须办理相应的借阅手续。外单位人员未经中心批准不得查阅或借阅认证档案。

第十二条　借阅人必须严格履行借阅登记手续，在《绿色食品认证档案借阅登记表》上登记，并经借阅人所在部门负责人签字同意后方可借阅认证档案。借阅人凭《绿色食品认证档案借阅登记表》借阅认证档案，当面点清数量，归还时予以核对。

第十三条　借阅认证档案必须遵守以下规定：

（一）不得擅自拆卷、翻印、拍照、复制，确因工作需要必须拆卷、翻印、拍照、复制，须经中心标志管理处负责人同意，并由认证档案管理人员办理。

（二）爱护认证档案，严禁在认证档案资料中随意标注、划线、打圈、作记号，严禁涂改、抽取和损坏认证档案。

（三）不得泄密、遗失认证档案。

（四）不得转借或擅自将认证档案带出中心。

（五）认证档案借阅时间最长不超过 10 天，过期仍需借阅者，应及时办理续借手续。因公长期出差、休假，应提前归还所借认证档案，不得滞留积存。如工作调动、辞职或退休，须归还所借认证档案。

第十四条　确因特殊需要将认证档案携带出中心的，须经中心标志管理处负责人审批后办理有关手续。

第四章　认证档案的保存与销毁

第十五条　认证档案实行长期保存与短期保存相结合的管理制度，保存期限按以下规定执行：

（一）获证单位连续通过续展认证的，长期保存。

（二）获证单位未续展的，延期保存一年，期满后，由中心标志管理处审查，并报中心领导批准后予以销毁。

第十六条 销毁工作应由两人在指定地点监销，并在销毁清册上注明"已销毁"和销毁日期，由监销人签字，作为查考的凭据。

第五章　附　　则

第十七条 本办法由中心标志管理处负责解释。

第十八条 本办法自颁布之日起施行。

第五篇

质量监督

绿色食品企业年度检查工作规范

（2014 年 9 月 5 日发布）

第一章　总　　则

第一条　为了规范绿色食品企业年度检查（以下简称年检）工作，加强对绿色食品企业产品质量和绿色食品标志使用的监督检查，根据国家《农产品质量安全法》、《商标法》和农业部《绿色食品标志管理办法》等法律法规，制定本规范。

第二条　年检是指绿色食品工作机构对辖区内获得绿色食品标志使用权的企业在一个标志使用年度内的绿色食品生产经营活动、产品质量及标志使用行为实施的监督、检查、考核、评定等。

第二章　年检的组织实施

第三条　年检工作由省级人民政府农业行政主管部门所属绿色食品工作机构（以下简称省级工作机构）负责组织实施，标志监管员具体执行。

第四条　省级工作机构应根据本地区的实际情况，制定年检工作实施办法，并报中国绿色食品发展中心（以下简称中心）备案。

第五条　省级工作机构应建立完整的年检工作档案，年检工作档案至少保存三年。省级工作机构应于每年 12 月 20 日前，将本年度年检工作总结和《核准证书登记表》（附表）电子版报中心备案。

第六条　中心对各地年检工作进行指导、监督和检查。

第三章　年检内容

第七条　年检的主要内容是通过现场检查企业的产品质量及其控制体系状况、规范使用绿色食品标志情况和按规定缴纳标志使用费情况等。

第八条　产品质量控制体系状况，主要检查以下方面：

（一）绿色食品种植、养殖地和原料产地的环境质量、基地范围、生产组织结构等情况；

（二）企业内部绿色食品检查管理制度的建立及落实情况；

（三）绿色食品原料购销合同（协议）、发票和出入库记录等使用记录；

（四）绿色食品原料和生产资料等投入品的采购、使用、保管制度及其执行情况；

（五）种植、养殖及加工的生产操作规程和绿色食品标准执行情况；

（六）绿色食品与非绿色食品的防混控制措施及落实情况；

第九条　规范使用绿色食品标志情况，主要检查以下方面：

（一）是否按照证书核准的产品名称、商标名称、获证单位及其信息码、核准产量、产品编号和标志许可期限等使用绿色食品标志；

（二）产品包装设计和印制是否符合国家有关食品包装标签标准和《绿色食品标志商标设计使用规范》要求。

第十条　企业交纳标志使用费情况，主要检查是否按照《绿色食品标志商标使用许可合同》的约定按时足额缴纳标志使用费。

第四章　年检结论处理

第十一条　省级工作机构根据年度检查结果以及国家食品质量安全监督部门和行业管理部门抽查结果，依据绿色食品管理相关规定，作出年检合格、整改、不合格结论，并通知企业。

第十二条　年检结论为合格的企业，省级工作机构应在规定工作时限内完成核准程序，在合格产品证书上加盖年检合格章。

第十三条　年检结论为整改的企业，必须于接到通知之日起一个月内完成整改，并将整改措施和结果报告省级工作机构。省级工作机构应及时组织整改验收并做出结论。

第十四条　企业有下列情形之一的，年检结论为不合格：

（一）生产环境不符合绿色食品环境质量标准的；

（二）产品质量不符合绿色食品产品质量标准的；

（三）未遵守标志使用合同约定的；

（四）违反规定使用标志和证书的；

（五）以欺骗、贿赂等不正当手段取得标志使用权的；

（六）未使用绿色食品原料的；

（七）拒绝接受年检的；

（八）年检中发现其他违规行为的。

第十五条 年检结论为不合格的企业，省级工作机构应直接报请中心取消其标志使用权。

第十六条 获证产品的绿色食品标志使用年度为第三年的，其年检工作可由续展审核检查替代。

第五章 复议和仲裁

第十七条 企业对年检结论如有异议，可在接到书面通知之日起 15 个工作日内，向省级工作机构书面提出复议申请或直接向中心申请仲裁，但不可同时申请复议和仲裁。

第十八条 省级工作机构应于接到复议申请之日起在规定工作时限内做出复议结论。中心应于接到仲裁申请 30 个工作日内做出仲裁决定。

第六章 附 则

第十九条 本规范自公布之日起施行，原《绿色食品企业年度检查工作规范》同时废止。

第二十条 本规范由中国绿色食品发展中心负责解释。

绿色食品产品质量年度抽检工作管理办法

（2014 年 9 月 23 日发布）

第一章　总　　则

第一条　为了进一步规范绿色食品产品质量年度抽检（以下简称产品抽检）工作，加强对产品抽检工作的管理，提高产品抽检工作的科学性、公正性、权威性，依据《绿色食品标志管理办法》和《绿色食品检测机构管理办法》，制定本办法。

第二条　产品抽检是指中国绿色食品发展中心（以下简称中心），对已获得绿色食品标志使用权的产品采取的监督性抽查检验。

第三条　所有获得绿色食品标志使用权的企业在标志使用的有效期内，应当接受产品抽检。

第四条　当年的产品抽检报告可作为绿色食品标志使用续展审核的依据。

第二章　机构及其职责

第五条　产品抽检工作由中心制定抽检计划，委托相关绿色食品产品质量检测机构（以下简称"检测机构"）按计划实施，省及市、县绿色食品工作机构（以下简称省级工作机构或各级工作机构）予以配合。

（一）中心的产品抽检工作职责：

1. 制定全国抽检工作的有关规定；

2. 组织开展全国的抽检工作；

3. 下达年度抽检计划；

4. 指导、监督和评价各检测机构的抽检工作；

5. 依据有关规定，对抽检不合格的产品做出整改或取消标志使用权的决定，并予以通报或公告。

（二）检测机构的产品抽检工作职责：

1. 根据中心下达的抽检计划制定具体组织实施方案；

2. 按时完成中心下达的检测任务；

3. 按规定时间及方式向中心、相关省级工作机构和企业出具检验报告；

4. 向中心及时报告抽检中出现的问题和有关企业产品质量信息。

（三）各级工作机构的产品抽检工作职责：

1. 配合中心及检测机构开展产品抽检工作；

2. 向中心提出产品抽检工作计划的建议；

3. 根据中心做出的整改决定，督促企业按时完成整改，并组织验收；

4. 及时向中心报告企业的变更情况，包括企业名称、通讯地址、法人代表以及企业停产、转产等情况。

第三章　工作程序

第六条　中心于每年 2 月底前制定产品抽检计划，并下达有关检测机构和省级工作机构。

第七条　检测机构根据抽检计划和产品周期适时派专人赴企业或市场上规范抽取样品，也可以委托相关省级工作机构协助进行，由绿色食品标志监管员规范抽样并寄送检测机构，封样前应与企业有关人员办理签字手续，确保样品的代表性。在市场上抽取的样品，应确认其真实性，检验的产品应在用标有效期内。

第八条　检测机构应及时进行样品检验，出具检验报告，检验报告结论要明确、完整，检测项目指标齐全，检验报告应以特快专递方式分别送达中心、有关省级工作机构和企业各一份。

第九条　检测机构最迟应于标志年度使用期满前 3 个月完成抽检。

第十条　检测机构须于每年 12 月 20 日前将产品抽检汇总表及总结报中心。总结内容应全面、详细、客观，未完成抽检计划的应说明原因。

第四章　计划的制定与实施

第十一条　制定产品抽检计划必须遵循科学、高效、公正、公开的原则，突出重点产品和重点指标，并考虑上年度抽检计划完成情况及当年任务量。

第十二条　检测机构必须承检中心要求检测的项目，未经中心同意，不得擅自增减检测项目。

第十三条　对当年应续展的产品，检测机构应及时抽样检验并将检验报告提供给企业，以便作为续展审核的依据。

第五章　问题的处理

第十四条　产品抽检中发现倒闭、停产、无故拒检或提出自行放弃绿色食品标志使用权的企业，检测机构应及时报告中心及有关省级工作机构。

第十五条　企业对检验报告如有异议，应于收到报告之日起（以收件人签收日期为准）5 日内向中心提出书面复议（复检或仲裁）申请，未在规定时限内提出异议的，视为认可检验结果。对检出不合格项目的产品，检测机构不得擅自通知企业送样复检。

第十六条　产品抽检结论为食品标签、感官指标不合格，或产品理化指标中的部分非营养性指标（如：水分、灰分、净含量等）不合格的，中心通知企业整改，企业必须于接到通知之日起一个月内完成整改，并将整改措施和结果报告省级工作机构，省级工作机构应及时组织整改验收并抽样寄送中心定点检测机构检验。检测机构应及时对样品进行检验，出具检验报告，并以特快邮递方式将检验报告分别送达中心和有关省级工作机构各一份。复检合格的可继续使用绿色食品标志，复检不合格的取消其标志使用权。

第十七条　产品抽检结论为卫生指标或安全性指标（如：有害微生物、药残、重金属、添加剂、黄曲霉、亚硝酸盐等）不合格的，取消其绿色食品标志使用权。对于取消标志使用权的企业及产品，中心及时通知企业及相关省级工作机构，并予以公告。

第六章　省级工作机构的抽检工作

第十八条　省级工作机构对辖区内的绿色食品质量负有监督检查职责，应在中心下达的年度产品抽检计划的基础上，结合当地实际编制自行抽检产品的年度计划，填写《绿色食品省级工作机构自行抽检产品备案表》，一并报中心备案。中心接到备案材料后十个工作日内，将备案结果书面反馈有关省级工作机构。经在中心备案的抽检产品，其抽检工作视同中心组织实施的监督抽检。

第十九条　省级工作机构自行抽检产品的检验项目、内容，不得少于中心年度抽检计划规定的项目和内容。

第二十条　省级工作机构自行抽检的产品必须在绿色食品定点检测机构进行检验，检测机构应出具正式检验报告，并将检验报告分别送达省级工作机构和企业。

第二十一条　产品抽检不合格的企业，省级工作机构要及时上报中心，由中心做出整改或取消其标志使用权的决定。

第七章　附　　则

第二十二条　本办法自颁布之日起施行，原 2004 年 4 月 22 日颁布的《绿色食品产品质量年度抽检工作管理办法》和《绿色食品产品质量年度抽检工作管理办法补充规定》同时废止。

第二十三条　本办法由中国绿色食品发展中心负责解释。

绿色食品标志市场监察实施办法

（2014 年 9 月 18 日发布）

第一章　总　　则

第一条　为了加强绿色食品标志使用的市场监督管理，规范企业用标，打击假冒行为，维护绿色食品品牌的公信力，根据国家《商标法》、《农产品质量安全法》、农业部《农产品包装和标识管理办法》、《绿色食品标志管理办法》及有关管理规定，制定本办法。

第二条　绿色食品标志市场监察是对市场上绿色食品标志使用情况的监督检查。市场监察是对绿色食品证后质量监督的重要手段和工作内容，是各级绿色食品工作机构（以下简称工作机构）及标志监管员的重要职责。各级工作机构应明确负责市场监察工作的部门和人员，为工作开展提供必要的条件。

第三条　中国绿色食品发展中心（以下简称中心）负责全国绿色食品标志市场监察工作；省及省以下各级工作机构负责本行政区域的绿色食品标志市场监察工作。

第四条　市场监察的采集产品工作由省及省以下各级工作机构的工作人员完成。市场监察工作可与农产品质量安全监督执法相结合，在当地农业行政管理部门组织协调下开展。

第五条　中心将各地市场监察工作情况定期通报，并作为考核评定工作机构及标志监管员工作的重要依据。

第二章　市场选定、工作任务及采样要求

第六条　监察市场分为固定市场和流动市场。固定市场作为市场监察工作的常年定点监测的市场，由中心在全国范围内选定。流动市场由各省级工作机构安排，在各省级机构辖区内选择 1～2 家市场，主要采购固定市场监察点未能采样的标称绿色食品的产品。

第七条　标志市场监察工作的主要任务是：

（一）检查和规范获标企业绿色食品标志的使用；

（二）发现并查处不规范和违规、假冒绿色食品标志的行为；

（三）掌握全国流通市场绿色食品用标产品的基本情况，为中心制定相关决策提供基础数据。

第八条　产品采样要求：

（一）固定市场监察点应对市场中全部标称绿色食品的产品进行采样（限购产品除外）；

（二）流动市场监察点作为固定市场监察点的补充，应避免对同一地区的固定市场监察点的同一样品进行重复采样；

（三）应以最简易、最小包装为单位购买，单价不得超过200元；

（四）同一产品的抽样不需考虑年份、等级、规格、包装等方面的区别，只采购一个样品即可；

（五）各省级工作机构应尽量将本省辖区内监察市场上的获证产品采购齐全。

第三章　工作时间、方法及程序

第九条　市场监察工作在中心统一组织下进行，每年集中开展一次，原则上每年监察行动于4月15日启动，11月底结束。

第十条　每次行动由各地工作机构按照中心规定的固定市场监察点，以及各地省级工作机构自主选择的流动市场监察点，对各市场监察点所售标称绿色食品的产品实施采样监察。

第十一条　监察采样可采取购买方式。购买样品的费用由中心承担，先由绿色食品工作机构垫付，事后在中心的专项经费预算中列支。具体操作办法另行规定。

第十二条　对监察过程中的问题产品和疑似问题产品的包装应妥善保存，同时对产品相关图片和资料信息拍照、存档。

第十三条　监察采样时应索取购物小票、发票等采样凭证，并尽可能要求监察市场对购物清单予以确认。采样凭证应妥善保存，以备查证。

第十四条　市场监察工作按照以下程序进行：

（一）工作机构组织有关人员根据产品采样要求对各监察点所售标称绿色食品的产品进行采样、登记、疑似问题产品拍照，将采样产品有关信息在"绿色食品审核与管理系统"录入上传；再将采购样品的发票和购物小票的复印件于采样后1个月内寄送中心。

（二）中心对各地报送的采样信息逐一核查，对存在不同问题的产品于 6 月底前分别做出以下处理，并通知省级工作机构：

1. 属违反有关标志使用规定的，交由省级工作机构通知企业限期整改；

2. 属假冒绿色食品的，交由省级工作机构提请工商行政管理部门和农业行政管理部门依法予以查处。

（三）各有关工作机构在接到上述通知后，立即部署本省辖区内相关企业的整改工作，企业整改期限一个月；同时有关绿色食品工作机构应联合当地工商行政管理部门和农业行政管理部门落实打假工作。

（四）各有关工作机构对本省整改后的企业进行现场检查，核查整改措施的落实，对整改结果进行验收，并将企业整改措施、绿色食品工作机构验收报告及行政执法部门的查处结果于 9 月底前书面报告中心。

（五）中心在对各地市场监察整改情况进行实地检查、抽查后，于当年 11 月份底将市场监察结果向全国绿色食品工作系统通报。

第十五条 同一企业的产品连续两年被查出违规用标，按照绿色食品标志管理的有关规定，由中心取消其标志使用权。

第十六条 企业对市场监察所采样品的真实性或处理意见持有异议，必须在接到整改通知后（以收件人签收日期为准）15 个工作日内提出复议申诉，同时提供相关证据。

第六章　附　　则

第十七条 本办法自颁布之日起施行。

第十八条 本办法由中心负责解释。

绿色食品质量安全预警管理规范（试行）

（2009 年 7 月 21 日发布）

第一章 总 则

第一条 为加强绿色食品质量安全预警管理，有效实施认证及证后监管，防范行业性重大质量安全风险，依据《农产品质量安全法》、《食品安全法》和《绿色食品标志管理办法》等有关法律法规及管理规定，制定本规范。

第二条 本规范适用于对绿色食品认证和获证后可能存在的质量安全风险的防范工作。

第三条 中国绿色食品发展中心（以下简称"中心"）负责组织开展绿色食品质量安全预警工作，中心科技与标准处（以下简称"科技处"）承担质量安全预警的日常工作。

第四条 质量安全预警工作以维护绿色食品品牌安全为目标，坚持"重点监控，兼顾一般；快速反应，长效监管；科学分析，分级预警"的原则。

第二章 质量安全信息收集

第五条 绿色食品质量安全信息主要分为使用违法违禁物质、违规使用农业投入品、违规使用食品添加剂等。

第六条 绿色食品质量安全信息主要来源于绿色食品专业监测机构和绿色食品质量安全预警信息员（以下简称"信息员"），以及有关政府部门质量安全监管等。

第七条 绿色食品专业监测机构通过分析有关监测数据，结合对行业生产现状的调研情况，编写《季度行业质量安全信息分析报告》，于下季度第一个月的 15 日前报送科技处，对于突发性或重大的行业质量安全信息，随时上报。传真：010-62191421；电子邮箱：kejichu@greenfood.org。

第八条 信息员通过企业调查、市场调查或其他方式和渠道收集相关质量安全信息，在确认信息真实性后，及时采用传真或电子邮件等方式报送科技处。

第九条 中心网站负责日常收集有关政府网站的质量安全信息，并及时向科技处通报。

第三章 质量安全信息分析评价

第十条 科技处将质量安全信息进行汇总，按行业类别、信息来源、涉及范围、危害程度等内容进行初步识别，并定期提交质量安全信息专家组进行分析评价。

第十一条 质量安全信息专家组由中心分管副主任，综合处、标志管理处、认证处和科技处等处室负责人，及相关行业内熟悉绿色食品认证和监管工作的专家组成，负责质量安全信息分析评价工作，确定质量安全信息等级。

第十二条 质量安全信息分为红色风险、橙色风险和黄色风险等三个级别：

（一）红色风险：指发生在整个行业内的危害，并可能造成全国性或国际性影响的、大范围和长时期存在的严重质量安全风险；

（二）橙色风险：指发生在行业局部或可能造成区域范围内、有一定规模和持续性的危害风险；

（三）黄色风险：指发生在行业内个别企业或可能造成省域内、小规模和短期性的危害风险。

第十三条 质量安全信息专家组确定的红色风险和橙色风险信息，须报中心领导班子予以审定。

第四章 风险处置

第十四条 风险处置部门由标志管理处、认证处、科技处、综合处和省级绿色食品管理机构组成，根据质量安全信息分级，分别采取处置措施：

（一）红色级别风险处置

1. 立即对相关企业的产品进行专项检测或检查，确认质量问题后取消其绿色食品标志使用权；

2. 暂停受理该行业产品的认证；

3. 对该行业获得绿色食品标志使用权的产品进行专项检查，并对问题及时作出相应处理；

4. 跟踪风险动态，及时采取应对措施以避免风险扩大。

（二）橙色级别风险处置

1. 立即对相关企业的产品进行专项检测或检查，确认质量问题后取消其绿色食品标志使用权；

2. 暂停受理相关区域内的该行业产品认证；

3. 对其他地区的该行业申请认证产品加检风险项目，并加强现场检查；

4. 对相关区域内的该行业获得绿色食品标志使用权的产品进行专项检查，并对问题及时作出处理；

5. 继续跟踪风险动态，及时采取应对措施以避免风险扩大。

（三）黄色级别风险处置

1. 立即对相关企业的产品进行专项检测或检查，确认质量问题后取消其绿色食品标志使用权；

2. 要求所在省加强对同行业企业的认证检查、产品检测及证后监管，以避免风险扩大。

第十五条　经中心领导班子审核批准后，综合处负责将相关红色风险信息情况上报农业部农产品质量安全监管局。

第五章　监督管理

第十六条　中心与绿色食品专业监测机构签订委托合同，监测机构定期提交相关质量安全信息报告。对于长期未能按照合同要求提供有效信息的机构，中心取消对其委托。

第十七条　中心与信息员签订委托合同，信息员应确保上报信息的真实性、准确性、保密性和及时性。对于未能履行合同的质量安全信息员，中心取消对其委托。

第十八条　中心有关部门在企业调查、材料审核、产品抽检、受理咨询和投诉等工作中发现质量安全隐患，应立即向科技处通报。

第十九条　建立信息来源激励机制。对提供有效质量安全信息的专业监测机构和信息员，根据质量安全信息的等级给予相应奖励。

第六章　附　　则

第二十条　本规范由中国绿色食品发展中心负责解释，自发布之日起执行。

绿色食品标志监督管理员注册管理办法

（2012 年 1 月 11 日发布）

第一章　总　　则

第一条　为了不断提高绿色食品标志管理队伍的整体素质和业务水平，适应绿色食品事业发展和加强绿色食品标志管理的需要，特制定本办法。

第二条　绿色食品标志监督管理员（简称监管员）是指各级绿色食品管理机构中，经中国绿色食品发展中心（以下简称中心）核准注册的从事绿色食品标志管理的工作人员。绿色食品管理机构应配备与当地绿色食品事业发展相适应的监管员。

第三条　中心对监管员实行统一注册管理。监管员应在中心注册，取得《绿色食品标志监督管理员证书》。

第二章　监管员注册条件

第四条　申请监管员注册必须具备以下基本条件：

一、热爱绿色食品事业，对绿色食品标志管理工作有强烈的责任感，遵纪守法，坚持原则，秉公办事；

二、能够正确执行国家的有关法律、法规和方针、政策，熟悉绿色食品标准及有关管理规定；

三、具有一年以上从事绿色食品管理工作的经验；

四、具有大专以上学历或中级以上技术职称，掌握绿色食品标志管理业务知识；

五、具有较强的组织管理能力。

第五条　监管员注册必须经由中心委托管理机构推荐，接受专门培训并考试合格。

第三章　监管员注册程序

第六条　监管员注册遵循以下程序：

一、申请。符合本办法第四条规定的均可向中心提出监管员注册申请，经由中心委托管理机构向中心书面推荐，并提交申请人有关证明材料。

二、审核。中心对申请人基本条件进行审核，并将审核意见书面通知推荐单位。

三、培训。中心对通过审核的申请人统一组织注册培训。

四、考试。培训结束后，由中心统一组织考试。

五、颁证。经过培训并考试合格者，由中心颁发《绿色食品标志监管员证书》。

第四章　监管员的职责、职权和行为准则

第七条　监管员依据《绿色食品标志管理办法》、《绿色食品标志商标使用许可合同》以及有关法律法规和管理规定履行以下职责：

一、指导企业履行绿色食品办证手续、规范使用绿色食品标志、严格执行绿色食品标准，为企业提供相关咨询服务；

二、对绿色食品企业进行检查、复查，按年度核准《绿色食品标志商标准用证》（以下简称《准用证》）；

三、督促绿色食品企业履行《绿色食品标志商标使用许可合同》，按时足额缴纳标志使用费；

四、配合绿色食品产品质量监测机构实施中心下达的产品监督抽查计划，协助开展实地检查、产品抽样等工作；

五、开展市场监督检查，配合政府有关部门对假冒绿色食品和违规使用绿色食品标志的进行查处，维护绿色食品市场秩序；

六、负责收缴丧失绿色食品标志使用权企业的《准用证》，监督其停止使用绿色食品标志；

七、指导下级绿色食品管理机构的标志监管员开展工作；

八、完成中心布置的其他标志管理工作。

第八条　监管员具有以下职权：

一、查验绿色食品企业的《准用证》和《绿色食品标志商标使用许可合同》；

二、检查绿色食品企业的生产现场、仓库、产品包装以及生产记录和档案资料等有

关情况；

三、了解绿色食品企业的产地环境监测和产品检测的情况；

四、指出绿色食品企业在生产过程中的不当行为并要求其改正；

五、指出有关单位和个人在绿色食品标志使用方面的不当行为，并要求其改正；

六、根据有关规定对违反绿色食品管理规定的企业暂行收缴其《准用证》，并于 5 个工作日内报请中心做进一步处理；

七、向中心如实报告有关绿色食品管理机构、监测机构和企业在绿色食品质量管理和标志使用方面存在的问题；

八、向上级绿色食品管理机构和所在单位提出改进督管工作的建议。

第九条 监管员应遵守以下行为准则：

一、遵守有关绿色食品标志管理的规章制度，忠于职守；

二、努力学习有关专业知识，不断提高标志管理的能力；

三、不以权谋私，不接受可能影响本人正常行使职责的回扣、馈赠及其他任何形式的好处；

四、如实向中心及所在单位报告情况，不弄虚作假；

五、接受中心的培训、指导和监督管理。

六、保守受检企业的商业秘密；

第十条 绿色食品标志管理工作实行绿色食品管理机构的主管领导和监管员共同负责制。各级绿色食品管理机构上报有关企业年检、整改、变更、减免收费、取消标志使用权等的报告、请示，应载明有关监管员关于事实认定的意见，该监管员应对其认定的事实负责。

第五章 监管员的管理

第十一条 应保持监管员工作岗位相对稳定。监管员工作岗位发生变动，其所在单位应及时报经中心委托管理机构向中心备案。

第十二条 《绿色食品标志监督管理员证书》有效期三年，有效期满前三个月由中心委托管理机构统一向中心申报换证。超过有效期未办理换证手续的，视为自动放弃监管员资格。

第十三条 中心对监管员的工作进行考核。对工作业绩显著的予以表彰；对不称职的取消其监管员资格，收回证书。具体考核办法另行制定。

第六章　附　　则

第十四条　本办法由中心负责解释。

第十五条　中心委托管理机构可根据本办法制定实施细则。

第十六条　本办法自颁布之日起开始实施，中心一九九五年十二月三日颁发的《绿色食品标志专职管理人员资格认可暂行办法》同时废止。

绿色食品企业内部检查员管理办法

（2010 年 3 月 12 日发布）

第一条 为了促进企业内部加强绿色食品质量管理和标志使用管理，保障绿色食品产品质量和品牌信誉，根据《食品安全法》、《农产品质量安全法》以及绿色食品管理的相关规定，制定本办法。

第二条 本办法所指绿色食品企业是指申请绿色食品认证和获得绿色食品标志使用权的生产主体。

第三条 本办法所称绿色食品企业内部检查员，是指绿色食品企业内部负责绿色食品质量管理和标志使用管理的专业人员。

第四条 企业应建立内部检查员制度，并赋予内部检查员与其职责相对应的管理权限。

第五条 中国绿色食品发展中心（以下简称中心）负责内部检查员的培训指导、注册和管理工作；省级绿色食品工作机构负责培训和资质审核工作。

第六条 企业内部检查员职责

（一）宣贯绿色食品标准；

（二）按照绿色食品标准和管理要求，协调、指导、检查和监督企业内部绿色食品原料采购、基地建设、投入品使用、产品检验、包装印制、防伪标签、广告宣传等工作；

（三）配合绿色食品工作机构开展绿色食品监督管理工作；

（四）负责企业绿色食品相关数据及信息的汇总、统计、编制，及与各级绿色食品工作机构的沟通工作；

（五）承担本企业绿色食品证书和《绿色食品标志商标使用许可合同》的管理，以及产品增报和续展工作；

（六）开展对企业内部员工有关绿色食品知识的培训。

第七条 企业内部检查员资格条件

（一）具备一定的农产品质量安全和绿色食品知识；

（二）具有在本企业工作三年以上的经历，有一定的组织、协调能力；

（三）熟悉与本行业有关的国家法律、法规、政策、标准及行业规范；熟悉绿色食品质量管理和标志管理的相关规定；熟悉本企业的管理制度；

（四）接受专门培训，并经考试合格；

（五）遵纪守法，坚持原则，爱岗敬业。

第八条　企业内部检查员申请注册管理

（一）内部检查员注册需经本人申请，企业推荐，由省级绿色食品管理机构进行资格审核；

（二）经省级绿色食品管理机构培训考试合格的，由中心统一注册并颁发《绿色食品企业内部检查员证书》；

（三）内部检查员不再履行本办法第六条规定的相关职责，其《绿色食品企业内部检查员证书》自动失效，企业应在 15 日内将《证书》交回中心。

第九条　企业须保持内部检查员的稳定性、连续性，确实需要作出人事调整的，应及时按本办法的第八条规定推荐接替人选和办理相关手续。

第十条　内部检查员工作业绩突出的，中心根据考核结果予以奖励。

第十一条　本办法由中国绿色食品发展中心负责解释。

第十二条　本办法自发布之日起施行。

第 六 篇

基 地 建 设

关于创建全国绿色食品标准化
生产基地的意见

（2005 年 8 月 4 日发布）

绿色食品是指遵循可持续发展原则，按照特定的生产方式生产，经专门机构认定，许可使用绿色食品商标标志的无污染、安全、优质的农产品及加工食品。绿色食品作为依法注册的食品质量安全知名品牌，经过 10 多年的发展，已成为我国农产品质量安全管理工作的重要组成部分，在保护农业生态环境、保障食品消费安全、促进农业标准化生产、扩大农产品出口和增加农民收入等方面发挥了重要的作用。实践表明，创建绿色食品标准化生产基地，是扩大绿色食品规模、提升绿色食品品牌形象的重要途径。

绿色食品标准化生产基地，是指产地环境质量符合绿色食品有关技术条件要求，按绿色食品技术标准、生产操作规程和全程质量控制体系实施生产和管理，并具有一定规模的种植区域或养殖场所。绿色食品标准化生产基地创建工作，是农业标准化工作的重要组成部分，是推进农业标准化生产的重要措施，是新阶段农产品质量安全管理的重要内容，是深化农业结构调整、优化农业生产布局、发展高产优质高效生态安全农业的重要手段，是发挥区域比较优势、提高农业综合生产能力和农产品市场竞争力、增加农民收入的重要举措，也是落实中共中央、国务院关于"扩大无公害食品、绿色食品、有机食品等优质农产品的生产和供应"的具体行动。根据各地绿色食品发展的客观需要，现就创建全国绿色食品标准化生产基地的有关事项提出如下意见：

一、创建绿色食品标准化生产基地的目标、思路和原则

（一）目标

围绕新阶段农业和农村经济工作的重点，通过创建绿色食品标准化生产基地（以下简称基地），全面执行绿色食品标准化生产和全过程质量控制，促进农产品的区域化布局、产业化经营、标准化生产和市场化发展；提高农业综合生产能力，增强农产品市场竞争力；为绿色食品加工（养殖）企业提供优质原料，推动绿色食品事业全面加快发展；促进农民增收、农业增效和县域经济的发展。

（二）思路

按照"政府推进，产业化经营"的原则，积极稳妥地推进基地建设。在基地建设中，充分发挥各级地方政府的组织领导作用，基地建设原则上由县级人民政府负责组织实施。农垦系统具有组织化程度高和管理体系健全等特点，兼具政企职能，农场可以独立组织基地建设工作。基地建设应依托龙头企业，建立"公司＋基地＋农户"生产管理模式，实现产业化经营。

按照市场导向和绿色食品事业发展水平，坚持"统筹安排，协调发展，分步实施，逐步推进"的办法，先期启动水稻、小麦、玉米、大豆、"双低"油菜、"双高"甘蔗、柑橘、苹果等基地建设工作，待条件成熟后，适时启动畜牧、水产基地建设。基地建设以推进农产品优势区域布局为重点。鼓励将地方特色农产品和绿色食品加工企业、养殖企业需求较大的原料产品建设为基地。

（三）原则

基地建设要做到与农业标准化、农业产业化、农产品优势区域布局、农产品质量安全管理和生态环境建设等工作及项目的有机结合。创建基地建设应坚持以下原则：坚持"政府推进，产业化经营"的原则；坚持集中连片，规模发展的原则，基地应以一种农产品为主（轮作，可有多种作物），同一种农产品种植规模不得少于10万亩；坚持与绿色食品产品认证对接的原则，基地原料产品可以作为绿色食品加工企业或养殖企业的原料；坚持多元化投入的原则，逐步建立以政府投入为导向、基地农户投入为主体、龙头企业和社会投入为补充的多元化投入制度；坚持经济效益、生态效益和社会效益相统一的原则。

二、基地创建的基本条件

（一）基地所在县级政府有专门机构负责农业标准化工作和绿色食品工作，对标准化生产有规划、措施和经费保证。

（二）基地环境符合《绿色食品　产地环境技术条件》（NY/T 391—2000）要求，基地内无工业"三废"和城市生活垃圾等污染源。

（三）有绿色食品工作基础，已有绿色食品产品和龙头企业，经济效益、生态效益和社会效益显著。

（四）农业生产基础设施配套齐全，农业技术推广服务体系健全。

（五）农产品生产者（农户）具有建设标准化基地的要求。

三、基地建设要求

（一）建立综合协调组织管理体系

1. 基地建设是一项涉及面广、环节多的系统工程。县级政府应成立由主管领导和有关部门负责同志组成的基地建设领导小组，统一指导和协调基地建设工作。

2. 基地建设领导小组下设基地建设办公室（以下简称基地办），负责基地技术服务体系和质量保障体系的建立，并具体承担基地日常管理和协调工作。基地办须配备一定数量的专职人员，具体承担基地技术指导和生产管理工作。

3. 基地各有关乡（镇）、村应明确基地建设责任人和具体工作人员。

4. 建立健全基地建设目标责任制度。

（二）建立完善的生产管理体系

1. 基地办统一负责基地生产管理。基地应建立县、乡、村、户生产管理体系，县乡村三级技术管理簿册齐全，农户应有绿色食品生产操作规程、有绿色食品生产者使用手册、有基地投入品清单、有田间生产管理记录和生产收购合同。

2. 基地办应按照绿色食品技术标准制定统一的生产操作规程，生产操作规程要下发到乡（镇）、村和农户。基地应建立"统一优良品种、统一生产操作规程、统一投入品供应和使用、统一田间管理、统一收获""五统一"生产管理制度。

3. 基地应在显要位置设置基地标识牌，标明基地名称、基地范围、基地面积、基地建设单位、基地栽培品种、主要技术措施等内容。

4. 建立生产管理档案制度和质量可追溯制度。建立统一的农户档案制度，绘制基地分布图和地块分布图，并进行统一编号。农户档案应包括基地名称、地块编号、农户姓名、作物品种及种植面积。基地办应建立统一的"田间生产管理记录"，并下发到农户。田间生产管理记录由农户如实填写，内容应包括生产地块编号、种植者、作物名称、品种、种植面积、播种（移栽）时间、土壤耕作及施肥情况、病虫草害防治情况、收获记录、仓储记录、交售记录等。田间生产管理记录应在产品出售后10日内提交基地办存档，并完整保存三年。

（三）建立行之有效的农业投入品管理制度

1. 建立基地用农业投入品公告制度。当地农业行政主管部门要定期公布并明示基地允许使用、禁用或限用的农业投入品目录。

2. 建立基地农业投入品市场准入制，从源头上把好投入品的使用关。

3. 有条件的基地应建立基地农业投入品专供点，对农业投入品实行连锁配送和服务。

4. 建立监督检查制度。基地办要组织力量对基地生产中投入品使用及投入品市场进行监督检查和抽查。

（四）建立完善的科技支撑体系

1. 依托农业技术推广机构，组建基地建设技术指导小组，引进先进的生产技术和科研成果，提高基地建设的科技含量。

2. 根据需要配备绿色食品生产技术推广员，建立推广网，负责技术指导和生产操作规程的落实。

3. 制定培训计划，加强对基地各有关领导、生产管理人员、技术推广人员、营销人员培训工作，做到持证上岗。

4. 组织基地农户学习绿色食品生产技术，保证每个农户至少有一名基本掌握绿色食品生产技术标准的人。

（五）基础设施建设和环境保护

1. 建立基地保护区。不得在基地方圆 5 公里和上风向 20 公里范围内新建有污染源的工矿企业，防止工业"三废"污染基地。基地内的畜禽养殖场粪水要经过无害化处理，施用的农家肥必须经高温发酵，确保无害。

2. 加强山、水、林、田、路综合治理，不断改善和提高基地的生产条件和环境质量；加强农田水利基本建设，逐步实现旱能浇、涝能排的农田水利化；加强基地道路建设。

3. 建立检验检测体系或依托具有一定资质的检测机构，加强对基地投入品、基地产品和基地环境的检验检测。

4. 建立信息交流平台，配备相应的条件，实现与中国绿色食品网（http://www.greenfood.agri.cn/）链接，做到生产、管理、储运、流通信息网上查询。

（六）建立监督管理制度

1. 基地应有专业的人员和队伍负责基地生产档案记录的管理。

2. 基地应建立由相关部门组成的监督管理队伍，加强对基地环境、生产过程、投入品使用、产品质量、市场及生产档案记录的监督检查。

3. 基地内部应建立相互制约的监督机制和奖惩制度。

（七）产业化经营

1. 基地应依托龙头企业，充分发挥龙头企业的示范带动作用，特别是在产品收购、加工和销售中的组织保障作用。

2. 基地、农户应与龙头企业签订收购合同（协议）。

四、基地创建申请、验收和监督管理

（一）组织管理

农业部绿色食品管理办公室（以下简称农业部绿办）和中国绿色食品发展中心（以下简称中心）负责基地的统筹规划和组织管理工作，各省绿色食品管理机构（以下简称省绿办）负责基地建设的规划布局、现场考察和监督管理工作，县级人民政府负责基地的创建和日常管理工作。

（二）创建申请和考核验收

1. 由县级人民政府向省绿办提出创建基地书面申请报告，填写《创建全国绿色食品标准化生产基地申请书》，并附报有关材料。

2. 省绿办对申请材料进行初审，对初审合格的基地进行现场考察，并委托绿色食品定点环境监测机构对基地进行环境质量监测和现状评价。

3. 省绿办将考察报告、基地环境质量及现状评价报告、申请材料和推荐意见报农业部绿办和中心。

4. 农业部绿办和中心组织有关专家对各地绿办推荐的申请材料进行评审。符合基地创建条件的，由农业部绿办和中心正式批准，并与基地县、省绿办签订创建任务书。

5. 基地创建期为一年。经创建和自查，符合验收条件的，由县级人民政府经省绿办向农业部绿办和中心书面提出验收申请。

6. 农业部绿办和中心组织专家验收，验收合格的，由基地县与农业部绿办和中心签订基地建设责任书，农业部绿办和中心授予基地县"全国绿色食品××（作物名称）标准化生产基地"称号，并颁发匾牌和证书，进行公告。未能创建成功的基地，经农业部绿办和中心批准，保留1年期创建资格。

（三）监督管理

1. 农业部绿办和中心对基地采取动态管理的办法，每年组织监督检查。年检和三年复查不合格，取消基地称号，并进行公告。

2. 基地原料产品包装上不可使用绿色食品标志。

3. 参与基地建设并经中心备案的龙头企业，其收购、销售的原料产品包装上可以标注"全国绿色食品××（作物名称）标准化生产基地"的字样，其他任何单位和个人均不可在原料产品包装上标注上述字样。

4. 鼓励龙头企业将基地原料产品申请绿色食品认证。

备注：此文件部分条款以后发布的《关于进一步加强绿色食品原料标准化生产基地建设与管理工作的意见》（农绿科〔2012〕13号）为准。

关于进一步加强绿色食品原料标准化生产
基地建设与管理工作的意见

（2012年7月4日发布）

全国绿色食品原料标准化生产基地（以下简称基地）承担着为绿色食品企业提供优质原料的任务，是绿色食品产业持续健康发展的重要基础。基地建设将农业标准化和品牌化有机结合，把农业生产与龙头企业有效对接，较好地实现了生态效益、经济效益和社会效益的统一，也为推进我国农业标准化生产发挥了重要的示范引领作用。为进一步发挥基地建设在绿色食品产业中的基础作用和在我国农业标准化生产中的示范作用，现就进一步加强基地建设与管理工作提出如下意见：

一、因地制宜、突出重点，稳步推进基地发展

"十二五"期间，各地要按照"规范管理、产销对接、突出重点、稳步发展"的原则，围绕"稳步扩大总量规模、提供充足优质原料，不断提高标准化水平、发挥示范带动作用"的总体目标，合理布局、统筹规划，稳步推进基地发展。

（一）统筹区域发展。基地建设要继续突出优势农产品产业带和特色农产品区域规划两个建设重点。继续支持西部和国家贫困地区开展基地创建，通过基地建设培植和引进龙头企业，促进绿色食品发展的区域平衡，推动西部和贫困地区经济发展。对于基地发展较快的地区，以规范管理为重点，进一步提高基地标准化生产和产业化经营水平。选择基础条件好、标准化生产水平高、示范带动能力强且绿色食品认证发展较快的基地县，探索创建以当地农业主导产业及特色产业为基础、基地标准化生产为依托、绿色食品企业集聚为核心的绿色食品综合示范基地（区）、带动地方经济增长方式的转变。

（二）优化产品结构。基地布局要继续坚持"环境优良、集中连片、规模种植"原则，基地种植规模不少于3万亩，对于部分地区（特别是南方地区），有地方特色、带动能力强的优势农产品，其基地创建规模可调整为不低于1万亩。重点发展以提供原料为主的大宗农产品基地，优先发展绿色食品原料需求量大的产品基地。积极探索发展畜牧和水产养殖基地，对于自然养殖区域大、生态环境好以及绿色食品水产品、畜牧产品认证较多的县域，试点开展畜牧、水产养殖基地创建工作。

（三）整合园区建设。进一步发挥地方政府和各级农业主管部门在基地建设方面的主导作用。在积极抓好基地标准化、产业化、规模化和品牌化建设的同时，促进基地与农业标准化示范县、"三园两场"建设、现代农业示范园区和绿色农业示范区建设相结合，发挥绿色食品的品牌优势、组织优势和产业优势，实现基地与相关园区建设优势互补。

二、规范管理，严格制度，进一步提高基地建设水平

基地管理要从维护绿色食品品牌公信力出发，强化对标准化生产的监管，积极构建"属地管理，分级负责"的长效监管机制，不断提高基地建设的质量和水平。

（一）进一步提升基地标准化生产水平。基地建设要立足为绿色食品生产企业提供优质原料的任务，以引领农业标准化生产为目标，继续完善标准化生产管理体系建设，不断加强基地全程质量控制，强化产业化经营。鼓励基地建设单位将生产操作规程以地方标准形式发布，提升生产操作规程的科学性与权威性。要切实加强对基地建设单位的技术指导，大力推进技术标准和推广实施，指导基地建立健全投入品使用记录，将生产操作规程转化为通俗易懂、操作性强的作业指导书。

（二）进一步加强基地产业化经营。基地与龙头企业产销对接是衡量基地产业化经营水平的重要指标。各级绿办和基地建设单位要引导和支持基地与龙头企业或农民专业合作组织建立产销对接平台，形成有利于各方利益平衡的内部机制。要统筹考虑基地产销对接和监管能力，合理规划基地建设规模，使基地规模与龙头企业带动能力相适应，与基地监管能力相匹配。

一是申请创建的基地中，龙头企业或农民专业合作社与农户签订销售合同所覆盖的面积占基地总面积不得低于70%。

二是申请创建的基地中，至少有一家绿色食品企业的产品或原料产地位于申请创建的基地区域内。

三是申请验收的基地中，龙头企业或农民专业合作社与农户签订销售合同所覆盖的面积占基地总面积不得低于80%，其中绿色食品企业与农户签订销售合同所覆盖的面积占基地总面积不得低于30%，要通过绿色食品企业规范基地标准化生产。

四是蔬菜和水果基地在申报创建时，绿色食品企业与农户签订销售合同所覆盖的面积占基地总面积不得低于70%。

（三）进一步完善基地评审工作程序。为保证基地创建和验收工作的公正性，创建审核工作实行"三审制"，即现场检查、综合评审和专家会审。省级绿色食品工作机构要对基地进行严格的现场检查，对申报材料的完整性和准确性进行把关；农业部绿办（中心）开展综合评审，并组织专家会审，对基地创建条件、生产操作规程和管理制度的可操作性进行综合把关。

基地创建期最长为 2 年，创建满一年后方可验收。基地验收要以全程质量管理体系为核心，以农业标准化生产与产业化经营水平为重点，严把基地准入关。在现行委托验收的基础上，农业部绿办（中心）要组织有关专家对一定比例的基地进行直接验收。

（四）进一步加强基地监督检查。监督检查工作是提高基地标准化生产水平和保证基地产品质量的重要措施。各基地建设单位每年要严格按照《绿色食品原料标准化生产基地监督管理办法》要求对基地标准化建设情况进行自查。各地绿色食品工作机构要按照实地检查程序和要求，强化对基地产地环境、生产投入品、生产管理、质量控制和档案记录等环节进行现场检查，提供年度检查报告要客观反映基地建设和管理水平真实情况，并对基地现场检查工作负责。在农业部绿办（中心）基地产品抽检的基础上，各地绿色食品工作机构和基地建设单位要安排一定比例的抽检，形成相互补充的基地产品抽检机制，同时，要强化对基地产品包装的检查，未经认证的基地产品严禁使用绿色食品标志。

（五）进一步完善基地管理机制。基地管理要以全程质量控制为基础，不断提高标准化生产水平，积极鼓励有条件的基地开展农产品质量追溯管理。进一步完善基地考核评价制度，全国绿色食品标准化原料生产基地自批准之日起有效期为 5 年，期满后须以基地运行质量、标准化生产水平和产业化经营水平等为重点对基地建设进行考核评价，并以此建立基地退出机制。在产品认证过程中，要强化绿色食品认证企业选用基地原料的审核，进一步完善基地原料的准入制度。

三、加强领导，做好服务，不断提高基地的引领作用

（一）加强组织领导，加大政策扶持。各地要充分认识基地建设的重要性，进一步明确责任，强化措施，切实加强基地建设与管理。要继续发挥地方政府在基地建设中的主导和组织作用。积极争取政策支持，引导相关农业项目向基地建设倾斜，积极融入各类农业标准化示范园区建设项目，整合相关涉农资金，为基地建设创造有利条件。

（二）加强技术服务，强化基地培训。各地要积极引进先进成熟的生产技术和科研成果，提高基地建设的科技含量，使基地成为新技术的示范中心、新成果的转化中心和新产品的推广中心。要切实加强基地培训工作，提高基地管理者和生产者的素质，以政策措施、制度规定和绿色食品标准为重点，加强对基地管理人员和技术人员的培训；以生产操作规程、绿色食品生产要求为重点，加强农户培训，指导农户按照绿色食品标准要求生产。

（三）加强基地宣传，打造产品推介平台。进一步加强基地宣传，不断推广基地经验模式，发挥基地的示范带动效应。要依托各地农业门户网站和绿色食品网的优势，建立基地宣传推介平台，促进龙头企业、农民专业合作组织与基地的产销对接，推进基地产品优质优价市场机制的形成。

创建全国绿色食品原料标准化生产基地申请书

（2012 年 8 月 22 日发布）

创建全国绿色食品
原料标准化生产基地申请书

申请单位（盖章）：

基 地 名 称：

填 表 日 期：

农业部绿色食品管理办公室

中国绿色食品发展中心

填 写 说 明

一、本申请书一式两份，一份留存省绿办，一份报送农业部绿色食品管理办公室和中国绿色食品发展中心。

二、申请书的内容可打印或用蓝、黑钢笔或签字笔填写，语言规范准确、印章（签名）端正清晰。

三、表格及项目应如实填写，不得空缺。

四、申请书格式可从 http：//www. greenfood. org. cn 下载，用 A4 纸打印。

五、本申请书由农业部绿色食品管理办公室和中国绿色食品发展中心负责解释。

表一　申请基地概况

填表日期：　　年　　月　　日（申请单位盖章）

申请单位名称			
创建绿色食品基地名称			
是否为国家级贫困县		是否在全国优势农产品产业带	
基地作物名称		种植规模（万亩）	
总产量（吨）		农户数（户）	
对接企业（家）		龙头企业对接面积（万亩）	
对接绿色食品企业（家）		绿色食品企业对接面积（万亩）	
基地建设领导小组负责人		联系电话/传真	
基地办负责人		联系电话/传真	
联系地址		邮　编	
创建起始时间			
基地环境质量现状及其作物特点简介			

填表人：

表二　基地概况

填表日期：　　年　　月　　日（申请单位盖章）

基地单元名称（乡、镇）	基地单元编号	基地单元规模（亩）	预计产量（吨）	农户数（户）	基地单元负责人
合　计					

备注：如本页不够，可附加表格。　　　　　　　　　　　填表人：

表三 基地产业化经营龙头企业名单

填表日期： 年 月 日（申请单位盖章）

企 业 名 称	对接基地单元名称	对接基地单元面积（亩）	年使用基地原料量（吨）	企业性质

备注：1. 如本页不够，可附加表格。

2. 企业性质包括以下四项，可选择其中一项或两项（A、国家级龙头企业；B、省级龙头企业；C、市级龙头企业；D、绿色食品企业）

填表人：

表四 基地农药、肥料使用情况

填表日期： 年 月 日（申请单位盖章）

作物名称				种植规模			
年产量（吨）				收获时间			
主要病虫害							
农药使用情况	农药名称	剂型规格	目的	使用方法	每次用量（或浓度）	全年使用次数	末次使用时间
肥料使用情况	肥料名称	类别	使用方法	使用时间	每次用量（千克/亩）	全年用量	末次使用时间

填表人： 种植单位负责人：

表五 省绿办（中心）审核表

检查员 意见	现场检查合格与否（　　　） 材料审核合格与否（　　　） 检查员一签字：　　　　　　　　　检查员二签字： 年　　月　　日
省绿办 （中心） 意见	 年　　月　　日（盖章）

附件 1

全国绿色食品原料标准化生产基地
创建申报材料目录

1. 《创建全国绿色食品原料标准化生产基地申请书》及《保证执行绿色食品标准及标准化生产基地建设要求的有关声明》。

2. 成立基地建设领导小组的文件（包括成员名单和职能）。

3. 成立基地建设办公室的文件（包括成员名单和职能）。

4. 基地各单元基地建设责任人、具体工作人员名单。

5. 生产操作规程。

6. 基地分布图及地块分布图。

7. 基地和农户清单，田间生产管理记录，收获记录，仓储记录，交售记录和《绿色食品生产者使用手册》。

8. 基地生产管理制度。

9. 农业投入品管理制度。

10. 技术指导和推广制度。

11. 培训制度。

12. 基地环境保护制度。

13. 监督管理制度（包括检验检测制度）。

14. 基地标识牌设计样。

15. 基地产业化经营龙头企业基本情况及其与各基地单元签订的收购协议或合同。

16. 省绿办现场考察报告。

17. 环境监测任务委托书。

18. 基地环境质量监测及现状评价报告。

绿色食品原料标准化生产基地
创建评审工作规则

（2010 年 4 月 12 日发布）

第一条 为了使绿色食品原料标准化生产基地（以下简称"基地"）创建评审工作科学化、规范化、标准化，根据《绿色食品原料标准化生产基地评审委员会章程》，特制定本工作规则。

第二条 基地评审委员会由基地评审委员会组织召开。基地评审委员会根据工作需要和基地创建的特点组成专家评审组，并提前一周书面通知到会委员。

第三条 基地评审委员会委员应保证出席会议，特殊情况不能参加，提前 3 天通知秘书处。

第四条 基地创建评审会的主要任务：

（一）对申请创建基地进行评审。

（二）对基地创建中的技术关键点、程序和基地验收的目标任务等提出意见和建议，并对基地的创建进行表决。

第五条 工作程序和方式：

（一）基地创建评审会前 3 个工作日，秘书处列出需要评审的基地名录，并通知评审组专家。

（二）基地创建评审会由基地评审委员会委任的评审组组长主持，秘书处将提交评审基地的全部材料陈列于会议室，并客观全面的介绍申请创建基地的情况、存在问题及科技标准处的初审意见。

（三）专家对申请创建基地的申请报告、生产操作规程、基地生产管理制度、农业投入品管理制度、技术指导和推广制度、培训制度、基地环境保护制度、监督管理制度、省绿办现场考察报告、环境质量监测及现场评价报告、田间生产管理记录、收获记录、仓储记录、交售记录和《绿色食品生产者使用手册》等关键问题进行综合评审，到会专家的三分之二以上同意，为通过专家评审。

（四）秘书处将专家评审意见报中心领导班子审议。

（五）中心领导班子根据评审意见做出最终评审结论，评审结论分"同意创建"和

"不同意创建"两种。

（六）秘书处将最终评审结论通知相关绿办和申请基地办，对不同意创建的，告知其原因和申诉权利。

（七）申请单位对评审结论有异议，在收到评审结论后 15 个工作日内可向基地评审委员会提出书面投（申）诉，由中心组织专家复议，复议后结论为最终结论。秘书处在 5 个工作日内将复议结果通知申请人。

第六条 基地评审委员会委员和其他与会人员必须对基地创建评审会的评审工作和申请创建基地的有关情况保密。

全国绿色食品原料标准化生产基地验收办法

（2012 年 7 月 12 日发布）

第一条　为规范全国绿色食品原料标准化生产基地（以下简称基地）验收工作，保障基地持续、稳定、健康发展，根据《关于创建全国绿色食品标准化生产基地的意见》（农绿〔2005〕2 号）和《关于进一步加强全国绿色食品原料标准化生产基地的意见》（农绿科〔2012〕13 号），制定本办法。

第二条　本办法适用于对创建的全国绿色食品标准化生产基地开展验收工作。

第三条　基地验收采取创建单位自查与农业部绿色食品管理办公室（以下简称农业部绿办）和中国绿色食品发展中心（以下简称中心）统一验收相结合的方法。

第四条　基地验收前，创建单位应组织有关力量对基地创建情况进行全面自查，形成书面自查报告，并报省（区、市）绿色食品工作机构（以下简称省绿办）审查。经审查合格，创建单位向农业部绿办和中心提交验收申请和自查报告。

第五条　农业部绿办和中心在创建单位自查的基础上，采取直接验收或委托验收两种方式统一组织基地验收。省绿办参与、协调所辖区域的基地验收工作；或受农业部绿办和中心委托，负责组织所辖区域的基地验收工作，可采取直接验收或区域间交叉验收等方式。

第六条　申请验收须具备以下条件：

（一）创建满 1 年，达到了基地创建的要求。

（二）自查结论合格，并经省绿办审查合格。

（三）各项管理体系运行有效，档案资料齐全。

（四）基本达到了基地创建的目标。

第七条　验收的主要依据：

（一）农业部已发布的绿色食品生产技术标准或规范；

（二）《关于创建全国绿色食品标准化生产基地的意见》（农绿〔2005〕2 号）；

（三）《关于进一步创建全国绿色食品标准化生产基地的意见》（农绿科〔2012〕13 号）；

（四）全国绿色食品原料标准化生产基地验收项目及评分标准（附表）；

（五）国家相关法律、法规及规章。

第八条 验收工作采取资料审查和现场核查相结合的方式。验收组组长主持验收工作。具体的验收工作程序为：

（一）听取汇报。汇报以会议形式进行，会议由验收组组长主持。创建单位负责汇报基地创建情况及取得的效益。

（二）资料审查。验收组审查基地创建的各种文件、管理制度、技术档案、生产管理记录及创建成果统计资料等。

（三）实地检查。随机抽取若干创建单元（乡镇、村或场），实地核查创建的内容。

（四）访问农户和产业化经营企业。随机走访农户和产业化经营企业，了解和核查基地创建内容的落实情况及创建基地的效益情况。

（五）验收组成员充分协商，按验收评估要求逐项填写验收项目表，并评分。验收项目表由农业部绿办和中心统一制定。

（六）验收总结。验收组以会议的形式反馈验收情况并做出验收结论，提出进一步加强基地建设的意见和建议。

第九条 验收采取单项评分、综合评估的办法。总分为100分，评分85分以上为合格，85分（含）以下为不合格。

第十条 验收组向农业部绿办和中心提交验收报告、验收项目表和相片等材料。农业部绿办和中心主任根据验收结论做出颁证决定。

第十一条 准予颁证基地，创建单位与农业部绿办和中心签订基地建设责任书。农业部绿办和中心授予创建单位"全国绿色食品原料标准化生产基地"称号，颁发匾牌和证书，并进行公告。

第十二条 验收不合格者，农业部绿办和中心根据验收情况，可批准验收评估60～85分的创建单位继续保留2年期创建资格；60分以下的，直接取消创建资格，2年内不再受理其基地创建申请。

第十三条 创建期满后1年内，未向农业部绿办和中心提出验收申请的，视为自动放弃创建资格。

第十四条 本办法由农业部绿办和中心负责解释。

第十五条 本办法自发布之日起实行。

附件

全国绿色食品原料标准化生产基地验收项目及评分标准

指标体系	验收项目及评分标准
组织管理体系（14分）	1. 成立由县主管领导和有关部门负责同志组成的基地建设领导小组，并以政府文件下发各乡（镇）（2分）。领导小组工作职责明确，实际有效运行并召开三次以上领导小组会议研究基地建设工作（1分）
	2. 设置基地建设管理办公室（以下简称基地办），负责基地技术服务体系和质量保障体系的建立，并具体承担基地日常管理和协调工作。基地办职责明确，各项管理制度健全（2分）。基地办配备了三个以上专职人员，具体承担基地技术指导和生产管理工作（1分）
	3. 结合当地实际制定科学合理的基地建设实施方案和基地管理办法，并以政府文件下发各基地单元（乡、镇、村）（2分）
	4. 基地各有关生产单元（乡、镇、村）有明确责任人和具体工作人员（1分），责任明确，并有效开展工作（1分）
	5. 建立健全基地建设目标责任制度考核办法，县、乡、村层层签定责任书（1分）
	6. 基地建设与农业标准化、农业产业化、农产品优势区域布局、农产品质量安全管理和生态环境建设等工作及项目有机结合（2分），县财政投入启动费20万元以上（1分）
基础设施体系（13分）	7. 基地环境质量符合《绿色食品　产地环境技术条件》要求，出具的环境质量报告规范，监测布点能覆盖整个基地（2分）
	8. 创建单位制定了基地保护区管理办法，并以政府名义发布（2分）
	9. 基地方圆5公里和上风向20公里范围不得有污染源的企业（发现污染源的，实行"一票否决"制，验收按"不合格"处理）
	10. 基地自身具备一定数量的农家肥、绿肥和饼肥等有机肥生产能力，具备无害化处理畜禽养殖粪水的场地和设施（2分）
	11. 基地路、桥、涵、站、闸设置合理，基础配套设施齐全（1分），田间路面整洁平坦，生态环境优良（1分）
	12. 建立检验检测体系或依托具有一定资质的检测机构，加强基地投入品、基地原料产品的检验检测（2分），实际运行三次以上，记录齐全（2分）
	13. 建立信息交流平台，实现与中国绿色食品网（www.greenfood.org.cn）或省级农业信息网链接，做到生产、管理、储运、流通信息网上查询（1分）
生产管理体系（20分）	14. 基地专门出台政策，建立"统一优良品种、统一生产操作规程、统一投入品供应和使用、统一田间管理、统一收获""五统一"生产管理制度，并有效实施（2分）
	15. 基地集中连片，规划合理，规模种植；基地办有详细的基地地块分布图、地块图，并对地块进行统一编号（2分）

（续）

指标体系	验收项目及评分标准
生产管理体系（20 分）	16. 基地建立县、乡、村、户生产管理体系，基地办三级技术管理簿册齐全（1 分），各乡、村级创建单元农户档案齐全、规范（档案内容至少应包括：基地名称、地块编号、农户姓名、地块面积等）（2 分）
	17. 管理部门结合当地实际组织制定了统一的绿色食品生产操作规程和生产管理记录册（1 分），基地办须将规程、生产管理记录册下发到乡（镇）、村和农户（验收中发现生产操作规程或生产管理记录手册未下发村和农户，实行"一票否决"制，验收按"不合格"处理）；每个生产周期结束后，基地办收回生产管理记录册并留存三年（3 分）
	18. 农户按照生产操作规程进行种植，按照生产实际如实填写生产管理手册（内容至少应包括地块编号、种植者、作物名称、品种及来源、种植面积、播种或移栽时间、土壤耕作及施肥情况、病虫草害防治情况、收获记录、仓储记录、交售记录等）（2 分）
	19. 基地作物品种实行区域化种植（1 分），良种（苗木）普及率 95％ 以上（1 分），为非转基因品种（验收中发现作物为转基因品种，实行"一票否决"制，验收按"不合格"处理）
	20. 建立了合理的耕作或轮作制度（1 分）；以有机肥为基础（1 分），实行测土配方平衡施肥（1 分）；肥料使用符合《绿色食品 肥料使用准则》要求施用的，畜禽养殖场粪水要经过无害化处理，农家肥必须高温发酵（实地检查中，如发现违反规定的，实行"一票否决"制，验收按"不合格"处理）（座谈、访问、实地检查、核查生产记录时发现生产中使用了禁用肥料，实行"一票否决"制，验收按"不合格"处理）
	21. 积极采用农业防治、生物防治和物理防治技术，并以此为基础防治基地作物病虫草害（2 分）；病虫草害防治措施应符合《绿色食品 农药使用准则》要求（座谈、访问、实地检查、核查生产记录时如发现生产中使用了禁用农药，实行"一票否决"制，验收按"不合格"处理）
农业投入品管理体系（14 分）	22. 制定了专门的基地农业投入品管理办法，并有效实施（2 分）
	23. 建立农业投入品公告制度，采取各种方式定期公布基地允许使用、禁用或限用的农业投入品目录（2 分）
	24. 在基地所在县（市、农场）建立农业投入品市场准入制度，从源头上有效控制投入品使用（3 分）
	25. 建立农业投入品专供点（1 分），对基地农业投入品实行了连锁配送和服务（2 分）
	26. 建立了投入品质量监测制度，每年对基地投入品市场进行布点监测（2 分）；基地办组织有关单位对基地生产中投入品使用及投入品专供点监督检查和抽查三次以上，并有记录（2 分）

（续）

指标体系	验收项目及评分标准
技术服务体系（13分）	27. 依托农业技术推广机构，组建基地建设技术小组，并建立县、乡、村三级技术服务队伍，人员确定，职责明确，有效运行（2分）；各级技术服务机构每个作物生长季至少开展3次以上技术服务，并保留影像资料、文字等记录（2分）
	28. 依托高等院校，科研院所建立技术攻关和技术指导小组，加强对生产技术的研究和攻关，引进先进的生产技术和科研成果，加快新技术，新品种推广应用，提高基地科技含量（2分）
	29. 建立示范乡（镇）、示范村和示范户，推进基地生产标准化、管理规范化进程（1分）
	30. 建立基地管理人员、技术人员等相关人员的培训制度，制订培训计划（1分）；各相关基地建设领导小组成员、生产管理人员、技术推广人员、产业化经营单位负责人须经过绿色食品知识培训，掌握了基地建设要求、绿色食品基本知识和生产技术标准，培训记录齐全，考试成绩合格（2分）
	31. 建立农户培训制度，开展多种形式的绿色食品知识培训，每年对基地农户进行2次以上的绿色食品生产操作规程和技术标准的培训，并保留培训讲义、培训照片等相关资料（2分），保证每个农户至少有一个掌握绿色食品操作规程的人（1分）
监督管理体系（13分）	32. 建立了完善的监督管理制度（2分）；基地单元内部建立相互制约的监督机制和奖惩制度（1分）；建立了基地农产品质量追溯制度，并有效运行（2分）
	33. 基地出台制度，基地产品未经认证的基地原料产品包装上不使用绿色食品标志，未经农业部绿办和中心备案的单位不得使用"全国绿色食品原料××（作物名称）标准化生产基地"字样（验收中发现未经认证的基地原料产品包装上使用绿色食品标志，或未经农业部绿办和中心备案的任何单位和个人在原料产品包装标注上述字样，实行"一票否决"制，验收按"不合格"处理）
	34. 创建单位建立由相关部门组成的监管队伍，明确对基地环境、生产过程、投入品使用、产品质量、市场及生产档案监督检查或抽查责任（2分），已监督检查或抽查二次以上，记录齐全（2分）
	35. 乡（镇）、村建立农产品质量安全公共服务队伍，人员确定，职责明确（2分），加强对基地环境、生产过程、市场及生产档案监督检查或抽查，已监督检查或抽查三次以上，记录齐全（2分）
产业化经营体系（13分）	36. 基地创建单位制定了鼓励龙头企业在原料产品收购，加工和销售中的优惠政策和措施（3分）；企业与基地创建单元、农户签定收购合同，对接合同规范、真实并有效执行（2分）
	37. 龙头企业或农民专业合作社与基地农户签订销售合同所覆盖的面积占基地总面积不得低于80%；其中绿色食品企业与农户签订销售合同所覆盖的面积占基地总面积不得低于30%；蔬菜或水果基地，绿色食品企业与基地农户签订销售合同所覆盖的基地面积占基地总面积不得低于70%。（验收时未达到要求的，实行"一票否决"制，验收按"不合格"处理）

（续）

指标体系	验收项目及评分标准
产业化经营体系（13 分）	38. 基地原料产品单产增加或销售价格增长（单产____千克/亩，比去年增长____%；价格____元/千克，比去年增长____%）（2 分），农民户均增收 50 元以上，对县域经济发展带动作用强（2 分）
	39. 加强基地宣传，已在有关刊物上发表 2 篇宣传报道（1 分）；为中国绿色食品网基地宣传推介栏目提供宣传信息（1 分）
	40. 建立健全利益联结机制，逐步形成政府、企业及农户等多渠道的投入机制（2 分）

全国绿色食品原料标准化生产基地验收评估表

(2012 年 8 月 22 日发布)

全国绿色食品原料标准化
生产基地验收评估表

农业部绿色食品管理办公室
中国绿色食品发展中心

全国绿色食品原料标准化生产基地验收评估表

基地名称：

创建单位：

指标体系	验收项目及评分标准	验收纪要		
		项目完成情况	验收得分	主要依据
组织管理体系（14分）	1. 成立由县主管领导和有关部门负责同志组成的基地建设领导小组，并以政府文件下发各乡（镇）（2分）。领导小组工作职责明确，实际有效运行并召开三次以上领导小组会议研究基地建设工作（1分）			
	2. 设置基地建设管理办公室（以下简称基地办），负责基地技术服务体系和质量保障体系的建立，并具体承担基地日常管理和协调工作。基地办职责明确，各项管理制度健全（2分）。基地办配备了三个以上专职人员，具体承担基地技术指导和生产管理工作（1分）			
	3. 结合当地实际制定科学合理的基地建设实施方案和基地管理办法，并以政府文件下发各基地单元（乡、镇，村）（2分）			
	4. 基地各有关生产单元（乡、镇，村）有明确责任人和具体工作人员（1分），责任明确，并有效开展工作（1分）			
	5. 建立健全基地建设目标责任制度考核办法，县、乡、村层层签定责任书（1分）			
	6. 基地建设与农业标准化、农业产业化、农产品优势区域布局、农产品质量安全管理和生态环境建设等工作及项目有机结合（2分），县财政投入启动费20万元以上（1分）			
基础设施体系（13分）	7. 基地环境质量符合《绿色食品　产地环境技术条件》要求，出具的环境质量报告规范，监测布点能覆盖整个基地（2分）			
	8. 创建单位制定了基地保护区管理办法，并以政府名义发布（2分）			
	9. 基地方圆5公里和上风向20公里范围不得有污染源的企业（发现污染源的，实行"一票否决"制，验收按"不合格"处理）			
	10. 基地自身具备一定数量的农家肥、绿肥和饼肥等有机肥生产能力，具备无害化处理畜禽养殖粪水的场地和设施（2分）			

（续）

指标体系	验收项目及评分标准	验收纪要		
		项目完成情况	验收得分	主要依据
基础设施体系（13分）	11. 基地路、桥、涵、站、闸设置合理，基础配套设施齐全（1分），田间路面整洁平坦，生态环境优良（1分）			
	12. 建立检验检测体系或依托具有一定资质的检测机构，加强基地投入品、基地原料产品的检验检测（2分），实际运行三次以上，记录齐全（2分）			
	13. 建立信息交流平台，实现与中国绿色食品网（www. greenfood. agri. cn）或省级农业信息网链接，做到生产、管理、储运、流通信息网上查询（1分）			
生产管理体系（20分）	14. 基地专门出台政策，建立"统一优良品种、统一生产操作规程、统一投入品供应和使用、统一田间管理、统一收获"、"五统一"生产管理制度，并有效实施（2分）			
	15. 基地集中连片，规划合理，规模种植；基地办有详细的基地地块分布图、地块图，并对地块进行统一编号（2分）			
	16. 基地建立县、乡、村、户生产管理体系，基地办三级技术管理簿册齐全（1分），各乡、村级创建单元农户档案齐全、规范（档案内容至少应包括：基地名称、地块编号、农户姓名、地块面积等）（2分）			
	17. 管理部门结合当地实际组织制定了统一的绿色食品生产操作规程和生产管理记录册（1分），基地办须将规程、生产管理记录册下发到乡（镇）、村和农户（验收中发现生产操作规程或生产管理记录手册未下发村和农户，实行"一票否决"制，验收按"不合格"处理）；每个生产周期结束后，基地办收回生产管理记录册并留存三年（3分）			
	18. 农户按照生产操作规程进行种植，按照生产实际如实填写生产管理手册（内容应包括地块编号、种植者、作物名称、品种及来源、种植面积、播种或移栽时间、土壤耕作及施肥情况、病虫草害防治情况、收获记录、仓储记录、交售记录等）（2分）			

（续）

指标体系	验收项目及评分标准	验收纪要		
		项目完成情况	验收得分	主要依据
生产管理体系（20分）	19. 基地作物品种实行区域化种植（1分），良种（苗木）普及率95%以上（1分），为非转基因品种（验收中发现作物为转基因品种，实行"一票否决"制，验收按"不合格"处理）			
	20. 建立了合理的耕作或轮作制度（1分）；以有机肥为基础（1分），实行测土配方平衡施肥（1分）；肥料使用符合《绿色食品 肥料使用准则》要求施用的，畜禽养殖场粪水要经过无害化处理，农家肥必须高温发酵（实地检查中，如发现违反规定的，实行"一票否决"制，验收按"不合格"处理）（座谈、访问、实地检查、核查生产记录时发现生产中使用了禁用肥料，实行"一票否决"制，验收按"不合格"处理）			
	21. 积极采用农业防治、生物防治和物理防治技术，并以此为基础防治基地作物病虫草害（2分）；病虫草害防治措施应符合《绿色食品 农药使用准则》要求（座谈、访问、实地检查、核查生产记录时如发现生产中使用了禁用农药，实行"一票否决"制，验收按"不合格"处理）			
农业投入品管理体系（14分）	22. 制定了专门的基地农业投入品管理办法，并有效实施（2分）			
	23. 建立农业投入品公告制度，采取各种方式定期公布基地允许使用、禁用或限用的农业投入品目录（2分）			
	24. 在基地所在县（市、农场）建立农业投入品市场准入制度，从源头上有效控制投入品使用（3分）			
	25. 建立农业投入品专供点（1分），对基地农业投入品实行了连锁配送和服务（2分）			
	26. 建立了投入品质量监测制度，每年对基地投入品市场进行布点监测（2分）；基地办组织有关单位对基地生产中投入品使用及投入品专供点监督检查和抽查三次以上，并有记录（2分）			

（续）

指标 体系	验收项目及评分标准	验收纪要		
		项目完成情况	验收得分	主要依据
技术 服务 体系 （13分）	27. 依托农业技术推广机构，组建基地建设技术小组，并建立县、乡、村三级技术服务队伍，人员确定，职责明确，有效运行（2分）；各级技术服务机构每个作物生长季至少开展3次以上技术服务，并保留影像资料、文字等记录（2分）			
	28. 依托高等院校、科研院所建立技术攻关和技术指导小组，加强对生产技术的研究和攻关，引进先进的生产技术和科研成果，加快新技术，新品种推广应用，提高基地科技含量（2分）			
	29. 建立示范乡（镇）、示范村和示范户，推进基地生产标准化、管理规范化进程（1分）			
	30. 建立基地管理人员、技术人员等相关人员的培训制度，制订培训计划（1分）；各相关基地建设领导小组成员、生产管理人员、技术推广人员、产业化经营单位负责人须经过绿色食品知识培训，掌握了基地建设要求、绿色食品基本知识和生产技术标准，培训记录齐全，考试成绩合格（2分）			
	31. 建立农户培训制度，开展多种形式的绿色食品知识培训，每年对基地农户进行2次以上的绿色食品生产操作规程和技术标准的培训，并保留培训讲义、培训照片等相关资料（2分），保证每个农户至少有一个掌握绿色食品操作规程的人（1分）			
监督 管理 体系 （13分）	32. 建立了完善的监督管理制度（2分）；基地单元内部建立相互制约的监督机制和奖惩制度（1分）；建立了基地农产品质量追溯制度，并有效运行（2分）			
	33. 基地出台制度，基地产品未经认证的基地原料产品包装上不使用绿色食品标志，未经农业部绿办和中心备案的单位不得使用"全国绿色食品原料××（作物名称）标准化生产基地"字样（验收中发现未经认证的基地原料产品包装上使用绿色食品标志，或未经农业部绿办和中心备案的任何单位和个人在原料产品包装标注上述字样，实行"一票否决"制，验收按"不合格"处理）			

（续）

指标体系	验收项目及评分标准	验收纪要		
		项目完成情况	验收得分	主要依据
监督管理体系（13分）	34. 创建单位建立由相关部门组成的监管队伍，明确对基地环境、生产过程、投入品使用、产品质量、市场及生产档案监督检查或抽查责任（2分），已监督检查或抽查二次以上，记录齐全（2分）			
	35. 乡（镇）、村建立农产品质量安全公共服务队伍，人员确定，职责明确（2分），加强对基地环境、生产过程、市场及生产档案监督检查或抽查，已监督检查或抽查三次以上，记录齐全（2分）			
产业化经营体系（13分）	36. 基地创建单位制定了鼓励龙头企业在原料产品收购，加工和销售中的优惠政策和措施（3分）；企业与基地创建单元、农户签定收购合同，对接合同规范、真实并有效执行（2分）			
	37. 龙头企业或农民专业合作社与基地农户签订销售合同所覆盖的面积占基地总面积不得低于80%；其中绿色食品企业与农户签订销售合同所覆盖的面积占基地总面积不得低于30%；蔬菜或水果基地，绿色食品企业与基地农户签订销售合同所覆盖的基地面积占基地总面积不得低于70%。（验收时未达到要求的，实行"一票否决"制，验收按"不合格"处理）			
	38. 基地原料产品单产增加或销售价格增长（单产___千克/亩，比去年增长___%；价格___元/千克，比去年增长___%）（2分），农民户均增收50元以上，对县域经济发展带动作用强（2分）			
	39. 加强基地宣传，已在有关刊物上发表2篇宣传报道（1分）；为中国绿色食品网基地宣传推介栏目提供宣传信息（1分）			
	40. 建立健全利益联结机制，逐步形成政府、企业及农户等多渠道的投入机制（2分）			
综合得分				

（续）

验收情况及建议	
创建单位确认	我们确认验收组_____已按《全国绿色食品原料生产基地验收办法》进行了基地验收，验收结果符合基地实际情况，我单位将按验收建议进一步完善基地建设工作。 　　　　　　　　　　　创建单位负责人签字： 　　　　　　　　　　　创建单位盖章： 　　　　　　　　　　　　　　　日期：

　_____ 全国绿色食品原料（　　　）标准化

生产基地验收组专家签名单

姓　名	工作单位	职务（职称）	签名

全国绿色食品原料标准化生产基地
续报管理办法（试行）

（2012 年 10 月 29 日发布）

第一章 总 则

第一条 为加强全国绿色食品原料标准化生产基地（以下简称基地）续报管理，根据《关于创建全国绿色食品标准化生产基地的意见》（农绿〔2005〕2 号）、《关于进一步加强绿色食品原料标准化生产基地建设与管理工作的意见》（农绿科〔2012〕13 号）和《全国绿色食品原料标准化生产基地验收办法》（农绿科〔2012〕14 号）及有关规定，制定本办法。

第二条 基地续报是指基地建设单位在有效期满前，按规定时限和要求向农业部绿色食品管理办公室（以下简称农业部绿办）和中国绿色食品发展中心（以下简称中心）提出申请，由农业部绿办和中心委托省级绿色食品工作机构（以下简称省绿办）对基地运行质量、标准化生产水平和产业化经营水平等方面进行考核评价。

第二章 组织实施

第三条 基地续报由农业部绿办和中心及省绿办负责组织实施。各级管理机构的工作职责如下：

（一）农业部绿办和中心的工作职责

1. 制定基地续报工作的有关规定；

2. 指导和考核省绿办基地续报工作；

3. 组织对重点基地的续报工作进行监督抽查；

4. 对续报合格的基地予以公告；

5. 对续报不合格的基地做出停止使用基地称号的决定，并予以公告。

（二）省绿办的工作职责

1. 负责组织所辖区域内有效期满的基地建设单位提出续报申请；

2. 负责所辖区域内基地续报工作的组织实施；

3. 依据有关规定，组织农业部门、科研院所的专家组成专家组对续报基地进行实地考核评价，并做出结论报农业部绿办和中心；

4. 配合农业部绿办和中心对所辖区域内重点基地的续报实施监督抽查。

第三章　基地续报程序

第四条　基地自批准之日起有效期为 5 年，基地建设单位应在基地有效期满前 6 个月向农业部绿办和中心提出续报申请同时报省绿办，申请基地续报应当具备以下条件：

（一）基地作物类别、面积以及产地环境未发生变化；

（二）基地生产符合绿色食品标准要求；

（三）基地原料产品已开发为绿色食品产品；

（四）每年基地年度监督检查结论均为合格；

（五）基地未发生农产品质量安全事件；

（六）各种档案资料齐全。

第五条　申请基地续报应向农业部绿办和中心提交以下材料：

（一）《全国绿色食品原料标准化生产基地续报申请书》；

（二）绿色食品原料标准化生产基地证书复印件；

（三）连续 4 年的《全国绿色食品原料标准化生产基地监督管理综合意见表》复印件；

（四）最近 2 年公司与基地签订的原料购销合同复印件（公司若为绿色食品企业须注明）；

（五）5 年内最后一年的基地产品检验报告；

（六）基地自查报告。

第六条　农业部绿办和中心在建设单位自查的基础上，委托省绿办负责组织所辖区域的基地续报工作。

第七条　省绿办收到续报申请材料后，组织完成资料审核，制订实地检查计划。并在基地有效期满前 3 个月内完成续报考核评价。

第八条　省绿办组织专家组依据全国绿色食品原料标准化生产基地相关标准和基地续报实地检查项目进行逐项检查，并填写《全国绿色食品原料标准化生产基地续报检查评估表》。

第九条　产地范围、面积、环境质量等均未发生改变的，经实地检查确认，免予环境监测；产地范围、面积、环境质量中任何一项发生变化且确需环境监测的，按有关规定实施环境补充监测。

第四章　基地续报考核评价结论处理

第十条　省绿办将续报申请材料和《全国绿色食品原料标准化生产基地续报检查评估表》，在续报考核评价完成后一周内报农业部绿办和中心，农业部绿办和中心主任根据省绿办检查结果做出结论。

第十一条　未按时提出基地续报申请的基地建设单位，省绿办应报请农业部绿办和中心停止使用其全国绿色食品原料标准化生产基地称号，并负责收回证书及匾牌。

第十二条　基地续报考核评价结论为合格的，农业部绿办和中心委托省绿办与基地建设单位签订《基地建设责任书》。农业部绿办和中心对评价合格的基地发文公告，许可继续使用"全国绿色食品＊＊（作物名称）标准化生产基地"称号。

第十三条　基地续报考核评价结论为整改的，基地建设单位必须于省绿办完成考核评价之日起 3 个月内完成整改，并将整改措施和结果报省绿办申请复查。省绿办应及时组织整改复查并做出结论。3 个月内不提出复查申请或复查不合格的由省绿办报请农业部绿办和中心停止使用其"全国绿色食品＊＊（作物名称）标准化生产基地"称号。

第十四条　续报考核评价不合格者，省绿办在做出结论后应立即报请农业部绿办和中心停止使用其全国绿色食品原料标准化生产基地称号，并负责收回证书及匾牌，五年内不再受理其创建申请。

第十五条　基地建设单位对省绿办考核评价结论有异议的，可在省绿办完成考核评价之日起 15 日内，向农业部绿办和中心提出复议申请，农业部绿办和中心于接到复议申请 30 个工作日内做出决定。

第十六条　由于不可抗拒的外力原因而致使基地丧失了续报条件的，基地建设单位应及时经省绿办向农业部绿办和中心提出暂时停止使用全国绿色食品原料标准化生产基地称号的申请，并将基地证书和匾牌交省绿办。待条件恢复后，经省绿办实地考核评价合格后再行恢复其称号。

第五章　附　　则

第十七条　本办法由农业部绿办和中心负责解释。

第十八条　本办法自二〇一三年三月一日起施行。

全国绿色食品原料标准化生产基地续报申请书

（2012 年 10 月 29 日发布）

全国绿色食品原料标准化生产基地
续报申请书

申请单位（盖章）：＿＿＿＿＿＿＿＿＿＿＿＿＿＿

基 地 名 称：＿＿＿＿＿＿＿＿＿＿＿＿＿＿

填 表 日 期：＿＿＿＿＿＿＿＿＿＿＿＿＿＿

农业部绿色食品管理办公室

中国绿色食品发展中心

填 写 说 明

一、本申请书一式两份，一份留存省绿办，一份报送农业部绿色食品管理办公室和中国绿色食品发展中心。

二、申请书的内容可打印或用蓝、黑钢笔或签字笔填写，语言规范准确、印章（签名）端正清晰。

三、表格及项目应如实填写，不得空缺。

四、申请书格式可从 http：//www. greenfood. org. cn 下载，用 A4 纸打印。

五、本申请书由农业部绿色食品管理办公室和中国绿色食品发展中心负责解释。

保证执行全国绿色食品原料标准化生产基地建设
有关要求的声明

　　我们已充分了解绿色食品相关标准及标准化生产基地建设的有关规定，自愿申请继续建设＿＿＿＿＿＿＿＿＿＿＿＿＿＿＿＿基地。

　　现郑重声明如下：

　　1. 保证《全国绿色食品原料标准化生产基地续报申请书》中填写的内容和提供的有关材料全部真实、准确。

　　2. 保证全国绿色食品原料标准化生产基地建设严格按照绿色食品标准及基地建设有关规定组织生产与管理。

　　3. 愿意接受各级绿色食品工作机构所做的决定，并接受其监督、管理。

申请单位法人代表（负责人）：（签字）

申请单位：（盖章）

　　　　　　　　　　　　　　　　　　　　　　　　年　　　月　　　日

表一 申请续报基地概况

项目		项目	
申请单位名称			
创建绿色食品基地名称			
基地作物名称		种植规模（万亩）	
总产量（吨）		年产值（亿元）	
农户数（户）		带动农户（万户）	
农民总增收（万元）		县财政投入（万元）	
对接龙头企业（家）		龙头企业对接面积（万亩）	
其中绿色食品企业（家）		绿色食品企业对接面积（万亩）	
基地建设领导小组负责人		联系电话/传真	
基地办负责人		联系电话/传真	
联系地址		邮　编	
验收通过时间			
基地环境质量现状及其作物特点简介			

填表日期：　年　　月　　　日（盖章）

填表人：

表二 续报基地情况

1. 基地领导小组成员是否发生变化? 如变化,请提供新的基地小组成员名单	
2. 基地产品的品种是否发生变化? 如变化,请提供新品种的非转基因证明材料	
3. 种植基地环境(大气、土壤、灌溉水)是否发生变化? 如变化,请提供有关环境监测材料	
4. 种植规程是否发生变化? 如变化,请提供新的种植规程	
5. 基地建设组织管理、生产管理、农业投入品管理、技术服务、监督管理、基础设施和产业化经营等制度是否发生变化? 如变化,请提供新的管理制度及相关材料	
6. 基地产业化龙头企业是否有变化? 如变化,请提供新的企业名单和购销合同。若是绿色食品企业请注明	

填表人:

表三　基地产业化经营龙头企业名单

填表日期：　　年　　月　　日（盖章）

企 业 名 称	对接基地单元名称	对接基地单元面积（亩）	年使用基地原料量（吨）	企业性质
		，		

备注：1. 如本页不够，可附加表格。
　　　2. 企业性质包括以下四项，可选择其中一项或两项（A. 国家级龙头企业；B. 省级龙头企业；C. 市级龙头企业；D. 绿色食品企业）。

表四　基地农药、肥料使用情况

填表日期：　　年　　月　　日（盖章）

作物名称			种植规模		
年产量（吨）			收获时间		
主要病虫害					

农药使用情况	农药名称	剂型规格	目的	使用方法	每次用量（或浓度）	全年使用次数	末次使用时间
肥料使用情况	肥料名称	类别	使用方法	使用时间	每次用量（千克/亩）	全年用量	末次使用时间

填表人：　　　　　　　　　　　种植单位负责人：

附件 1

全国绿色食品原料标准化生产基地
续报检查评估表

中国绿色食品发展中心

绿色食品原料标准化生产基地续报
产地环境质量现状调查表

调查项目	调查结果 （若发生变化，请详细说明）
产地环境、范围、面积是否发生变化	
产地及其周边是否增加新的污染源	
空气质量是否发生变化	
土壤质量是否发生变化	
灌溉水水质是否发生变化	

调查 结论	免 测 （ ）		
	补 测	空气环境质量 （ ）	
		土壤环境质量 （ ）	
		农田灌溉水 （ ）	
		畜禽养殖用水 （ ）	
		渔业用水 （ ）	
		加工用水 （ ）	

备注：1. 若不涉及表中调查项目，调查结果请用"/"表示。

2. 调查结论请在相应项目中用"√"表示。

绿色食品原料标准化生产基地管理体系实地检查评估项目

检查项目		检查结果 （请按客观事实描述）	检查结论
组织 管理 情况	1. 基地建设领导小组实际运行情况，基地管理投入情况		
	2. 基地建设实施方案和基地管理办法实施情况		
	3. 基地建设目标责任制度考核办法实施情况，县、乡、村目标责任书签订情况		
基础 设施 体系 情况	4. 基地原料产品的检验检测制度实施情况		
	5. 基地保护区管理办法实施情况		
生产 管理 体系 情况	6. 基地生产管理制度实施情况		
	7. 基地办三级技术管理簿册是否齐全		
	8. 农户生产管理记录是否齐全（记录内容应包括地块编号、种植者、作物名称、品种及来源、种植面积、播种或移栽时间、土壤耕作及施肥情况、病虫草害防治情况、收获记录、仓储记录、交售记录等）		
	9. 基地作物品种是否实行区域化种植？品种是否为转基因品种		
	10. 肥料使用是否符合《绿色食品 肥料使用准则》的要求		
	11. 农药使用及病、虫、草害防治措施是否符合《绿色食品 农药使用准则》的要求		
农业 投入 品管 理情 况	12. 基地农业投入品管理办法实施情况		
	13. 基地农业投入品公告制度实施情况		
	14. 基地农业投入品市场准入制度实施情况		
	15. 基地投入品质量监测制度实施情况		

（续）

	检查项目	检查结果 （请按客观事实描述）	检查结论
技术 服务 体系 情况	16. 基地培训制度及培训计划实施情况		
	17. 基地技术服务队伍建立运行情况		
监督 管理 体系 情况	18. 基地监督管理制度实施情况		
	19. 基地监督管理队伍建设情况，监管队伍每年对基地环境、生产过程、投入品使用、产品质量、市场及生产档案监督检查或抽查的次数和记录情况		
产业 化经 营体 系	20. 是否满足以下要求？①龙头企业或农民专业合作社与基地农户签订销售合同所覆盖的面积占基地总面积不得低于80%；②绿色食品企业与农户签订销售合同所覆盖的面积占基地总面积不得低于30%；③蔬菜或水果基地，绿色食品企业与基地农户签订销售合同所覆盖的基地面积占基地总面积不得低于70%		

省 绿 办 意 见

省绿办 （中心） 意见	
	年　　月　　日（盖章）

全国绿色食品原料标准化生产
基地监督管理办法

(2014 年 6 月 17 日发布)

第一章 总　　则

第一条　为加强对全国绿色食品原料标准化生产基地（以下简称基地）的监督管理，确保基地持续健康发展，根据《关于创建全国绿色食品标准化生产基地的意见》（农绿〔2005〕2 号）、《关于进一步加强绿色食品原料标准化生产基地建设与管理工作的意见》（农绿科〔2012〕13 号）和《全国绿色食品原料标准化生产基地验收办法》（农绿科〔2012〕14 号）及有关规定，制定本办法。

第二条　农业部绿色食品管理办公室（以下简称农业部绿办）和中国绿色食品发展中心（以下简称中心）负责基地监督管理的督导工作。

省级绿色食品工作机构（以下简称省级工作机构）负责所辖区域内基地监督管理工作。

第三条　省级工作机构应当下达正式文件，明确分管基地监督管理工作的领导，确定负责基地监督管理工作的部门和人员，并报农业部绿办和中心备案。

第四条　省级工作机构应当建立完整的基地管理工作档案。档案资料应当包括基地创建材料、验收材料、续展材料、《全国绿色食品原料标准化生产基地证书》复印件、年度检查材料、产品质量抽检材料和风险预警材料等。

第五条　基地建设单位应当按照国家法律法规及绿色食品基地建设要求规范生产行为，接受省级工作机构的监督管理，保证基地产品质量安全，并对基地原料产品质量及信誉负责。

第二章 年度检查

第六条　年度检查是省级工作机构每年组织对本辖区内获证基地的生产经营、产品质量控制及产品预包装标签等实施的监督检查工作。

第七条 省级工作机构根据实际情况制定年度检查工作实施办法、实施细则，组织实施本辖区内基地年度检查工作。

第八条 年度检查材料应当包括年度现场检查报告和《全国绿色食品原料标准化生产基地监督管理综合意见表》（以下简称综合意见表，见附件）。年度检查材料由省级工作机构存档。

第九条 年度检查应当在作物（动物）生长期进行，由至少2名工作人员实施。检查应当包括听取汇报、资料审查、现场检查、访问农户和产业化经营企业、总结五个基本环节。要求对每个工作环节进行拍照，并作为年度现场检查报告的附件材料。

第十条 年度检查主要检查基地产地环境、生产投入品、生产管理、质量控制、档案记录、产品预包装标签、产业化经营等情况。检查人员应当在检查后完成年度现场检查报告并签字负责。

第十一条 省级工作机构的基地主管领导根据现场检查情况进行综合评定，在综合意见表中做出年度监督管理结论并签字负责。检查结论分合格、整改和不合格三个等级。

第十二条 结论为整改的，基地建设单位必须在接到省级工作机构通知之日起三个月内完成整改，并将整改报告报省级工作机构申请复查。省级工作机构应当及时组织复查并做出结论。三个月内不提出复查申请或复查不合格的，由省级工作机构报请农业部绿办和中心取消其全国绿色食品原料标准化生产基地称号。

第十三条 结论为不合格的，省级工作机构应当及时报请农业部绿办和中心取消其全国绿色食品原料标准化生产基地称号。

第十四条 省级工作机构应当于每年11月20日前完成本辖区内基地年度检查工作，并将所辖区域内基地年检工作总结报农业部绿办和中心。

第三章　产品质量抽检

第十五条 产品质量抽检是农业部绿办、中心和省级工作机构每年委托绿色食品检测机构对获证基地产品进行的监督性抽样检测。

第十六条 农业部绿办和中心每年下达抽检计划。

第十七条 绿色食品检测机构应当根据农业部绿办和中心下达的抽检计划制定具体组织实施方案，按要求完成检测任务，对检测结果负责。

第十八条 省级工作机构应当组织基地建设单位配合绿色食品检测机构完成产品质

量抽检。

第十九条　基地建设单位应当自觉接受产品质量抽检。拒不接受的，视为自动放弃全国绿色食品原料标准化生产基地称号。

第二十条　对产品质量抽检结果不合格的基地，取消其全国绿色食品原料标准化生产基地称号。

第二十一条　在农业部绿办和中心年度抽检基础上，省级工作机构可以对辖区内基地产品安排一定比例的抽检。

第二十二条　省级工作机构应当在农业部绿办和中心下达的年度产品质量抽检计划基础上，编制自行抽检产品的年度计划，并报农业部绿办和中心备案。

第二十三条　省级工作机构组织抽检的检验项目不得少于农业部绿办和中心年度抽检计划规定的项目，抽检标准执行农业部绿办和中心的抽检标准。

第四章　风险预警

第二十四条　基地建设单位应当建立风险信息报告制度，加强基地日常巡查，对已发现基地环境、产品安全风险信息的，应当及时报告省级工作机构。

第二十五条　省级工作机构应当收集和整理主动监测、执法监管、实验室检验、国内外机构组织通报、媒体网络报道、投诉举报以及相关部门转办等基地环境、产品安全信息，并组织开展基地质量安全风险分析。

第二十六条　省级工作机构应当对经核实、整理的信息提出初步处理意见，并及时向农业部绿办和中心报告。

第二十七条　农业部绿办和中心应当及时启动应急处置预案，进行风险评估和处置。

第五章　监督管理结论处理

第二十八条　对取消全国绿色食品原料标准化生产基地称号的基地，农业部绿办和中心在有关媒体上进行公告。省级工作机构应当及时收回证书。

第二十九条　基地建设单位对年度监督管理结论有异议的，可在接到省级工作机构通知之日起15个工作日内，向省级工作机构提出复议申请或直接向农业部绿办和中心申请仲裁，但不可同时申请复议和仲裁。

第三十条　省级工作机构应于接到复议申请15个工作日内做出复议结论；农业部

绿办和中心应于接到仲裁申请 30 个工作日内做出仲裁决定。

第六章 附 则

第三十一条 本办法由农业部绿办和中心负责解释。

第三十二条 本办法自公布之日起施行。原《全国绿色食品原料标准化生产基地监督管理办法》（试行）同时废止。

附件 1

全国绿色食品原料标准化生产基地监督管理综合意见表

基地名称	
基地建设单位	
省绿办年度 监督管理结论	 省绿办（盖章）　　　　　　　负责人（签字） 年　月　日

军队绿色食品生产技术达标基地管理办法

（2015 年 3 月 13 日发布）

第一条 为进一步规范军队绿色食品生产技术达标基地申报、评估、验收和授牌颁证等工作，依据国家和军队有关政策规定，制订本办法。

第二条 本办法所指绿色食品生产技术达标基地，是指产地环境符合绿色食品生产技术要求，按照绿色食品技术标准、生产操作规程、全程质量控制体系实施生产和管理，具有一定种植、养殖规模并获得绿色食品证书的军队农副业基地。

第三条 本办法适用于所有申请成为"军队绿色食品生产技术达标基地"的军队农副业基地，是组织实施军队绿色食品生产技术达标基地申报工作的基本依据。

第四条 总后勤部军需物资油料部是全军绿色食品工作的主管部门，农副业生产局是具体承办部门。各军区、军兵种和总装备部军需物资油料部门以及有关直供单位军需部门（以下简称各大单位），是本级绿色食品工作的主管和承办部门。

第五条 农业部绿色食品管理办公室（以下简称农业部绿办）负责军队绿色食品生产技术达标基地的验收、审批和授牌颁证工作，各地绿办负责军队绿色食品生产技术达标基地的审核、评估等工作。

第六条 军队绿色食品生产技术达标基地申报采取自下而上的方式进行，由申请成为"军队绿色食品生产技术达标基地"军队农副业基地的上一级业务主管部门初审把关，各大单位复审通过后，通知申报基地向所在省绿办申报，同时抄送总后勤部军需物资油料部。

第七条 申请成为军队绿色食品生产技术达标基地应具备以下条件：

（一）绿色食品种植、养殖项目达到耕地总面积的 60％以上，产品获得绿色食品证书；

（二）自查自检结论合格，并经省级绿办审查合格；

（三）各项管理措施运行有效，各种档案资料齐全；

（四）产地环境质量符合绿色食品有关技术条件要求，按绿色食品技术标准、生产操作规程和全程质量控制体系实施生产和管理。

第八条 省级绿办收到军队绿色食品生产技术达标基地申报材料后，应按照农业部绿办有关要求，尽快组织审核、评估，并于 30 个工作日内完成相关工作。

第九条　验收工作由农业部绿办和总后勤部军需物资油料部共同组织，采取申报单位自查与统一组织验收相结合的办法进行。省级绿办参与、协调所辖区域军队达标基地的验收工作。受农业部绿办和总后勤部军需物资油料部委托，省级绿办也可会同各大单位组织所辖区域军队绿色食品生产技术达标基地的验收工作。

第十条　验收前，申报单位应组织力量对申请达标基地进行全面自查，形成书面自查报告后报省级绿办审查。经审查合格，省级绿办应及时向农业部绿办提交验收申请。

第十一条　验收的主要依据：

（一）绿色食品管理、实施办法和标准、规范；

（二）军队绿色食品生产技术达标基地验收评分标准；

（三）国家和军队相关法律、法规。

第十二条　验收工作采取资料审查和现场核查相结合的方式实施，验收组组长主持验收工作。具体验收程序是：

（一）听取汇报。汇报以座谈会的形式进行，座谈会由验收组组长主持，申请单位主要汇报达标基地有关情况；

（二）资料审查。审查基地各种业务资料、管理制度、技术档案、生产管理记录及成果统计等；

（三）实地检查。随机察看农作物长势、生产成果和农药、肥料等生产资料库存及使用情况；

（四）充分协商。按验收评估要求逐项填写验收项目表并进行评分，验收项目表由农业部绿办和总后勤部军需物资油料部共同制订；

（五）验收总结。验收组以座谈会形式反馈验收情况并做出验收结论，提出进一步加强基地建设的意见和建议。

第十三条　验收采取单项评分、综合评估的办法组织实施。总分为 100 分，80 分（含）以上为合格，80 分以下为不合格。

第十四条　验收结束后，验收组要向农业部绿办提交验收情况报告、验收项目表等材料。农业部绿办根据验收结论做出授牌颁证决定。

第十五条　准予授牌颁证的基地，农业部绿办和总后勤部军需物资油料部授予"军队绿色食品生产技术达标基地"称号，并颁发匾牌和证书。

第十六条　验收不合格者，农业部绿办和总后勤部军需物资油料部视验收情况，60～80 分的，可保留 1 年期整改资格；60 分以下的，直接取消申报资格，2 年内不再受理其达标基地验收申请。

第十七条 整改期满 1 年未提出验收申请的，视为自动放弃达标基地申报资格。

第十八条 农业部绿办和总后军需物资油料部对颁证基地采取动态管理的办法，每年组织监督检查。年检需提供《军队绿色食品生产技术达标基地监督管理综合意见表》、省绿办现场检查报告和现场检查照片。年检和三年复查不合格，取消达标基地称号，并进行公告。

第十九条 军队绿色食品生产技术达标基地自批准之日起有效期为 5 年，期满后如需保留基地称号，应进行续报。续报需提供以下材料：

（一）《军队绿色食品生产技术达标基地申请书》；

（二）军队绿色食品生产技术达标基地证书复印件；

（三）连续 4 年的《军队绿色食品生产技术达标基地监督管理综合意见表》复印件；

（四）5 年内最后一年的基地产品检验报告；

（五）基地自查报告。

第二十条 本办法自发布之日起执行。

附件 1

军队绿色食品生产技术达标基地申请书

申报单位：（盖章）

基地名称：

填表日期：

农业部绿色食品管理办公室

总后勤部军需物资油料部

填 写 说 明

一、本申请书一式六份，申请基地、申报单位、大单位各留存一份，上报省级绿办、农业部绿办和总后军需物资油料部各一份。

二、申请书内容可以打印，也可以用蓝、黑钢笔或签字笔填写，语言准确规范，印章（签名）端正清晰。

三、表格及项目应如实填写，不得空缺。

四、本申请书由农业部绿办和总后勤部军需物资油料部负责解释。

表一 申请基地概况

申请单位：盖章   填表日期： 年 月 日

申请单位名称			
绿色食品生产技术达标基地名称			
主要作物名称		种植规模（万亩）	
总产量（吨）		绿色食品面积（万亩）	
基地绿色食品生产技术负责人		绿色食品生产面积占总面积比例（%）	
基地负责人		联系电话/传真	
通信地址		邮政编码	
基地环境质量现状及其作物特点简介			

填表人：

表二　基地概况

申请单位：（盖章）　　　　　　　　　填表日期：　　年　　月　　日

基地单元名称 （乡、镇）	基地单元编号	基地单元 规模（亩）	预计产量 （吨）	农户 数（户）	基地单元 负责人
合　计					

备注：如本页不够，可附加表格。　　　　　　　　　　　填表人：

表三　农药、肥料使用情况

申请单位：（盖章）　　　　　　　　　填表日期：　　年　　月　　日

作物名称				种植规模			
年产量（吨）				收获时间			
主要病虫害							
农药使用情况	农药名称	剂型规格	目的	使用方法	每次用量（或浓度）	全年使用次数	末次使用时间
肥料使用情况	肥料名称	类别	使用方法	使用时间	每次用量（千克/亩）	全年用量	末次使用时间

填表人：　　　　　　　　　　种植项目负责人：

表四　省级绿办审核表

检查员 意见	现场检查合格与否（　　　） 材料审核合格与否（　　　） 检查员一：（签字）　　　　　　　　　检查员二：（签字） 年　　月　　日
省级绿办 审核意见	 年　　月　　日（盖章）

附件 2

军队绿色食品生产技术达标基地验收表

农业部绿色食品管理办公室

总后勤部军需物资油料部

军队绿色食品生产技术达标基地验收评分标准

申报单位：

基地名称：

指标体系	验收项目及评分标准	验收纪要		
		项目完成情况	验收得分	主要依据
组织管理体系（15分）	1. 成立由基地主要领导和有关人员组成的绿色食品生产技术达标基地领导小组（2分）；领导小组工作职责明确，实际有效运行并召开三次以上会议研究创建达标基地问题（2分）			
	2. 设立绿色食品生产技术达标基地办公室，负责基地技术服务体系和质量保障体系的建立、达标基地申请、协调工作（2分）；安排专人承担种植、养殖技术指导和生产管理（2分）			
	3. 结合实际，制定科学合理的实施方案和管理办法并下发各单元（2分）			
	4. 建立健全目标责任制考核办法，与种植、养殖项目负责人签定责任书（2分）			
	5. 基地建设与农业标准化、农业产业化、农产品优势区域布局、农产品质量安全管理和生态环境建设等工作及项目有机结合（3分）			
基础设施体系（15分）	6. 基地环境质量符合《绿色食品 产地环境质量》要求，出具的环境质量报告规范，监测布点能覆盖整个基地（2分）			
	7. 申报单位制定有基地保护区管理办法（2分）			
	8. 申请达标基地方圆5千米和上风向20千米范围不得有污染源企业（如发现污染源，实行"一票否决"，验收按"不合格"处理）（3分）			
	9. 申请达标基地自身具备一定数量的农家肥、绿肥和饼肥等有机肥生产能力，具备无害化处理畜禽养殖粪水的场地和设施（2分）			
	10. 申请达标基地路、桥、涵、站、闸设置合理，基础配套设施齐全（1分），田间路面整洁平坦，生态环境优良（1分）			
	11. 建立检验检测体系或依托具有一定资质的检测机构，组织投入品、原料产品的检验检测（2分），实际运行三次以上，记录齐全（2分）			

（续）

指标体系	验收项目及评分标准	验收纪要		
		项目完成情况	验收得分	主要依据
生产管理体系（25分）	12. 申请达标基地出台专门政策，建立"统一优良品种、统一生产操作规程、统一投入品供应使用、统一田间管理、统一收获""五统一"生产管理制度，并有效实施（3分）			
	13. 基地集中连片，规划合理，规模种植；基地具有详细的地块分布图、地块图，并对地块进行统一编号（3分）			
	14. 基地技术管理簿册齐全（1分），档案齐全、规范（档案内容应包括：基地名称、地块编号、农户姓名、地块面积等）（3分）			
	15. 申请达标基地应当结合当地实际，制定统一的绿色食品生产操作规程和生产管理记录册并下发各基地单元，如未下发，一票否决（1分）；每个生产周期结束后，基地收回生产管理记录册并留存三年（3分）			
	16. 种植人员按照生产操作规程进行种植，按照生产实际如实填写生产管理手册（内容应包括地块编号、种植者、作物名称、品种及来源、种植面积、播种或移栽时间、土壤耕作及施肥情况、病虫草害防治情况、收获记录等）（2分）			
	17. 申请达标基地作物品种实行区域化种植（1分），良种（苗木）普及率达95%以上（3分），为非转基因品种（验收中如发现作物为转基因品种，实行"一票否决"制，按"不合格"处理）			
	18. 建立合理的耕作或轮作制度（1分）；以有机肥为基础（1分），实行测土配方平衡施肥（1分）；肥料使用符合《绿色食品 肥料使用准则》要求，畜禽养殖场粪水经过无害化处理，农家肥必须高温发酵（实地检查中，如发现违反规定的，实行"一票否决"制，验收按"不合格"处理）（座谈、访问、实地检查、核查生产记录发现生产中使用了禁用肥料，实行"一票否决"制，验收按"不合格"处理）			

（续）

指标 体系	验收项目及评分标准	验收纪要		
		项目完成情况	验收得分	主要依据
生产 管理 体系 （25分）	19. 积极采用农业防治、生物防治和物理防治技术，并以此为基础防治作物病虫草害（2分）；病虫草害防治措施应符合《绿色食品农药使用准则》要求（座谈、访问、实地检查、核查生产记录时，如发现生产中使用了禁用农药，实行"一票否决"制，验收按"不合格"处理）			
农业 投入 品管 理体 系 （15分）	20. 制定专门的农业投入品管理办法，并有效实施（3分）			
	21. 建立农业投入品公告制度，采取各种方式定期公布允许使用、禁用或限用的农业投入品目录（3分）			
	22. 基地在所在县（市、农场）建立农业投入品市场准入制度，从源头上有效控制投入品使用（3分）			
	23. 建立投入品质量监测制度，每年对投入品市场进行布点监测（3分）；基地组织生产投入品使用及投入品专供点监督检查和抽查（三次以上），并有记录（3分）			
技术 培训 体系 （15分）	24. 依托农业技术推广机构，组建基地技术小组，人员确定，职责明确，有效运行（2分）；各级技术服务机构每个作物生长季至少开展3次以上技术服务，并保留影像资料、文字等记录（2分）			
	25. 依托高等院校、科研院所建立技术攻关和技术指导小组，加强对生产技术的研究和攻关，引进先进的生产技术和科研成果，加快新技术，新品种推广应用，提高科技含量（2分）			
	26. 建立农业科技示范项目，推进生产标准化、管理规范化进程（1分）			
	27. 建立基地管理人员、技术人员等相关人员的培训制度，制定培训计划（1分）；基地领导小组成员、生产管理人员、技术推广人员经过绿色食品知识培训，掌握绿色食品基本知识和生产技术标准，培训记录齐全，考试成绩合格（2分）			

（续）

指标体系	验收项目及评分标准	验收纪要		
		项目完成情况	验收得分	主要依据
技术培训体系（15分）	28. 开展多种形式的绿色食品知识培训，每年对基地种植养殖人员进行2次以上绿色食品生产操作规程和技术标准培训（2分）；基地具有自己的绿色食品内检员（3分）			
监督管理体系（15分）	29. 建立完善的监督管理制度（3分）；基地内部建立相互制约的监督机制和奖惩制度（2分）；建立农产品质量追溯制度，并有效运行（3分）			
	30. 未经认证的产品，包装上不得使用绿色食品标志（4分）（验收中发现未经认证的产品包装上使用绿色食品标志，实行"一票否决"制，按"不合格"处理）			
	31. 申报单位应定期对申请达标基地环境、生产过程、投入品使用、产品质量及生产档案进行监督检查或抽查，已监督抽查2次以上，记录齐全（3分）			
综合得分				
验收情况及建议				
创建单位确认	我们确认验收组已按《军队绿色食品生产技术达标基地管理办法》进行了验收，验收结果符合基地实际情况，我基地将按验收组提出的意见和建议进一步完善工作。 申请单位负责人：（签字） 申请单位：（盖章） 年　　　月　　　日			

附件 3

军队绿色食品生产技术达标基地监督管理综合意见表

基地名称	
基地建设单位	
省绿办年度 监督管理结论	 省绿办（盖章）　　　　　　负责人（签字） 年　月　日

第七篇

绿 色 生 资

绿色食品生产资料标志管理办法

(2012 年 9 月 13 日发布)

第一章　总　　则

第一条　为了加强绿色食品生产资料（以下简称绿色生资）标志管理，保障绿色生资的质量，促进绿色食品事业发展，依据《中华人民共和国商标法》、《农产品质量安全法》、《绿色食品标志管理办法》等相关规定，制定本办法。

第二条　本办法中所称绿色生资，是指获得国家法定部门许可、登记，符合绿色食品生产要求以及本办法规定，经中国绿色食品协会（以下简称协会）审核，许可使用特定绿色生资标志的生产投入品。

第三条　绿色生资标志是在国家商标局注册的证明商标，协会是绿色生资商标的注册人，其专用权受《中华人民共和国商标法》保护。

第四条　绿色生资标志用以标识和证明适用于绿色食品生产的生产资料。

第五条　绿色生资管理实行证明商标使用许可制度。协会按照本办法规定对符合条件的生资企业及其产品实施标志使用许可。未经协会审核许可，任何单位和个人无权使用绿色生资标志。

第六条　绿色生资标志使用许可的范围包括：肥料、农药、饲料及饲料添加剂、兽药、食品添加剂，及其他与绿色食品生产相关的生产投入品。

第七条　协会负责制定绿色生资标志使用管理规则，组织开展标志使用许可的审核和管理工作。省级绿色食品工作机构负责受理所辖区域内使用绿色生资标志的申请、现场检查、材料审核和监督管理工作。

第八条　各级绿色食品工作机构应积极组织开展绿色生资推广、应用与服务工作，鼓励和引导绿色食品企业和绿色食品原料标准化生产基地优先使用绿色生资。

第二章　标志许可

第九条　凡具有法人资格，并获得相关行政许可的生资企业，可作为绿色生资标志使用的申请人。

第十条　申请使用绿色生资标志的产品（以下简称用标产品）必须同时符合下列条件：

（一）经国家法定部门检验、登记；

（二）质量符合相关的国家、行业、地方技术标准，符合绿色食品生产资料使用准则，不造成使用对象产生和积累有害物质，不影响人体健康；

（三）有利于保护和促进使用对象的生长，或有利于保护和提高使用对象的品质；

（四）生产符合环保要求，在合理使用的条件下，对生态环境无不良影响；

（五）非转基因产品和以非转基因原料加工的产品。

第十一条　申请和审核程序：

（一）申请人向省级绿色食品工作机构提出申请，并提交《绿色食品生产资料标志使用申请书》及相关材料（一式两份）。有关申请资料可通过协会网站（www. green-food. agri. cn/lsspxhpd）或中国绿色食品网（www. greenfood. agri. cn）下载。

（二）省级绿色食品工作机构在 10 个工作日内完成对申请材料的初审。初审符合要求的，组织绿色生资管理员在 20 个工作日内对申请用标企业及产品的原料来源、投入品使用和质量管理体系等进行现场检查。初审和现场检查不符合要求的，做出整改或暂停审核决定。

（三）协会在 20 个工作日内完成对省级绿色食品工作机构提交的初审合格材料和现场检查报告的复审。在复审过程中，协会可根据有关生产资料行业风险预警情况，委托省级绿色食品工作机构和具有法定资质的监测机构对申请用标产品组织开展常规检项之外的专项检测，检测费用由申请使用绿色生资标志的企业（以下简称用标企业）承担。

（四）复审合格的，协会组织绿色生资专家评审委员会在 15 个工作日内完成对申请用标产品的评审。复审不合格的，协会在 10 个工作日内书面通知申请用标企业，并说明理由。

（五）协会依据绿色生资专家评审委员会的评审意见，在 15 个工作日内作出审核结论。

第十二条　审核结论合格的，申请用标企业与协会签订《绿色食品生产资料标志商标使用许可合同》（以下简称《合同》）。审核结论不合格的，协会在 10 个工作日内书面通知申请企业，并说明理由。

第十三条　按照《合同》约定，申请用标企业须向协会分别缴纳绿色生资标志使用许可审核费和管理费。

第十四条　完成上述事项后，由协会颁发《绿色食品生产资料标志使用证》（以下简称《使用证》）。

第十五条　协会对获得绿色生资标志使用许可的产品（以下简称获证产品）予以公告。公告内容包括：获证产品名称、编号、商标和企业名称。

第三章　标志使用

第十六条　获证产品应在其包装上使用绿色生资标志和绿色生资产品编号。具体使用式样参照《绿色食品生产资料证明商标设计使用规范》执行。

第十七条　绿色生资标志产品编号形式及含义如下：

LSSZ ——— XX ——— XX　XX　　XX　XXXX

绿色生资　　产品　　核准　核准　省份　产品序号
　　　　　　类别　　年份　月份（国别）

省份代码按全国行政区划的序号编码；国外产品，从 51 号开始，按各国第一个产品获证的先后为序依次编码。

产品编号在绿色生资标志连续许可使用期间不变。

第十八条　获得绿色生资标志许可使用的企业（以下简称获证企业）可在其获证产品的包装、标签、广告、说明书上使用绿色生资标志及产品编号。标志和产品编号使用范围仅限于核准使用的产品和数量，不得擅自扩大使用范围，不得将绿色生资标志及产品编号转让或许可他人使用，不得进行导致他人产生误解的宣传。

第十九条　获证产品的包装标签必须符合国家相关标准和规定。

第二十条　绿色生资标志许可使用权自核准之日起三年内有效，到期愿意继续使用的，须在有效期满前 90 天提出续展申请。逾期视为放弃续展，不得继续使用绿色生资标志。

第二十一条　《使用证》所载产品名称、商标名称、单位名称和核准产量等内容发生变化，获证企业应及时向协会申请办理变更手续。

第二十二条　获证企业如丧失绿色生资生产条件，应在一个月内向协会报告，办理停止使用绿色生资标志的有关手续。

第四章　监督管理

第二十三条　协会负责组织绿色生资产品质量抽检，指导省级绿色食品工作机构开展企业年度检查和标志使用监察等监管工作。

第二十四条　省级绿色食品工作机构按照属地管理原则，负责本地区的绿色生资企业年度检查、标志使用监察和产品质量监督管理工作，定期对所辖区域内获证的企业和产品质量、标志使用等情况进行监督检查。

第二十五条　获证企业有下列情况之一的，由省级绿色食品工作机构作出整改决定：

（一）获证产品未按规定使用绿色生资标志、产品编号的；

（二）获证产品的产量（指实际销售量）超过核准产量的；

（三）违反《合同》有关约定的。

整改期限为一个月，整改合格的，准予继续使用绿色生资标志；整改不合格的，由省级绿色食品工作机构报请协会取消相关产品绿色生资标志使用权。

第二十六条　对发生下列情况之一的获证企业，由协会对其作出取消绿色生资标志使用权的决定，并予以公告：

（一）许可使用绿色生资标志产品不能持续符合绿色生资技术规范要求的；

（二）违规添加绿色生资禁用品的；

（三）擅自全部或部分采用未经协会核准的原料或擅自改变产品配方的；

（四）未在规定期限内整改合格的；

（五）丧失有关法定资质的；

（六）将绿色生资标志用于其他未经核准的产品或擅自转让、许可他人使用的；

（七）违反《合同》有关约定的。

第二十七条　获证企业自动放弃或被取消绿色生资标志使用权后，由协会收回其《使用证》。

第二十八条　获证企业应当严格遵守绿色生资标志许可条件和监管制度，建立健全质量控制追溯体系，对其生产和销售的获证产品的质量负责。

第二十九条　任何单位和个人不得伪造、冒用、转让、买卖绿色生资标志和《使用证》。

第三十条　从事绿色生资标志管理的工作人员应严格依据绿色生资许可条件和管理制度，客观、公正、规范地开展工作。凡因未履行职责导致发生重大质量安全事件的，依据国家相关规定追究其相应的责任。

第五章　附　　则

第三十一条　协会依据本办法制定相应实施细则。

第三十二条　境外生资企业及其产品申请绿色生资标志使用许可的有关办法，由协会另行制定。

第三十三条　本办法由协会负责解释。

第三十四条　本办法自颁布之日起施行，原《绿色食品生产资料标志管理办法》及其实施细则同时废止。

附图：

绿色食品生产资料标志

绿色食品生产资料标志含义：绿色外圆，代表安全、有效、环保，象征绿色生资保障绿色食品产品质量、保护农业生态环境的理念；中间向上的三片绿叶，代表绿色食品种植业、养殖业、加工业，象征绿色食品产业蓬勃发展；基部橘黄色实心圆点为图标的核心，代表绿色食品生产资料，象征绿色食品发展的物质技术条件。

绿色食品生产资料标志管理办法
实施细则（肥料）

（2012 年 9 月 13 日发布）

第一章 总 则

第一条 根据《绿色食品生产资料标志管理办法》（以下简称《管理办法》），制定本细则。

第二条 本细则适用于申请使用绿色食品生产资料标志（以下简称绿色生资标志）的肥料产品，包括有机肥料、微生物肥料、有机无机复混肥料、微量元素水溶肥料、含腐植酸水溶肥料、含氨基酸水溶肥料、中量元素肥料、土壤调理剂，以及农业部登记管理的、适用于绿色食品生产的其他肥料。

第二章 标志许可

第三条 申请使用绿色生资标志的肥料产品必须具备下列条件：

（一）企业在农业部或农业部授权的有关单位办理登记手续，取得《肥料正式登记证》或《肥料临时登记证》；

（二）产品符合《绿色食品 肥料使用准则》（NY/T 394）要求。

第四条 申请人应向省级绿色食品工作机构提交《绿色食品生产资料标志使用申请书》和下列材料（一式两份）：

（一）企业营业执照复印件；

（二）产品《肥料正式登记证》或《肥料临时登记证》复印件；

（三）产品安全性资料，包括毒理试验报告、杂质（主要重金属）限量、卫生指标（大肠杆菌、蛔虫卵死亡率）。产品中添加微生物成分的应提供使用的微生物种类（拉丁种、属名）及具有法定资质的检测机构出具的菌种安全鉴定报告复印件。已获农业部登记的微生物肥料所用菌种可免于提供。

（四）县级以上环保行政主管部门出具的环保合格证明；

（五）外购肥料原料的，提交购买合同及购买发票复印件；

（六）产品执行标准复印件；

（七）具备法定资质的质量监测机构出具的一年内的产品质量检验报告复印件；

（八）田间试验效果报告复印件；

（九）产品商标注册证复印件；

（十）产品包装标签及产品使用说明书；

（十一）企业质量管理手册；

（十二）系列产品中，绿色生资与非绿色生资生产全过程（从原料到成品）区分管理制度；

（十三）产品实行委托检验的，需提交委托检验协议和被委托单位资质证明复印件；

（十四）其他需提交的材料。

第五条　同类产品中，产品的成分、配比、名称、商标等不同的，按不同产品分别申报。

第六条　审核程序如下：

（一）省级绿色食品工作机构收到申请材料后，10 个工作日内完成初审工作。初审内容包括：

1. 材料审查

（1）申报产品是否符合第三条规定的条件；

（2）申请材料是否齐全、规范；

（3）同类产品中的不同产品是否按第五条的规定分别申报；

（4）产品有效成分及其他成分是否明确、安全，有效成分及杂质等含量是否符合绿色生资的要求；

（5）企业质量管理机构和制度是否完备。

材料不齐备的，企业应于 10 个工作日内补齐。

2. 现场检查

初审符合要求的，省级绿色食品工作机构组织绿色生资管理员在 20 个工作日内对申请用标企业及产品的原料来源、投入品使用和质量管理体系等进行现场检查。文审和现场检查不符合要求的，作出整改或暂停审核决定。

（二）文审和现场检查合格的，报送中国绿色食品协会（以下简称协会）。

（三）协会收到初审材料后，在 20 个工作日内完成复审。

1. 企业需补充材料的，应在 20 个工作日内，按审核通知单要求将申报材料补齐；

2. 需加检的产品，由省级绿色食品工作机构负责抽样，送检；

3. 必要时，协会可派人赴企业检查，复审时限可相应延长。

（四）复审合格的，协会组织绿色生资专家评审委员会在 15 个工作日内完成对申请用标产品的评审。复审不合格的，协会在 10 个工作日内书面通知申请企业，并说明理由。

（五）协会依据绿色生资专家评审委员会的评审意见，在 15 个工作日内作出审核结论。

第七条　审核合格的，申请用标企业与协会签订《绿色食品生产资料标志商标使用许可合同》。

第八条　按照《合同》约定，申请用标企业须向协会缴纳绿色生资标志许可审核费和管理费。

第九条　完成上述事项后，由协会颁发《绿色食品生产资料标志使用证》（以下简称《使用证》），并对获得绿色生资标志使用许可的产品（以下简称获证产品）予以公告。

第三章　标志使用

第十条　绿色生资肥料产品的类别编号为"01"，编号形式如下：

LSSZ ——— 01 —— XX 　　 XX 　　 XX 　　 XXXX

绿色生资　产品　　核准　核准　　省份　　当年序列号
　　　　　类别　　年份　月份　（国别）

第十一条　获证产品的包装标签必须符合国家相关标准和规定，标明适用作物的种类，并按《绿色食品生产资料证明商标设计使用规范》要求，正确使用绿色食品生产资料标志。

第四章　监督管理

第十二条　在协会指导下，省级绿色食品工作机构定期对获得绿色生资标志使用许可的企业（以下简称获证企业）进行监督管理，实施年度检查、产品质量抽检和标志使用监察等工作。

第十三条　企业年度检查由省级绿色食品工作机构对获证企业进行现场检查，内容包括：

（一）生产过程及生产车间、产品质量检验室、库房等相关场所。

（二）生产厂区的环境及环保状况。

（三）查阅有关档案材料及票据，包括不同批次产品的原料配比及投料单、原料和产品的出入库凭证。

（四）规范用标情况。

（五）产品销售、使用效果及安全信息反馈情况。

第十四条 绿色生资产品质量监督抽检计划由协会制定，并下达有关质量监测机构和省级绿色食品工作机构，产品抽样工作由省级绿色食品工作机构协助监测机构完成。监测机构将检验报告分别提交协会、省级绿色食品工作机构和有关获证企业。

检测结果关键项目一项不合格的，取消绿色生资标志使用权；非关键项目不合格的，限期整改。获证企业对检测结果有异议的，可以提出复检要求，复检费用自付。

第十五条 获证产品的《肥料正式登记证》、《肥料临时登记证》被吊销，绿色生资标志许可也随之失效。

第十六条 当获证企业发生《管理办法》第二十五条中所列问题时，由省级绿色食品工作机构作出整改决定。整改期限为一个月，整改合格的，准予继续使用绿色生资标志；整改不合格的，由省级绿色食品工作机构报请协会，并由协会取消相关产品绿色生资标志使用权。

第十七条 当获证企业发生《管理办法》第二十六条中所列问题时，由协会作出取消绿色生资标志使用权的决定，并予以公告。

第五章　附　　则

第十八条 本细则由协会负责解释。

第十九条 本细则自颁布之日起施行。

绿色食品生产资料标志管理办法
实施细则（农药）

(2012 年 9 月 13 日发布)

第一章　总　　则

第一条　根据《绿色食品生产资料标志管理办法》（以下简称《管理办法》），制定本细则。

第二条　本细则适用于申请使用绿色食品生产资料标志（以下简称绿色生资标志）的农药产品，包括低毒的生物农药、矿物源农药及部分低毒、低残留有机合成农药等符合《绿色食品　农药使用准则》（NY/T 393）的农药产品。

第二章　标志许可

第三条　申请使用绿色生资标志的农药产品必须具备下列条件：

（一）企业在农业部农药检定所办理检验登记手续，获得农药登记证，并在有效期内；

（二）产品符合《绿色食品　农药使用准则》（NY/T 393）要求。

第四条　申请人应向省级绿色食品工作机构提交《绿色食品生产资料标志使用申请书》和下列材料（一式两份）：

（一）企业营业执照复印件；

（二）相关产品《工业产品生产许可证》（批准证书）复印件；

（三）农业部颁发的《农药登记证》复印件；

（四）原药的《生产许可证》及《农药登记证》复印件；

（五）县级以上环保行政主管部门出具的环保合格证明；

（六）外购原药和助剂的，提交购买合同及购买发票复印件；

（七）产品执行标准复印件；

（八）具备法定资质的质量监测机构出具的一年内的产品质量检验报告复印件；

（九）产品商标注册证复印件；

（十）产品包装标签及产品使用说明书；

（十一）企业质量管理手册；

（十二）同类不同剂型产品中，绿色生资与非绿色生资生产全过程（从原料到成品）区分管理制度；

（十三）农业部公告的农药登记试验单位出具的田间药效试验报告；毒理等试验报告；农药残留试验报告和环境影响试验报告复印件。若无，说明理由。

（十四）其他需提交的材料。

第五条 同类产品中，产品的剂型、名称、商标等不同的，按不同产品分别申报。

第六条 审核程序如下：

（一）省级绿色食品工作机构收到申请材料后，10个工作日内完成初审工作。初审内容包括：

1. 材料审查

（1）申报产品是否符合第三条规定的条件；

（2）申请材料是否齐全、规范；

（3）同类产品中的不同产品是否按第五条的规定分别申报；

（4）产品成分是否明确、完全，是否混配；有效成分及其他成分含量是否符合相关标准及绿色生资的要求；剂型是否标明；

（5）企业质量管理机构和制度是否完备。

材料不齐备的，企业应于10个工作日内补齐。

2. 现场检查

初审符合要求的，省级绿色食品工作机构组织绿色生资管理员在20个工作日内对申请用标企业及产品的原料来源、投入品使用和质量管理体系等进行现场检查。文审和现场检查不符合要求的，作出整改或暂停审核决定。

（二）文审和现场检查合格的，报送协会。

（三）协会收到初审材料后，在20个工作日内完成复审。

1. 企业需补充材料的，应在20个工作日内，按审核通知单要求将申报材料补齐；

2. 需加检的产品，由省级绿色食品工作机构负责抽样，送检；

3. 必要时，协会可派人赴企业检查，复审时限可相应延长。

（四）复审合格的，协会组织绿色生资专家评审委员会在15个工作日内完成对申请用标产品的评审。复审不合格的，协会在10个工作日内书面通知申请用标企业，并说明理由。

（五）协会依据绿色生资专家评审委员会的评审意见，在 15 个工作日内做出审核结论。

第七条 审核合格的，申请用标企业与协会签定《绿色食品生产资料标志商标使用许可合同》。

第八条 按照《合同》约定，申请用标企业须向协会缴纳绿色生资标志许可审核费和管理费。

第九条 完成上述事项后，由协会颁发《绿色食品生产资料标志使用证》（以下简称《使用证》），并对获得绿色生资标志使用许可的产品（以下简称获证产品）予以公告。

第三章 标志使用

第十条 绿色生资农药产品的类别编号为"02"，编号形式如下：

LSSZ ——— 02 —— XX　　XX　　XX　XXXX

绿色生资　产品　　核准　　核准　　省份　当年序列号

　　　　　类别　　年份　　月份（国别）

第十一条 获证产品的包装标签必须符合国家相关标准和规定，并按《绿色食品生产资料证明商标设计使用规范》要求，正确使用绿色食品生产资料标志。有机合成农药产品标签应依照《绿色食品　农药使用准则》的规定，标明"用于绿色食品生产，在一种作物的生长期内只允许使用一次"的字样。

第四章 监督管理

第十二条 在协会指导下，省级绿色食品工作机构定期对获得绿色生资标志使用许可的企业（以下简称获证企业）进行监督管理，实施年度检查、产品质量抽检和标志使用监察等工作。

企业年检由省级绿色食品工作机构对获证企业进行现场检查，内容包括：

（一）生产过程及生产车间、产品质量检验室、库房等相关场所；

（二）生产厂区的环境及环保状况；

（三）查阅有关档案材料及票据，包括不同批次产品的原料配比及投料单、原料和产品的出入库凭证；

（四）规范用标情况；

（五）产品销售、使用效果及安全信息反馈情况。

第十三条 绿色生资产品质量监督抽检计划由协会制定，并下达有关质量监测机构和省级绿色食品工作机构，产品抽样工作由省级绿色食品工作机构协助监测机构完成。

第十四条 监测机构将检验报告分别提交协会、省级绿色食品工作机构和有关获证企业。

第十五条 企业的《农药登记证》、《生产许可证》被吊销，绿色生资标志许可也随之失效。

第十六条 当获证企业发生《管理办法》第二十五条中所列问题时，由省级绿色食品工作机构作出整改决定。整改期限为一个月，整改合格的，准予继续使用绿色生资标志；整改不合格的，由省级绿色食品工作机构报请协会取消相关产品绿色生资标志使用权。

第十七条 当获证企业发生《管理办法》第二十六条中所列问题时，由协会作出取消绿色生资标志使用权的决定，并予以公告。

第五章 附 则

第十八条 本细则由协会负责解释。

第十九条 本细则自颁布之日起施行。

绿色食品生产资料标志管理办法
实施细则（饲料及饲料添加剂）

（2012 年 9 月 13 日发布）

第一章 总 则

第一条 根据《绿色食品生产资料标志管理办法》（以下简称《管理办法》），制定本细则。

第二条 本细则适用于申请使用绿色食品生产资料标志（以下简称绿色生资标志）的饲料和饲料添加剂产品，包括供各种动物食用的单一饲料（包括牧草）、饲料添加剂及添加剂预混合饲料、浓缩饲料、配合饲料和精料补充料。

第二章 标志许可

第三条 申请使用绿色生资标志的饲料及饲料添加剂产品必须具备下列条件：

（一）符合国务院颁布的《饲料和饲料添加剂管理条例》中相关规定。生产企业获得国务院农业行政主管部门或省级饲料管理部门核发的《生产许可证》；申请用标产品获得省级饲料管理部门核发的产品批准文号；

（二）饲料原料、饲料添加剂品种应在国务院农业行政主管部门公布的目录之内，且使用范围和用量要符合相关标准的规定；

（三）产品符合《绿色食品　畜禽饲料及饲料添加剂使用准则》（NY/T 471）和《绿色食品　渔业饲料及饲料添加剂使用准则》（NY/T 2112）规定的要求；

（四）非工业化加工生产的饲料及饲料添加剂产品的产地生态环境良好，达到绿色食品的质量要求。

第四条 申请人应向省级绿色食品工作机构提交《绿色食品生产资料标志使用申请书》和下列材料（一式两份）：

（一）企业营业执照复印件；

（二）企业《生产许可证》和产品批准文号复印件；

（三）动物源性饲料产品《安全合格证》复印件；新饲料添加剂《产品证书》复印件；

（四）处于监测期内的新饲料和新饲料添加剂《产品证书》复印件和该产品的《毒理学安全评价报告》、《效果验证试验报告》复印件；

（五）县级以上环保行政主管部门出具的环保合格证明；

（六）以绿色食品产品或绿色食品原料标准化生产基地产品为原料的，须提交相关证书、采购合同及购买发票复印件；

（七）自建、自用原料基地的产品，须提交具备法定资质的监测机构出具的产地环境质量监测及现状评价报告和本年度内的产品检验报告、生产操作规程、基地和农户清单、基地与农户订购合同（协议）；

（八）产品生产工艺、操作规程、质量管理制度；原料需加工的，也须提供以上材料，若委托加工的，还需提交委托加工协议和管理制度；

（九）产品原料需外购的，提交购买合同及购买发票复印件；复合维生素产品要提交标签原件；进口原料需提交饲料、饲料添加剂进口登记证；

（十）产品执行标准复印件；

（十一）具备法定资质的质量监测机构出具的一年内的产品质量检验报告复印件；

（十二）产品商标注册证复印件；

（十三）产品包装标签及产品使用说明书；

（十四）企业质量管理手册；

（十五）系列产品中，绿色生资与非绿色生资生产全过程（从原料到成品）区分管理制度；

（十六）其他需提交的材料。

第五条 同类产品中，产品的成分、配比、名称、商标等不同的，按不同产品分别申报。

第六条 审核程序如下：

（一）省级绿色食品工作机构收到申请材料后，10 个工作日内完成初审工作。初审内容包括：

1. 材料审查

（1）申报产品是否符合第三条规定的条件；

（2）申请材料是否齐全、规范；

（3）同类产品中的不同产品是否按第五条的规定分别申报；

（4）产品成分是否明确、完全；有效成分及杂质等含量是否符合绿色生资的要求；

（5）企业质量管理机构和制度是否完备。

材料不齐备的，企业应于 10 个工作日内补齐。

2. 现场检查

初审符合要求的，省级绿色食品工作机构组织绿色生资管理员在 20 个工作日内对申请用标企业及产品的原料来源、投入品使用和质量管理体系等进行现场检查。文审和现场检查不符合要求的，作出整改或暂停审核决定。

（二）文审和现场检查合格的，由省级绿色食品工作机构组织签署意见，报送中国绿色食品协会（以下简称协会）。

（三）协会收到初审材料后，在 20 个工作日内完成复审。

1. 企业需补充材料的，应在 20 个工作日内，按审核通知单要求将申报材料补齐；

2. 需加检的产品，由省级绿色食品工作机构负责抽样，送协会指定的机构检测，检测费用由企业承担；

3. 必要时，协会可派人赴企业检查，复审时限可相应延长。

（四）复审合格的，协会组织绿色生资专家评审委员会在 15 个工作日内完成对申请用标产品的评审。复审不合格的，协会在 10 个工作日内书面通知申请企业，并说明理由。

（五）协会依据绿色生资专家评审委员会的评审意见，在 15 个工作日内作出审核结论。

第七条 审核合格的，申请用标企业与协会签定《绿色食品生产资料标志商标使用许可合同》。

第八条 按照《合同》约定，申请用标企业须向协会缴纳绿色生资标志许可审核费和管理费。

第九条 完成上述事项后，由协会颁发《绿色食品生产资料标志使用证》（以下简称《使用证》），并对获得绿色生资标志使用许可的产品（以下简称获证产品）予以公告。

第三章　标志使用

第十条 绿色生资饲料及饲料添加剂产品的类别编号为"03"，编号形式如下：

LSSZ —— 03 —— XX　　XX　　XX　XXXX

绿色生资　产品　　核准　　核准　　省份　当年序列号

　　　　　类别　　年份　　月份　（国别）

第十一条　获证产品的包装标签必须符合国家相关标准和规定，并按《绿色食品生产资料证明商标设计使用规范》要求，正确使用绿色食品生产资料标志。

第四章　监督管理

第十二条　在协会指导下，省级绿色食品工作机构定期对获得绿色生资标志使用许可的企业（以下简称获证企业）进行监督管理，实施年度检查、产品质量抽检和标志使用监察等工作。

企业年检由省级绿色食品工作机构对获证企业进行现场检查，内容包括：

（一）生产过程及生产车间、产品质量检验室、库房等相关场所；

（二）生产厂区的环境及环保状况；

（三）查阅有关档案材料及票据，包括不同批次产品的原料配比及投料单、原料和产品的出入库凭证；

（四）规范用标情况；

（五）产品销售、使用效果及质量安全信息反馈情况。

第十三条　绿色生资产品质量监督抽检计划由协会制定，并下达有关质量监测机构和省级绿色食品工作机构，产品抽样工作由省级绿色食品工作机构协助监测机构完成。

第十四条　监测机构将检验报告分别提交协会、省级绿色食品工作机构和有关获证企业。

第十五条　获证企业的《生产许可证》、产品批准文号、新饲料饲料添加剂证书、所用原料的饲料添加剂进口登记证等任一证书被吊销，绿色生资标志许可也随之失效。

第十六条　当获证企业发生《管理办法》第二十五条中所列问题时，由省级绿色食品工作机构作出整改决定。整改期限为一个月，整改合格的，准予继续使用绿色生资标志；整改不合格的，由省级绿色食品工作机构报请协会，并由协会取消相关产品绿色生资标志使用权。

第十七条　当获证企业发生《管理办法》第二十六条中所列问题时，由协会作出取消绿色生资标志使用权的决定，并予以公告。

第五章　附　　则

第十八条　本细则由协会负责解释。

第十九条　本细则自颁布之日起施行。

绿色食品生产资料标志管理办法
实施细则（兽药）

（2012 年 9 月 13 日发布）

第一章 总 则

第一条 根据《绿色食品生产资料标志管理办法》（以下简称《管理办法》），制定本细则。

第二条 本细则适用于申请使用绿色食品生产资料标志（以下简称绿色生资标志）的兽药产品，包括国家兽医行政管理部门批准的微生态制剂和中药制剂；高效、低毒和低环境污染的消毒剂；无最高残留限量规定、无停药期规定的兽药产品。

第二章 标志许可

第三条 申请使用绿色生资标志的兽药产品必须具备下列条件：

（一）企业取得国务院兽医行政部门颁发的《兽药生产许可证》和产品批准文件；

（二）产品符合《绿色食品 兽药使用准则》（NY/T 472）要求。

第四条 申请人应向省级绿色食品工作机构提交《绿色食品生产资料标志使用申请书》和下列材料（一式两份）：

（一）企业营业执照复印件；

（二）企业《兽药生产许可证》和产品批准文号复印件；

（三）《兽药 GMP》证书复印件；

（四）县级以上环保行政主管部门出具的环保合格证明；

（五）产品毒理学安全评价报告和效果验证试验报告复印件（新兽药提供）；

（六）产品执行标准复印件；

（七）具备法定资质的质量监测机构出具的一年内的产品质量检验报告复印件；

（八）产品商标注册证复印件，未注册商标的，说明情况；

（九）产品包装标签及产品使用说明书；

（十）企业管理手册；

（十一）产品包装标签及产品使用说明书；

（十二）其他需提交的材料。

第五条 同类产品中，产品的剂型、名称、商标等不同的，按不同产品分别申报。

第六条 审核程序如下：

（一）省级绿色食品工作机构收到申请材料后，10 个工作日内完成初审工作。初审内容包括：

1. 材料审查

（1）申报产品是否符合第三条规定的条件；

（2）申请材料是否齐全、规范；

（3）同类产品中的不同产品是否按第五条的规定分别申报；

（4）产品成分是否明确、完全；有效成分及杂质等含量是否符合绿色生资的要求；

（5）企业质量管理机构和制度是否完备。

材料不齐备的，企业应于 10 个工作日内补齐。

2. 现场检查

初审符合要求的，省级绿色食品工作机构组织绿色生资管理员在 20 个工作日内对申请用标企业及产品的原料来源、投入品使用和管理体系等进行现场检查。文审和现场检查不符合要求的，作出整改或暂停审核决定。

（二）文审和现场检查合格的，报送中国绿色食品协会（以下简称协会）。

（三）协会收到初审材料后，在 20 个工作日内完成复审。

1. 企业需补充材料的，应在 20 个工作日内，按审核通知单要求将申报材料补齐；

2. 需加检的产品，由省级绿色食品工作机构负责抽样，送检；

3. 必要时，协会可派人赴企业检查，复审时限可相应延长。

（四）复审合格的，协会组织绿色生资专家评审委员会在 15 个工作日内完成对申请用标产品的评审。复审不合格的，协会在 10 个工作日内书面通知申请企业，并说明理由。

（五）协会依据绿色生资专家评审委员会的评审意见，在 15 个工作日内作出审核结论。

第七条 审核合格的，申请用标企业与协会签订《绿色食品生产资料标志商标使用许可合同》。

第八条 按照《合同》约定，申请用标企业须向协会缴纳绿色生资标志许可审核费和管理费。

第九条 完成上述事项后，由协会颁发《绿色食品生产资料标志使用证》（以下简称《使用证》），并对获得绿色生资标志使用许可的产品（以下简称获证产品）予以公告。

第三章 标志使用

第十条 绿色生资兽药产品的类别编号为"04"，编号形式如下：

LSSZ —— 04 —— XX　　XX　　XX XXXX

绿色生资　产品　　核准　　核准　　省份 当年序列号

　　　　　类别　　年份　　月份（国别）

第十一条 获证产品的包装标签必须符合国家相关标准和规定，并按《绿色食品生产资料证明商标设计使用规范》要求，正确使用绿色食品生产资料标志。

第四章 监督管理

第十二条 协会负责组织绿色生资产品质量抽检，指导省级绿色食品工作机构定期对获得绿色生资标志使用许可的企业（以下简称获证企业）进行监督管理，实施年度检查、标志使用监察等工作。

企业年检由省级绿色食品工作机构对获证企业进行现场检查，内容包括：

（一）生产过程及生产车间、产品质量检验室、库房等相关场所；

（二）生产厂区的环境及环保状况；

（三）查阅有关档案材料及票据，包括不同批次产品的原料配比及投料单、原料和产品的出入库凭证；

（四）规范用标情况；

（五）产品销售、使用效果及安全信息反馈情况。

第十三条 绿色生资产品质量监督抽检计划由协会制定，并下达有关质量监测机构和省级绿色食品工作机构，产品抽样工作由省级绿色食品工作机构协助监测机构完成。

第十四条 监测机构将检验报告分别提交协会、省级绿色食品工作机构和有关获证企业。

第十五条 获证产品的《兽药生产许可证》和产品批准文号被吊销，绿色生资标志许可也随之失效。

第十六条 当获证企业发生《管理办法》第二十五条中所列问题时，由省级绿色食品工作机构作出整改决定。整改期限为一个月，整改合格的，准予继续使用绿色生资标志；整改不合格的，由省级绿色食品工作机构报请协会，并由协会取消相关产品绿色生资标志使用权。

第十七条 当获证企业发生《管理办法》第二十六条中所列问题时，由协会作出取消绿色生资标志使用权的决定，并予以公告。

第五章　附　则

第十八条 本细则由协会负责解释。

第十九条 本细则自颁布之日起施行。

绿色食品生产资料标志管理办法
实施细则（食品添加剂）

(2012 年 9 月 13 日发布)

第一章　总　　则

第一条　根据《绿色食品生产资料标志管理办法》（以下简称《管理办法》），制定本细则。

第二条　本细则适用于申请使用绿色食品生产资料标志（以下简称绿色生资标志）、符合绿色食品生产要求的食品添加剂产品。

第二章　标志许可

第三条　申请使用绿色生资标志的食品添加剂产品必须具备下列条件：

（一）企业取得省级产品质量监督部门颁发的《生产许可证》；

（二）产品符合《食品安全国家标准　食品添加剂使用标准》（GB 2760）规定的品种及使用范围；

（三）产品符合《绿色食品　食品添加剂使用准则》（NY/T 392）要求；

（四）产品符合《食品企业通用卫生规范》或《食品添加剂生产企业卫生规范》。

第四条　申请人应向省级绿色食品工作机构提交《绿色食品生产资料标志使用申请书》和下列材料（一式两份）：

（一）企业营业执照复印件；

（二）企业《生产许可证》复印件；

（三）微生物制品提交具备法定资质的检测机构出具的有效菌种的安全鉴定报告复印件；

（四）复合食品添加剂提交产品配方等相关资料；

（五）县级以上环保行政主管部门出具的环保合格证明；

（六）以绿色食品产品或绿色食品原料标准化生产基地产品为原料的，须提交相关证书、采购合同及购买发票复印件；

（七）自建、自用原料基地的产品，须提交具备法定资质的监测机构出具的产地环境质量监测及现状评价报告和本年度内的产品检验报告、生产操作规程、基地和农户清单、基地与农户订购合同（协议）；

（八）外购原料的，提交购买合同及购买发票复印件；

（九）产品执行标准复印件；

（十）具备法定资质的质量监测机构出具的一年内的产品质量检验报告复印件；

（十一）产品商标注册证复印件；

（十二）产品应用效果试验报告复印件；

（十三）产品包装标签及产品使用说明书；

（十四）企业质量管理手册；

（十五）系列产品中，绿色生资与非绿色生资生产全过程（从原料到成品）区分管理制度；

（十六）其他需提交的材料。

第五条 同类产品中，产品的品种、名称、商标等不同的，按不同产品分别申报。

第六条 审核程序如下：

（一）省级绿色食品工作机构收到申请材料后，10 个工作日内完成初审工作。初审内容包括：

1. 材料审查

（1）申报产品是否符合第三条规定的条件；

（2）申请材料是否齐全、规范；

（3）同类产品中的不同产品是否按第五条的规定分别申报；

（4）产品成分是否明确、完全；有效成分及杂质等含量是否符合绿色生资的要求；

（5）企业质量管理机构和制度是否完备。

材料不齐备的，企业应于 10 个工作日内补齐。

2. 现场检查

初审符合要求的，省级绿色食品工作机构组织绿色生资管理员在 20 个工作日内对申请用标企业及产品的原料来源、投入品使用和质量管理体系等进行现场检查。文审和现场检查不符合要求的，作出整改或暂停审核决定。

（二）文审和现场检查合格的，报送中国绿色食品协会（以下简称协会）。

（三）协会收到初审材料后，在 20 个工作日内完成复审。

1. 企业需补充材料的，应在 20 个工作日内，按审核通知单要求将申报材料补齐；

2. 需加检的产品，由省级绿色食品工作机构负责抽样，送检；

3. 必要时，协会可派人赴企业检查，复审时限可相应延长。

（四）复审合格的，协会组织绿色生资专家评审委员会在 15 个工作日内完成对申请用标产品的评审。复审不合格的，协会在 10 个工作日内书面通知申请企业，并说明理由。

（五）协会依据绿色生资专家评审委员会的评审意见，在 15 个工作日内作出审核结论。

第七条 审核合格的，申请用标企业与协会签订《绿色食品生产资料标志商标使用许可合同》。

第八条 按照《合同》约定，申请用标企业须向协会缴纳绿色生资标志许可审核费和管理费。

第九条 完成上述事项后，由协会颁发《绿色食品生产资料标志使用证》（以下简称《使用证》），并对获得绿色生资标志使用许可的产品（以下简称获证产品）予以公告。

第三章 标志使用

第十条 绿色生资食品添加剂产品的类别编号为"05"，编号形式如下：

LSSZ —— 05 —— XX   XX   XX   XXXX

绿色生资   产品   核准   核准   省份   当年序列号

           类别   年份   月份（国别）

第十一条 获证产品的包装标签必须符合国家法律、法规的规定，并符合相关标准的规定；并按《绿色食品生产资料证明商标设计使用规范》要求，正确使用绿色食品生产资料标志。

第四章 监督管理

第十二条 在协会指导下，省级绿色食品工作机构定期对获得绿色生资标志使用许可的企业（以下简称获证企业）进行监督管理，实施年度检查、产品质量抽检和标志使用监察等工作。

企业年检由省级绿色食品工作机构对获证企业进行现场检查，内容包括：

（一）生产过程及生产车间、产品质量检验室、库房等相关场所；

（二）生产厂区的环境及环保状况；

（三）查阅有关档案材料及票据，包括不同批次产品的原料配比及投料单、原料和产品的出入库凭证；

（四）规范用标情况；

（五）产品销售、使用效果及安全信息反馈情况。

第十三条　绿色生资产品质量监督抽检计划由协会制定，并下达有关质量监测机构和省级绿色食品工作机构，产品抽样工作由省级绿色食品工作机构协助监测机构完成。

第十四条　监测机构将检验报告分别提交协会、省级绿色食品工作机构和有关获证企业。

第十五条　获证企业的《生产许可证》被吊销，绿色生资标志许可也随之失效。

第十六条　当获证企业发生《管理办法》第二十五条中所列问题时，由省级绿色食品工作机构作出整改决定。整改期限为一个月，整改合格的，准予继续使用绿色生资标志；整改不合格的，由省级绿色食品工作机构报请协会，并由协会取消相关产品绿色生资标志使用权。

第十七条　当获证企业发生《管理办法》第二十六条中所列问题时，由协会作出取消绿色生资标志使用权的决定，并予以公告。

第五章　附　　则

第十八条　本细则由协会负责解释。

第十九条　本细则自颁布之日起施行。

绿色食品生产资料标志境外产品
使用许可程序

（2012 年 9 月 13 日发布）

第一条　为加强绿色食品生产资料（以下简称"绿色生资"）标志境外产品使用许可的管理，规范境外许可工作，依据《绿色食品生产资料标志管理办法》，制定本程序。

第二条　境外申请人申请使用绿色生资标志按照本程序执行。香港、澳门、台湾地区申请人参照本程序执行。

第三条　凡具有法人资格，并获得所在国相关行政许可的生资生产企业，可作为绿色生资标志使用的申请人。申请人可以委托设在境内的办事处或代理机构代办申请。

第四条　申请使用绿色生资标志的产品（以下简称用标产品）必须同时符合下列条件：

（一）经申请人所在国法定部门或机构检验、登记；

（二）须在我国申请登记，经审查批准正式登记，并获得我国相关行政主管部门的进口许可；

（三）质量符合所在国相关技术标准，同时，必须达到我国的相关技术标准的要求，符合《绿色食品生产资料使用准则》；

（四）不造成使用对象产生和积累有害物质，不影响人体健康。有利于保护和促进使用对象的生长，或有利于保护和提高使用对象的品质；

（五）符合环保要求，在合理使用的条件下，对生态环境无不良影响；

（六）非转基因产品和以非转基因原料加工的产品。

第五条　申请人向协会提出申请，提交《绿色食品生产资料标志　境外产品使用许可申请书》（中英文各一份）及相关材料。

第六条　协会收到上述申请材料后，30 个工作日内完成对申请材料的初审工作。初审意见为"需要补充材料"的，申请人应在收到《绿色食品生产资料审核意见通知单》（以下简称《审核通知单》）后 30 个工作日内提交补充材料。协会收到补充材料并再次审核后，达到初审要求的，协会委派 2～3 名绿色生资管理员对申请用标企业及产品的原料来源、投入品使用和质量管理体系等进行现场检查，现场检查所需相关费用由境外申请人承担。现场检查合格，进行产品抽样。境外申请人将样品、产品执行标准寄送绿色生资产品质量定点监测机构，检测费由申请人承担。现场检查不合格，不安排产品抽样。初审不符合要求的，做出整改或暂停审核决定。

第七条 协会依据现场检查情况，在 30 个工作日内完成对初审合格材料的复审。在复审过程中，协会可根据有关生产资料行业风险预警情况，要求申请人对申请用标产品进行技术指标补测，产品检测由绿色生资产品质量定点检测机构执行，检测费由申请人承担。

第八条 绿色生资产品质量定点监测机构自收到样品、产品执行标准、检测费后，应在 20 个工作日内完成检测工作，出具产品检验报告并寄送到协会。

第九条 复审合格的，由协会组织绿色生资专家评审委员会在 15 个工作日内完成对申请用标产品的评审。复审不合格的，协会在 10 个工作日内书面通知企业，并说明理由。

第十条 协会依据绿色生资专家评审委员会的评审意见，在 15 个工作日内做出审核结论。

第十一条 审核结论合格的，申请人与协会签订《绿色食品生产资料标志商标使用许可合同》（以下简称《合同》）。审核结论不合格的，协会在 10 个工作日内书面通知申请人，并说明理由。

第十二条 按照《合同》规定，申请人须向协会分别缴纳绿色生资标志使用许可审核费和管理费。

第十三条 完成上述事项后，由协会颁发《绿色食品生产资料标志使用证》（以下简称《使用证》）。

第十四条 协会对获得绿色生资标志使用许可的产品（以下简称获证产品）予以公告。公告内容包括：获证产品名称、编号、商标和企业名称。

第十五条 本程序由协会负责解释。

绿色食品生产资料产品质量
年度抽检工作管理办法

（2012 年 9 月 13 日发布）

第一章　总　　则

第一条　为了进一步规范绿色食品生产资料质量年度抽检（以下简称绿色生资抽检）工作，加强对绿色生资抽检工作的管理，提高绿色生资抽检工作的科学性、公正性、权威性，依据《绿色食品生产资料标志管理办法》及其《实施细则》，制定本办法。

第二条　绿色生资抽检是指中国绿色食品协会（以下简称协会），对已获得绿色生资标志使用许可的产品（以下简称获证产品）采取的监督性抽查检验，是企业年度检查工作的重要组成部分。

第三条　所有获得绿色生资标志使用许可的企业（以下简称获证企业），必须接受绿色生资抽检。

第四条　申请续展的绿色生资产品，其当年的抽检检验报告可作为绿色生资标志使用续展审核的依据。

第二章　机构及其职责

第五条　绿色生资抽检工作由协会负责制定抽检计划，委托相关绿色生资质量监测机构（以下简称监测机构）按计划实施，省级绿色食品工作机构（以下简称省绿办）予以配合。

（一）协会的绿色生资抽检工作职责：

1. 制定全国抽检工作的有关规定；

2. 确定具有法定资质的监测单位承担绿色生资产品抽检工作，作为绿色生资定点监测机构；

3. 组织开展全国的抽检工作；

4. 下达年度抽检计划（企业名称、产品名称、检测项目、加检项目及其标准、时限）；

5. 根据食品安全风险监测及生资安全性评估的有关信息，或接到举报发现生资可能存在安全隐患时，立即组织绿色生资专项检测；

6. 指导、监督和考核各监测机构的抽检工作；

7. 依据有关规定，对抽检不合格的产品做出整改或取消绿色生资标志使用权的决定，并予以通报或公告；

8. 及时向省绿办和监测机构公布有效使用绿色生资标志企业及其产品名录。

（二）省绿办的绿色生资抽检工作职责：

1. 向协会推荐具有资质的监测单位，经协会审核备案后，承担绿色生资产品抽检工作；

2. 依据本管理办法制定本地区实施细则；

3. 配合协会及监测机构开展绿色生资抽检和专项检测工作；

4. 向协会提出绿色生资抽检工作计划的建议；

5. 根据协会对抽检不合格产品做出的整改决定，督促企业按时完成整改，并组织验收，同时抽样寄送协会指定监测机构；

6. 及时向协会报告企业的变更情况，包括企业名称、通讯地址、法人代表以及企业停产、转产等情况。

（三）监测机构的绿色生资抽检工作职责：

1. 根据协会下达的抽检计划制定具体实施方案；

2. 按时完成协会下达的检测（包括专项检测）任务；

3. 按规定时间及方式向协会、省绿办和企业出具检验报告；

4. 向协会及时报告抽检中出现的问题和有关企业产品质量信息。

第三章　工作程序

第六条　协会于每年 3 月底前制定绿色生资抽检计划，并下达有关监测机构和省绿办。

第七条　监测机构根据抽检计划和专项检测任务，适时派专人赴相关企业规范随机抽取样品，也可以委托相关省绿办协助进行，由绿色生资管理员抽样并寄送监测机构，封样前应与企业有关人员办理签字手续，确保样品的代表性。

第八条　监测机构应及时进行样品检验，出具检验报告（一式三份），检验报告结论要明确、完整，检测项目指标齐全，检验报告应以特快专递方式分别寄送协会、相关省绿办和企业。

第九条 监测机构应于时限前完成抽检，并将检验报告分别寄送协会、相关省绿办和企业。

第十条 监测机构须于每年 12 月 20 日前将绿色生资抽检汇总表及总结报送协会，专项检测汇总表及总结必须于时限前报送协会。总结内容应全面、详细、客观，未完成抽检任务的应说明原因。

第四章 计划的制订与实施

第十一条 制订绿色生资抽检计划必须遵循科学、高效、公正、公开的原则，突出重点生资和关键指标，并考虑上年度抽检计划完成情况及当年任务量。

第十二条 监测机构必须承检协会要求检测的项目，未经协会同意，不得擅自增减检测项目。

第十三条 对当年应续展的产品，监测机构应及时抽样检验并将检验报告提供给企业，以便作为续展审核的依据。

第五章 问题的处理

第十四条 绿色生资抽检中出现倒闭、无故拒检或提出自行放弃绿色生资标志使用权的企业，监测机构应及时报告协会及相关省绿办。

第十五条 企业对检验报告如有异议，应于收到报告之日起（以当地邮局邮戳为准）15 日内向协会提出书面复议申请，未在规定时限内提出异议的，视为认可检验结果。对检出不合格项目的绿色生资产品，监测机构不得擅自通知获证企业送样复检。

第十六条 绿色生资抽检结论为产品包装及标签（标识）、感（外）官指标不合格，或绿色生资标志使用不规范的，协会通知企业整改，企业须于接到通知之日起一个月内完成整改，并将整改措施和结果报告省绿办，省绿办应及时组织整改验收。需复检的，抽样寄送绿色生资定点监测机构检验。监测机构应及时进行检验，出具检验报告，并以特快邮递方式将检验报告分别寄送协会和有关省绿办。复检合格的可继续使用绿色生资标志，复检不合格的取消其标志使用权。

第十七条 绿色生资抽检结论为主要技术指标（有效成分或主要营养成分）、限量指标（卫生指标）不合格，或有绿色生资禁用品的，协会报请中国绿色食品协会取消企业及产品的绿色生资标志使用权。协会及时通知企业及相关省绿办，并予以公告。

第六章　工作考核与奖惩

第十八条　协会对监测机构工作进行考核，并根据考核结果予以奖惩，具体办法另行制定。

第十九条　监测机构出具虚假报告，或出具错误数据造成不良影响的，或发生严重失职和违反规定的，协会将按照《绿色食品生产资料监测机构管理办法》做出暂停或取消对其业务委托的处理，并予以通报或公告，必要时进一步追究其责任。

第七章　附　　则

第二十条　本办法由协会负责解释。

第二十一条　本办法自颁布之日起施行。

绿色食品生产资料标志使用许可续展程序

(2012 年 9 月 13 日发布)

第一条　为规范绿色食品生产资料（以下简称绿色生资）标志使用许可续展工作，依据《绿色食品生产资料标志管理办法》及其《实施细则》，制定本程序。

第二条　续展是指绿色生资企业在绿色生资标志使用许可期满前，按规定时限和要求完成申请、审核和颁证工作，并被许可继续在其产品上使用绿色生资标志。

第三条　中国绿色食品协会（以下简称协会）负责续展综合审核和颁证工作。省级绿色食品工作机构（以下简称省绿办）负责续展申请材料的初审、现场检查及有关组织协调工作。

第四条　续展申请企业（以下简称企业）应在绿色生资标志商标使用证（以下简称证书）有效期满前 3 个月向其所在地省绿办提交《绿色食品生产资料标志使用申请书》和下列材料一式两份（见附件）。

第五条　省绿办收到续展申请材料后，组织绿色生资管理员完成初审，并制定现场检查计划，同时通知企业。

第六条　绿色生资管理员依据绿色生资有关规定进行逐项检查，并向省绿办递交《绿色食品生产资料企业检查表》。省绿办在证书有效期满前 1 个月将初审合格的续展申请材料和《绿色食品生产资料企业检查表》一并报送协会，同时进行存档。

第七条　协会收到省绿办提交的初审合格材料和《绿色食品生产资料企业检查表》后，在 10 个工作日内完成复审。复审结论为"需补充材料的"，省绿办需在收到审核意见通知单后 5 个工作日内将补充材料报送协会。

第八条　复审合格的，协会组织绿色生资专家评审委员会在 5 个工作日内完成对续展申请用标产品的评审。

第九条　协会依据绿色生资专家评审委员会的评审意见作出续展审核结论，并报协会领导审批。

第十条　审核合格的，企业与协会签订《绿色食品生产资料标志商标使用许可合同》（以下简称《合同》）。

第十一条　企业按照《合同》约定，向协会缴纳绿色生资标志使用许可审核费和管理费后，由协会颁发证书，证书起始时间与上一个周期的终止日期相衔接。

第十二条 初审、现场检查和综合审核中任何一项不合格者，本年度不再受理其申请。

第十三条 未按规定时限完成续展的，再行申请使用绿色生资标志时，按初次申请程序执行。

第十四条 本程序由协会负责解释。

附件1

绿色食品生产资料肥料类产品

（一）企业营业执照复印件；

（二）产品《肥料正式登记证》或《肥料临时登记证》复印件；

（三）产品安全性资料，包括毒理试验报告、杂质（主要重金属）限量、卫生指标（大肠杆菌、蛔虫卵死亡率）。产品中添加微生物成分的应提供使用的微生物种类（拉丁种、属名）及具有法定资质的检测机构出具的菌种安全鉴定报告复印件。已获农业部登记的微生物肥料所用菌种可免于提供。

（四）县级以上环保行政主管部门出具的环保合格证明；

（五）外购肥料原料的，提交购买合同及购买发票复印件；

（六）产品执行标准复印件；

（七）具备法定资质的质量监测机构出具的一年内的产品质量检验报告复印件；

（八）田间试验效果报告复印件；

（九）产品商标注册证复印件；

（十）产品包装标签及产品使用说明书；

（十一）企业质量管理手册；

（十二）系列产品中，绿色生资与非绿色生资生产全过程（从原料到成品）区分管理制度；

（十三）产品实行委托检验的，需提交委托检验协议和被委托单位资质证明复印件；

（十四）其他需提交的材料。

附件 2

绿色食品生产资料农药类产品

（一）企业营业执照复印件；

（二）相关产品《工业产品生产许可证》（批准证书）复印件；

（三）农业部颁发的《农药登记证》复印件；

（四）原药的《生产许可证》及《农药登记证》复印件；

（五）县级以上环保行政主管部门出具的环保合格证明；

（六）外购原药和助剂的，提交购买合同及购买发票复印件；

（七）产品执行标准复印件；

（八）具备法定资质的质量监测机构出具的一年内的产品质量检验报告复印件；

（九）产品商标注册证复印件；

（十）产品包装标签及产品使用说明书；

（十一）企业质量管理手册；

（十二）同类不同剂型产品中，绿色生资与非绿色生资生产全过程（从原料到成品）区分管理制度；

（十三）农业部公告的农药登记试验单位出具的田间药效试验报告；毒理等试验报告；农药残留试验报告和环境影响试验报告复印件。若无，说明理由；

（十四）其他需提交的材料。

附件 3

绿色食品生产资料饲料及饲料添加剂类产品

（一）企业营业执照复印件；

（二）企业《生产许可证》和产品批准文号复印件；

（三）动物源性饲料产品《安全合格证》复印件；新饲料添加剂《产品证书》复印件；

（四）处于监测期内的新饲料和新饲料添加剂《产品证书》复印件和该产品的《毒理学安全评价报告》、《效果验证试验报告》复印件；

（五）县级以上环保行政主管部门出具的环保合格证明；

（六）以绿色食品产品或绿色食品原料标准化生产基地产品为原料的，须提交相关证书、采购合同及购买发票复印件；

（七）自建、自用原料基地的产品，须提交具备法定资质的监测机构出具的产地环境质量监测及现状评价报告和本年度内的产品检验报告、生产操作规程、基地和农户清单、基地与农户订购合同（协议）；

（八）产品生产工艺、操作规程、质量管理制度；原料需加工的，也须提供以上材料，若委托加工的，还需提交委托加工协议和管理制度；

（九）产品原料需外购的，提交购买合同及购买发票复印件；复合维生素产品要提交标签原件；进口原料需提交饲料、饲料添加剂进口登记证；

（十）产品执行标准复印件；

（十一）具备法定资质的质量监测机构出具的一年内的产品质量检验报告复印件；

（十二）产品商标注册证复印件；

（十三）产品包装标签及产品使用说明书；

（十四）企业质量管理手册；

（十五）系列产品中，绿色生资与非绿色生资生产全过程（从原料到成品）区分管理制度；

（十六）其他需提交的材料。

附件 4

绿色食品生产资料食品添加剂类产品

（一）企业营业执照复印件；

（二）企业《生产许可证》复印件；

（三）微生物制品提交具备法定资质的检测机构出具的有效菌种的安全鉴定报告复印件；

（四）复合食品添加剂提交产品配方等相关资料；

（五）县级以上环保行政主管部门出具的环保合格证明；

（六）以绿色食品产品或绿色食品原料标准化生产基地产品为原料的，须提交相关证书、采购合同及购买发票复印件；

（七）自建、自用原料基地的产品，须提交具备法定资质的监测机构出具的产地环境质量监测及现状评价报告和本年度内的产品检验报告、生产操作规程、基地和农户清单、基地与农户订购合同（协议）；

（八）外购原料的，提交购买合同及购买发票复印件；

（九）产品执行标准复印件；

（十）具备法定资质的质量监测机构出具的一年内的产品质量检验报告复印件；

（十一）产品商标注册证复印件；

（十二）产品应用效果试验报告复印件；

（十三）产品包装标签及产品使用说明书；

（十四）企业质量管理手册；

（十五）系列产品中，绿色生资与非绿色生资生产全过程（从原料到成品）区分管理制度；

（十六）其他需提交的材料。

附件 5

绿色食品生产资料兽药类产品

（一）企业营业执照复印件；

（二）企业《兽药生产许可证》和产品批准文号复印件；

（三）《兽药 GMP》证书复印件；

（四）县级以上环保行政主管部门出具的环保合格证明；

（五）产品毒理学安全评价报告和效果验证试验报告复印件（新兽药提供）；

（六）产品执行标准复印件；

（七）具备法定资质的质量监测机构出具的一年内的产品质量检验报告复印件；

（八）产品商标注册证复印件，未注册商标的，说明情况；

（九）产品包装标签及产品使用说明书；

（十）企业管理手册；

（十一）产品包装标签及产品使用说明书；

（十二）其他需提交的材料。

绿色食品生产资料管理员注册管理办法

（2012年9月13日发布）

第一章　总　　则

第一条　为了加强对绿色食品生产资料（以下简称"绿色生资"）管理员的管理，促进绿色生资健康发展，根据《绿色生资标志管理办法》的有关规定，制定本办法。

第二条　绿色生资管理员（以下简称"管理员"）是经中国绿色食品协会（以下简称"协会"）核准注册的从事绿色生资审核、现场检查的人员。管理员的主要来源为：各级绿色食品工作机构的专职人员以及大专院校、科研机构、生产资料技术推广服务、绿色生资定点监测机构等单位的有关专家。

第三条　协会对管理员实行统一注册管理。管理员须经协会考核、注册，取得《绿色食品生产资料管理员证书》。

第四条　协会对管理员实行分级管理，依据工作经历和成效，分为管理员和高级管理员。

第二章　注册条件

第五条　申请注册的管理员应当具备以下条件：

（一）个人素质

1. 热爱绿色食品事业，对所从事的工作有强烈的责任感；

2. 能够正确执行国家有关政策、法律及法规，掌握绿色生资审核程序、标志许可条件及有关管理规定；

3. 具有开展绿色生资审核、现场检查、监督管理等工作所需的组织能力和业务能力；

4. 身体健康，适应从事企业现场检查工作。

（二）教育和工作经历

具有国家承认的大专以上（含大专）学历。

（三）专业知识

注册管理员应掌握一定的绿色生资相关专业知识。

（四）培训经历

申请注册管理员应完成协会或协会委托省级绿色食品工作机构（以下简称省绿办）组织的管理员课程培训，并通过考试，取得培训合格证书。

第六条　申请注册的高级管理员应取得管理员级别注册资格两年以上，并至少完成5个绿色生资企业的材料审核和现场检查。

第三章　注册程序

第七条　申请人自愿填写相应的申请表格，并附本办法规定的有关材料，经省绿办签署推荐意见后报协会。

第八条　申请人与协会签署保密协议，确保不泄露申请使用绿色生资标志企业的商业和技术秘密。

第九条　申请人应签署个人声明，声明其保证遵守绿色生资管理员行为准则及绿色生资管理有关规定。

第十条　申请注册应当提供以下材料：

《绿色食品生产资料管理员注册申请表》、省绿办推荐意见、保密协议、个人声明、学历与职称复印件、工作经历、近期免冠1寸照片2张。

申请注册高级管理员还应附管理员证书复印件。

第十一条　协会对申请人提交的申请材料进行审核评定，合格的申请人予以注册，并颁发《绿色食品生产资料管理员证书》。

第十二条　《绿色食品生产资料管理员证书》的内容包括：管理员姓名、工作单位、注册级别、注册日期、注册有效期、注册编号、发证机构名称、专业类别等。

第四章　工作职责、职权和行为准则

第十三条　依据《绿色生资标志管理办法》等有关规定，管理员履行以下职责：

（一）对申请使用绿色生资标志企业（以下简称用标企业）的申请材料进行审核，核实企业提供的有关信息、资料；

（二）按照绿色生资的有关规定和要求，对申请用标企业实施现场检查，客观描述现场检查实际情况，科学评定申请用标企业的生产过程和质量控制体系，综合评估现场检查情况，编写书面现场检查报告；

（三）在省绿办的统一组织和协调下，开展绿色生资的监督管理、宣传、培训、推广服务等工作；

（四）完成其他相关工作。

第十四条 管理员具有以下职权：

（一）依据绿色生资许可条件，独立地对申请用标企业的申请材料提出审核意见；

（二）检查申请用标企业的生产现场、库房、产品包装、生产记录和档案资料等有关情况。根据检查需要，可要求受检方提供相关的证据；

（三）指出申请用标企业在生产过程中存在的问题，并要求其整改，同时向协会如实报告有关情况；

（四）向当地绿办和协会提出改进绿色生资工作的意见和建议。

第十五条 管理员应遵守以下行为准则：

（一）遵守国家有关法律法规、绿色生资工作程序、管理制度和保密协议；

（二）遵循客观、公正、公平的原则，如实记录现场检查或审核对象现状，保证审核和现场检查的规范性和有效性；

（三）管理员不得与企业有任何有偿咨询服务关系。可以向企业提出改进意见，但不得收取费用；

（四）不得向企业作出颁证与否的承诺；

（五）未经协会书面授权和企业同意，不得讨论或披露任何与审核和检查活动有关的信息；

（六）不接受企业任何形式的酬劳；

（七）不以任何形式损坏绿色生资工作的声誉。

第十六条 绿色生资审核和现场检查实行管理员负责制。管理员须在审核报告和现场检查报告上签字，对检查结果负责。

第五章 监督管理

第十七条 省绿办负责对所辖区域内管理员的监督管理工作。

第十八条 管理员证书有效期为3年。管理员须在注册证书期满前3个月向协会提出更换证书面申请，超过有效期未提交更换证书申请或3年内未开展审核和现场检查工作的，视为自动放弃管理员资格。

第十九条　根据协会对地方绿色食品管理机构工作激励机制，建立管理员绩效考评制度，对工作业绩突出的管理员给予表彰和奖励。

第二十条　对违反管理员行为准则，尚未构成严重后果的，协会依据有关规定给予批评、暂停注册资格等处置。在暂停期内，管理员不得从事相关审核和现场检查等活动。对于暂停注册资格的管理员，应在暂停期内采取相应整改措施，并经协会考核后，恢复其注册资格。

第二十一条　有下列情况之一者，撤销其管理员资格：

（一）与企业合作，或提示企业，故意隐瞒申请产品真实情况而骗取绿色生资标志使用许可的；

（二）经核实，在审核或现场检查中存在弄虚作假行为的；

（三）违反管理员行为准则或由于失职、渎职而出现严重质量安全问题的；

（四）违反管理员行为准则，对绿色生资标志商标或协会声誉造成恶劣影响的。

第二十二条　被协会撤销注册资格的人员，一年内不再受理其注册申请。

第二十三条　协会就管理员的资格处置情况向绿色食品工作系统进行通报。

第二十四条　严重违反本办法要求，构成犯罪的，由国家有关部门追究其刑事责任。

第六章　附　　则

第二十五条　本办法由协会负责解释。

第二十六条　本办法自颁布之日起实施。

图书在版编目（CIP）数据

绿色食品工作指南：2016版/陈兆云主编．—北京：中国农业出版社，2016.12
ISBN 978-7-109-22207-6

Ⅰ.①绿…　Ⅱ.①陈…　Ⅲ.①绿色食品－食品加工－指南　Ⅳ.①TS205-62

中国版本图书馆CIP数据核字（2016）第240554号

中国农业出版社出版
（北京市朝阳区麦子店街18号楼）
（邮政编码100125）
责任编辑　刘　伟　廖　宁

北京万友印刷有限公司印刷　　新华书店北京发行所发行
2016年12月第1版　　2016年12月北京第1次印刷

开本：787mm×1092mm 1/16　　印张：37.5
字数：800千字
定价：88.00元
（凡本版图书出现印刷、装订错误，请向出版社发行部调换）